普通高等教育“十一五”国家级规划教材
江苏省高等学校重点教材
江苏省本科优秀培育教材
中国矿业大学“十四五”规划教材

U0818367

煤化学

第七版

中国矿业大学化学工程与工艺专业教研室　组织编写

主　编　曹景沛
副主编　岳晓明
主　审　张双全

中国矿业大学出版社
· 徐州 ·

内容简介

本书系统地叙述了煤化学的主要内容，包括煤的形成、结构、组成（煤岩组成和化学组成）、性质（物理性质、物理化学性质、化学性质和工艺性质）、分类以及煤质评价等内容。此外，本书还简要介绍了煤炭转化。为满足双语教学和汉英翻译的需要，书末附有本书使用的主要名词术语的汉英对照表，供读者参考。为帮助读者进一步掌握煤化学知识和把握煤化学发展动态，本次修订对教材内容做了更新、纠错、补充和完善。

本书是高等学校教学用书，可作为化学工程与工艺、能源化学工程、矿物加工工程、煤田地质工程、采矿工程等专业“煤化学”课程或相近课程的教材或教学参考书，也可供从事煤炭、电力、冶金、化肥、煤炭气化、煤炭焦化、煤炭液化、煤基炭材料以及其他与煤炭加工和转化利用相关工作的工程技术人员参考。

图书在版编目(CIP)数据

煤化学 / 曹景沛主编. —7版. —徐州 ：中国矿业大学出版社，2024.5.—ISBN 978-7-5646-6276-9

Ⅰ.TQ530

中国国家版本馆 CIP 数据核字第 2024RN6802 号

书　　名　煤化学
主　　编　曹景沛
责任编辑　褚建萍
出版发行　中国矿业大学出版社有限责任公司
　　　　　　（江苏省徐州市解放南路　邮编 221008）
营销热线　(0516)83885370　83884103
出版服务　(0516)83995789　83884920
网　　址　http://www.cumtp.com　**E-mail**：cumtpvip@cumtp.com
印　　刷　江苏淮阴新华印务有限公司
开　　本　787 mm×1092 mm　1/16　**印张** 21　**字数** 537 千字
版次印次　2024 年 5 月第 7 版　2024 年 5 月第 1 次印刷
定　　价　48.00 元

第七版前言

随着我国能源结构的不断优化调整,煤炭能源占比已从高峰时期的75%左右降至目前的60%以下。然而,考虑到我国资源禀赋特征和国际形势,可以明显看出煤炭作为能源安全的"压舱石"具有重要意义,并在短期内无法替代。因此,在"碳达峰碳中和"背景下,推动煤炭清洁高效转化、绿色低碳转型成为煤炭利用行业亟须发展的重点任务。在此背景之下,本教材的编者深感对《煤化学》教材更新修订的必要性。本次修订在第六版的基础上进行了修正完善和数据更新,使之更适合煤炭清洁高效利用和高端人才培养的需要,力图为我国的煤化工事业作出绵薄贡献。

《煤化学》教材集编者多年来的教学经验和科学研究精心编写而成,是从事煤化学教学、科研相关人员的重要参考书,先后被评为江苏省精品教材、普通高等教育"十一五"国家级规划教材、江苏省高等学校重点教材、江苏省本科优秀培育教材、中国矿业大学"十四五"规划教材。本次修订邀请了从事煤化学教学和相关研究人员进行完善,更新了部分内容和表达形式,对内容进行了微调、纠错、补充和完善。

本书在张双全教授的授权下进行修订,其中第一章和第十章由中国矿业大学曹景沛教授和石文举副教授修订,第三章和第七章由中国矿业大学曹景沛教授和太原理工大学王玉高副教授修订,第二章、第四章由中国矿业大学陈尚斌教授和岳晓明副教授修订,第五章、第六章、第九章由中国矿业大学曹景沛教授和煤炭科学技术研究院有限公司丁华研究员修订,第八章由中国矿业大学(北京)林雄超教授和中国矿业大学岳晓明副教授修订,全书由曹景沛教授负责最终修改和整理。在本次修订中,中国矿业大学石文举副教授做了大量的辅助性工作。基于曹景沛教授与岳晓明副教授在前期教材编写及本次修订工作中的重要贡献,本书前主编张双全教授协同其他编者一致同意曹景沛教授担任本书主编,岳晓明副教授担任副主编。

本书的编写得到江苏省教育厅、中国矿业大学教务部、中国矿业大学出版社、中国矿业大学化工学院以及化工系的领导、老师和同行们的大力支持，编者谨向他们表示真诚的谢意，并向被引用资料的原作者们表示衷心的感谢！

由于编者水平所限，书中疏漏和谬误之处在所难免，恳请读者批评指正！

编　者

2024 年 3 月

第六版前言

时光荏苒，岁月如梭，转眼来到2022年。《煤化学》教材自从2004年出版以来，已然经历了十八个春秋。在这十八年中，虽然国际形势风云变幻，但我国的经济发展日新月异，对能源的需求持续快速增长。近年来，虽然新能源、新技术不断发展，我国的能源结构得到显著优化，煤炭能源占比从75%左右降至目前的60%以下，但煤炭仍将是我国今后几十年能源构成中极重要的组成部分。众所周知，煤炭能源是高碳能源，煤炭的使用必然带来二氧化碳的大量排放。在“碳达峰、碳中和”的背景下，如何高效利用煤炭，减少碳排放将成为煤炭利用的重中之重。在此背景之下，本教材的编者认为有必要对《煤化学》教材进行修订，修改其中之错漏，更新教材的内容和表达形式，使之更适合煤炭利用高端人才培养的需要，为我国煤炭高效利用人才的培养尽绵薄之力。

《煤化学》教材集编者多年来的教学经验精心编写而成，每一版都在前一版的基础上有所提高和进步，有幸先后被评为江苏省精品教材、普通高等教育“十一五”国家级规划教材、江苏省高等学校重点教材、江苏省本科优秀培育教材。本次修订，对内容作了微调、纠错、补充和完善，对第五版教材中的讲课视频部分进行细分并对应知识点，使之更方便读者和学生根据需要进入相关知识点的视频学习，以提高学习效率和学习效果。

本书的第一章，第二章，第五章，第八章第二、三、四节，第十章第二、三、四节和附录由中国矿业大学张双全教授执笔；第三章由中国矿业大学（北京）解强教授执笔；第四章由太原理工大学田承圣讲师（现已调任大连市公务员）执笔；第六章由安徽理工大学聂容春副教授执笔；第七章由中国矿业大学武建军教授执笔；第八章第一节由中国矿业大学曹景沛教授执笔；第九章由中国矿业大学吴国光教授执笔；第十章第一节由中国矿业大学周敏教授执笔。全书由张双全教授负责最终修改和整理。在本次修订工作中，中国矿业大学岳晓明副教授负责网络视频平台的运行管理，并做了大量的辅助性工作。

本书的编写得到江苏省教育厅、中国矿业大学教务部、中国矿业大学出版社、中国矿业大学化工学院以及化工系的领导、老师和同行们的大力支持，编者谨向他们表示真诚的谢意，并向被引用资料的原作者们表示衷心的感谢！

由于编者水平所限，书中疏漏和谬误之处在所难免，恳请读者批评指正！

编 者

2022 年 1 月

第五版前言

近两年来，煤炭行业及相关产业形势波动较大，经过一段时间调整的阵痛之后，煤炭行业从经济效益严重下滑、经营困难的窘境中逐渐恢复正常，行业整体趋于理性，经济效益好转。在此期间，煤化工产业稳定发展，技术不断取得突破，煤制烯烃、煤制天然气、煤制乙二醇、煤制油等煤化工产业大规模产业化，取得了巨大的进步和良好的经济效益。随着煤化工技术的不断突破和产业化的突飞猛进，客观上对于煤化工人才的需求快速增长，高水平的煤化工人才对于我国煤化工产业的健康发展非常关键。深度掌握煤的生成、结构、组成和性质等关键知识，对于高端人才的培养不可或缺，因此，高水平的《煤化学》教材成为培养煤化工高端人才的重要条件。为此，编者认真总结20多年教学的经验教训，以“易于理解、便于学习、事半功倍、学以致用”为教学目的，搭建煤化学知识架构，理顺煤化学知识体系，充实煤化学基础知识，努力使《煤化学》成为一本高水平的优秀教材。在本次修订中，增加了“煤化学学习指南”，指导学生如何抓住煤化学知识体系的重点，便于全面掌握煤化学知识的精髓。此外，为了便于读者自学，本次修订中特将编者的讲课视频作为教材的重要补充引入教材，通过扫描教材中相应章节的二维码可进入视频学习。

本书的第一章，第五章，第八章，第十章第二节、第三节、第四节和附录由中国矿业大学张双全教授执笔；第二章、第四章由太原理工大学田承圣讲师（现已调任大连市公务员）执笔；第三章由中国矿业大学（北京）解强教授执笔；第六章由安徽理工大学聂容春副教授执笔；第七章由中国矿业大学武建军教授执笔；第九章由中国矿业大学吴国光教授执笔；第十章第一节由中国矿业大学周敏教授执笔。全书由张双全教授负责最终修改和整理。在本次修订工作中，化工学院苗真勇副教授、岳晓明副教授做了大量的辅助性工作。

本书的编写得到江苏省教育厅、中国矿业大学教务部、中国矿业大学出版社、中国矿业大学化工学院以及化工系的领导、老师和同行们的大力支持，编者谨向他们表示真诚的谢意，并向被引用资料的原作者们表示衷心的感谢！

由于编者水平所限，书中疏漏和谬误之处在所难免，恳请读者批评指正！

编　者

2019年1月

第四版前言

近两年来，煤炭行业及相关产业形势发生了很大的变化，特别是行业总体经济效益严重下滑，经营困难，“煤炭黄金十年”的辉煌已经成为过去，单一的煤炭产业结构已经不能适应新的形势。与此相反，以煤制烯烃、煤制天然气、煤制乙二醇、煤制油等为主的煤化工产业却快速发展，我国具有自主知识产权的煤化工技术也不断取得突破，大规模产业化已经启动。众所周知，所有这些煤化工产业的原料都是煤炭，煤炭的组成和性质是制约煤化工过程经济效益和稳定、安全运行的关键，能够深度把握煤炭性质规律的高端人才缺口很大。《煤化学》正是以阐述煤炭组成和性质变化规律为主要内容的教材，在培养我国煤化工专业人才中起着十分关键的作用。《煤化学》的内容不仅要满足煤化工行业对“煤的组成、结构、性质”等方面的知识需要，其知识架构、内容体系也要建立在学生认知的科学规律之上，达到“易于理解、便于学习、事半功倍、学以致用”的教学目的。为此，编者针对第三版教材中的问题和不足进行了充分讨论，决定对《煤化学》进行补充和修改，使其趋于完善，力图使《煤化学》成为煤化工高端人才培养中的重要教材，为我国的煤化工事业作出贡献。

本书的第一章，第五章，第八章，第十章第二节、第三节、第四节和附录由中国矿业大学张双全教授执笔；第二章、第四章由太原理工大学田承圣讲师（现已调任大连市公务员）执笔；第三章由中国矿业大学（北京）解强教授执笔；第六章由安徽理工大学聂容春副教授执笔；第七章由中国矿业大学武建军教授执笔；第九章由中国矿业大学吴国光教授执笔；第十章第一节由中国矿业大学周敏教授执笔。全书由张双全教授负责最终修改和整理。

本书的编写得到江苏省教育厅、中国矿业大学教务部、中国矿业大学出版社、中国矿业大学化工学院以及化工系的领导、老师和同行们的大力支持，编者谨向他们表示真诚的谢意，并向被引用资料的原作者们表示衷心的感谢！

由于编者水平所限，书中疏漏和谬误之处在所难免，恳请读者批评指正！

编　者

2017年3月

第三版前言

光阴荏苒，岁月如梭，《煤化学》教材自2009年第二版出版发行以来，转眼之间已过去五年。过去的五年中，石油价格一直在高位运行，使煤化工技术研究得到了前所未有的重视和发展机遇。我国具有自主知识产权的煤化工技术不断取得进步，煤化工产业化进展神速。目前，煤制甲醇遍地开花，经济效益逐步好转；煤制油技术趋于成熟，商业化推广取得重大进展；煤制烯烃、煤制天然气、煤制乙二醇等技术不断取得突破，大规模产业化已经启动。相信我国又一轮煤化工大发展的时机成熟，煤化工产业的春天已经到来。在这种形势下，煤化工高级专业人才的需求迅速增大，同时企业对人才的素质要求也不断提高，这给煤化工专业人才的培养带来了挑战。

《煤化学》作为培养煤化工类人才专业基础课的主要教材，其内容不仅要满足煤化工行业对“煤的组成、结构、性质”等方面的知识需要，其知识架构、内容体系也要建立在学生认知的科学规律之上，达到“易于理解、便于学习、事半功倍、学以致用”的教学目的。为此，编写小组经过充分讨论，决定对《煤化学》进行修订，从知识更新、组织结构更新、内容体系更新等方面进行全方位的修改和完善，以期达到上述目的。

本次修订的主要变动如下：在“煤的形成”一章中，弱化专业性的煤田地质学知识，强化煤的生成过程中各种条件和因素变化多样性的描述，便于学生和读者学了后续章节后，能够认识到煤形成的两个阶段对于煤的结构、组成和性质的决定性影响及其不同之处，促进学生对煤的结构、组成和性质等知识的深入理解；在“煤的岩石组成”一章中，简化繁琐的煤岩组分的识别及详细的分类等方面的知识，强化煤岩组分对煤的结构、组成和性质的影响以及煤岩学知识在煤炭加工和转化中的实际应用；在“煤的工艺性质”一章中突出工艺性质的模块化，按照“煤的热解和黏结成焦性质、煤的燃烧和气化性质以及煤的机械加工性质”三个模块组织编写，这样处理与煤炭的实际加工利用方式直接关联，便于学生将煤化学知识与应用实际建立联系，有利于学生实际应用能力的培养。在“煤炭转化”一章中，围绕煤化学知识在煤炭转化生产中的指导作用进行编写，简要介绍煤炭转化工艺，着眼于煤化学知识的应用。

全书将煤化学知识系统化，建立煤化学知识之间的逻辑关系，将整个煤化学知识体系划分为煤的形成、煤的结构、煤的组成、煤的性质、煤的分类和煤炭转化等几个部分，以“煤的形成过程决定煤的结构和组成、煤的结构和组成决定煤的性质，煤的组成和性质决定煤的转化利用”为内在逻辑关系，将煤化学知识体系组成一个具有密切内在联系的整体，并以煤的分子结构理论为主线将各章节内容串联起来，形成严密的体系，便于学生系统全面地掌握煤化学知识的精髓，并能够熟练地在实践中用以解决实际问题。

本书的第一章、第五章、第八章和附录由中国矿业大学张双全教授执笔；第二章、第四章由太原理工大学田承圣讲师（现已调任大连市公务员）执笔；第三章由中国矿业大学（北京）解强教授执笔；第六章由安徽理工大学聂容春副教授执笔；第七章由中国矿业大学武建军教授执笔；第九章由中国矿业大学吴国光教授执笔；第十章由中国矿业大学周敏教授执笔。全书由张双全教授负责最终修改和整理。

本书的编写得到江苏省教育厅、中国矿业大学教务部、中国矿业大学出版社、中国矿业大学化工学院以及化工系的领导、老师和同行们的大力支持，编者谨向他们表示真诚的谢意，并向被引用资料的原作者们表示衷心的感谢！

由于编者水平所限，书中疏漏和错误之处在所难免，恳请读者批评指正！

编　者

2014 年 7 月

第二版前言

本书自2004年出版发行以来，受到了读者的欢迎和鼓励，2005年被评为江苏省精品教材，2006年被列入普通高等教育“十一五”国家级规划教材出版计划。在此期间，也收到了一些读者的批评和建设性意见。借此再版的机会，我们对原书进行了重新审视，并根据近年来煤化学及工艺学的新进展和新成果，进行了认真的修改和充实。

本次修订，对原书的结构和内容衔接作了较大的改动。全书以煤分子结构理论为主线建立脉络，在内容上按照煤的生成、煤的结构、煤的组成、煤的性质、煤的分类、煤的利用的逻辑顺序重新进行材料组织，理顺了各章节内容之间的内在关系，突出了重点，使煤化学的知识体系更加分明，便于自学和教学使用。

本书的第一章，第三章，第五章，第八章第一节、第四节、第五节和第十章第四节、第五节以及附录由张双全执笔；第二章、第四章由田承圣执笔；第六章由聂容春执笔；第七章由武建军执笔；第八章第二节、第三节、第六节和第九章由吴国光执笔；第十章第一节至第三节由周敏执笔。全书由张双全负责最终修改和整理。

本书的编写得到中国矿业大学教务处、中国矿业大学出版社、中国矿业大学化工学院以及化工系的领导、老师和同行们的大力支持，也得到了北京校区赵峰华教授的无私帮助，在本书付梓之际，谨向他们表示真诚的谢意，并向被引用资料的编著者表示感谢！

由于编者水平所限，书中疏漏和谬误之处在所难免，恳请读者批评指正！

编　者

2009年8月

第一版前言

本书是在钟蕴英等前辈编写的《煤化学》教材的基础上，收集大量煤化学领域最新研究成果和有关最新国家标准的资料，并融合编者多年来的教学经验和体会精心编写而成的。煤化学是以煤质学为基础、以煤分子结构理论为核心、以煤的性质和应用基础为主要研究内容的课程，目的是为煤炭加工和转化利用提供理论基础。本教材在材料取舍上充分反映以上要求，力求将煤化学领域的最新研究成果充实到教材中。在内容安排上，本书与传统煤化学有很大的不同，主要体现在“煤的结构”一章在书中的位置以及与其他章节的关系上。本书将教材体系和结构重新安排，将煤分子结构理论提前到煤的工业分析和元素分析之前介绍，以煤的分子结构理论为主线，贯穿教材始终。这样，可以用煤分子结构理论的观点对煤的性质进行理论上的解释，也将煤化学的各个知识点串联起来成为一个相互联系的有机整体，不仅便于学生理解，而且有利于初学者从更高的层次上把握煤化学的精髓。

本书的第一章、第四章、第五章和第八章第一节由张双全执笔，第二章、第三章由唐跃刚执笔，第六章、第七章由武建军执笔，第八章、第九章由吴国光执笔，第十章由周敏执笔。桑树勋教授审阅了部分章节，并提出了许多宝贵意见。全书由张双全和吴国光负责最终修改和整理。

本书的编写得到中国矿业大学教务处、化工学院以及化工系的老师和同行们的大力支持，在本书付梓之际，谨向他们表示真诚的谢意！并向被引用资料的编著者表示感谢！

由于编者水平所限，书中疏漏和谬误之处在所难免，恳请读者批评指正！

编　者

2003 年 10 月

目　录

第一章 绪 论

第一节 煤炭是中国的主要能源和重要化工原料

煤炭是我国的基础能源和重要化工原料，中华人民共和国成立以来累计生产原煤960亿t以上，为国民经济和社会发展提供了可靠的能源保障。近年来，一方面，因为风能、太阳能等新能源发展迅速，核能也快速发展，天然气产量呈爆发式增长，加上政府限制煤炭能源的使用，我国能源结构悄然发生改变；另一方面，节能减排力度明显加大，产业结构调整加快，能源需求增长趋缓，这些客观因素使煤炭能源占比不断下降，从过去多年的75%左右下降到目前的60%以下。但可以预见，煤炭能源仍将是我国能源供应的主体，短期内不会逆转。改革开放以来，我国煤炭产量一直在不断增长，直到2013年全国煤炭产量达到39.74亿t的历史峰值后开始下降，2016年时下降到34.11亿t，但2017年又开始增长，2022年总产量达到45.60亿t。这次煤炭产量反弹式增长将是短暂的，在碳达峰、碳中和的背景下，煤炭产量和消费量都将趋于下降，但煤炭的兜底保障功能不会改变。图1-1是我国近十年来的原煤产量统计。

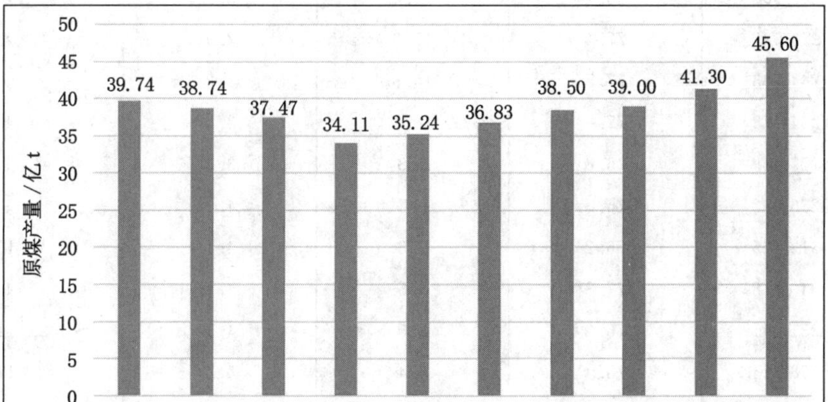

图1-1 2013—2022年我国原煤产量

表1-1是改革开放以来我国能源生产总量及构成，表1-2是同期我国能源消费总量及构成。

由表1-1可以看出，我国的能源生产经过几十年的高速增长后已显乏力，总生产量趋于稳定。表1-2的数据表明，我国的能源消费量一直在不断增长，但煤炭占比不断下降，石油、天然气和新能源比例不断加大。可以预见，今后我国的能源生产总量将趋于稳定，煤炭产量

表 1-1　我国历年能源生产总量及构成(资料来自中国统计年鉴)

年 份	能源生产总量/万 t 标准煤	占能源生产总量的比重/%			
		原 煤	石 油	天然气	一次电力及其他能源
1978	62 770	70.3	23.7	2.9	3.1
1980	63 735	69.4	23.8	3.0	3.8
1985	85 546	72.8	20.9	2.0	4.3
1990	103 922	74.2	19.0	2.0	4.8
1991	104 844	74.1	19.2	2.0	4.7
1992	107 256	74.3	18.9	2.0	4.8
1993	111 059	74.0	18.7	2.0	5.3
1994	118 729	74.6	17.6	1.9	5.9
1995	129 034	75.3	16.6	1.9	6.2
1996	133 032	75.0	16.9	2.0	6.1
1997	133 460	74.3	17.2	2.1	6.5
1998	129 834	73.3	17.7	2.2	6.8
1999	131 935	73.9	17.3	2.5	6.3
2000	138 570	72.9	16.8	2.6	7.7
2001	147 425	72.6	15.9	2.7	8.8
2002	156 277	73.1	15.3	2.8	8.8
2003	178 299	75.7	13.6	2.6	8.1
2004	206 108	76.7	12.2	2.7	8.4
2005	229 037	77.4	11.3	2.9	8.4
2006	244 763	77.5	10.8	3.2	8.5
2007	264 173	77.8	10.1	3.5	8.6
2008	277 419	76.8	9.8	3.9	9.5
2009	286 092	76.8	9.4	4.0	9.8
2010	312 125	76.2	9.3	4.1	10.4
2011	340 178	77.8	8.5	4.1	9.6
2012	351 041	76.2	8.5	4.1	11.2
2013	358 784	75.4	8.4	4.4	11.8
2014	361 866	73.6	8.4	4.7	13.3
2015	361 476	72.2	8.5	4.8	14.5
2016	346 037	69.8	8.2	5.2	16.8
2017	359 000	69.6	7.6	5.4	17.4
2018	378 859	69.2	7.2	5.4	18.2
2019	397 317	68.5	6.9	5.6	19.0
2020	407 295	67.5	6.8	6.0	19.7
2021	427 115	66.7	6.7	6.0	20.6
2022	466 000	67.4	6.3	5.9	20.4

表 1-2　我国历年能源消费总量及构成(资料来自中国统计年鉴)

年　份	能源消费总量/万 t 标准煤	占能源消费总量的比重/%			
		原　煤	石　油	天然气	一次电力及其他能源
1978	57 144	70.7	22.7	3.2	3.4
1980	60 275	72.2	20.7	3.1	4.0
1985	76 682	75.8	17.1	2.2	4.9
1990	98 703	76.2	16.6	2.1	5.1
1991	103 783	76.1	17.1	2.0	4.8
1992	109 170	75.7	17.5	1.9	4.9
1993	115 993	74.7	18.2	1.9	5.2
1994	122 737	75.0	17.4	1.9	5.7
1995	131 176	74.6	17.5	1.8	6.1
1996	135 192	73.5	18.7	1.8	6.0
1997	135 909	71.4	20.4	1.8	6.4
1998	136 184	70.9	20.8	1.8	6.5
1999	140 569	70.6	21.5	2.0	5.9
2000	146 964	68.5	22.0	2.2	7.3
2001	155 547	68.0	21.2	2.4	8.4
2002	169 577	68.5	21.0	2.3	8.2
2003	197 083	70.2	20.1	2.3	7.4
2004	230 281	70.2	19.9	2.3	7.6
2005	261 369	72.4	17.8	2.4	7.4
2006	286 467	72.4	17.5	2.7	7.4
2007	311 442	72.5	17.0	3.0	7.5
2008	320 611	71.5	16.7	3.4	8.4
2009	336 126	71.6	16.4	3.5	8.5
2010	360 648	69.2	17.4	4.0	9.4
2011	387 043	70.2	16.8	4.6	8.4
2012	402 138	68.5	17.0	4.8	9.7
2013	416 913	67.4	17.1	5.3	10.2
2014	425 806	65.6	17.4	5.7	11.3
2015	434 113	63.8	18.4	5.8	12.0
2016	441 492	62.2	18.7	6.1	13.0
2017	455 827	60.6	18.9	6.9	13.6
2018	471 925	59.0	18.9	7.6	14.5
2019	487 000	57.7	18.9	8.1	15.3
2020	498 314	56.9	18.8	8.4	15.9
2021	525 896	55.9	18.6	8.8	16.7
2022	541 000	56.2	17.9	8.4	17.5

和石油产量将趋于下降，新能源产量将不断提高。随着经济规模的不断增长和居民生活水平的提高，我国能源消费量在一定时期内还会继续增长，特别是石油、天然气的消费量将继续增长。

综上分析，无论是能源生产还是能源消费，煤炭的占比虽然不断下降，但煤炭在我国的能源生产和消费构成中仍将长期处于主导地位，这一特点是由我国能源资源特性所决定的。从中国能源资源条件来看，我国煤炭储量丰富。根据最新《全国煤炭资源潜力评价》成果，2 000 m以浅煤炭资源总量5.9万亿t，圈定预测区2 880个，面积近45万km^2。其中，探获煤炭资源储量2.02万亿t，预测资源量3.88万亿t(其中：可靠级1.57万亿t，可能级1.22万亿t，推断级1.09万亿t；优等预测资源量0.98万亿t，良等1.14万亿t，差等1.76万亿t)。尚未利用资源量中，精查储量仅为2 593.58亿t，占尚未利用资源总量的16.8%，可采煤炭资源储量为1 487.97亿t，占全国保有煤炭资源总量的7.6%。按照35亿t的产能估算，剩余探明可采储量仅供开采40年左右。据2021年《BP世界能源统计年鉴》的数据，我国已探明的石油储量为260亿桶，仅占全球储量的1.5%，我国的石油产量390.1万桶/日。据此测算，我国的石油只能开采18年左右。虽然新的煤炭矿藏和石油矿藏不断被发现，但煤炭储量远远大于石油储量是不争的事实。能源资源的这种特点决定了煤炭在可预计的将来仍将是我国的主要能源，但毫无疑问，它的重要性将逐步下降。虽然煤炭作为能源的比例将持续下降，但在原料领域仍将保持较高比例，甚至还有持续增长的空间。随着我国煤制甲醇、煤制油、煤制天然气、煤制烯烃、煤制乙二醇等新型煤化工产业的不断发展，煤炭由燃料向原料与燃料并重的战略转变已经启动，煤炭在化工产品生产领域将发挥越来越重要的作用。

第二节　煤化学的主要内容及学习方法

一、煤化学及其在煤炭加工利用中的作用

煤化学是研究煤的生成、组成(包括化学组成和岩相组成)、结构(包括分子结构和孔隙结构)、性质、分类、利用以及它们之间相互关系的学科。

煤化学起源于工业革命的18世纪末。工业革命对于煤炭的需求，客观上需要了解煤炭的来源、组成、性质等基本问题。大约在19世纪30年代到20世纪初，科学家以元素化学为研究手段，对煤的组成和性质进行了系统的研究。此后，科学家将研究岩石的技术应用于煤的研究，诞生了“煤岩学”。煤岩学技术的发展，促进了对煤的成因、组成、性质以及煤炭应用的深入研究。现在，煤岩学已经成为煤化学不可或缺的重要组成部分。物理方法、化学手段和显微镜技术的联合应用，在煤炭研究和指导煤炭应用方面发挥着重要的作用。

煤是一种组成和结构十分复杂，而且极不均匀的天然矿产资源。从组成上来说，它是由上千种有机物和几十种无机矿物组成的复杂混合物。有机物是煤炭利用和研究的主体，无机矿物对于煤的利用基本上是不利的甚至是有害的。这两类组分的特点决定了煤的可加工利用性能和利用价值。迄今为止，对于煤中的有机物种类及其分子结构还不十分清楚，其研究尚处于瓶颈的突破阶段。煤的组成和性质是煤炭利用的决定性因素，同时其又受多种因素制约，主要有成煤原始植物的种类、植物遗体堆积和积聚的环境(气候、水质、水流、水深、地质、土壤、地理位置等)、埋藏深度、沉积时间、地壳运动、地下水质及水流、地下熔岩活动等。

由此可见，煤的组成和性质的复杂性不是偶然的，人类对于煤的认知还有很长的路要走。

虽然煤化学的发展已经有 200 多年的历史，但对于煤的许多问题还不明了，特别是煤的分子结构问题仍是困扰科学家的最大难题。虽然遇到了很大挑战，但对于煤分子结构的研究和认识也有很大的进展，特别是大量先进的科学仪器及技术的应用，如：小角 X 射线散射(SAXS)、计算机断层扫描(CT)、核磁共振成像(NMRI)、透射电子/扫描电子显微镜(TEM/SEM)、扫描隧道显微镜(STM)、原子力显微镜(AFM)、X 射线衍射(XRD)、紫外-可见分光光度法(UV-Vis)、红外光谱(IR)-拉曼光谱、核磁共振(NMR)谱、电子自旋共振(ESR)谱、X 射线光电子能谱法(XPS)等，大大深化了煤分子结构的研究，取得了大量的研究成果。相信在不久的将来，人类一定能够揭开煤分子结构之谜。

煤化学是一门涉及多个学科领域的综合性学科，它以化学为基础，利用地球化学、地理学、沼泽学、微生物学、地质学、高分子化学、胶体化学、电化学、表面化学、煤岩学等学科的知识和手段，对煤的基础科学问题和应用问题进行交叉分析和研究。

煤的组成和性质是煤化学研究的核心，也是指导煤炭加工和转化的基础。现代煤炭加工和转化的各种工艺均离不开对煤组成和性质的分析，简要归纳如下。

(1) 煤炭分选：确定分选工艺必须要知道原煤的灰分、硫分、变质程度、密度、矿物质与煤有机质的结合情况等基本指标。

(2) 粉煤成型：确定成型工艺和配方必须要知道原煤的灰分、挥发分、水分、硫分、密度、粒度组成等基本指标。

(3) 动力煤配煤：确定配煤工艺和配方必须要知道原煤的灰分、挥发分、水分、硫分、发热量、灰熔点、密度、粒度组成等指标。

(4) 水煤浆：确定制浆工艺和添加剂的用量必须要知道原煤的灰分、挥发分、水分、硫分、发热量、灰熔点、密度、粒度组成、表面性质、可磨性等指标。

(5) 煤炭燃烧：选择合适的燃烧设备必须要知道原煤的灰分、挥发分、水分、硫分、发热量、灰熔点、黏结性、粒度组成、可磨性等指标。

(6) 煤炭气化：选择合适的气化工艺必须要知道原煤的灰分、挥发分、水分、元素组成、发热量、灰熔点、灰黏度、黏结性、反应性、结渣性、粒度组成等指标。

(7) 煤炭液化：选择合适的液化工艺必须要知道原煤的灰分、挥发分、水分、元素组成、矿物组成、反应性、粒度组成等指标。

(8) 煤炭焦化：制造优质冶金焦必须要知道原煤的灰分、挥发分、水分、硫分、矿物组成、黏结性、粒度组成等指标。

(9) 煤基炭素耐火材料：制造优质炭素耐火材料必须要知道原煤的灰分、挥发分、水分、硫分、矿物组成、粒度组成等指标。

(10) 电极糊：制造优质电极糊必须要知道原煤的灰分、挥发分、水分、硫分、导电性、矿物组成、粒度组成等指标。

(11) 炭质吸附剂：制造优质炭质吸附剂(活性炭、炭分子筛)必须要知道原煤的灰分、挥发分、水分、硫分、黏结性、矿物组成、粒度组成等指标。

以上列举的是煤炭加工、转化的常规方法对煤炭组成和性质的要求，对于特殊方法来说，要求的性质可能更多，如煤的导电性、煤的磁性质、煤的岩相组成等。总之，煤化学是解决煤炭加工、转化和利用问题的理论基础。

二、煤化学的学习方法

煤化学的内容较多，涉及煤的形成、煤的结构、煤的组成、煤的性质、煤的分类和煤的利用等方面，概念性的内容多，严谨规律性的内容少，难度不大，但内容多而杂，给学习造成一定的困难。但是煤化学各部分内容之间是一个具有密切联系的完整体系，只要洞悉煤化学各部分内容之间的关系、抓住其核心问题，学习起来就会觉得轻松而有趣味。

学习煤化学的目的是解决煤炭加工、转化和利用中的实际技术问题，比如煤的利用方式、利用条件、煤种选择、物料衡算、热量衡算等。要解决这些问题，就需要知道煤的组成和性质。可见，煤的组成和性质是煤化学的主要内容。要深入了解煤组成和性质的变化规律，就需要研究决定煤组成和性质的影响因素。决定煤性质的是煤的结构特性，煤的组成和结构特性又是由其形成过程决定的。这样，煤化学各部分内容之间的内在关系就跃然纸上，即"煤的形成过程决定煤的组成和结构，煤的组成和结构决定煤的性质，煤的性质决定煤的加工和转化利用方向"。在这个体系中，"煤的大分子结构理论"是连接煤化学知识体系的主线，它使整个煤化学的知识体系成为一个相互紧密联系的有机整体。

要特别注意煤的生成过程的不同阶段对于煤的组成和结构的影响是不同的。煤的生成过程分为两个大的阶段，即由植物转化为泥炭的泥炭化作用阶段和由泥炭转化为褐煤、烟煤和无烟煤的煤化作用阶段。泥炭化作用阶段主要影响煤的无机质组成及嵌布特性和煤岩组成，煤化作用阶段主要影响煤有机质的分子结构。学习煤的性质要区分是有机质的性质还是矿物质的性质，决定煤的最终加工利用方式的是二者混合态时的性质。

在学习煤化学时，一要熟练、准确地掌握各种概念；二要掌握煤大分子结构理论的要点，并能够熟练运用煤大分子结构理论解释煤有机质的组成及性质随煤化程度的变化规律；三要熟练掌握煤质指标的基准含义及换算；四要将煤化学各知识点用煤大分子结构理论连接成为一个整体。抓住这四点，就能够掌握煤化学知识体系的精髓，并能运用煤化学知识解决煤炭加工利用和转化中与煤质相关的实际问题。

复习思考题

1. 中国能源构成有何特点？其发展趋势是什么？
2. 为什么我国煤化工产业能够迅速发展？
3. 如何学好煤化学？

第一章学习指南

第二章　煤的形成

煤是植物遗体经过生物化学作用，再经过物理化学作用转变而成的沉积有机岩，其中还含有数量不等的矿物质。因此，煤是多种高分子化合物和矿物质组成的混合物。煤中的矿物质在煤燃烧后转化为灰分，一般认为，灰分小于50%时才能称为煤。从植物死亡、植物残骸堆积到转变为煤经过了一系列复杂的演变过程，这个过程称为成煤作用。成煤作用可以分为两个主要阶段，第一阶段是植物遗体在泥炭沼泽、湖泊或浅海中，在微生物的参与下不断分解、化合形成新物质的过程。这个过程起主导作用的是生物化学作用。低等植物经过生物化学作用形成腐泥，高等植物形成泥炭，因此成煤第一阶段可称为腐泥化阶段或泥炭化阶段。当发生地壳运动，地壳的下沉使已形成的泥炭或腐泥被上覆沉积物所掩埋时，成煤作用就转为第二阶段——煤化作用阶段，即泥炭（腐泥）在一定温度和压力的作用下转变为煤的过程。成煤第二阶段又分为成岩作用阶段和变质作用阶段。在煤化作用阶段起主导作用的是物理化学作用。在温度和压力的影响下，泥炭转变为褐煤（成岩作用），再由褐煤转变为烟煤和无烟煤（变质作用）。

煤与煤之间的性质千差万别，不仅不同煤田的煤质差别较大，即使是同一煤田不同煤层的煤质，其差异也很大。若同一煤田且同一煤层，但在不同地点采的煤样，其煤质也有差别。甚至是在同一煤田同一煤层且同一地点采样，而采样时，将煤层从上到下分成若干个分层采样，各分层的煤质也有差异。引起煤质千差万别的原因与成煤物质、成煤环境和成煤作用密切相关。

研究煤的形成时，要特别注意无机组分和有机组分的变化。一般来说，无机组分的种类、数量和分布形态主要由泥炭化作用的具体过程所决定；而有机组分的组成和结构除受泥炭化作用影响外，受煤化作用的影响更大。无机组分的数量、种类和赋存嵌布形态与有机质的特性共同决定了煤的性质和利用方式。

第一节　成煤物质

一、成煤的原始物质

19世纪以前，人们对煤成因的认识并不一致，曾提出过很多假说，归纳起来主要有三种：一是认为煤和地壳中的其他岩石一样，一有地球就存在；二是认为煤是由岩石转变而成的；三是认为煤是由植物残骸形成的。

随着煤炭的大规模开采，人们在煤层中常常发现保存完好的古植物化石和由树干变成的煤，在煤层底板岩层中发现了大量的植物化石，证明它曾经是植物生长的土壤。随着煤岩学的发展，人们利用显微镜在煤制成的薄片中观察到许多原始植物的细胞结构和其他残骸，如孢子、花粉、树脂、角质层、木栓体等；在实验室用树木进行的人工煤化实验，也可以得到外观和性质与煤类似的人造煤。因此，煤是由植物而且主要是由高等植物转化而来的观点已成为人们的共识。

由于植物是成煤的主要原始物质，因此植物的发展、演化以及各类植物的兴盛、衰亡必然影响着地史时期成煤特征的演化。植物在地史上，先后出现低等植物和高等植物，并经历了多次飞跃的漫长过程。从低等的菌藻到高级的被子植物，其发展过程显示出五个阶段，由老到新分别是：菌藻植物时代、裸蕨植物时代、蕨类和种子植物时代、裸子植物时代和被子植物时代。这几个阶段对煤的形成和聚积有直接影响。

最早出现的植物是低等植物，低等植物是由单细胞或多细胞构成的丝状和叶片状植物体，没有根、茎、叶等器官的分化，如藻类、菌类等。低等植物大多生活在水中，细菌的生存环境十分广泛，它们是地球上最早出现的生物。藻类从太古代、元古代开始一直发展到现在，其种类达两万种以上。高等植物有根、茎、叶等器官的分化，包括苔藓植物、蕨类植物、裸子植物和被子植物，地史上这些类别的植物除苔藓外，常能形成高大的乔木，具有粗壮的根和茎，成为重要的成煤物质。

植物的演化对煤的形成有十分重要的影响，只有当植物分布广泛、繁茂生长时才可能有成煤作用发生，而新门类植物群的出现又是形成新成煤期的前提。图 2-1 列出了最主要的植物门类在地史上的分布。

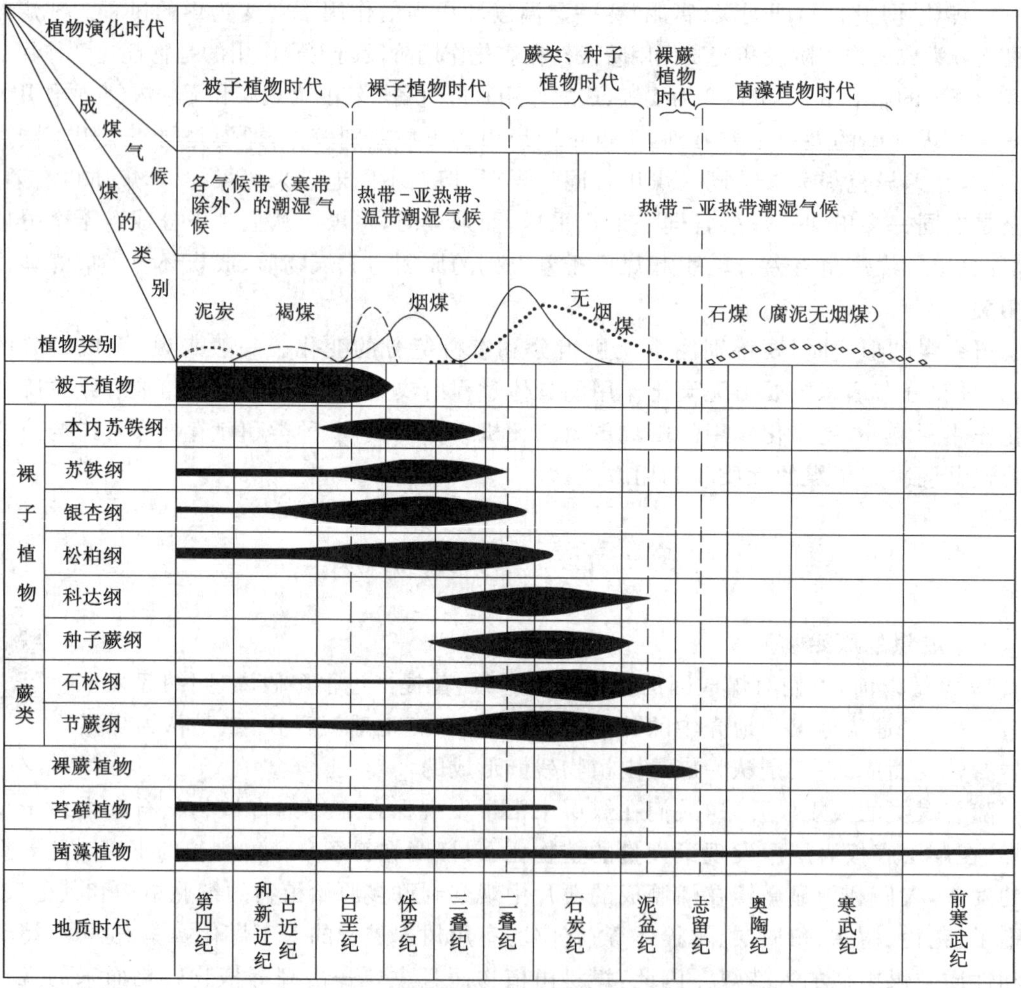

图 2-1　地史上主要植物群分布图

二、植物的有机组成及化学性质

植物主要由有机物质构成，但也含有一定量的无机物质。高等植物和低等植物的基本组成单元是细胞，植物细胞是由细胞壁和细胞质构成的。各类植物以及同一植物的不同组织的有机组成各不相同，见表 2-1。低等植物主要由蛋白质、碳水化合物和脂类化合物组成；高等植物的组成则以碳水化合物和木质素为主，植物的角质层、木栓层、孢子和花粉则含有大量的脂类化合物。此外，高等植物中还含有少量的蛋白质。无论高等植物还是低等植物，也不论高等植物中的哪一种有机成分都可参与泥炭化作用进而形成煤。成煤作用过程可以看作十分漫长而复杂的化学反应过程，而植物的有机组成的差别，直接影响到它的分解和转化过程，最终影响到煤的组成、性质和利用途径。

表 2-1　植物的主要有机组分含量　　单位：%

植物		碳水化合物	木质素	蛋白质	脂类化合物
细菌		12～28	0	50～80	5～20
绿藻		30～40	0	40～50	10～20
苔藓		30～50	10	15～20	8～10
蕨类		50～60	20～30	10～15	3～5
草类		50～70	20～30	5～10	5～10
松柏及阔叶树		60～70	20～30	1～7	1～3
木本植物的不同部分	木质部	60～75	20～30	1	2～3
	叶	65	20	8	5～8
	木栓	60	10	2	25～30
	孢粉质	5	0	5	90
	原生质	20	0	70	10

从化学的观点看，植物的有机族组成主要有四类，即碳水化合物、木质素、蛋白质和脂类化合物。

（一）碳水化合物

碳水化合物包括纤维素、半纤维素和果胶质等成分。

纤维素是一种高分子的碳水化合物，它是构成植物细胞壁的主要成分，属于多糖，其链式结构可用通式$(C_6H_{10}O_5)_n$表示，分子结构如图 2-2 所示。纤维素在活的植物体内对微生物的作用很稳定，但植物死亡后，需氧细菌通过纤维素水解酶的催化作用可将纤维素水解为单糖，其反应式如下：

$$(C_6H_{10}O_5)_n + nH_2O \xrightarrow{\text{细菌作用}} nC_6H_{12}O_6$$

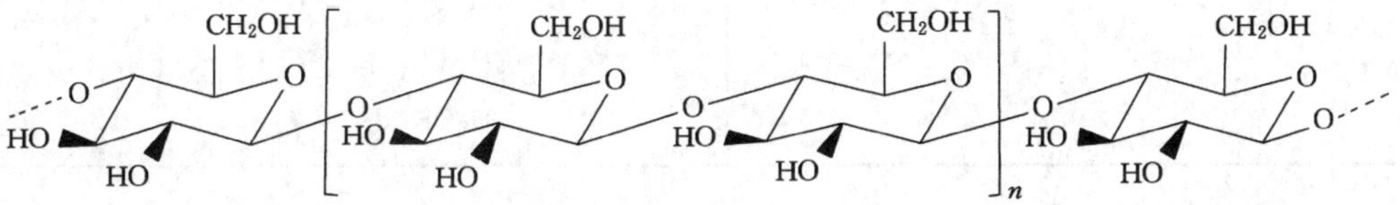

图 2-2　纤维素的分子结构

如果进一步氧化分解，单糖可最终分解为 CO_2 和 H_2O，其反应式如下：

$$C_6H_{12}O_6+6O_2 \longrightarrow 6CO_2\uparrow+6H_2O+热量$$

当成煤环境逐渐转变为缺氧环境时，单糖可以在还原细菌的参与下发酵生成脂肪酸，其反应式如下：

$$3C_6H_{12}O_6 \longrightarrow 2C_4H_8O_2+2C_2H_4O_2+2H_2O+2CH_4\uparrow+4CO_2\uparrow$$

厌氧细菌使纤维素发酵生成 CH_4、CO_2、C_3H_7COOH 等中间产物，参与成煤作用。无论是水解产物还是发酵产物，它们都可能与植物的其他分解产物作用形成更复杂的物质参与成煤作用。

半纤维素也是多糖，其结构多种多样，例如多戊糖 $(C_5H_8O_4)_n$ 就是其中的一种。它们也能在微生物作用下分解成单糖。果胶质主要由半乳糖醛与半乳糖醛酸甲酯缩合而成，属糖的衍生物，呈果冻状存在于植物的果实和木质部中。果胶质分子中有半乳糖醛酸，故呈酸性。果胶质不太稳定，在泥炭形成的开始阶段，即可因生物化学作用水解成一系列的单糖和糖醛酸。此外，植物残体中还有糖苷类物质，由糖类通过其还原基团与其他含羟基物质，如醇类、酚类缩合而成。

碳水化合物比木质素更容易被微生物降解，对成煤作用的贡献不如木质素。

（二）木质素

木质素主要分布在高等植物的细胞壁中，包围着纤维素并填满其间隙，以增加茎部的坚固性。木质素的组成因植物种类不同而异。木本植物的木质素含量高，针叶树的木质部中木质素含量比阔叶树多。木质素是具有芳香结构的化合物，结构复杂，至今还不能用一个结构式来表示，但已知它具有一个芳香核，带有侧链并含有—OCH_3、—OH、—O—等多种官能团。目前已查明有三种类型的单体，如表 2-2 所示。木质素是其单体以不同的连接方式连接成三维空间的大分子，因此比纤维素稳定，抵抗微生物的破坏能力比纤维素强，不易水解。但在氧的存在下，木质素首先遭到真菌分解破坏，然后被需氧细菌分解形成芳香酸和酚类化合物。如果进一步氧化，芳香酸和酚类化合物进一步被破坏形成脂肪化合物，并最终形成 CO_2 和 H_2O 而逸散。

表 2-2　木质素的三种不同类别的单体（据谢克昌，2002）

植物种类	针叶树	阔叶树	禾木
单体名称	松柏醇	芥子醇	γ-香豆醇
结构式	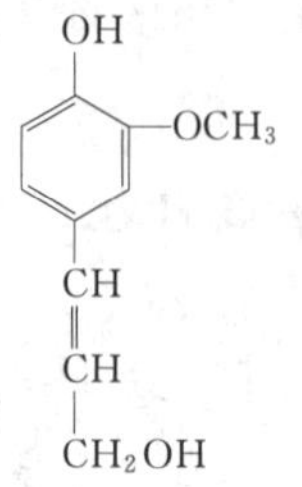	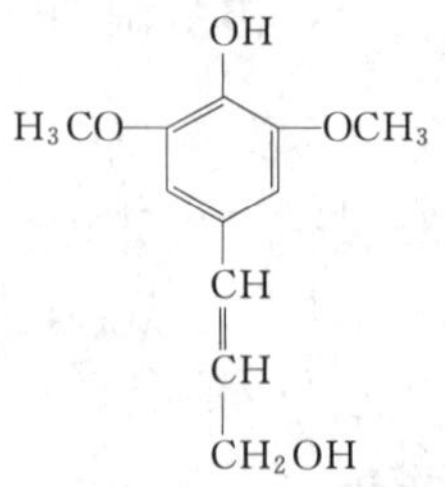	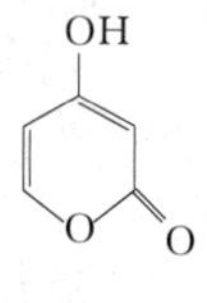

芳香酸（如苯甲酸）是组成腐植酸的一种带羧基的有机化合物；酚类（如苯酚）是组成腐植酸的一类带羟基的芳香化合物。后者加热脱水可形成腐植物质的稠环化合物。因此，木

质素是成煤原始物质中重要的有机组分。有水参与下的高压釜模拟实验表明，由纤维素产生的腐植酸可达到20%，而由木质素产生的腐植酸只有百分之几。无论是木质素还是纤维素，形成腐植酸的数量和性质主要取决于原始物质、沼泽的氧化还原电位和pH值等因素。

木质素在高等植物中的含量仅次于碳水化合物，但它因为更稳定，不易被微生物降解，成煤作用的贡献高于碳水化合物。

（三）蛋白质

蛋白质是构成植物细胞原生质的主要物质，它在植物体内所占比重不大。蛋白质是一种无色透明半流动态的胶体，是由许多不同的氨基酸分子按照一定的排列规律缩合而成的具有多级复杂结构的高分子化合物（见图2-3）。一个氨基酸分子中的—COOH和另一个氨基酸分子中的$—NH_2$生成酰胺键，分子中的—CO—NH—称为肽键。蛋白质是天然多肽，相对分子质量在10 000以上，一般含有羧基、氨基、羟基、二硫键等。煤中的氮和硫可能与植物的蛋白质有关。植物死亡后，蛋白质在氧化条件下可分解为气态产物而逸散。在泥炭沼泽中，它可水解生成氨基酸、卟啉等含氮化合物，氨基酸可以与糖类发生缩合作用生成结构更为复杂的腐植物质，参与成煤作用。

$$\text{蛋白质}\xrightarrow[\text{水解}]{\text{氧化}}\text{氨基酸}$$

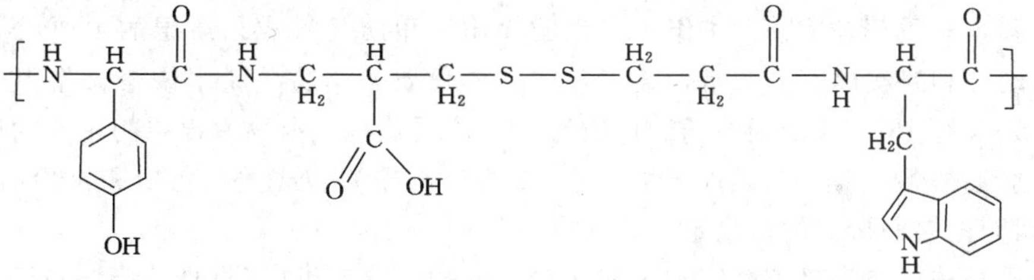

图2-3 蛋白质片段化学结构示例

如果在需氧细菌的强烈分解作用下，蛋白质最后可以分解为CO_2、H_2O、氨及硫、磷的氧化物等逸散而无法参与泥炭的形成。

蛋白质在高等植物中含量很少，且易降解，对成煤作用贡献较少。

（四）脂类化合物

脂类化合物通常指不溶于水而溶于苯、醚和氯仿等有机溶剂的一类有机化合物，包括脂肪、树脂、蜡质、角质、木栓质和孢粉质等。脂类化合物的共同特点是化学性质稳定，因此能较完整地保存在煤中。

脂肪属于长链脂肪酸的甘油酯，如甘油三软脂酸酯（见图2-4）。低等植物脂肪较多，如藻类含脂肪可达20%。高等植物一般仅含脂肪1%～2%，且脂肪多集中在植物的孢子、种子或茎皮、树皮中。脂肪受生物化学作用，在酸性、碱性溶液中可被水解，生成脂肪酸和甘油，前者参与了成煤作用。在自然条件下，脂肪酸具有一定的稳定性，因此在泥炭、褐煤的抽提沥青中能发现脂肪酸。

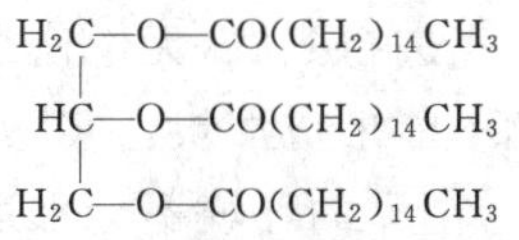

图2-4 甘油三软脂酸酯的结构式

树脂是植物生长过程中分泌组织产生的分泌物，具有保护作用。高等植物中的针叶植物含树脂最多，低等植物不含树脂。树脂是混合物，其成分主要是二萜和三萜类衍生物。在树脂中存在的典型树脂酸有松香酸和右旋海松酸（见图 2-5）。这两种树脂酸具有不饱和性，能发生聚合。树脂的化学性质十分稳定，不受微生物破坏，也不溶于有机酸，因此能较好地保存在煤中。我国抚顺古近纪和新近纪褐煤中“琥珀”就是由植物的树脂演变而成的。

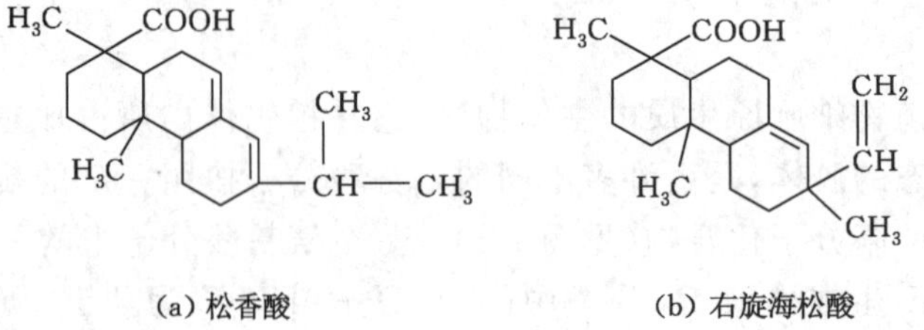

图 2-5 典型树脂酸

蜡质的化学性质类似于脂肪，但比脂肪更稳定，通常以薄层覆盖于植物的叶、茎和果实的表皮上，防止水分的过度蒸发并保护植物免受伤害。蜡质的成分比较复杂，主要是长链脂肪酸和含有 24～36（或更多）个碳原子的高级一元醇形成的酯类，其化学性质稳定，不易被分解。在泥炭和褐煤中常常发现有蜡质存在。

角质和木栓质都是植物保护组织产生的物质。角质是构成角质层的主要成分，植物的叶、嫩枝、幼芽和果实的表皮常常覆盖着角质膜。角质是脂肪酸脱水或聚合作用的产物，其主要成分是含有 16～18 个碳原子的角质酸。木栓质是构成植物木栓层的主要物质，其主要成分是 ω 脂肪醇酸、二羧酸、碳原子数大于 20 的长链羧酸和醇类。角质和木栓质的化学性质稳定，因而由它们形成的植物组织常保存于煤中。

孢粉质是构成植物繁殖器官孢子和花粉外壁的主要有机成分，具有脂肪-芳香族网状结构，化学性质非常稳定，能耐一定的温度和酸、碱处理，不溶于有机溶剂。古生代煤中常保存有大量的孢子。

除上述四类有机化合物外，植物中还有少量鞣质、色素等成分。鞣质（又称丹宁）是由不同成分（如丹宁酸、五倍子酸、鞣花酸等）组成的芳香族化合物，并具有酚的特性。鞣质浸透了老年木质部细胞壁、种子外壳，许多树皮中鞣质高度富集，如红树皮中鞣质达 21%～58%，铁杉、漆树、云杉、栎、柳、桦等现代和古近纪、新近纪成煤植物的重要种属都含有鞣质。鞣质具有抗腐性，泥炭藓的细胞壁由于浸透了鞣质，所以抗腐性很强，一般分解程度较低。色素是植物内贮存和传递能量的重要因子，含有与金属原子结合的吡咯化合物结构。

综上所述，不论是高等植物还是低等植物以及微生物，都是成煤的原始物质。如果氧化作用一直进行到底，无论什么植物成分全都会遭到破坏和分解而变成气态和液态产物逸散，这样就不能形成泥炭。实际上氧化分解往往是不充分的，由于植物本身特性及环境两方面的原因，沼泽的环境不会永远保持不变。沼泽环境的改变会促使植物群落生长的变迁，而不同植物群落的生长又会改造沼泽的环境。两种因素相辅相成，相互影响又相互制约。因此沼泽的氧化、氧化-还原及还原三种环境经常变化并交替出现，结果造成植物分解、保护、再分解、再保护的多次过程，所以成煤植物的各种有机族组成都可能通过不同途径和过程参与成煤作用，这是煤具有高度复杂性的重要原因之一。

三、成煤植物对煤炭性质的影响

由于植物的种类不同，其有机组分的含量也不同。低等植物不含木质素，主要由蛋白质和碳水化合物组成，脂肪含量比较高，而高等植物的组成则以纤维素、半纤维素和木质素为主。相同植物其不同部分的有机组分含量也不同，如木本植物各部分的有机组成差别很大，见表 2-1。

成煤的原始物质不同，必然导致煤炭在组成、性质上的差异。由高等植物形成的煤称为“腐植煤”，由低等植物形成的煤称为“腐泥煤”，而由高等植物、低等植物共同形成的煤称为“腐植腐泥煤”，由高等植物残骸中对生化作用稳定的组织，如角质层、树皮、树脂等富集，经煤化作用后形成的煤称为残植煤。这些由成煤植物种类对煤进行的分类，称为煤的成因类型。

若成煤的原始物质主要是植物的根、茎等木质纤维组织，则煤的氢含量就比较低；若成煤的原始物质由含脂类化合物较多的角质层、木栓层、树脂、孢粉所组成，则煤的氢含量就比较高（见表 2-3）；若成煤的原始物质是藻类，则煤的氢含量就更高。这些煤在加工利用过程中，表现出来的工艺性质很不一样，所以成煤的原始物质是影响煤炭性质的重要因素之一。

表 2-3　成煤植物各种物质的元素组成

单位：%

成煤植物	C	H	O	N
浮游植物	45.0	7.0	45.0	3.0
细　菌	48.0	7.5	32.5	12.0
陆生植物	54.0	6.0	37.0	2.75
纤维素	44.4	6.2	49.4	—
木质素	62.0	6.1	31.9	—
蛋白质	53.0	7.0	23.0	16.0
脂　肪	77.5	12.0	10.5	—
蜡　质	81.0	13.5	5.5	—
角　质	61.5	9.1	9.4	—
树　脂	80.0	10.5	9.0	—
孢粉质	59.3	8.2	32.5	—
鞣　质	51.3	4.3	44.4	—

第二节　成煤环境

研究成煤环境是深入认识聚煤规律的重要基础，同时成煤模式的建立对煤田预测和勘探具有重大现实意义。成煤环境对于煤的组成、结构和性质有重大影响。

煤由堆积在沼泽中的植物遗体转变而成，植物遗体不是在任何情况下都能顺利地堆积并能转变为煤，而是需要一定的条件。首先是适于植物大量繁殖和生长的地理、气候条件，其次是植物死亡后遗体不致被微生物完全降解、能够部分保存下来转化为泥炭的有水的堆积场所，最后是泥炭地长时间适度沉降的地壳构造运动。这几个条件必须同时具备才能形成具有工业价值的煤炭矿藏。适于植物遗体堆积并转化为泥炭的场所主要是沼泽。沼泽是地表土壤充分湿润、有季节性或长期积水且丛生着喜湿性沼泽植物的低洼地段。当沼泽中形成并堆积了一定厚度的泥炭层时称为泥炭沼泽，泥炭沼泽既不属于水域，又不是真正的陆地，而是地表水域和陆地之间的过渡形态。适于泥炭沼泽发育的沉积环境有海滨或湖泊沿岸、三角洲平原、冲积平原、冲积扇前缘等。

一、泥炭沼泽的形成

（一）泥炭沼泽的形成条件

泥炭沼泽的形成和发育是地质、地貌、水文、土壤、植物等多种自然因素综合作用的结果。沼泽是在一定的气候、地貌和水文条件下形成的产物。

晚近时期构造运动对泥炭沼泽发育的影响，主要表现为断裂或节理裂隙所构成的破碎带经风化剥蚀而发展成洼地，形成汇水地区，从而为泥炭沼泽的形成提供了地貌、水文条件。地壳升降运动的幅度、速度、频率等影响泥炭沼泽的形成、泥炭层数及厚度。一般来说，地壳上升，往往引起侵蚀作用增强。由低位泥炭沼泽发展至高位泥炭沼泽，与沼泽区构造活动保持相对稳定或缓慢下沉密切相关，如果沼泽区地表不断下沉，地下水位随之不断上升，形成地下水对沼泽的丰富补给，低位泥炭沼泽得到持续发展。地下水位的下降，不利于泥炭沼泽的形成，如果地壳沉降速度与植物堆积速度相对平衡时，在地面平坦的低洼地段造成地区泄水条件不畅，有利于泥炭沼泽的发育。川西北若尔盖高原泥炭区是我国最大的泥炭沼泽，^{14}C 测定表明，其中的泥炭形成于距今 12 000 万～9 300 万年前。到现在为止，泥炭沼泽仍处于富营养阶段，主要是由于若尔盖高原“盆地”一直持续下降，地下水位始终较高。当泥炭沼泽区下降较快，植物物料补充不足时，泥炭层将被无机沉积物覆盖，泥炭的堆积过程将中断。如果沼泽区保持相对稳定或泥炭生长速度超过下降速度，那么植物残体堆积物的顶面将逐渐升高，沼泽表面微微凸起，泥炭沼泽的演化得以继续进行。

自然地理、地貌条件与泥炭沼泽的形成有密切关系。首先，泥炭沼泽的发育地带通常位于缓慢沉降的低洼地带，这种洼地有利于水的汇聚而不利于水的排泄，基底的缓慢沉降使地下水位能够缓慢持续地升高；其次，泥炭沼泽的发育地带大多与活动能量大的水体（如海、湖、河）之间以一定形式的屏障被相对隔离的地带（如沙坝或沙嘴或沙滩）阻隔，而且相对分离于开阔海域以外的海湾、潟湖地带、天然堤与活动河道分离的河后沼泽及废河道等；再次，泥炭沼泽的发育地带大多为地表地形高差变化不大且地表宽缓低平能量低的地带。由于泥炭沼泽具有水陆过渡性质，而滨海地带正是海洋与陆地相互作用的结果，尤其是海水的波浪、岸流、潮汐以及大范围的海面升降等作用，都为泥炭沼泽的广泛发育创造了有利的地貌条件。滨海地带的海湾潟湖，三角洲平原上的分流河道之间的低洼地以及靠近海边缘部分的潟湖湿洼地，热带、亚热带地区的海岸和河口地区都是泥炭沼泽发育的良好场所。如我国的长江三角洲和珠江三角洲地带，地下埋藏的泥炭层就是古三角洲平原上的产物，还有现代的一种特殊类型的滨海泥炭沼泽——红树林泥炭沼泽。

内陆有利于发育泥炭沼泽的地区一般多属与河流作用、冰川作用有关的河湖地带。内陆地区地表径流是塑造地貌的重要营力①。一般在山地、丘陵、台地，由于暂时性流水的作用易形成源头洼地、沟谷洼地、洪积扇缘洼地等；在平原地带，由于经常性流水作用易形成长条状洼地，如河漫滩洼地、废弃河道洼地等。这些洼地往往成为泥炭沼泽发育的有利场所。

气候条件是决定泥炭沼泽的主要因素。气温和土壤温度影响植物的生长速度和生长

① 引起地质作用的自然力称为营力，如地质构造作用力、风化作用力、生物作用力等。

量，同时还控制着微生物的繁殖和活动强度，从而影响植物残体的分解速度。当气温、土壤温度低时，植物生长缓慢以及植物残体分解速度低，因而泥炭积累不多；当气温、土壤温度高时，植物的生长量和分解速度都较高，泥炭积累亦受到限制。在气候条件中，湿度因素对植物的生长、微生物活动及泥炭沼泽的形成和发展具有重要意义。当年平均降水量大于年平均蒸发量时，即湿润系数大于1时，泥炭沼泽可得到广泛的发育。据Г. Н. 维索斯基的资料，当湿润系数达1.33时，在缓坡地带也可形成泥炭沼泽。此外，湿度还影响微生物的活动强度。一般在湿度为土壤最大持水量的60%～80%时，微生物的活动力最强；在大于80%或小于40%时，微生物活动力较弱或极弱。现代泥炭沼泽的研究证实，由低位泥炭沼泽发育至高位泥炭沼泽与湿润气候有关。现代的高位泥炭沼泽主要分布在西北欧、北欧、波罗的海三国、俄罗斯、日本北部以及北美；在赤道附近和南半球，主要分布于高降雨量的海洋气候区，如印度尼西亚、马来西亚和巴西的热带低地以及智利、阿根廷南部和新西兰的凉湿地区。

形成泥炭沼泽的水文条件主要是入水量（即地表水和地下水的流入量及大气降水量）要大于出水量（即地表水、地下水的流出量和蒸发量），这样才能使泥炭沼泽化地带长期处于排水不畅的积水状态。地下水位与泥炭沼泽中植物群落的种类和生长也有密切的关系。贫营养植物主要在地下水位以上生长，仅接受风力搬运和降雨补给的养分；富营养植物是在地下水提供的矿物质营养和水的条件下生长，因此生成低位泥炭且灰分较高。

（二）泥炭沼泽的演化

泥炭沼泽是水域和陆地的过渡形态，它的形成源于两种泥炭沼泽化的方式：由水域演化为泥炭沼泽和由陆地演化为泥炭沼泽。

水域泥炭沼泽广泛分布于世界各地。水域包括湖泊、河流、滨岸地带的各种海湾和河口湾等。水域泥炭沼泽化都是从岸边及水体底部植物丛生开始的，这些地带往往水深不大，水层透明度较好，水温适宜，含盐度低等。淡水湖（含盐度＜0.3%）易于泥炭沼泽化，咸水湖（含盐度＞24.695%）植物生长困难，难以泥炭沼泽化，微咸水湖（含盐度在前二者之间）有可能泥炭沼泽化。滨海的潟湖，如不经过淡化过程，就难以泥炭沼泽化。河流的泥炭沼泽化大多发生在平原或山间谷地的中、小河流地带，这是由于河道迂回曲折，河床宽阔，水流平稳，岸、底植物丛生，植物的繁茂更加减缓水的流速，有利于泥炭沼泽化。水域泥炭沼泽化可以概括为三种模式：浅水缓岸湖泥炭沼泽化发育模式、深水陡岸湖泥炭沼泽化发育模式和小河泥炭沼泽化发育模式。水域泥炭沼泽的泥炭层底部常存在由湖泊或深水沼泽形成的腐泥层，接着发育为富营养的草本沼泽泥炭——低位泥炭，然后再过渡为中营养的草本、藓类沼泽泥炭，最后转变为以泥炭藓为主的藓类沼泽泥炭。

陆地泥炭沼泽化比水域泥炭沼泽化更为广泛，面积也较大，尤以气候温和湿润地带最为发育。陆地泥炭沼泽化有多种成因：有的是地下水位升高或溢出地面；有的是地表低洼，洪水、冰雪融水及大气降水的汇集，使地表过湿或积水，土层通气条件恶化；有的则是植物自然更替而引起土壤养分的贫化。

陆地泥炭沼泽化可产生在草甸、干谷、森林地带和永冻土地带。分布在各种地貌类型中的草甸，如河漫滩、阶地、坳沟、山间小盆地、平缓分水岭、缓坡地、扇缘洼地、冰蚀冰碛谷地及溶蚀洼地等，在有利的温湿条件下，都可以发生草甸泥炭沼泽化。森林地带的泥炭沼泽化，往往是由森林残落物的过分积累及土壤灰化作用引起的。在永冻土区，气候严寒、降水少，使得地表切割微弱，地面众多封闭的洼地易形成小的湖沼，而永冻层可作隔水层，使地表水不能渗入，在气温低、湿度大、蒸发量小的情况下出现了厌氧条件，从而形成了泥炭沼泽。

二、泥炭沼泽的类型

(一) 按水分补给来源划分

根据泥炭沼泽的表面形态、水分补给来源、矿物养分和植被差异，泥炭沼泽可以分为低位泥炭沼泽、中位泥炭沼泽和高位泥炭沼泽三种类型。

1. 低位泥炭沼泽

这种沼泽类型多处于泥炭沼泽发展的初期。低位泥炭沼泽的表面由于泥炭的积累不厚，且尚未改变原有的地表低洼形态，地表水和地下水作为丰富的水源补给，潜水位较高或地表有积水，使溶于水中的矿物质养分丰富。沼泽多为中性或微碱性，pH＝7～7.8，沼泽植物要求养分较多，种属较丰富。

由于低位泥炭沼泽富营养，所以有人称之为富营养泥炭沼泽。因此，在这类沼泽中高等植物容易大量繁殖，形成茂密的植被，这就为泥炭的形成提供了有利条件。在低位泥炭沼泽中形成的泥炭，灰分较高，沥青质含量低，焦油产率较低。我国第四纪泥炭形成的这种类型沼泽约占 90％，在地史中各成煤期内也大多形成这种类型泥炭沼泽。

2. 高位泥炭沼泽

这种类型的泥炭沼泽往往处于泥炭沼泽演化的后期。沼泽主要由大气降水补给，沼泽的水面位于潜水面之上，水源不充足，水中缺少矿物质养分，因而有人称之为贫营养泥炭沼泽。高位泥炭沼泽在发展演化中，泥炭积累速度与养分的供给状况发生了变化。即沼泽的边缘部分，易得到周边流水所携带的丰富营养，而中心部位则难以得到富含养分的地表水和地下水的补给，仅靠大气降水补给，促使贫营养植物首先出现于中心地带。中心地带植物残体分解速度慢，泥炭增长速度快，与沼泽周边相比，泥炭积累多，于是形成了高位泥炭沼泽中部高出周边的特有剖面形态。这类沼泽生长的植物多为草本或藓类植物，种属较为稀少，多发育在地势较高且较冷和较潮湿的气候条件下。

3. 中位泥炭沼泽

这类泥炭沼泽多出现于前两类沼泽的过渡时期，在特征与性质上具有过渡特点，因此又被称为过渡类型或中营养泥炭沼泽。这类泥炭沼泽的表面，由于泥炭的积累趋于平坦或中部轻微凸起，地表水和地下水通过周边的泥炭层时，其中的水分和养分被部分吸收，到达中心地带时，已大为减少，因而潜水位变低，营养状况变差，泥炭层也处于中性到微酸性，植被以中等养分植物为主。

泥炭沼泽形成后，可由低位泥炭沼泽经中位泥炭沼泽发展至高位泥炭沼泽，这种变化称为泥炭沼泽的演化。

(二) 按距离海岸的远近划分

根据沼泽距离海岸的远近，泥炭沼泽可分为近海泥炭沼泽与内陆泥炭沼泽。

1. 近海泥炭沼泽

在近海地区不论是滨海平原、滨海三角洲平原，还是潮坪带都有泥炭沼泽发育。

(1) 滨海泥炭沼泽

在北美大西洋及墨西哥湾沿岸的滨海平原，宽达五百余千米，地势低平，而大部分滨海平原海拔不到 30 m。滨海平原上分布着许多宽阔的河流盆地，由于泄水不畅，有泥炭沼泽发育，有些面积可达几千平方千米。

(2) 三角洲平原泥炭沼泽

美国密西西比河三角洲及墨西哥湾北岸发育着大片的滨海沼泽，局部伸入大陆内部达 50 km。各种植物带及其相应的沼泽平行海岸分布，由滨海生长网茅等草本植物的咸水沼泽，在陆地上变成繁殖莞属等植物的微咸水沼泽，进一步变成生长芦苇、苍茅等的半微咸水沼泽，最后变成以香蒲、芦苇为主的淡水沼泽。

(3) 红树林泥炭沼泽

红树林泥炭沼泽是一种特殊类型的滨海泥炭沼泽。红树是热带地区的海岸植物，生长在滨海的浅海滩上。涨潮时潮水淹没了浅海滩，树干被淹泡在水中，只有树冠漂露在海面上，成为一片"海洋森林"；落潮后露出的树干常沾满了污泥，树根周围堆积了大量的浮泥(海滩上茂密的红树林，有降低流速和加速沉积的作用)。为了适应长期浸泡在海水与淤泥等缺乏空气的环境，又须适应海岸中风浪，红树具有发达的支柱根和气根。红树的生长要求终年无霜、温暖和潮湿的气候，世界上红树林大致分布在南北回归线范围内。

2. 内陆泥炭沼泽

内陆泥炭沼泽发育在山间盆地、内陆湖泊、冲积扇前缘、河漫滩阶地和牛轭湖等处。

(三) 按植物群落划分

根据沼泽内的植物群，泥炭沼泽可以分为草本泥炭沼泽和木本泥炭沼泽。我国四川西北部、康藏高原东北边缘的若尔盖沼泽属草本泥炭沼泽。若尔盖沼泽海拔 3 400 m，面积达 2 700 km^2 左右，该地区降水量大(年降水量为 550～860 mm)，故地下水得到充分补给，而且气候寒冷，蒸发量小，年平均湿度较大，沼泽内长满了喜湿的草本植物和低等植物，如蒿草、苔草、甜茅、睡莲和藻类，这些植物随着水的深浅呈带状分布，所以在沼泽中堆积着泥炭层。泥炭层的厚度一般为 2～3 m，厚者可达 6 m，故称之为内陆高原低位草本型沼泽。

(四) 按水介质的含盐度划分

根据水介质的含盐度，泥炭沼泽又可分为淡水沼泽、半咸水沼泽和咸水沼泽。淡水沼泽一般是内陆的沼泽，大陆上分布很广，有些是湖泊淤泥形成的，有些是河流两侧的泛滥平原和扇前地区形成的，如我国的若尔盖沼泽、河北省围场县宽谷泥炭沼泽等。咸水和半咸水沼泽都是与海洋有关的近海泥炭沼泽。

海、陆相成煤环境在水介质、植物生态、共生生物、微环境控制因素、共生环境等方面存在显著差异，同时成煤环境的差异性也决定了成煤特点。海、陆相煤层的显微组分组成特征、矿物质特征、有机组分及元素组成特征、硫分及硫形态特征、有机地球化学特征、煤体形态特征、赋存岩系特征均有明显不同，它们成为识别海、陆相煤层的有效相标志。

第三节　成煤作用过程

高等植物在泥炭沼泽中持续生长和死亡，其残骸不断堆积，经过长期而复杂的生物化学和物理化学作用，逐步演化成泥炭、褐煤、烟煤和无烟煤。由植物转化为煤要经历复杂而漫长的过程，一般需要几千万年到几亿年的时间。整个成煤作用过程可划分为两个阶段，即由植物转变为泥炭的泥炭化作用阶段和泥炭转变为褐煤、烟煤、无烟煤的煤化作用阶段，其中煤化作用阶段又划分为成岩作用阶段和变质作用阶段。由泥炭转化为褐煤的阶段称为成岩作用阶段，由褐煤向烟煤、无烟煤转化的阶段称为变质作用阶段。

一、成煤条件

煤的形成是自然界生物成矿作用的重要地质事件。自从地球上出现植物，便有了成煤的物质基础，但世界范围内最主要的成煤期都仅发生在某些地质年代。这是因为聚煤作用的发生是古植物、古气候、古地理和古构造诸多因素共同作用的结果。

（一）古植物因素

地史上植物的产生和繁殖，从低等植物到高等植物，从水生植物、半水生植物到陆生植物，从简单到复杂，形成了种类繁多的植物世界，为煤的聚集提供了物质条件。只有当植物演化发展到一定阶段，即有高大的木本植物大量繁殖堆积，才能广泛形成具有工业意义的煤矿藏。在植物发展史上，早期出现的植物是生活在水中的低等植物，如菌类、藻类。分布于我国南方省份的石煤就是由低等植物演变而成的。随着植物的演化，在晚志留世-早泥盆世植物开始“登陆”，出现了陆生的高等植物（裸蕨），裸蕨只能生活在水盆地的边缘，数量较少且个体矮小，未能形成大规模的煤层。为适应不同的生存环境，植物界逐渐形成不同的植物群落，出现了植物地理分区，为成煤提供了丰富的物质基础。高等植物中如石松纲、科达纲、银杏纲等，树木粗壮高大，树高可达三四十米。因此它们繁盛发育的石炭纪、二叠纪、白垩纪、古近纪、新近纪成为地史上的几个重要的聚煤期。成煤需要大量的植物，据估算 10 m 厚的植物遗体堆积层可形成 1 m 厚的泥炭，进而转变为 0.5 m 厚的褐煤或 0.17 m 厚的烟煤。可见，只有当植物大面积分布，且持续繁殖才能形成储量丰富的煤田。

（二）古气候因素

古气候是植物繁衍、植物残骸泥炭化和保存的前提条件。气候与成煤的关系非常密切，它对成煤的影响主要表现在两个方面。首先，气候能影响植物的繁殖。研究表明，干旱的气候环境，不利于植物的生长，植被稀少；寒冷地区，植物生长缓慢；只有温暖、潮湿的气候环境最适宜植物的生长繁殖，植物非常茂盛。其次，气候控制着泥炭沼泽的发育。当年平均降水量小于年平均蒸发量时，只有少数有水源补给的低洼地区可能沼泽化；而当年平均降水量大于年平均蒸发量时，可导致低洼地区大范围沼泽化。所以，温暖、潮湿的气候是最适于聚煤作用发生的气候条件。我国中生代聚煤盆地自西南向华北、东北的逐渐迁移，就是以干旱带和潮湿带的同步迁移为背景的。

（三）古地理因素

适宜的沉积古地理环境为沼泽的发育、植物的繁茂生长和泥炭的聚积提供了天然场所。地形的起伏形成广大的沼泽地带，有利于植物群落的发展以及植物残骸浸没在水中，受厌氧细菌作用，发生变化并保存下来。地史期的成煤古地理环境是由滨海环境逐渐扩展至内陆环境的。一般最适于形成泥炭沼泽的古地理环境是广阔的滨海三角洲平原、潟湖海湾、冲积扇、河流沉积体系，以及大小不等的内陆和山涧湖泊或内陆盆地、溶蚀洼地等。在这些地区，聚煤作用可以在几万至几十万平方千米范围内广泛而连续地发生。

（四）古构造因素

古构造是作用于聚煤盆地诸因素中的主导因素。地壳的升降运动对成煤有重大的影响。不同地史时期的构造运动具有自身的特点，它对聚煤作用具有直接的影响，不仅影响聚煤盆地形态、聚煤中心和富煤带的分布和迁移，而且决定了大型聚煤区的分布，控制海水进退及生物群的迁移。地壳的升降运动使得植物残骸有可能保存，并使之转变为沉积状态。地壳运动是地球运动、发展、变化的一种表现形式。地壳的沉降范围、幅度、时期和速度决定了聚煤盆地的范围、岩系厚度、沉积补偿以及沉积相组成和分布。地壳的剧烈或过缓沉降运动都不利于形成厚泥炭层,植物的堆积与地壳沉降的平衡决定了泥炭层的厚度。地壳运动对成煤的影响表现在以下几个方面:

(1) 泥炭层聚集要求地壳发生缓慢下降。下降的速度最好与植物残骸堆积的速度大致平衡,这种平衡持续的时间越久,形成的煤层也越厚。

(2) 地壳沉降速度大于植物残骸的堆积速度,但泥炭沼泽上面的水层厚度约小于 2 m 时,水层下植物残骸就像一层养料一样,仍能产生和滋养新一代植物。泥炭层可继续增厚,同时水流和风带来的泥沙经过精细的掺混,会或多或少地淤积下来进入泥炭中。

(3) 泥炭层的保存并转变成煤层要求地壳发生较大幅度和较快的沉降。当地壳某一部分陷落的同时,其相邻陆地会上升。此过程使得陷落地区的覆盖水层逐渐加厚。当水层厚度约大于 2 m 时,因光线难于透过水层,植物因光合作用受阻不能生长,泥炭层的堆积也随之停止。从相邻的陆地上被水冲刷下来的泥沙开始在陷落区形成层状淤积,将泥炭层覆盖起来。与植物沉积层相间的泥沙形成碳质页岩的夹层(夹矸),而位于煤层上方则形成矿物岩层(煤层顶板)。

地史时期的聚煤作用通常发生在一场剧烈的地壳运动之后,聚煤盆地也往往分布于稳定陆块的前缘活动带,或者隆起造山带的前缘拗陷带,形成巨厚的含煤岩系。同一地区若形成较多的煤层,则要求地壳在总的下降过程中发生多次较小的升降或间歇升降。

综上所述,在地质历史时期,聚煤盆地只有同时具备古植物、古气候、古地理和古构造等成煤所要求的条件,并且持续时间较长,才能形成煤层多、储量大的重要煤田。反之,煤层少而薄,储量小,地质条件复杂,开采价值不大,甚至根本没有煤。

二、腐植煤的成煤作用过程

由高等植物转化为煤要经历复杂而漫长的过程,逐步由低级向高级转化,依次是:植物、泥炭(腐泥)、褐煤、烟煤(长焰煤、气煤、肥煤、焦煤、瘦煤、贫煤)和无烟煤。腐植煤的成煤作用过程可划分为两个阶段,即泥炭化作用阶段和煤化作用阶段。煤化作用又分为成岩作用和变质作用两个连续的过程。泥炭向褐煤的转化称为成岩作用过程,褐煤向烟煤、无烟煤的转化称为变质作用过程。泥炭化作用阶段决定了煤中矿物质的种类、数量以及赋存嵌布形态,也决定了煤中硫的含量和形态,还决定了煤岩组成;煤化作用阶段主要决定了煤有机质的演化,即煤化程度。这些将在后面的章节中逐一阐述。

(一) 泥炭化作用过程

泥炭化作用是指高等植物残骸在泥炭沼泽中,经过生物化学作用演变成泥炭的过程。在这个过程中,植物中所有的有机组分和泥炭沼泽中的微生物都参与了成煤作用,而且各种组分对于形成泥炭与泥炭进一步转变成煤的过程均有影响,并在不同程度上决定着煤的性质。在泥炭化过程中,有机组分的变化十分复杂,一般认为,泥炭化过程中的生物化学作用大致分为两个阶段。

第一阶段:植物遗体暴露在空气中或在沼泽浅部、多氧的条件下,由于需氧细菌和真菌等微生物的作用,其中的有机化合物经过氧化分解和水解作用,一部分被彻底降解,变成气体和水;另一部分分解为结构简单、化学性质活泼的化合物,它们在一定条件下可合成为腐植酸,而未分解的稳定部分则保留下来。

第二阶段:在沼泽水的覆盖下或处在下部深处的泥炭,出现缺氧条件,厌氧细菌占据优势。分解产物相互作用，进一步合成新的较稳定的有机化合物，如腐植酸、沥青等。

这两个阶段不是截然分开的，在植物分解作用进行不久，合成作用也就开始了。

植物经泥炭化作用成为泥炭，在两方面发生巨大变化：① 组织器官（如皮、叶、茎、根等）基本消失，细胞结构遭到不同程度的破坏，变成颗粒细小、含水量极大、呈胶泥状的膏状体——泥炭；② 组成成分发生了很大的变化，如植物中大量存在的纤维素和木质素在泥炭中显著减少，蛋白质消失，而植物中不存在的腐植酸却大量增加，并成为泥炭最主要的成分之一，通常达到40%以上。

泥炭沼泽的垂直剖面分为氧化环境表层、中间层及还原环境底层。泥炭沼泽表层空气流通，温度高，又有大量有机质，有利于微生物的生存。在1 g泥炭中含有几百万个至几亿个微生物。如在低位泥炭沼泽的表层，含有大量喜氧性细菌、放线菌和真菌，而厌氧性细菌数量较少。植物的氧化分解和水解作用主要是在泥炭沼泽表层进行的，因而泥炭沼泽表层又称为泥炭形成层。随着深度的增加，喜氧细菌、真菌和放线菌的数目减少，而厌氧细菌变得活跃。它们利用了有机质中的氧，留下富氢的残留物。在微生物的活动过程中，植物有机组分一部分成为微生物的食料，另一部分则被加工成为新的化合物。

各类微生物中，喜氧性细菌中的无芽孢杆菌具有较强分解蛋白质的能力，在分解植物遗体的初期占优势。真菌能分解糖类、淀粉、纤维素、木质素和丹宁等有机质。我国滨海红树林沼泽中就有很多真菌、放线菌以及芽孢杆菌，可分解纤维素、木质素、丹宁和较难分解的腐植质。

植物的各种有机组分抵抗微生物分解的能力不同。分解纤维素的微生物种类很多，如喜氧性细菌通过纤维素酶的催化作用，把纤维素水解成二氧化碳和水。但当环境逐渐缺氧时，纤维素、果胶质又在厌氧性细菌作用下产生发酵作用，形成甲烷、二氧化碳、氢气、丁酸、醋酸等中间产物，参与泥炭化作用。

微生物也能够分解脂肪，它首先从脂肪中分解出脂肪酸，再进一步氧化分解为二氧化碳和水。

蛋白质在微生物的作用下，最终分解为水、氨、二氧化碳及硫、磷的氧化物等，在分解过程中也可以生成氨基酸、卟啉等含氮化合物参与泥炭化作用。

比较稳定的木质素也能被特种真菌和芽孢菌所分解。C. M. 曼斯卡娅在《木质素地球化学》一书中指出：真菌把木质素破坏后，形成简单的酚类化合物，随后细菌又将其芳香环破坏形成脂肪族产物，再进一步分解则变为水和二氧化碳，其分解速度比较缓慢。有人曾做过实验，把植物遗体埋在土壤中，经过一年后，在微生物的分解作用下，糖类消失99%，半纤维素消失75%，木质素消失50%，蜡质消失25%，而酸仅消失10%。总之，植物各有机组分抵抗微生物分解的能力是不同的，按其稳定性来看，最易分解的是蛋白质，其次是脂肪、果胶质、纤维素、半纤维素，最后是木质素、木栓质、角质、孢粉质、蜡质和树脂。

植物的角质膜、孢子、花粉和树脂具有抗微生物分解的能力，所以当其他组分已被分解消失之后，它们仍能很好地保存下来。当然，植物各有机组分对微生物分解作用的稳定性是相对的。近年的研究表明，在通气条件好、pH值高的条件下，孢子也能很快地分解，有的煤层中就发现受凝胶化作用和丝炭化作用的孢子。

由此可见，如果氧化分解作用一直进行到底，植物遗体将全部遭到破坏，变为气态或液态产物而失去，就不可能形成泥炭。但实际上泥炭沼泽中植物遗体的氧化分解作用往往是不充分的，其原因如下：

(1) 泥炭沼泽覆水程度的增强和植物遗体堆积厚度的增加，使正在分解的植物遗体逐渐与大气隔绝，进入弱氧化或还原环境。一般距泥炭沼泽表面 0.5 m 以下，需氧细菌和真菌等微生物急剧减少，而厌氧细菌逐渐增加。

(2) 微生物要在一定的酸碱度环境中才能正常生长，多数细菌和放线菌在中性至弱碱性环境中(pH=7.0～7.5)繁殖最快，而真菌对酸碱度的适应范围较广。在泥炭化过程中，植物分解形成的某些气体、有机酸、酸胶体和微生物新陈代谢的酸性产物，使沼泽水变为酸性，则不利于喜氧细菌的生存。所以泥炭的酸度越大，细菌就越少，植物的结构就保存得越完好。

(3) 有的植物本身就具有防腐和杀菌的成分，如高位沼泽泥炭藓能分泌酚类，某些阔叶树有丹宁保护纤维素，某些针叶树含酚，并有树脂保护纤维素，这些都使植物中的组分不致遭到完全破坏。

随着植物遗体的堆积和分解，在泥炭层底部的氧化环境逐渐被还原环境所替代，分解作用逐步减弱。与此同时，在厌氧性细菌的参与下，分解产物之间的合成作用和分解产物与植物遗体之间的相互作用开始占主导地位。木质素、纤维素、蜡质、脂肪及其水解、氧化产物都含有大量活泼的官能团($\rangle$CO、—OH、—COOH 以及活泼的 α-氢)，这些共同存在的官能团，就有可能互相反应。由于微生物本身含有大量蛋白质，因此它亦参与成煤作用。这种合成作用导致一系列新产物的出现，最主要的产物是腐植酸与沥青质。植物转变成泥炭，两者在化学组成上发生了质的变化，表 2-4 是植物和泥炭的典型组成。

表 2-4 植物与泥炭化学组成的比较

植物与泥炭	元素组成/%				有机组成/%				
	C	H	N	O+S	纤维素、半纤维素	木质素	蛋白质	沥青质	腐植酸
莎草	47.20	5.61	1.61	39.37	50.00	20～30	5～10	5～10	0
木本植物	50.15	6.20	1.05	42.10	50.60	20.30	1～7	1～3	0
桦川草本泥炭	55.87	6.35	2.90	34.97	19.69	0.75	0	3.50	43.58
合浦木本泥炭	65.46	6.53	1.20	26.75	0.89	0.39	0	0	42.88

从表 2-4 中可以看出，植物转变为泥炭后，植物中所含的蛋白质在泥炭中消失了，木质素、纤维素等在泥炭中含量很少，而产生了大量植物中所没有的腐植酸。在元素组成上，泥炭中的碳含量比植物的碳含量高，氮含量有所增加，而氧含量减少。说明泥炭化过程中植物的各种有机组分发生了复杂的变化，形成了新的产物。这些产物的组成和性质与原来植物的组成和性质是不同的。泥炭的有机组成主要包括以下几个部分。

(1) 腐植酸：它是泥炭中最主要的成分。腐植酸是由高分子羟基芳香羧酸所组成的复杂混合物，具有酸性，溶于碱性溶液而呈褐黑色，是一种无定形的高分子胶体，能吸水而膨胀。

(2) 沥青质：它是由合成作用形成的，也可以由树脂、蜡质、孢粉质等转化而来。沥青质溶于一般的有机溶剂。

(3) 未分解或未完全分解的纤维素、半纤维素、果胶质和木质素。

(4) 变化不多的壳质组分，如角质膜、树脂和孢粉等。

在显微镜下可以看到泥炭含有各种植物组织的碎片，这些碎片有的保存了植物的细胞结构，有的细胞壁已经膨胀而难以辨认，有的甚至彻底分解成细碎的小颗粒或无结构的胶体物质，因此能将水吸入其微孔结构而本身并不膨胀。

泥炭是呈棕褐色或黑褐色的不均匀物质，含有大量的水分，常达 70%～90%。开采出来的泥炭经过自然干燥，其水分可降至 25%～35%。干燥后的泥炭为棕褐色或黑褐色的土状碎块，其真相对密度为 1.29～1.61，经风干后泥炭的体积约缩小 40%。

泥炭中含有大量未分解的植物组织，如根、茎、叶等残留物，有时肉眼就可以看出。因此，泥炭中的碳水化合物含量很高。泥炭除含有碳水化合物外，还含有腐植酸。

泥炭可用作锅炉和煤气发生炉的燃料，也可进行低温干馏，是很重要的资源。

我国的泥炭产地很多，几乎遍及全国各地。

需要指出的是，低等植物也能形成煤，低等植物形成煤的过程与高等植物类似，首先要经过与泥炭化作用类似的腐泥化作用将低等植物转化为腐泥。腐泥是在滞水条件下由低等植物形成的有机软泥。腐泥可以在沼泽的深水地带或逐渐沼泽化的丛生湖泊中形成，也可以在淡水湖泊和半淡水湖泊中形成，还可以在半咸水的潟湖和海湾中形成。腐泥的有机质来源主要有水中浮游生物，如绿藻、蓝绿藻等群体藻类，浮游的微体动物等，还有水底和浅水的植物群，有时也混有一些被风和水带来的高等植物残体，如孢子、花粉、角质膜和植物组织的碎片等。腐泥中常混有细小的泥质和砂质颗粒。

在停滞缺氧的水体中，浮游生物和菌类死亡后的分解产物相互作用并沉入水底，通过厌氧细菌的作用，使低等植物中的蛋白质、碳水化合物、脂肪等遭到分解，又经过聚合作用和缩合作用，形成一种含水多的棉絮状胶体物质，该物质再进一步变化，去水致密，其密度增大，逐渐形成腐泥，这就是腐泥煤的前身。在还原环境下，由低等植物转变为腐泥的作用，称为腐泥化作用。

腐泥通常呈黄色、暗褐色或黑灰色，新鲜的腐泥含水量很高，达 70%～92%，是一种粥状流动的或冻胶淤泥状的物质，风干后其含水量可降到 18%～20%，成为具有弹性的橡皮状物质。在湖泊中形成的腐泥，其灰分含量多少不一，可达 20%～60%，黏土矿物往往呈悬浮状态与有机质同时沉淀成为腐泥煤中的矿物质。森林沼泽深水地带形成的腐泥一般灰分很低。干馏时，腐泥的焦油产率很高。

在现代的淡水湖泊、咸水湖泊和潟湖海湾中都有腐泥形成，例如俄罗斯一些由冰川湖泊发展起来的泥炭沼泽中，在泥炭层下部往往有腐泥层，厚 2～7 m，最厚可达 40 m，有些还含 80%～90% 的藻类等浮游生物和少量高等水生植物的遗体。在显微镜下，可看到极少数结构模糊的藻类遗体，近似于胶泥。澳大利亚南部的库朗格腐泥是在潟湖和半咸水湖泊中，由蓝绿藻形成的。

(二) 煤化作用过程

19 世纪 70 年代“煤化作用”一词开始用于说明泥炭在成煤第二阶段演变为煤的作用。当泥炭被其他沉积物覆盖时，生物化学作用逐渐减弱以至停止，泥炭化阶段结束。在以温度和压力为主的因素作用下，泥炭经历了由褐煤向烟煤、无烟煤转变的过程，称之为煤化作用过程。煤化作用包括成岩作用和变质作用两个连续的阶段。由于有机物和煤对温度和压力变化的反应比无机沉积物要灵敏得多，因此煤的成岩和变质这两个概念与岩石学通常的概念不完全相同。褐煤的围岩常常还只是固结未完善的碎屑沉积岩;烟煤和无烟煤的围岩也都还只是一些未经变质的泥质岩、粉砂岩、砂岩和灰岩等。因此,煤化作用阶段主要发生有机质分子结构的演化,使有机质的结构和性质发生有规律的变化,而矿物质的变化很小。

1. 成岩作用阶段

泥炭在沼泽中层层堆积,越积越厚,当地壳下降速度较大时,泥炭会被泥沙等沉积物覆盖。在上覆沉积物的压力作用下,泥炭发生了压紧、失水、胶体老化、固结等一系列变化,微生物的作用逐渐消失,取而代之的是在温度和压力作用下的缓慢的物理化学作用,泥炭逐渐变成了较为致密的岩石状的褐煤,这一由泥炭转化为褐煤的过程称为成岩作用。泥炭变成褐煤后,化学组成发生了明显变化(见表 2-5)。

表 2-5 成煤过程的化学组成变化①

物料		C/%(daf)	O/%(daf)	腐植酸/%(daf)	挥发分/%(daf)	水分/%(ad)
植物	草本植物	48	39			
	木本植物	50	42			
泥炭	草本泥炭	56	34	43	70	>40
	木本泥炭	66	26	53	70	>40
褐煤	低煤化度褐煤	67	25	68	58	10～30
	典型褐煤	71	23	22	50	
	高煤化度褐煤	73	17	3	45	
烟煤	长焰煤	77	13	0	43	10
	气煤	82	10	0	41	3
	肥煤	85	5	0	33	1.5
	焦煤	88	4	0	25	0.9
	瘦煤	90	3.8	0	16	0.9
	贫煤	91	2.8	0	15	1.3
无烟煤		93	2.7	0	10	2.3

注:① 表中的数据是有代表性的典型数据,不具绝对性。

2. 变质作用阶段

当褐煤层继续沉降到地壳较深处时,上覆岩层压力不断增大,地温不断升高,褐煤中的物理化学作用速度加快,煤的分子结构和组成发生了显著变化,碳含量明显增加,氧含量迅速减少,腐植酸含量也迅速减少并很快消失,褐煤逐渐转化成为烟煤。随着煤层沉降深度的加大,压力和温度不断提高,煤的分子结构继续有序化,煤的性质也不断发生变化,最终变成无烟煤。褐煤向烟煤和无烟煤的转化过程称为变质作用。促成煤变质作用的主要因素是温度和时间。温度过低(<50～60 ℃),褐煤的变质就不明显了,如莫斯科煤田早石炭世煤至今已有 3 亿年以上,但仍处于褐煤阶段。通常认为,煤化程度是煤受热温度和持续时间的函数。温度越高,变质作用的速度越快。因为变质作用的实质是煤分子的化学变化,温度高促进了化学反应速度的提高。因此,在较低温度下长时间受热和较高温度下短时间受热,就可能得到同样煤化程度的煤。这就是有些成煤年代较早,而其煤化程度却不如成煤年代较晚

的煤高的原因。

煤化程度是指由褐煤向烟煤、无烟煤演变的进程中，由于成煤年代和地质构造条件的差异，导致煤处在不同的转化阶段。煤化程度有时称作变质程度、煤阶或煤级。

(1) 变质作用类型

根据变质条件和变质特征的不同，煤的变质作用可以分为深成变质作用、岩浆变质作用和动力变质作用三种类型。

① 深成变质作用

深成变质作用是指在正常地温状态下，煤的变质程度随煤层沉降幅度的加大、地温的增高和受热时间的持续而增高的作用。这种变质作用与大规模的地壳升降活动直接相关，具有广泛的区域性，过去常被称为区域变质作用。

深成变质作用造成煤级与埋深产生相关关系，煤的变质程度具有垂直分布规律，这个规律称为希尔特定律，它是指在同一煤田大致相同的构造条件下，随着煤层埋深的增加，煤的挥发分逐渐减少、变质程度逐渐提高的现象。深成变质作用的另一个重要特点就是煤变质程度具有水平分带规律。因为在同一煤田中，同一煤层或煤层组原始沉积时，不同区域的沉降幅度可能不同，成煤后下降的深度也可能不同。按照希尔特定律，这一煤层或煤层组在不同深度上变质程度也就不同，反映到平面上即为变质程度的水平分带规律。显然，变质程度的水平分带规律只不过是希尔特定律在平面上的表现形式。这两种分带现象的关系如图 2-6 所示。

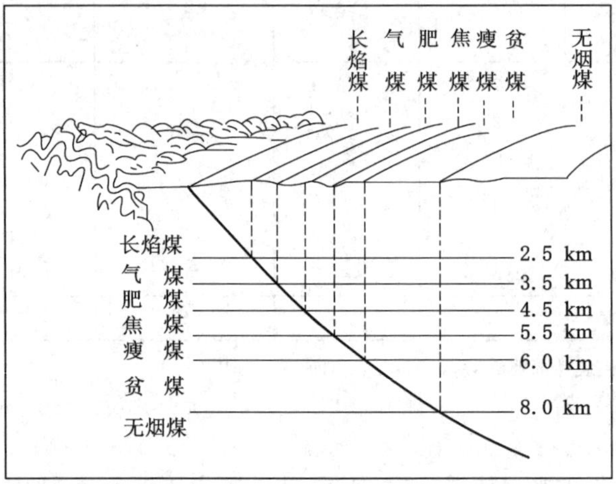

图 2-6 煤质的垂直分布与水平分带关系示意图

希尔特定律对于煤矿的勘探、开采和预测煤炭质量的变化具有重要意义。但是，如果煤经受风化作用或煤系厚度较小以及地质构造异常、岩浆侵入煤层、煤的成因类型不同时，往往不符合希尔特定律。深成变质煤的演化程度总是与一定的构造沉降、地热作用及有效受热时间相对应。晚古生代煤大多不超过中变质烟煤阶段，中生代煤一般处在低变质烟煤阶段，而新生代煤则基本未达到变质阶段。新生代特别是第四纪以来绝大多数含煤盆地中煤系因构造抬升而接近地表，煤变质作用近乎停滞。

② 岩浆变质作用

岩浆变质作用可分为区域岩浆热变质作用和接触变质作用两种类型。

区域岩浆热变质作用是指聚煤拗陷内有岩浆活动，岩浆所携带的热量可使地温增高，形成地热异常带，从而引起煤变质的作用。

煤的区域岩浆热变质作用的识别标志有：煤级分布常为环带状，越靠近岩体，煤的变质程度越高；煤变质梯度高，垂直方向上在较小的距离内，就可引起变质程度的明显差异；由于受岩浆热的影响，煤中常发育气孔、小球体以及镶嵌结构等；高变质煤带发生围岩蚀变，并往往与热液矿床伴生；在岩浆活动区具有重磁异常，正异常值常与地下侵入岩体的存在有关。在煤的深成变质作用下，垂直方向上煤级增高一个级别往往需要增加近 1 000 m 的埋深。如乌克兰顿巴斯石炭纪煤，从半无烟煤提高到无烟煤所增加的埋深高达 6 000 m。但受煤的区域岩浆热变质作用影响的区域，即使煤层的间距不足 100 m，仍然可引起煤级的差别，煤的深成变质作用所引起的反射率（R^{o}_{max}）梯度一般小于 0.1%/100 m，而煤的区域岩浆热变质作用所引起的反射率梯度一般大于 0.1%/100 m（见表 2-6）。煤的区域岩浆热变质作用是促成我国出现大量中、高变质烟煤和无烟煤的主要原因。

表 2-6　煤深成变质作用与煤区域岩浆热变质作用引起煤的反射率（R^{o}_{max}）梯度对比表

变质类型	地　区	地质时代	反射率（R^{o}_{max}）梯度/（%/100 m）
煤的深成变质	加拿大 Rockfort 山丘	K	0.03
	澳大利亚库帕盆地	P_1	0.026
	美国阿巴拉契盆地	C_2	0.05
	乌克兰顿巴斯谢别林斯克	C_2	0.024～0.040
	鄂尔多斯盆地	C_2	0.036
煤的区域岩浆热变质	太原西山	C_2-P_1	0.29～0.49
	河北峰峰	C_2-P_1	0.17～0.34
	河南禹县-新密	C_2-P_1	0.12～0.21
	河南平顶山-荥巩	C_2-P_1	0.12～0.57
	湖南中部地区	C-P	0.25～0.62
	黑龙江鸡西	J-K	0.14～0.19

接触变质作用是指岩浆直接接触或侵入煤层，由于其所带来的高温和压力，促使煤发生变质的作用。接触变质具有下列地质特征：在岩浆侵入体和煤层接触带附近，煤层的温度高，但是持续时间短，受热的均匀程度差。因此，往往有不大规则的天然焦出现，它是接触变质的特征产物。条件适宜时，如除高温外，在压力较大而封闭条件又好的情况下，可出现半石墨或石墨。煤的接触变质带由接触带向外，一般可分为焦岩混合带、天然焦带、焦煤混合带、无烟煤、高变质烟煤等热变质煤，这些煤变质带一般不大规则，宽度不大，从数厘米到数十米不等。由于侵入岩浆的温度高，可形成高、中、低温围岩蚀变带，如在泥质围岩高温蚀变带（550～650 ℃）中，可生成夕线石、红柱石、堇青石等变质矿物；在中温蚀变带（400～550 ℃）中，可形成铁铝石榴石、十字石、蓝晶石等变质矿物。在碳酸盐岩高温围岩蚀变带（550～650 ℃）中，可形成辉石、橄榄石、硅灰石等变质矿物；在中温蚀变带（400～550 ℃）中，可形成阳起石、透闪石、钙铝榴石等变质矿物。除大型深成岩浆附近产生的煤的接触变质外，典型的煤的接触变质作用，即由脉岩或小型浅成岩浆引起的煤的接触变质作用，由于

岩浆侵入体规模小、热量少、散热快而影响范围有限。受岩墙影响的煤的变质宽度不过为岩墙本身厚度的2～3倍，即使厚度达100多米的岩床，其影响范围也不过百余米。煤的接触变质作用只是中国煤变质的次要因素。

③ 动力变质作用

动力变质作用是指由于褶皱及断裂运动所产生的动压力及伴随构造变化所产生的热量促使煤发生变质的作用。根据对构造挤压带煤的研究证明，动压力具有使煤的发热量降低、密度增大、挥发分降低等作用。煤田地质研究表明，地壳构造活动引起的煤的异常变质范围一般不大，一条具有几十米至百余米断距的压扭性断裂，引起煤结构发生变化的范围不过几十米。因此动力变质只是局部现象。

(2) 变质作用因素

影响煤变质作用的因素主要有温度、时间和压力。

① 温度

温度是影响煤变质的主要因素。在煤的埋藏过程中压力可以促进物理-结构煤化作用，而温度则加速化学煤化作用。化学反应动力学计算表明，只要处在足够高的温度(≥50 ℃)条件下，盆地褶皱回返前后，深成变质作用仍能持续进行。在探讨受热时间、有机质构成、生物早期降解等诸多影响因素的同时，化石燃料地质学家都不否认受热作用是导致沉积有机质演化的先决条件。煤的深成变质作用总是与一定区域、不同时期的地热状态有密切的关系。

在煤田地质勘探过程中，穿过煤系的深孔钻探揭示了随煤层的埋藏深度增加，煤化程度增高的现象。这一事实无疑是温度对煤变质发生强烈影响的有力证据。另外，为了研究温度与煤化程度的关系，人们做了一系列的人工煤化实验。1930年，格罗普(W. Gropp)曾将泥炭置于密闭的高压容器内进行加热试验，在100 MPa的压力条件下加热到200 ℃时，试样在很长时间内并无变化，当温度超过200 ℃时，试样开始发生变化，泥炭转变成褐煤。当压力升高到180 MPa，而温度低于320 ℃时，褐煤一直无明显变化；当温度升到320 ℃时，褐煤转变成具有长焰煤性质的产物；继续升温到345 ℃，可得到具有典型烟煤性质的产物；当温度升至500 ℃时，产物具有无烟煤的性质。可见温度是促使煤变质的主要因素。

地热的主要来源，一是地幔物质转化为岩石圈时的释放热；二是岩石圈中放射性元素的蜕变热。地热由地球内部向地壳表层的传导，通常决定着地温分布的基本特征。对现代地热状态的研究表明，地热的分布明显取决于岩石的热传导性、地下水的活动性、区域地质构造的稳定性和深部地壳结构的性质，而后两种因素经常起主要作用。应用地质-地球物理方法研究地热场的变化，用围岩矿化推测古地温场及用热动力模拟计算煤化温度，表明天然煤化作用所需的温度比人工煤化试验推测的温度要低得多。大量资料表明，转化为不同煤化阶段所需的温度大致为：褐煤40～50 ℃，长焰煤小于100 ℃，典型烟煤一般小于200 ℃，无烟煤一般不超过350 ℃。

② 时间

时间是影响煤变质的另一重要因素。这里所说的时间，严格讲不是指距今的地质年代的长短，而是指煤在一定温度和压力条件下作用时间的长短。时间因素的重要性表现在以下两个方面：第一，在温度、压力大致相同的条件下，煤化程度取决于受热时间的长短，受热时间越长煤化程度越高，受热时间越短煤化程度越低。例如，美国古近纪和新近纪地层中的煤包裹体与德国石炭纪的煤层，沉降深度分别为5 440 m和5 100 m，地质历史分析表明至今没有变动。

受热温度前者约为 141 ℃,后者约为 147 ℃。可见温度与压力条件是近似的,但因时间差别很大,前者形成于距今 1 300 万～1 900 万年,后者形成于距今 2 700 万年前,造成煤的变质程度出现明显差异。前者 V_{daf} 为 35%～40%,变质程度较低,属于气煤;后者 V_{daf} 为 14%～16%,变质程度较高,大致属于焦煤或瘦煤。第二,煤受短时间较高温度的作用或受长时间较低温度(超过变质临界温度)作用,可以达到相同的变质程度。一些煤田的地质观测结果表明,如果受热持续时间为 500 万年,大约在 340 ℃的温度下可形成无烟煤;而当持续受热时间为 2 000 万年至 1 亿年时,只要 150～200 ℃的温度就能形成高变质烟煤和无烟煤。煤的深成变质大多是在低温条件下长期进行的,煤级与煤的生成时代和经历变质的时间存在密切联系,同样埋深和近似的受热条件下,煤的地质时代越老,煤深成变质程度越高。

③ 压力

压力也是引起煤变质不可缺少的条件。压力可以使成煤物质在形态上发生变化,使煤压实,孔隙率降低,水分减少,并使煤岩组分沿垂直压力的方向做定向排列。静压力促使煤的芳香族稠环平行层面做有规则的排列。动压力除了使成煤物质产生垂直于压力的分层外,还使煤层产生破裂、滑动。强烈的动压力甚至可以使低变质程度煤的芳香族稠环层面的堆砌高度增加。

尽管一定的压力有促进煤物理结构变化的作用,但只有化学变化才对煤的化学结构有决定性的影响。人工煤化实验表明,当静压力过大时,由于化学平衡移动的原因,压力反而会抑制煤结构单元中侧链或基团的分解析出,从而阻碍煤的变质。因此,人们一般认为压力是促使煤变质的次要因素。

综上所述,煤的变质主要是化学变化过程。在变化过程中,发生脱水、脱羧基、脱甲烷、脱氧和缩聚等反应,结果使煤中官能团含量,氢、氧含量和挥发分逐渐减少,碳含量渐增,热稳定性有所提高。在物理性质上,煤的密度增加,颜色变深,光泽及反射率增强,比热容减小。其他如机械性质、电性质、磁性质都发生规律性的变化。

三、主要聚煤期

对于植物残骸的堆积、煤层的形成,必须要有气候、生物和地质条件的配合。从陆地上出现植物的时候起(略早于三亿年),气候和生物的条件就已具备了,因此在以后的所有地质年代的沉积中,原则上都应该能找到煤。但事实上,大多数煤层的堆积,都仅发生在某些地质年代。这是因为在当时广大地区的地壳升降运动中,上升过程与下降过程相比占优势。在地壳内层中,因为地热作用,熔融物质受到不均匀加热而流动,从而导致地壳处于经常性的升降运动之中。地壳的这种升降运动对成煤有重大的影响。在整个地质年代中,有三个主要的成煤期(见表 2-7)。

表 2-7 地层系统、地质年代、成煤植物与主要煤种

代(界)	纪(系)	距今年代/百万年	中国主要成煤期▲	生物演化		煤种
				植物	动物	
新生代(界)	第四纪(系)	1.6		被子植物	出现古人类	泥炭
	新近纪(系)	23	▲		哺乳动物	褐煤为主,少量烟煤
	古近纪(系)	65				

表 2-7(续)

代(界)	纪(系)	距今年代/百万年	中国主要成煤期▲	生物演化 植物	生物演化 动物	煤种
中生代(界)	白垩纪(系)	135		裸子植物	爬行动物	褐煤、烟煤、少量无烟煤
	侏罗纪(系)	205	▲			
	三叠纪(系)	250				
古生代(界)	二叠纪(系)	290	▲	蕨类植物	两栖动物	烟煤 无烟煤
	石炭纪(系)	355				
	泥盆纪(系)	410		裸蕨植物		
	志留纪(系)	438		菌藻植物	鱼类	石煤
	奥陶纪(系)	510			无脊椎动物	
	寒武纪(系)	570				
新元古代		1 000				
中元古代		1 600				
古元古代		2 500				
太古代(界)		4 000				

(1) 古生代的石炭纪和二叠纪,成煤植物主要是孢子植物,主要煤种为烟煤和无烟煤。

(2) 中生代的侏罗纪,成煤植物主要是裸子植物,主要煤种为低变质烟煤。

(3) 新生代的古近纪和新近纪,成煤植物主要是被子植物,主要煤种是褐煤和烟煤。

我国煤炭资源成煤期的特点是:① 成煤期多,从泥盆纪前就开始形成石煤,到古近纪和新近纪至第四纪的泥炭,持续时间近六亿年,其中有十几次成煤期,以侏罗纪和石炭-二叠纪成煤最为丰富。② 分布广泛,类型复杂。阴山以北,主要为晚侏罗世及古近纪和新近纪煤;阴山至昆仑-秦岭之间,主要是石炭-二叠纪煤及早、中侏罗世煤;昆仑-秦岭以南,以晚二叠世煤为主,还有早古生代煤、早石炭世煤、晚三叠世煤及古近纪和新近纪煤。

四、主要煤田

世界煤炭储量较多的国家有中国、俄罗斯、美国、澳大利亚、印度、德国、南非、加拿大和波兰等,多集中在欧亚大陆、北美洲和大洋洲,南美洲和非洲储量很少。

除中国以外的世界主要煤田,有美国的阿帕拉契亚(石炭纪),炼焦煤储量占美国的92%;德国的鲁尔(石炭纪),储量超过2 000亿t;俄罗斯的通古斯(二叠纪)、坎斯克-阿钦斯克(侏罗纪),煤炭储量均达数千亿吨。

我国石炭-二叠纪著名煤田有大同、开滦、本溪、淮北、豫西和水城等。晚三叠世较重要的煤田有达县、广元、攀枝花、萍乡、资兴等。侏罗纪最重要的煤田集中分布在新疆北部、甘肃中部-青海北部、陕甘宁盆地和晋北燕山等地区。晚侏罗世至早白垩世重要的煤田有鸡西、双鸭山、阜新、铁法和元宝山等。古近纪和新近纪重要煤田有抚顺、沈北、梅河、黄县、昭通、小龙潭和台湾地区等。

第四节　煤　层　气

一、煤层气的定义与成因

(一) 煤层气的定义

煤层气是赋存在煤层中以甲烷(CH_4)为主要成分、以吸附在煤基质颗粒表面为主、部分游离于煤孔隙中或溶解于煤层水中的烃类气体,是煤层本身自生自储式非常规天然气。

(二) 煤层气的成因

植物遗体埋藏后,经生物化学作用转变为泥炭,泥炭又经历以物理化学作用为主的地球化学作用,转变为褐煤、烟煤和无烟煤。在煤化作用过程中,随着上覆地层的不断加厚以及所承受的温度和压力不断增加,成煤物质发生了一系列的物理和化学变化,挥发分和含水量减少,发热量和固定碳含量增加,同时也生成了以甲烷为主的气体——煤型气。煤型气按成因可以分为生物成因气和热成因气。煤型气经过运移并聚集成藏的称为煤成气藏,仍然保存在煤层中的称为煤层气。

1. 生物成因气

生物成因气是指在相对低的温度条件下,有机质通过细菌的参与或作用,在煤层中生成的以甲烷为主并含有少量其他成分的气体。其形成温度不超过 50 ℃,相当于泥炭-褐煤阶段。按生气时间、母质以及地质条件的不同,生物成因气又可以分为原生生物成因气和次生生物成因气两种类型。

(1) 原生生物成因气

原生生物成因气是煤化作用早期阶段(泥炭化和褐煤,见表 2-8),低变质煤在泥炭沼泽环境中通过细菌分解等一系列复杂作用所产生的气体。由于泥炭或低变质煤中的孔隙很有限,而且埋藏浅、压力低,对气体的吸附作用也弱,所以一般认为原生生物成因气难以保存下来。

表 2-8　生物成因和热成因煤层气生成阶段

煤层气生成阶段	镜质组反射率/%	煤层气生成阶段	镜质组反射率/%
原生生物成因甲烷	<0.30	最大量的热成因甲烷生成	1.20～2.00
早期热成因	0.50～0.80	大量湿气生成的最后阶段	1.80
最大量湿气生成	0.60～0.80	大量热成因甲烷生成的最后阶段	3.00
强热成因甲烷开始产生	0.80～1.00	次生生物成因甲烷	0.30～1.50
凝析油开始裂解成甲烷	1.00～1.35		

(2) 次生生物成因气

次生生物成因气与盆地水动力学有关,是含煤地层被后期构造作用抬升并剥蚀到近地表后,大气降水带入的细菌通过降解和代谢作用将煤层中已生成的湿气转变成甲烷和二氧化碳而生成的。次生生物成因气的形成年代一般较晚,生成范围可能在褐煤至无烟煤的多个煤级中。次生生物成因气代表一种重要的煤层气气源,最早在圣胡安盆地就确认了。次生生物成因气是煤层气的一种新的成因类型,对煤层气的勘探和生产有重要意义。

次生生物成因气的地球化学组成与原生生物成因气相似,主要差别在于次生生物成因

气煤源岩的 R^{o} 值为 0.30%～1.50%，热演化超过了原生生物成因气的形成阶段。次生生物成因气以甲烷为主，一般甲烷含量大于 98%，重烃含量多小于 1%。

2. 热成因气

在煤化作用过程中，热成因气体的生成一般在两种作用下产生：热降解作用和热裂解作用。

(1) 热降解作用

随煤层埋藏深度的增加和温度的上升，当埋藏深度达到 1 500～4 000 m、温度在 60～180 ℃之间时，有机质在热力作用下各种键相继打开，特别是不稳定的官能团以及羟基、甲氧基、富氢的烷基侧链断裂，有机质不断脱氧、贫氢、富碳，导致煤中的氧碳原子比和氢碳原子比下降，同时释放出甲烷、二氧化碳等气体。此阶段相当于煤化作用的长焰煤-焦煤阶段。

(2) 热裂解作用

随煤层埋藏深度的继续增加和温度的上升，当埋藏深度大于 4 000 m、温度超过 180 ℃时，有机质裂解成较稳定的低分子碳氢化合物，部分尚未裂解的有机质直接裂解生成烃类气体。热降解作用形成的液态烃和重烃也发生裂解和重新组合，形成更为稳定的甲烷。

与生物成因气相比，热成因气有如下特征：重烃一般出现在高、中挥发分烟煤及变质程度更高的煤中；热成因气的 $\delta^{13}C_1$ 较重，并且变质程度越高所产生的煤层气 $\delta^{13}C_1$ 越重。

煤层气藏的成藏要素主要包括：煤层条件、压力封闭和保存条件。煤层条件是煤层气藏形成的物质基础；压力封闭是煤层气藏形成的必要条件；保存条件是煤层气藏从形成到现今能够存在的前提。

煤层气与煤是同体共生、共存的伴生矿藏。含煤盆地不一定是煤层气盆地，现今保存的含煤盆地不一定都赋存有可供开采的煤层气，只有能够形成煤层气藏的含煤盆地才能称为煤层气盆地，才含有煤层气。煤层需要具有较高的含气量、较好的渗滤性能和完善的封盖条件，才能形成煤层气藏。

煤层含气量及煤层气可采性是决定煤层气能否成藏的重要条件。控制煤层气含量的主要地质因素有：煤变质程度，埋藏深度，煤层顶、底板岩性以及断裂构造情况等，其中煤变质程度起着决定性作用。煤在形成过程中由于温度及压力增加，在产生变质作用的同时也释放出可燃气体，只有变质适度的煤岩层才能形成煤层气藏。从泥炭到褐煤，每吨煤约产生 68 m^3 煤层气；从泥炭到肥煤，每吨煤约产生 130 m^3 煤层气；从泥炭到无烟煤每吨煤约产生 400 m^3 煤层气。控制煤层气可采性的主要地质因素有：煤层渗透率、相对渗透率、煤等温吸附特征、地层压力及煤的含气饱和程度，其中煤层渗透率是最主要的影响因素。

90%的煤层气资源储藏在早侏罗世、中侏罗世、石炭纪和二叠纪的煤层中。其中中侏罗世煤层厚度大，并且分布稳定，煤质、煤阶和渗透率最适合于煤层气的生成、储存和开发，地质条件较为有利。

煤层气赋存状态有吸着态、游离态和溶解态三种，吸着态又包括吸附态、吸收态和凝聚态三种方式。其中 90%以上的气体以吸附态保存在煤中孔隙的内表面，游离气不足 10%，溶解气仅占很小的一部分。煤层气按照其来源一般分为原始煤层煤层气、煤矿区煤层气、采动区煤层气和矿井通风瓦斯四种，如表 2-9 所示。

表 2-9 煤层气分类

名 称	来 源	特 征
原始煤层煤层气	原始煤层，地面开发	甲烷浓度>95%，生产期长
煤矿区煤层气	生产矿井，采空区	甲烷浓度>90%，生产期短
采动区煤层气	生产矿井	20%<甲烷浓度<80%
矿井通风瓦斯	生产矿井	甲烷浓度1%左右，量巨大

二、煤层气的特性

(1) 煤层气俗称瓦斯气，是不可再生的资源，可用作洁净能源和优质化工原料，但在煤矿开采中也是一种会造成严重后果的有害气体。自人类开发利用煤炭资源以来，瓦斯就被视为对煤矿安全构成重大威胁的可怕气体，经常造成瓦斯事故，因此，过去通常被集中排放到大气中。

(2) 煤层气以甲烷为主，甲烷是公认的六种主要温室气体之一，其温室效应约为 CO_2 的21倍。全世界煤层气资源量约260万亿 m^3。目前全世界每年因采煤直接向大气排放的煤层气达315亿～540亿 m^3，这些逸散在空气中的煤层气，破坏了臭氧层，加剧了温室效应。我国是世界煤炭生产和消费大国，煤矿煤层气排放量占世界总排放量的1/3以上。

(3) 煤层气比空气轻，其密度是空气的0.55倍，稍有泄漏会向上扩散，只要保持室内空气流通，即可避免爆炸和火灾。而液化石油气密度是空气的1.5～2.0倍，泄漏后会向下沉积，所以危险性要比煤层气大得多。煤层气爆炸范围为5%～15%，水煤气爆炸范围为6.2%～74.4%，因此，煤层气相对于水煤气不易爆炸。煤层气不含CO，在使用过程中不会像水煤气那样发生中毒现象。

三、煤层气的赋存状态

煤层气以吸附、游离和溶解三种状态赋存于煤层内。

在煤层气中，吸附状态的煤层气占80%～90%。吸附气是指以分子引力和极性键力吸附于煤的孔隙内表面上，无法自由移动的煤层气。煤中存在内部裂隙和孔隙，使煤层气主要以吸附状态存在于煤中。不同类型的煤孔隙内表面积的发育程度不同，孔隙较为发育的煤具有更大的比表面积，因此对甲烷和二氧化碳等气体的吸附能力更强。此外，煤对游离气体的吸附能力也受温度和压力的影响，通常在低温高压条件下，吸附气体的吸附量较大；相反，在高温低压条件下，吸附气体的吸附量较小。

在煤层气中，游离状态的煤层气占10%～20%。游离气是指以分子状态存在于煤的孔隙和煤层内、外生裂隙中，能够自由移动的煤层气。煤层中能储集多少游离气主要取决于煤的孔隙率和煤层承受的压力。通常情况下，煤的孔隙和裂隙被地下水充填时，煤中游离气会减少。游离气的含量还与煤内部的压力有关。随着煤内部压力的增大，部分游离气会转化为吸附气或扩散运移出煤层，导致游离气量减少；相反，当煤内部压力减小时，游离气量将增加。

由于煤层通常埋藏在地下，含有地下水，少量煤层气可以溶解于水中形成溶解状态的溶解气。煤内溶解气的含量与地下水量、煤层温度、压力等因素有关。根据Craft和Hawkins(1959)的研究，压强为3.5 MPa、温度为52.6 ℃的条件下，1 m^3 水中可溶解1 m^3 的甲烷。在动态地下水系统中，溶解气可以随着地下水的运移而发生变化。

在自然地层储集条件下，压力和温度处于动态平衡状态，当压力和温度发生变化时，煤层气的不同赋存状态可以相互转化，并且这种转化是可逆的。当压力增加、温度降低时，部分游离状态的煤层气会转变为吸附状态；反之亦然。煤层内的游离状态、吸附状态和溶解状态的煤层气之间处于动态平衡，各种地质作用通过改变煤层内煤层气的赋存状态平衡关系来影响煤层气的保存和储集。在人工抽取煤层气时，需要降低煤层压力，使煤中的吸附气转变为游离气，然后通过裂隙运移进入钻孔或巷道进行抽采。

四、煤层气与常规天然气

煤层气与石油天然气藏中的气藏气、油层的气顶气、石油中的溶解气等常规的天然气不同，它被吸附在煤层的孔隙表面上，因此也被称为非常规天然气。

（一）煤层气与常规天然气的相同点

1. 气体成分大体相同

煤层气主要由95%以上的甲烷组成，另外5%的气体一般是CO_2或N_2；而天然气成分也主要是甲烷，其余的成分变化较大（见表2-10）。

表2-10　煤层气与常规天然气成分对比

组　　分	常规天然气	煤层气
甲烷	93.2%～97.5%	96.67%～97.33%
乙烷	1.1%～1.3%	—
丙烷	0.32%～0.43%	—
异丁烷	—	—
正丁烷	0.021%～0.073%	—
异戊烷	0.018%～0.029%	—
正戊烷	0.009%～0.018 4%	—
二氧化碳	0.012%～0.019%	0.24%～0.29%
氮	0.25%～0.446%	3.09%～2.38%

2. 用途相同

煤层气发热量每立方米达31.4～34.4 MJ(7 536～8 200 kcal)，热值与常规天然气相当，完全可以与常规天然气混输、混用，可作为与常规天然气同等用途的优质燃料和化工原料。

（二）煤层气与常规天然气的不同点

1. 在地下存在的方式不同

煤层气主要以大分子团的吸附状态存在于煤层中，而天然气主要以游离气体状态存在于砂岩或灰岩中。

2. 生产方式、产量曲线不同

煤层气的开发要求有一套与常规天然气开发有明显区别的钻井、采气、增产等专门技术。煤层气是通过排水降低地层压力，使其在煤层中解吸—扩散—流动而采出地面的；而天然气主要是靠自身的正压产出的。煤层气初期产量低，但生产周期长，可达20～30年；天然气初期产量高，生产周期一般在8年左右。

3. 资源量不同

煤层气的资源量直接与采煤相关，采煤之前如不先采气，随着采煤过程的推进煤层气就排放到大气中，造成严重的资源浪费和环境污染；而天然气资源量受其他采矿活动影响较小，可以有计划地控制。

五、煤层气的主要用途

我国常规天然气储量不足，而煤层气是除常规天然气以外，资源量最大、最为现实的洁净能源，是我国常规天然气最重要的补充。从资源利用的角度，煤层气用途非常广泛，与常规天然气相同，可以用作民用燃料、工业燃料、发电燃料、汽车燃料以及化工原料。

煤层气作为一种清洁能源，消费市场使用方向主要定位于常规天然气的补充与接替及煤炭、焦炉煤气、水煤气、液化石油气、重油等燃料的替代。

复习思考题

1. 煤是由什么物质形成的？
2. 植物的主要化学组成是什么？它们各自对成煤的贡献如何？
3. 煤的成因类型有哪几种？
4. 由高等植物形成煤，要经历哪些过程和变化？
5. 泥炭化作用、成岩作用和变质作用的本质分别是什么？泥炭化作用阶段和煤化作用阶段对煤的组成和性质的影响有何不同？
6. 煤变质作用的因素是什么？哪个因素是最重要的？为什么？
7. 什么是希尔特定律？煤的性质在埋藏的水平方向和垂直方向上有何变化规律？
8. 什么是煤化程度（变质程度、煤级、煤阶）？
9. 试论述影响煤质的成因因素。
10. 简述成煤作用各个阶段及其经历的各种化学、物理、生物和地质的作用。
11. 煤层气是如何产生的？煤层气与常规天然气有何异同？

第二章学习指南

第三章 煤的结构

煤的结构包括煤有机质的化学结构(大分子结构)和煤的物理结构。煤有机质的化学结构是指煤的有机质分子中原子相互连接的次序和方式,是煤的芳香层大小、芳香性、杂原子、侧链官能团特征以及不同结构单元之间键合类型和作用方式的综合表现。传统的煤物理结构则是指煤的孔隙结构,主要是指其相界面间空隙及芳香层间的层间隙。近年来,对煤物理结构的描述和解析拓展到煤分子间堆垛的方式、煤中既不相同但又互相联系的各组分间的连接方式,并有把煤的化学结构模型与物理结构模型结合起来对煤进行描述的趋势。

研究煤的结构,不仅具有重要的理论意义,对于煤炭加工利用的生产过程也有重要的指导意义。煤在加工转化过程中的变化特征(即煤的工艺性能)与原料煤的结构关系密切。例如,煤中大分子芳香骨架结构决定着煤(焦)的气化反应性;松散煤体在一定的外界环境条件下,其自燃性很大程度上受到煤自身化学结构和孔隙结构的影响,可通过分析煤的结构来判断其自燃倾向性。因此,了解煤的结构是合理利用煤的前提,也是开发和优化煤化工工艺的基础。

由于煤炭组成的复杂性、多样性、非晶质性和不均匀性,将煤分离成为简单的化合物并研究其结构是一件非常困难的事情。虽然科学家对煤的结构做了长期、大量的研究工作,并取得了重要进展,但迄今为止对煤结构的全貌仍尚未明了,只是根据实验结果和分析推测,提出了若干煤的结构模型。虽然如此,煤分子结构的研究成果已经成功用于指导煤的转化和利用。本章重点介绍煤分子结构的概念、结构模型、研究方法及迄今为止有关煤分子结构研究的一些重要结论。

第一节 煤的大分子结构

煤的有机质是由大量相对分子质量不同、分子结构相似但又不完全相同的“相似化合物”组成的混合物。煤的有机质大体可以分为两部分:一部分是以芳香结构为主的环状化合物,称为大分子化合物;另一部分是以链状结构为主的化合物,称为低分子化合物。前者是煤有机质的主体,一般占煤有机质的90%以上;后者含量较少,主要存在于低煤化程度的煤中。煤的分子结构通常是指煤中大分子芳香族化合物的结构。

一、煤大分子结构的基本概念

煤的大分子结构十分复杂,一般认为它具有高分子聚合物的特点,但又不同于一般的聚合物,它没有统一的聚合单体。

研究表明,煤的大分子由多个结构相似的“基本结构单元”通过桥键连接而成。这种基本结构单元类似于聚合物的聚合单体,它可分为规则部分和不规则部分。规则部分由几个、十几个甚至几十个苯环、脂环、氢化芳香环及杂环(含氮、氧、硫等元素)缩聚而成,称为基本结构单元的核或芳香核;不规则部分则是连接在核周围的烷基侧链、各种官能团和桥键。随着煤化程度的提高，构成核的环数不断增多，连接在核周围的侧链、官能团和桥键数量则不断减少。

二、煤大分子基本结构单元的核

（一）煤的结构参数

煤大分子基本结构单元的核具有缩合环结构，称为芳香环或芳香核。煤的基本结构单元不是一个均匀、确切的结构，但可以通过结构参数评价核的平均结构。煤的结构参数有芳碳率、芳氢率、芳环数等。

1. 芳碳率

芳碳率（f_{ar}^{C}）是指煤的基本结构单元中属于芳香族结构的碳原子数与总碳原子数之比，$f_{ar}^{C}=C_{ar}/C$。

2. 芳氢率

芳氢率（f_{ar}^{H}）是指煤的基本结构单元中属于芳香族结构的氢原子数与总氢原子数之比，$f_{ar}^{H}=H_{ar}/H$。

3. 芳环数

芳环数（R_a）是指煤的基本结构单元中芳香环数的平均数量。

不同煤化程度煤的结构参数列于表 3-1。

表 3-1　不同煤化程度煤的结构参数

碳含量/%	f_{ar}^{C}		f_{ar}^{H}		H_{ar}/C_{ar}①	H_{al}/C_{al}②	平均环数
	NMR	FTIR	NMR	FTIR			
75.0	0.69	0.72	0.29	0.31	0.33	1.48	2
76.0	0.75	0.75	0.34	0.33	0.36	0.74	2
77.0	0.71	0.65	0.33	0.24	0.34	1.89	2
77.9	0.38	0.49	0.16	0.14	0.42	1.32	1
79.4	0.77	0.77	0.31	0.31	0.31	1.91	3
81.0	0.70	0.69	0.31	0.34	0.34	1.45	2
81.3	0.77	0.74	0.30	0.36	0.35	2.11	3
82.0	0.78	0.73	0.36	0.32	0.34	2.14	3
82.0	0.74	0.76	0.33	0.31	0.33	1.74	3
82.7	0.79	0.73	0.32	0.29	0.31	2.34	3
82.9	0.75	0.79	0.39	0.39	0.38	1.59	3
83.4	0.78	0.69	0.33	0.29	0.32	2.31	3
83.5	0.77	0.69	0.34	0.29	0.36	2.42	3
83.8	0.54	0.56	0.18	0.16	0.31	1.69	1
85.1	0.77	0.80	0.43	0.45	0.36	1.38	3
86.5	0.76	0.78	0.33	0.42	0.36	1.75	3
90.3	0.86	0.84	0.53	0.50	0.35	1.91	6
93.0	0.95	—	0.68	—	0.23	2.06	30

注：① 芳香氢、碳原子比；

② 脂肪氢、碳原子比。

从表 3-1 可以看出，芳碳率随煤化程度提高而缓慢增大，在碳含量 90%以后，芳碳率急剧增大。与此同时，基本结构单元的平均环数也有类似的规律，即在碳含量 90%以前，平均环数随煤化程度提高而缓慢增大，在碳含量 90%以后，平均环数急剧增大。

(二) 煤大分子基本结构单元的核随煤化程度变化的规律

煤大分子基本结构单元的核主要由不同缩合程度的芳香环构成，也含有少量的氢化芳香环和氮、硫杂环。低煤化程度煤基本结构单元的核以苯环、萘环和菲环为主；中等煤化程度烟煤基本结构单元的核以菲环、蒽环和芘环为主；在无烟煤阶段，基本结构单元核的芳香环数急剧增加，逐渐向石墨结构转变。

如表 3-1 所示，从褐煤开始，随煤化程度的提高，煤大分子基本结构单元的核缓慢增大，核中的缩合环数逐渐增多，当碳含量超过 90%以后，基本结构单元核的芳香环数急剧增大，逐渐向石墨结构转变。研究表明，碳含量为 70%～83%时，平均环数为 2；碳含量为 83%～90%时，平均环数为 3～5；碳含量大于 90%时，环数急剧增加，碳含量大于 95%时，平均环数大于 40。

三、煤大分子基本结构单元周围的烷基侧链、官能团和桥键

煤大分子基本结构单元的缩合环上连接有数量不等的烷基侧链和官能团。

(一) 烷基侧链

连接在缩合环上的烷基侧链是指甲基、乙基和丙基等基团。日本学者滕井修治等将煤在缓和的条件下氧化，把烷基转化为羧基，然后通过元素分析和红外光谱测定，研究了不同煤种烷基侧链的平均长度，见表 3-2。

表 3-2 烷基侧链的平均长度

C_{daf}/%	65.1	74.3	80.4	84.3
侧链的长度(碳原子数)	5.0	2.3	2.2	1.8

表 3-2 的数据表明，烷基侧链的平均长度随煤化程度提高而迅速缩短。

(二) 含氧官能团

煤分子上的含氧官能团有羟基(—OH)、羧基(—COOH)、羰基($>C=O$)、甲氧基($—OCH_3$)和醚键(—O—)等。

煤中含氧官能团随煤化程度提高而减少。其中甲氧基消失得最快，在年老褐煤中就几乎不存在了；其次是羧基，羧基是褐煤的典型特征，到了烟煤阶段，羧基的数量大大减少，到中等煤化程度的烟煤时，羧基已基本消失；羟基和羰基在整个烟煤阶段都存在，甚至在无烟煤阶段还有发现。羰基在煤中的含量虽少，但随煤化程度提高而减少的幅度不大，在不同煤化程度的煤中均有存在。煤中的氧有相当一部分以非活性状态存在，主要是醚键和杂环中的氧。

(三) 含硫官能团和含氮官能团

煤中的含硫官能团与含氧官能团的结构类似，包括硫醇、硫醚、二硫醚、硫醌及噻吩等。煤中的氮含量一般在 1%～2%，主要以六元杂环、吡啶环或喹啉环等形式存在。此外，还有氨基、亚氨基、腈基、吡咯及咔唑等。

理论上，含硫官能团和含氮官能团随煤化程度提高有下降趋势，但由于煤有机质中氮、

硫含量不高，其他因素往往掩盖了煤化程度的影响。

（四）连接煤大分子基本结构单元的桥键

煤的大分子是由若干基本结构单元通过化学键连接而成的三维结构，结构单元之间的连接是通过次甲基键—CH_2—、—CH_2—CH_2—、—CH_2—CH_2—CH_2—；醚键—O—；硫醚键—S—、—S—S—；次甲基醚键或次甲基硫醚键—CH_2—O—、—CH_2—S—；芳香碳—芳香碳键 C_{ar}—C_{ar} 等桥键实现的。

不同煤化程度煤的结构单元模型见表 3-3。

表 3-3　不同煤化程度煤的结构单元模型

煤种	成分特征 /%			结构单元
	指标	干燥基（d）	干燥无灰基（daf）	
褐煤	C	64.5	76.2	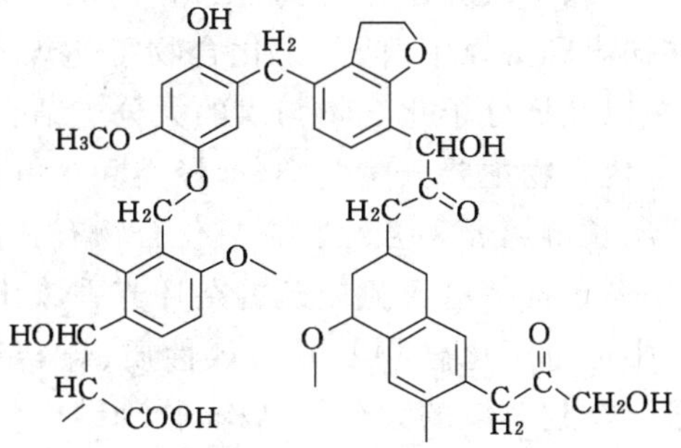
	H	4.3	4.9	
	V	40.8	45.9	
次烟煤	C	72.9	76.7	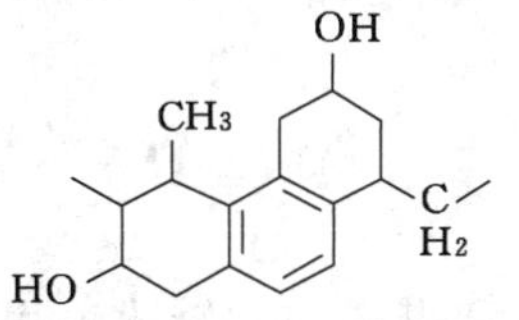
	H	5.3	5.6	
	V	41.5	43.6	
高挥发分烟煤	C	77.1	84.2	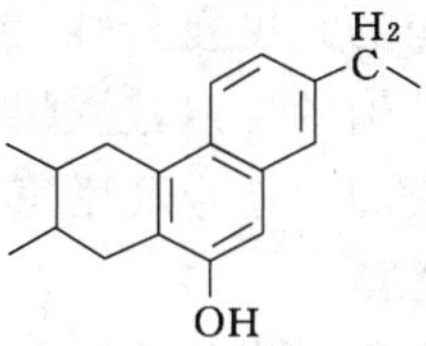
	H	5.1	5.6	
	V	36.5	39.9	
低挥发分烟煤	C	83.8	—	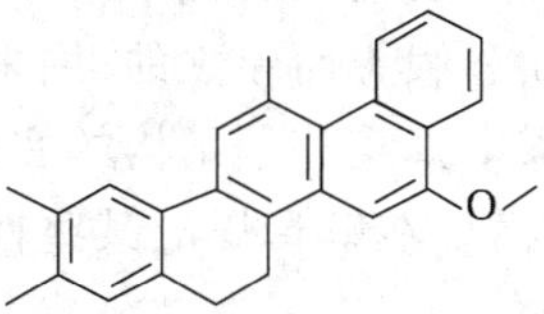
	H	4.2	—	
	V	17.5	—	
无烟煤				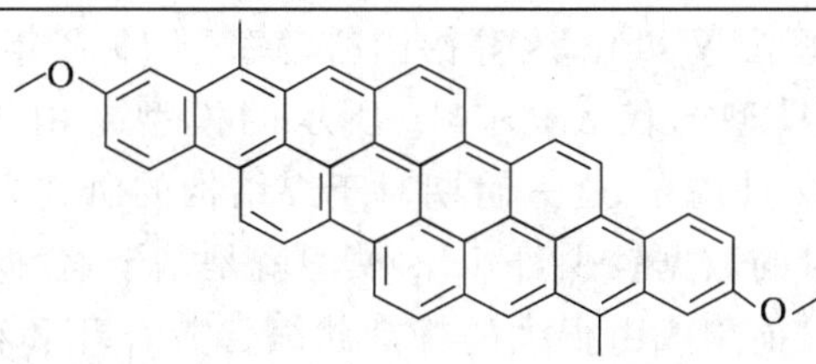

从表 3-3 中可以看出，随煤化程度的提高，煤分子的结构单元呈规律性变化，侧链、官能团数量不断减少，结构单元中缩合环数不断增加。需要特别注意的是，从褐煤到中挥发分烟煤阶段，侧链、官能团数量快速减少，基本结构单元中缩合环数却缓慢增加；再到无烟煤阶段，侧链、官能团数量缓慢减少，基本结构单元中缩合环数却急剧增加。这种变化速度的突变，是造成煤的性质在此处出现极值的根本原因。

四、煤中的低分子化合物

在煤的缩聚芳香结构中还分散着一些独立存在的化合物，它们的相对分子质量小于 500，可用普通有机溶剂如苯、醇等萃取出来。它们的性质与煤主体有机质有很大的不同，通常称它们为低分子化合物。

煤中的低分子化合物来源于成煤植物（如树脂、树蜡、萜烯等）、成煤过程中形成的未参与聚合的化合物以及形成的低分子聚合物。低分子化合物与煤大分子主要通过氢键力和范德瓦耳斯力结合。煤中低分子化合物的含量一般不超过 5%，但有的人认为实际含量远远大于此数值，在褐煤和烟煤中，低分子化合物可达煤有机质的 10%～23%。实际测值低是由于萃取时间短以及低分子化合物与煤的大分子结合太紧密而萃取不出来。

煤中低分子化合物主要分为两类，即烃类和含氧化合物。烃类主要是正构烷烃，此外还有少量的环烷烃、长链烯烃和芳烃。含氧化合物有长链脂肪酸、醇和酮、甾醇类等。此外，煤中低分子化合物还包括一些含氮或硫的杂环芳香族化合物。

近年来，煤中低分子化合物及其对煤性质、煤转化影响的研究逐渐得到重视。研究发现，煤中低分子化合物对煤的大分子结构、物理结构（孔径及分布）、热解行为、不同供氢溶剂及气氛下的快速液化转化率和油产率等，都有不同程度的影响。

第二节　煤的结构模型

为了解释煤的性质和煤炭加工转化过程中的现象，人们试图从煤的结构上找答案。由于煤的非晶态性及其结构的高度复杂性，目前尚不能了解煤大分子结构的全貌。虽然如此，仍可以用已经获得的煤结构的信息建立煤结构模型来描述和研究煤。煤的结构模型包括化学结构模型和物理结构模型。迄今科学家已经提出了上百个煤结构模型。

一、煤的化学结构模型

建立煤的结构模型是研究煤的化学结构的重要方法。煤的结构模型是根据煤的各种结构信息和数据进行推断和假想而建立的，用来表示煤的平均化学结构的分子图示。实际上，这种分子模型并不是煤中真实分子结构的实际形式，它只是一种统计平均的结果，并不完全准确。尽管如此，这些模型在解释煤的某些性质时仍然得到了成功应用。

（一）Fuchs 模型

Fuchs 模型由 W. Fuchs 等德国科学家于 1942 年提出，是 20 世纪 60 年代以前提出的煤的化学结构模型的代表，图 3-1 所示的模型是由 W. Fuchs 提出并经 Van Krevelen 在 1957 年修改过的模型。这一时期对于煤结构的研究方法主要是化学法，得出的是一些定性的概念，而定量的数据较少，Fuchs 模型就是基于这种研究水平而提出来的。从图中可以看出，该模型将煤描绘成由很大的蜂窝状缩合芳香环和在其周围任意分布着以含氧官能团为主的基团所组成，缩合芳香核很大，模型中没有含硫结构，含氧官能团的种类不全面。总而言之，该模型比较片面，不能全面反映煤结构的特征。

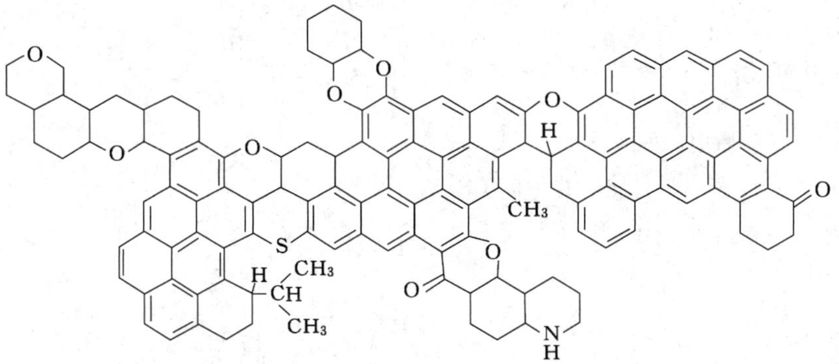

图 3-1 Fuchs 模型(经 Van Krevelen 修改)

(二) Given 模型

20 世纪 60 年代以来，在煤的结构研究中采用了各种新型的现代化仪器，如傅立叶变换红外光谱和高分辨率核磁共振波谱等，得到了更多更准确的煤结构信息，为更合理的煤结构模型的提出奠定了基础。英国的 P. H. Given 于 1960 年提出了一种煤结构模型，如图 3-2 所示。这是一种低煤化程度烟煤(碳含量为 82%)的结构，主要由环数不多的芳香核构成。在这些环之间由氢化芳香环连接，构成无序的三维空间大分子。该模型氮原子以杂环形式存在，含氧官能团有羟基、醌基等，结构单元之间交联键的主要形式是邻位亚甲基。但模型中没有硫的结构，也没有醚键和两个碳原子以上的桥键。

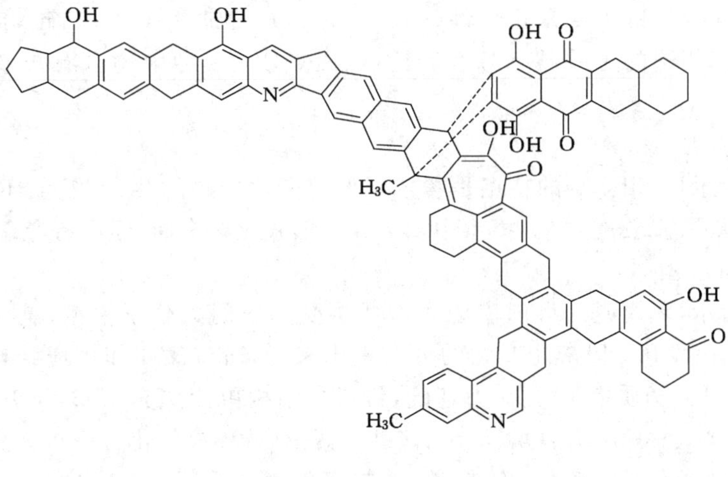

图 3-2 Given 模型

(三) Wiser 模型

美国的 W. H. Wiser 于 1975 年提出的煤结构模型(见图 3-3)被认为是比较全面合理的一个模型，该模型适于年轻烟煤(碳含量为 82%～83%)，它展示了煤大分子结构的大部分现代概念，可以合理解释煤的液化和其他化学反应性质。

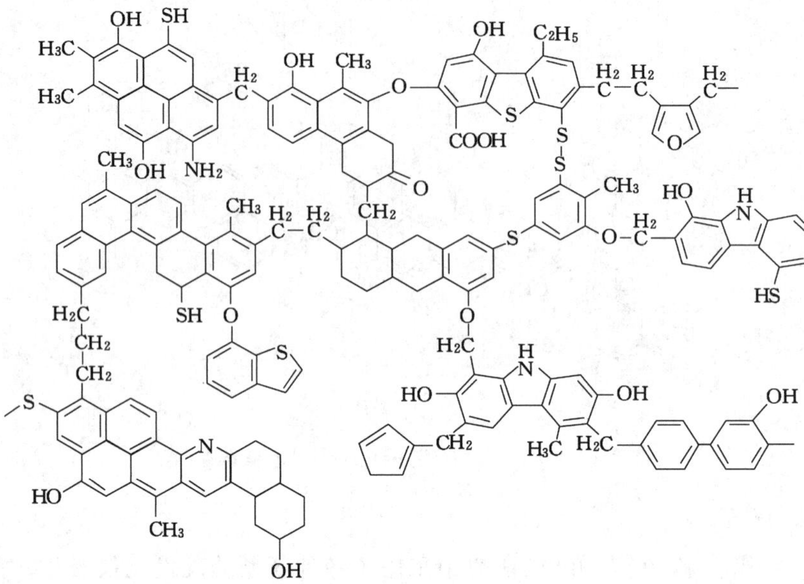

图 3-3 Wiser 模型

该模型芳香环数分布较宽，包含了 1～5 个环的芳香结构。模型中的元素组成与烟煤中的元素组成一致，其中芳香碳占 65%～75%。模型中的氢大多存在于脂肪结构中，如氢化芳环、烷基结构和桥键等，而芳香氢较少。模型中含有酚、硫酚、芳基醚、酮以及含 O、N、S 的杂环结构。模型中还含有一些不稳定的结构，如醇羟基、氨基及羧基等。模型中结构单元之间的桥键主要是短烷键（$\leftarrow CH_2 \rightarrow_{1\sim3}$）、醚键（—O—）和硫醚（—S—）等弱键以及两芳环直接相连的芳香碳—芳香碳键（$C_{ar}—C_{ar}$）。模型中还含有羟基、羰基、硫醇和噻吩等基团。

（四）本田模型

如图 3-4 所示，本田模型的特点是考虑了低分子化合物的存在，缩合环以菲为主，它们之间有较长的次甲基键相连接。模型中氧的存在形式比较全面，但没有考虑氮和硫的结构。

（五）Shinn 模型

如图 3-5 所示，此模型是目前广为人们所接受的煤的大分子模型，是 1984 年由 J. H. Shinn 根据煤在一段和二段液化产物的分布提出来的，所以又叫作反应结构模型。它以烟煤为对象，以相对分子质量 10 000 为基础，将考察结构单元扩充至 C＝661，通过数据处理和优化，得出分子式为$C_{661}H_{561}O_{74}N_{11}S_6$。该结构假设：芳环或氢化芳环单元由较短的脂链和醚键相连，形成大分子的聚集体，而小分子镶嵌于聚集体孔洞或空穴中，可通过溶剂抽提萃取出来。

二、煤的物理结构模型

煤的化学结构反映了煤的大分子中各原子之间的相互联系，这些原子之间是通过化学键联系起来的。煤的物理结构是指分子间的堆垛结构和孔隙结构。煤的孔隙结构在第六章阐述。

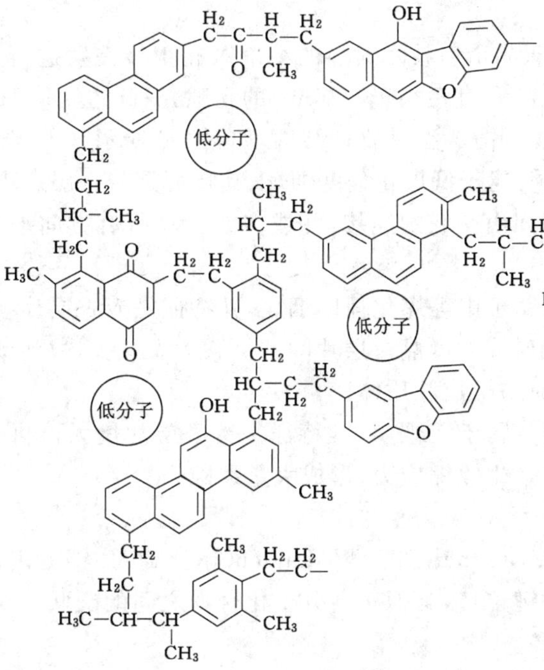

图 3-4　本田模型

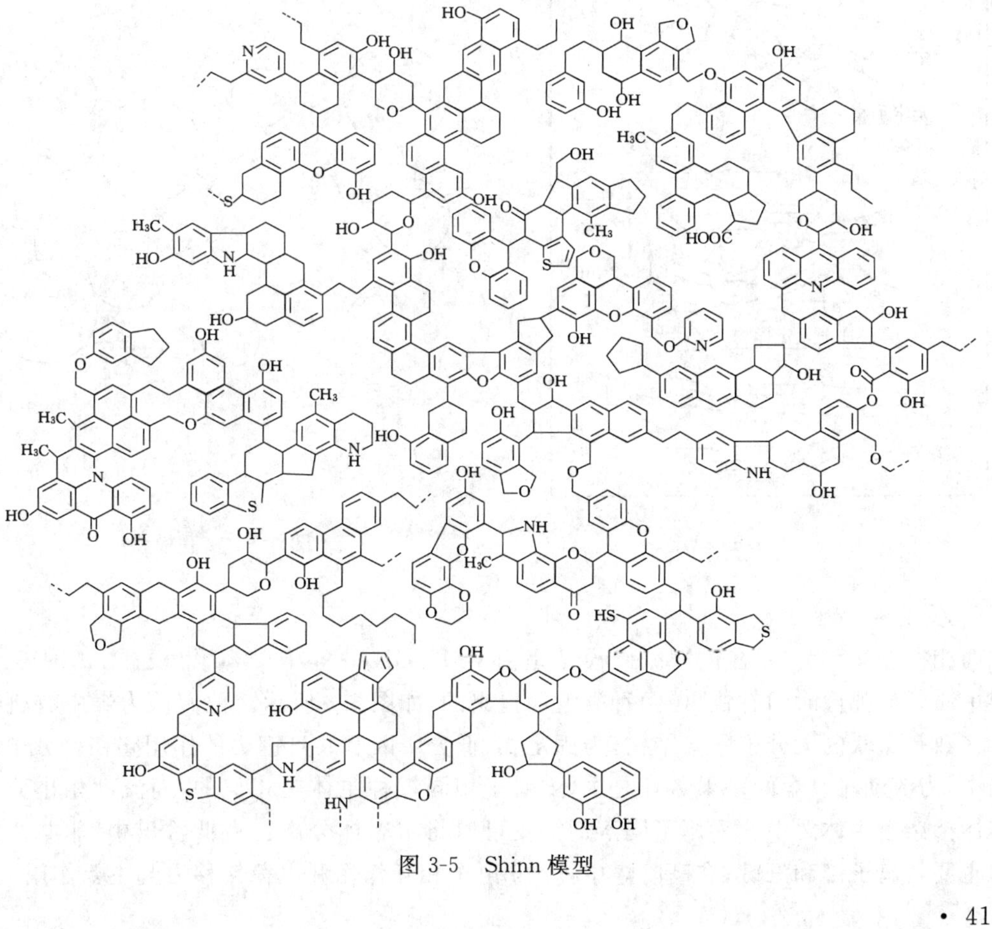

图 3-5　Shinn 模型

（一）Hirsch 模型

1954 年，P. B. Hirsch 利用双晶衍射技术对煤的小角 X 衍射线漫射进行了研究，认为煤中有紧密堆积的微晶、分散的微晶和直径小于 500 nm 的孔隙，据此建立了 Hirsch 煤结构模型。该模型将不同煤化程度的煤划分为三种物理结构，如图 3-6 所示。

(1) 敞开式结构[图 3-6(a)]：属于低煤化程度烟煤，其特征是芳香层片小，不规则的“无定形结构”比例较大。芳香层片间由交联键连接，并或多或少在所有方向上任意取向，形成多孔的立体结构。

(2) 液态结构[图 3-6(b)]：属于中等煤化程度烟煤，其特征是芳香层片在一定程度上定向，并形成包含两个或两个以上层片的微晶。层片间的交联大大减少，故活动性大。这种煤的孔隙率小，机械强度低，热解时易形成胶质体。

(3) 无烟煤结构[图 3-6(c)]：属于无烟煤，其特征是芳香层片增大，定向程度增大。由于缩聚反应剧烈，煤体积收缩并产生收缩应力，形成大量裂隙。

（二）交联模型

交联模型是由 T. Green、D. Brenner 和 J. W. Larsen 等于 1982 年提出的，如图 3-7 所示。此模型中，分子之间由交联键连接，类似于高分子化合物之间的交联。这种模型很好地解释了煤不能完全被溶解的现象。

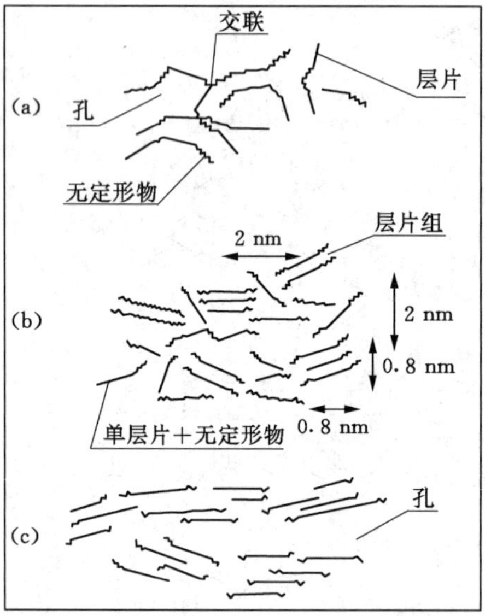

图 3-6　Hirsch 模型

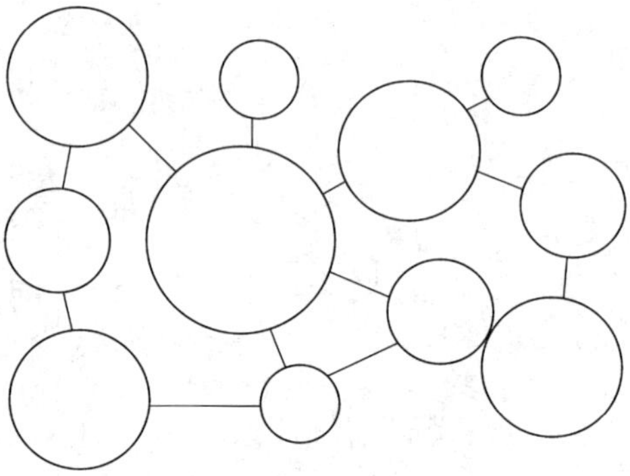

图 3-7　交联模型

（三）两相模型

两相模型又称为主-客模型。此模型是由 P. H. Given 等于 1986 年根据 NMR 氢谱发现煤中质子的弛豫时间有快、慢两种类型而提出的，如图 3-8 所示。他们认为煤中有机物大分子多数是交联的大分子网络结构，为固定相；低分子因非共价键力的作用陷在大分子网状结构中，为流动相。煤的多聚芳环是主体，对于相同煤种主体是相似的，而流动相小分子作为客体掺杂于主体之中。采用不同溶剂抽提可以将主客体分离。在低阶煤中，非共价键的类型主要是离子键和氢键；在高阶煤中，π—π 电子相互作用和电荷转移力起主要作用。

(四) 单相模型

单相模型又称缔合模型,是 M. Nishioka 于 1992 年提出来的。他是在分析了溶剂萃取实验结果后,认为存在连续相对分子质量分布的煤分子,煤中芳香族间的连接是静电型和其他型的连接力,不存在共价键。煤的芳香族由于这些力堆积成更大的联合体,然后形成多孔的有机质,如图 3-9 所示。

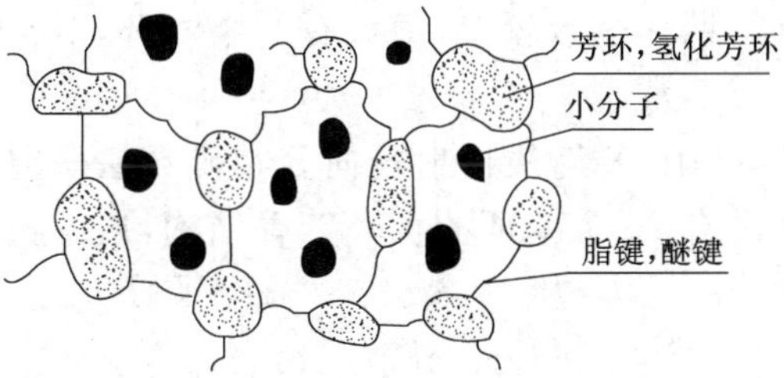

图 3-8　两相模型

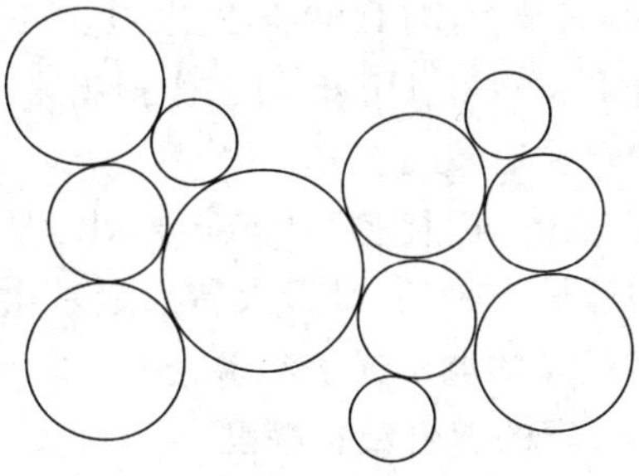

图 3-9　单相模型

(五) 煤的复合结构模型及嵌布结构模型

1. 煤的复合结构模型

1998 年,秦匡宗等对低阶煤与我国胜利、辽河、江汉等油田的 11 种低熟烃源岩中有机质的物理化学结构与溶解性能进行了研究,对萃取物的性质和组成做了分析,在此基础上提出了煤的复合结构模型。该模型中煤有机质主要由 4 部分组成:① 以共价键为主的三维交联的大分子,形成不溶性的刚性网络结构;② 相对分子质量在 1 000 到几千之间,相当于沥青烯和前沥青烯的大型分子和中型分子;③ 相对分子质量在数百至 1 000 之间,相当于非烃组分,具有较强极性的中小型分子;④ 相对分子质量小于数百的非极性分子,包括溶剂可萃取的各种饱和烃和芳烃。结构模型中,第②、第③部分通过物理缔合力与第①部分相结合,第④部分主要以游离态存在于前三部分构成的网络结构中。

煤的复合结构概念可以认为是煤的两相结构模型与缔合结构模型的综合,可以很好地解释煤在不同溶剂作用下的溶解现象和实验结果;根据煤在不同溶剂中的溶解结果,对形成大分子网络的作用力进行了修正;强调了非共价键物理缔合力在形成三维网络结构中的重要性。

2. 煤的嵌布结构模型

秦志宏采用透射电子显微镜对淮北烟煤和徐州烟煤的 CS_2/NMP(*N*-甲基-2-吡咯烷酮)混合溶剂萃取及反萃取过程进行研究,并结合所提出的煤中小分子的“游离态、微孔嵌入态和网络嵌入态”三种形态分布的观点,构造了煤的嵌布结构模型,认为:煤是以大分子组分、中型分子组分(又可分为中Ⅰ型和中Ⅱ型)、较小分子组分和小分子组分等 5 种族组分共同组成的混合物,这 5 种族组分之间主要以镶嵌的分布方式相连接,可以通过 CS_2/NMP 混合溶剂为主的萃取反萃取法,使它们彼此自然分离。煤在 CS_2/NMP 混合溶剂萃取过程中,不是单纯的可溶物溶解,其中有很多是以颗粒状态悬浮出来的。这些颗粒彼此之间、颗粒与大分子基底之间以及颗粒与其他组分之间均有相互作用,但这些相互作用已经不仅仅是分子水平上的非共价键了,更包含着质点间的作用或作用力,或者叫表面性质或表面张力。

煤的嵌布结构模型可以合理解释 CS_2 在 CS_2/NMP 混合溶剂萃取过程中的降黏增渗作用、煤中小分子组分的溶解性质和溶出行为以及煤的黏结性的来源与形成机理。

三、煤结构的综合模型

近年来，还有一些模型把煤的化学结构模型与物理结构模型结合起来对煤进行描述，它是近年来煤结构模型的特点。主要有 Oberlin 模型和球(Sphere)模型。

Oberlin 模型(1989 年提出)是 Oberlin 用高分辨率透射电子显微镜(TEM)研究煤结构并结合 Fuchs 和 Hirsh 的工作提出来的，其特点是稠环个数较多，最大有 8 个苯环，对煤中卟啉的存在有重点描述。

球(Sphere)模型(1990 年提出)是 Grigoriew 等用 X 射线衍射径向分布函数法研究煤的结构后提出来的，其最大特点是首次提出煤中具有 20 个苯环的稠环芳香结构，这一模型可以解释煤的电子光谱和颜色。

四、煤的键合结构模型

近年来，一些研究者提出采用集总或平均键合结构模型来描述煤结构，这种方法不仅可以量化煤的图像，还便于与煤反应过程中的能量变化和动力学联系起来。从原理上讲，煤可被描述为由碳原子构成的三维骨架结构，这些骨架结构与其他元素形成键合或被氧等元素桥接。一般来说，煤中含碳的共价键包括 3 种 C—C 键(C_{ar}—C_{ar}、C_{ar}—C_{al} 和 C_{al}—C_{al}，其中 C_{ar} 表示芳香碳，C_{al} 表示脂肪碳)、2 种 C—H 键(C_{ar}—H 和 C_{al}—H)、3 种 C_{ar}—X 键、3 种 C_{al}—X 键以及 C═O 键，此外还有 X—H 键(X 为氧、硫和氮)。不同种类煤之间的差异源于其共价键分布的不同，更精确的煤键合结构模型仍有待进一步开发。

第三节　煤结构的研究方法

煤结构的传统研究方法主要有三类，即物理法、化学法和物理化学法。这些方法可单独使用，但多数情况下是综合运用，以获得更多的煤结构方面的信息。

煤是由有机大分子相和小分子相组成的复杂混合物，本身具有独特的反应活性。根据煤结构及反应性的特点，目前国内外多采用将化学和物理化学研究方法与仪器分析结合起来，用化学方法(如氧化、氢解、热解等)及物理化学方法(如溶剂抽提)得到煤的反应产物或相分离组分，再借助近现代分析仪器对反应产物或组分进行深入细致的表征，用于解析、理解、构建煤的分子结构模型。例如，Damste 等人用快速热解-气相色谱和快速热解气相色谱-质谱法(Py-GC-MS)对西班牙的 5 种褐煤进行了分子结构研究，应用该项技术使煤中有机大分子结构在惰性气氛中降解，形成的化合物在线分离、鉴定和定量分析，就能得到用其他方法难以取得的较详细的煤大分子结构信息。

煤结构的研究方法显示出多样化的趋势。例如，高分子物理中的溶胀平衡法和稀溶液黏度法常常被用来研究煤的结构，借助红外光谱分析对原煤、氧化煤、溶胀煤表征的结果，可以获得煤大分子结构、脂肪族和芳香族的数量、含氧官能团的组成及数量以及煤中的小分子化合物相对分子质量等方面的信息。

近年来，计算化学方法已经被广泛地应用到煤结构的研究中。

一、物理研究法

物理研究法主要是利用高性能的现代分析仪器，如红外光谱仪、核磁共振仪、X 射线衍射仪、扫描电子显微镜等对煤结构进行测定和分析，从中获取煤结构信息的方法。表 3-4 列举了各种现代仪器用于煤结构研究及其提供的信息情况。

表 3-4 各种现代仪器用于煤结构研究及其提供的信息

方 法	所提供的信息
密度测定 比表面积测定 小角 X 射线散射(SAXS) 电子计算机断层扫描(CT) 核磁共振成像	孔容、孔结构、气体吸附与扩散、反应特性
透射电子/扫描电子显微镜(TEM/SEM) 扫描隧道显微镜(STM) 原子力显微镜(AFM)	形貌、表面结构、孔结构、微晶石墨结构
X 射线衍射(XRD)	微晶结构、芳香结构的大小与排列、键长、原子分布
紫外-可见分光光度法(UV-Vis)	芳香结构大小
红外光谱(IR)-拉曼光谱	官能团、脂肪和芳香结构、芳香度
核磁共振谱(NMR)	C 原子及 H 原子分布、芳香度、缩合芳香结构
电子自旋共振谱(ESR)	自由基浓度、未成对电子分布
X 射线光电子能谱(XPS) X 射线吸收近边结构(XANES)	原子的价态与成键、杂原子组分
Mossbauer 谱	含铁矿物
原子光谱(发射/吸收) X 射线能谱	矿物质成分
质谱(MS)	碳原子数分布、碳氢化合物类型、相对分子质量
电学方法(电阻率)	半导体特性、芳香结构大小
磁学方法(磁化率)	自由基浓度
光学方法(折射率、反射率)	煤化程度、芳香层大小与排列

二、化学研究法

化学研究法是对煤进行适当的氧化、氢化、卤化、水解、解聚、热解、烷基化和官能团分析等化学处理，再对产物的结构进行分析测定，并据此推测母体煤的结构的方法。此外煤的元素组成和煤分子上的官能团，如羟基、羧基、羰基、甲氧基、醚键等也可以采用化学分析的方法进行测定。这类方法操作复杂、分析时间长、灵敏度较低，已逐渐被物理研究法取代，成为物理研究法的一种辅助方法。

热解是煤热加工的必经过程，它是煤燃烧、液化、气化的初始反应。分析研究热解机理，适当控制热解条件，如采用 TGA-FTIR(热重分析-傅立叶变换红外光谱)或 Py-GC/FIMS(热解-气相色谱/场离子化质谱)控温，通过对一次和二次热解过程中得到的各种分子碎片进行分析和假设，运用逆推思维和统计学的方法，提出相应的煤结构模型。

三、物理化学研究法

溶剂抽提、吸附性能和物化特性法等属于物理化学方法。例如，利用溶剂萃取手段将煤中的组分分离并进行分析测定，以获取煤结构的信息。

抽提，又称为萃取(extraction)，是利用溶剂的授、受电子(electron-donor-acceptor，EDA)能力使煤中小分子相释放出来的过程。通过逐级抽提，分析抽提可溶物与抽提不溶物，找出它们与煤结构之间的关系，提出相应的煤的结构模型，如现有的煤结构模型中的缔合模型、主客模型，都是通过研究抽提物在一定程度上基于煤结构的代表性关系得出的。

四、计算化学方法

总的来说，煤结构模型的研究和提出大多是从研究煤的结构与反应活性的关系入手，所得的均是局部的平面结构或是非唯一的二维结构，不可避免地忽略了绝大多数碎片间的相互作用以及像密度和孔隙率这样的三维立体性质。1982 年，Carlson 等首先把 CAMD (computer-aided-molecular design，计算机辅助结构模型设计)技术引入煤科学领域，模拟计算了煤的结构和能量，用化学和计算机研究煤的模型化，使煤的化学结构研究在定量化和可视化方面取得实质性的突破。

CAMD 是以计算机为工具，运用计算机辅助分子设计技术，结合分子力学、量子力学、分子动力学、分子图形学和计算机科学等将分子碎片按一定规则进行随机拼凑、组装、优化，最后达到能量最低的稳定状态。

可以理解的是，采用 CAMD 研究煤三维立体大分子结构模型的方法，应该与前述的煤结构研究的物理方法、化学方法以及物理化学方法结合起来才有实际的意义，否则得到的只能是纯理论的煤结构模型，而这种模型没有实际煤质、煤结构数据的支撑，是虚拟而难以实际出现的煤分子结构。

迄今，应用计算化学方法，结合近现代仪器分析技术，研究构建了煤或煤显微组分的结构模型，并应用模型对煤的密度、热解机理等进行了描述和解析。

例如，贾建波以我国神东煤作为研究对象，利用浮沉离心法得到了镜质组显微组分，采用多种手段(^{13}C CP/MAS NMR、TG-MS 等)，借助 CAMD 技术对镜质组显微组分的结构进行了系统研究，获取了镜质组显微组分的芳香结构单元的结构信息，得到了与实验结果拟合较好的镜质组显微组分的化学结构模型。此外，还对煤初次裂解反应发生的位置、热解产物甲烷的生成机理等进行了解释。

第四节　煤分子结构理论的基本观点

经过大量研究，虽然迄今还没有彻底了解煤分子结构的全貌，但对煤的分子结构也有了基本的和较深入的认识。以下是科学界公认的有关煤分子结构的几个基本观点。

1. 煤是三维空间高度交联的非晶质的高分子缩聚物

煤不是由均一的单体聚合而成，而是由许多结构相似但又不完全相同的基本结构单元通过桥键连接而成的。结构单元由规则的缩合芳香核与不规则的、连接在核上的侧链、官能团和桥键构成。

2. 煤分子基本结构单元的核心是缩合芳香核

缩合芳香核为缩聚的芳环、氢化芳环或各种杂环，环数随煤化程度的提高而增加。碳含量为 70%～83%时，平均环数为 2；碳含量为 83%～90%时，平均环数为 3～5；碳含量大于 90%时，环数急剧增加，碳含量大于 95%时，平均环数大于 40。煤的芳碳率，烟煤一般小于

0.8，无烟煤则趋近于1。

3. 连接在基本结构单元周围的不规则部分

连接在缩合芳香核上的不规则部分包括烷基侧链、官能团和桥键。烷基侧链的长度随煤化程度的提高而缩短；官能团主要是含氧官能团，包括羟基(—OH)、羧基(—COOH)、羰基($>C=O$)、甲氧基($—OCH_3$)等。随煤化程度的提高，甲氧基、羧基很快消失，其他含氧基团在各种煤化程度的煤中均有存在；另外，煤分子上还有少量的含硫官能团和含氮官能团。

连接结构单元之间的桥键主要是次甲基键、醚键、次甲基醚键、硫醚键以及芳香碳—碳键等。在低煤化程度的煤中桥键最多，主要形式是前三种。

4. 氧、氮、硫的存在形式

氧的存在形式除了官能团外，还有醚键和杂环；硫的存在形式有巯基、硫醚和噻吩等；氮的存在形式有吡咯环、氨基和亚氨基等。

5. 低分子化合物

在煤的高分子化合物的缝隙中还独立存在着具有非芳香结构的低分子化合物，它们主要是脂肪族化合物，如褐煤、泥炭中广泛存在的树脂和蜡等。

6. 煤化程度对煤大分子结构的影响

低煤化程度的煤含有较多的不规则部分，规则的芳香环数则较少。年轻煤的规则部分小，侧链长而多，官能团也多。随着煤化程度的提高，不规则部分快速减少，到中等煤化程度的煤(肥煤和焦煤)，含氧官能团和烷基侧链已经很少，结构单元之间的桥键也很少，芳核数增加不多，煤大分子之间的交联作用程度最低。此后，煤化程度提高到无烟煤阶段，煤的缩合环急剧增大，大分子排列的有序化迅速增强，形成大量的类似石墨结构的芳香层片。分子间的交联作用被分子内各基团之间的化学键力所替代，使得芳香层片排列得更加紧密，产生了收缩应力，以致形成了新的裂隙。这是无烟煤阶段孔隙率和比表面积增大的主要原因。

在碳含量为87%～90%时，煤的大分子结构演化发生决定性转折。这是因为，一方面侧链官能团减少到几乎不再变化，另一方面芳香核却没有明显增大，大分子的排列仍然是无序的或者有序化程度较低；此后，煤大分子的芳香核急剧增大，使大分子排列的有序化程度迅速增强，故煤的物化性质和工艺性质在碳含量为87%～90%时出现极大值或极小值。

复习思考题

1. 简述煤化学结构和煤物理结构的概念。

2. 简述煤大分子结构的概念。煤分子结构单元是如何构成的？结构单元之间如何构成煤的大分子？

3. 描述煤分子结构的参数有哪些？

4. 煤分子中有哪些官能团？

5. 什么是煤中低分子化合物？其来源是什么？煤中低分子化合物对煤加工转化的影响有哪些？

6. 研究煤分子结构的方法有哪些？试举例说明，采用这些研究方法时能得到哪些煤结构的信息。

7. 煤分子结构理论的主要观点有哪些？随煤化程度的提高，煤分子结构呈现怎样的规律性变化？

8. 常见的煤结构模型有哪些？试说明其特点。

第三章学习指南

第四章　煤的岩石组成

煤是一种固体可燃有机岩。煤岩学是把煤作为一种有机岩石，以物理方法为主研究煤的组成、结构、性质、成因及合理利用的学科。它是煤田地质学的一个分支，与古生物学、沉积岩石学、煤地球化学、煤工艺学和石油地质学等学科密切相关。由于采用物理手段研究组成，因此煤的岩石组成也可称为煤的物理组成。

煤岩学研究始于1830年，英国人赫顿(Hutton)发展了在显微镜下用透射光观察煤薄片的技术，发现了煤中存在着大量的植物结构，并提出了煤是由植物生成的论断。1919年英国人斯托普斯(Stopes)用肉眼观察煤时，将宏观煤岩成分分为镜煤、亮煤、暗煤和丝炭四种类型，并详细描述了它们的特征和性质的差别。1924年波托涅编写了《普通煤岩学概论》一书，第一次提出了"煤岩学"这个术语。1925年德国人斯塔赫(Stach)介绍了煤的光片技术，利用反射光观察煤的光片，并使用了油浸物镜研究煤。1928年斯塔赫和屈耳魏恩又发明了粉煤光片。1935年斯托普斯建议使用煤岩显微组分这一术语，使煤岩学的研究向微观方向前进了一步。

20世纪初期广泛开展煤的显微镜下的观察、研究，使煤岩学逐渐发展形成一门独立的学科。显微镜下研究煤是煤岩学的主要手段。煤的显微组分、显微类型和煤化作用是煤岩学的主要研究内容。煤岩学在地质学领域和工业中的应用日益广泛。应用煤岩学方法确定的煤岩组成和煤化程度，是评定煤的性质和用途的重要依据，也是研究煤的生成和变质的重要基础。

本教材主要介绍煤的岩石组成、反射率及其应用。煤的岩石组成取决于成煤作用初期泥炭化作用的具体条件和过程，反映的是泥炭化作用方式的结果。反射率与煤化作用过程密切相关，反映的是煤大分子结构有序化程度的高低。

煤岩组成的研究方法分为宏观法和微观法。宏观法主要依靠人的肉眼区分煤岩成分，不够准确；微观法主要利用显微镜区分煤岩成分，研究结果精确而可靠，是研究煤岩组成的主要方法。

第一节　宏观煤岩组成

一、宏观煤岩成分

宏观煤岩成分是用肉眼可以区分的煤的基本组成单位，指煤层中肉眼可以识别的具有不同特征的条带。腐植煤通常由镜煤(光亮条带)、亮煤(半光亮条带)、暗煤(暗淡条带)和丝炭(矿物木炭)组成。主要识别标志是颜色、光泽、断口、裂隙和硬度等。在显微镜下观察，镜煤和丝炭是较单一的煤岩成分，而亮煤和暗煤是混合的煤岩成分。

(一) 镜煤(vitrain)

镜煤是颜色最黑、光泽最亮、质地均匀、常具有内生裂隙的宏观煤岩成分。镜煤呈黑色，光泽强，结构均匀，性脆，易碎成小立方块，具贝壳状断口；内生裂隙发育，垂直于条带，裂隙面呈眼球状，有时填充有方解石、黄铁矿薄膜。在煤层中镜煤常呈透镜状或条带状，大多厚度为几毫米到 1～2 cm，有时呈线理状夹杂在亮煤或暗煤中。

在成煤过程中，镜煤是由成煤植物的木质纤维组织经凝胶化作用形成的。在显微镜下观察，镜煤的轮廓清楚，质地纯净，显微组成比较单一，是一种简单的宏观煤岩成分。

（二）丝炭(fusain)

丝炭是外观像木炭、颜色灰黑、性脆、具有明显的纤维状结构和微弱的丝绢光泽的宏观煤岩成分。丝炭疏松多孔，性脆易碎，能染指。丝炭按其孔隙和细胞腔内有无填充物而分成硬、软两种。软丝炭孔内无填充物，疏松多孔，硬度小，性脆易碎，能染指。硬丝炭的空腔常被矿物质充填，又称为矿化丝炭。矿化丝炭坚硬致密，密度大。在煤层中一般丝炭数量不多，常呈扁平透镜体沿煤的层面分布，大多数厚度为 1～2 mm 至几毫米，有时也能形成不连续的薄层。不同煤化程度煤中所含的丝炭性质很少变化。其特点是碳含量高，氢含量低，没有黏结性，含油少。此外，丝炭孔隙率大，吸氧性强，往往是造成煤自燃的重要原因。

在成煤过程中，丝炭是由成煤植物的木质纤维组织经丝炭化作用而形成的。在显微镜下观察，丝炭是具有明显的植物细胞结构的丝炭化组织——丝质体和半丝质体。

（三）亮煤(clarain)

亮煤的光泽仅次于镜煤，较脆，内生裂隙也较发育，程度次于镜煤，密度较小，有时也有贝壳状断口。亮煤是最常见的煤岩成分，不少煤层以亮煤为主组成，甚至整个煤层都由亮煤组成。亮煤的均匀程度不如镜煤，表面隐约可见微细的纹理，是由镜煤、暗煤(有时还有丝炭)等薄的分层交织组成的。

在显微镜下观察，亮煤的组成复杂，它是在覆水的还原条件下，由植物的木质纤维组织经凝胶化作用，并掺入一些由水或风带来的其他组分和矿物杂质转变而来的。亮煤以镜质组为主，还含有数量不等的惰质组和壳质组。

（四）暗煤(durain)

暗煤光泽暗淡，一般呈灰黑色，结构致密，密度大，硬度和韧性都大，断面比较粗糙，一般不发育内生裂隙。在煤层中，暗煤是常见的宏观煤岩成分，一般来讲，在煤层中暗煤分层出现的频率较亮煤和镜煤小，常呈厚薄不等的分层，但有时暗煤也有相当厚度的分层而单独成层且延伸很远距离。暗煤与亮煤的主要不同点在于暗煤中含有较多的惰质组和壳质组(见表 4-1)。当暗煤中这两种组分的比例发生变化时，对其性质影响很大，一般含壳质组较多的暗煤性质优于含惰质组较多的暗煤。

表 4-1　亮煤、暗煤的显微组成和化学性质

煤岩成分	显微组分定量分析/%				工业分析/%		元素分析/%		黏结性
	镜质组	半镜质组	惰质组	壳质组	A_d	V_{daf}	C_{daf}	H_{daf}	R.I
亮煤	89.9	3.8	2.0	4.3	6.56	36.08	84.16	5.46	78.5
暗煤(富含惰质体)	30.3	9.4	40.2	20.1	15.72	35.01	85.16	5.85	40.2
暗煤(富含树皮体)	46.3	9.6	18.3	25.8	7.71	41.01	86.06	6.09	70.6

显微镜下观察，暗煤的组成比较复杂，它是在活水有氧的条件下，富集了壳质组、惰质组或掺入较多的矿物质转变而成的。富含惰质组的暗煤，宏观往往略带丝绢光泽，挥发分低，黏结性差；富含壳质组的暗煤，宏观略带油脂光泽，挥发分和氢含量较高，黏结性较好，且密度较小；含大量矿物质的暗煤，则密度大，灰分产率高，煤质差。

二、烟煤的宏观煤岩类型

宏观煤岩成分是煤的岩石分类的基本单位，其中的镜煤与丝炭一般只以细小的透镜体或者不规则的薄层出现，难以形成独立的分层；亮煤和暗煤虽然分层较厚，但常有互相过渡的现象，分层界限往往不很明确。所以在了解煤层的岩石组成和性质时，如果以宏观煤岩成分作为单位，则不便于进行定量，也不易于了解煤层的全貌，给煤层的划分和描述带来一定的困难。因此，通常根据煤的平均光泽强度、煤岩成分的数量比例和组合情况划分出宏观煤岩类型，作为观察煤层的单位。所谓平均光泽强度，是对同一纵剖面上、相同煤化程度的煤而言的。按平均光泽的强弱依次分为：光亮煤、半亮煤、半暗煤及暗淡煤四种基本宏观煤岩类型，根据煤种的“光亮成分”——镜煤和亮煤在分层中的含量及其反映出的总体相对光泽强度，分层划分的厚度一般不小于 5 cm（见表 4-2）。

表 4-2　宏观煤岩类型的划分指标

宏观煤岩类型	划分指标	
	总体相对光泽强度	光亮成分含量/%
光亮煤	强	>75
半亮煤	较强	50～75
半暗煤	较弱	25～50
暗淡煤	暗淡	≤25

（一）光亮煤

主要由镜煤和亮煤组成，含量大于 75%，在四种类型中光泽最强。光亮煤由于成分较均一，条带状结构一般不明显。光亮煤具有贝壳状断口，内生裂隙发育，脆性较大，易破碎。在显微镜下观察，镜质组含量一般在 80%以上，显微煤岩类型以微镜煤为主。

（二）半亮煤

镜煤和亮煤含量占 50%～75%，常以亮煤为主，由镜煤、亮煤和暗煤组成，也可能夹有丝炭，平均光泽强度较光亮煤稍弱。半亮煤的特点是条带状结构明显，内生裂隙较发育，常具有棱角状或阶梯状断口。半亮煤是最常见的煤岩类型。如华北晚石炭世煤层多半是由半亮煤组成的。显微镜下观察，镜质组含量一般在 60%～80%，显微煤岩类型多以微镜煤、微亮煤和微惰煤为主。

（三）半暗煤

镜煤和亮煤的含量占 25%～50%，由暗煤及亮煤组成，常以暗煤为主，有时也夹有镜煤和丝炭的线理、细条带和透镜体。半暗煤的特点是光泽比较暗淡，硬度和韧性较大，密度较大，内生裂隙不发育，断口参差不齐。显微镜下观察，镜质组含量为 40%～60%，有时即使镜质组含量大于 60%，但是由于矿物质含量高，煤的相对光泽强度减弱而成为半暗煤。多数半暗煤的品质较差。

（四）暗淡煤

暗淡煤主要由暗煤组成，镜煤和亮煤含量低于25%，有时有少量镜煤、丝炭或夹矸透镜体。暗淡煤光泽暗淡，通常呈块状构造，致密，坚硬，韧性大，密度大，层理不明显，内生裂隙不发育。个别煤田，如青海大通煤田有以丝炭为主组成的暗淡煤。显微镜下观察，镜质组含量低于40%，而惰质组含量可达50%以上，与其他宏观煤岩类型相比，暗淡煤的矿物质含量往往最高，煤质也多数很差，但含壳质组多的暗淡煤的质量较好，密度小。

三、褐煤的宏观煤岩类型

按褐煤的煤化程度由低到高，可将褐煤细分为软褐煤（或土状褐煤）、暗褐煤和亮褐煤三个煤级。其中，暗褐煤和亮褐煤又统称为硬褐煤。亮褐煤的宏观特征接近于烟煤，4种宏观煤岩成分清楚可见，因此可以借用硬煤的宏观分类方法来划分煤岩类型。但软褐煤和暗褐煤的宏观特征与硬煤大不相同，它们无光泽，不能划分出四种宏观煤岩成分，其宏观煤岩类型不同于烟煤和无烟煤。

国际煤岩学委员会（ICCP）于1993年提出软褐煤的煤岩类型分类系统（见表4-3）。该分类系统是根据褐煤组成成分体积分数和结构分出4种煤岩类型组，即基质煤、富木质煤、富丝质煤和富矿物质煤，用来描述软褐煤中独特的岩相单元。每一种煤岩类型组还可根据结构划分为煤岩类型，如层状基质煤和非层状基质煤。进一步可按凝胶化作用的程度、颜色、腐植化程度和腐植凝胶含量细分为煤岩类型种，如黄色（未凝胶化）煤、褐色（弱凝胶化）煤和黑色（凝胶化）煤。结构要在新鲜面上观察，颜色应以干燥后（约2 d）的颜色为准。

表4-3 软褐煤的煤岩类型分类系统（ICCP，1993）

岩石类型组 lithotype group （组成成分） （constituent elements）	岩石类型 （lithotype） （结构） （structure）	岩石类型的种（未确定） lithotype variety（not yet defined） （颜色、凝胶化作用） （colour gelification）
基质煤 matrix coal	层状基质煤 stratified coal	褐色（弱凝胶化）煤 brown（weakly gelified）coal 黑色（凝胶化）煤 black（gelified）coal
	非层状基质煤 unstratified coal	黄色（未凝胶化）煤 yellow（ungelified）coal 褐色（弱凝胶化）煤 brown（weakly gelified）coal 黑色（凝胶化）煤 black（gelified）coal
富木质煤 xylite-rich coal		
富丝质煤 charcoal-rich coal		
富矿物质煤 mineral-rich coal		

我国褐煤资源丰富，以中生代的晚侏罗世时期形成的为主，占全国褐煤储量的4/5左右，主要分布在内蒙古东部与东北三省相连的地区，如扎赉诺尔、霍林河、伊敏河、大雁等煤田。新生代古近纪和新近纪褐煤储量约占全国褐煤储量的1/5，主要分布于云南省，如

昭通、小龙潭、先锋等煤田。软褐煤在褐煤储量中不足20%，但是软褐煤中保存有许多完整的或破碎状的腐植化植物茎干、树桩、树枝、树叶、种子等原始成煤物质以及成因标志，根据褐煤的岩石类型可以推测成煤沼泽环境，即煤相。褐煤是煤化程度最低的煤，所以深入研究软褐煤的岩石类型，对认识早期煤化作用、丰富和完善成煤作用理论具有重要意义。

第二节　煤的显微组分

在显微镜下才能识别的煤的基本组成单元，称为煤的显微组分。这个术语1935年由M. Stopes提出，沿用至今。煤的显微组分分为有机显微组分和无机显微组分。由植物残骸转变而成的组分称为有机显微组分，而矿物杂质则称为无机显微组分。

显微镜下通常用两种方法鉴定煤的显微组分：一种是把煤磨成薄片在透射光下鉴定显微组分的透光色、形态和结构等。在中低阶煤中显微组分有红、黄、棕、黑等各种颜色，易于区别，但到了中高阶煤，显微组分逐渐不透明，所以高煤阶的煤需要有非常薄的薄片，但在挥发分小于25%或20%时，制备足够薄的薄片非常困难；另外，薄片不能进行显微组分的定量分析，因为对不透明的惰质组的含量会估值过高，这些原因使煤的薄片研究受到较大的限制。另一种方法是把煤块或粉煤加树脂成型制成的煤砖表面磨光，在反射光下除了鉴定显微组分的反光色、形态和结构外，还有突起。因为煤中各种显微组分的磨损硬度不同，硬的组分不易磨损、显出突起，软的组分则不显突起。反射光下用油浸物镜代替干物镜时，由于浸油的折光率与制造物镜所用的光学玻璃的折光率相近，因此物镜与光片之间形成一个介质均匀的整体，使射入物镜的成像光线增多，减少了有害的反射光，提高了视野中各种显微成分影响的反差和清晰度，使之更易于识别。因此反射光下通常用油浸物镜进行观察。

一、煤的有机显微组分

煤的有机显微组分是指煤在显微镜下能够区别和辨识的、由煤中成煤原始植物残体转变而成的有机成分。煤不是均一的物质，是由各种性质不同的组分所组成的混合物。

目前国际煤岩学委员会的有机显微组分分类方案（见表4-4）是侧重于工艺性质的分类，常用反射光观察，按其成因和工艺性质的不同划分有机显微组分组，大致可分为镜质组、壳质组（稳定组或类脂组）和惰质组三大组，三个有机显微组分组之间在化学成分和性质上有相当明显的区别。依据颜色、形态、结构和突起等特征划分有机显微组分。根据各种成因标志，在有机显微组分中进一步细分出有机显微亚组分，如无结构镜质体分为四个亚组分即均质镜质体、胶质镜质体、基质镜质体和团块镜质体。有的有机显微组分根据形态和结构特征以及它们所属的植物种类和植物器官，可以进一步划分出若干有机显微组分的种，如结构镜质体可细分为科达树结构镜质体、真菌质结构镜质体、木质结构镜质体、鳞木结构镜质体和封印木结构镜质体等五种。运用特殊方法，如电子显微镜法、荧光法，还可以在某些组分中发现显微镜下无法识别的结构及细微特征，根据这些特征所确定的称为隐组分（cryptomaceral），如镜质组中可分出隐结构镜质体、隐团块镜质体、隐胶质镜质体和隐碎屑镜质体。

表 4-4 国际硬煤有机显微组分分类

有机显微组分组 (maceral group)	有机显微组分 (maceral)	有机显微亚组分 (submaceral)	有机显微组分种 (maceral variety)
镜质组 (vitrinite)	结构镜质体 (telinite)	结构镜质体 1 (telinite 1) 结构镜质体 2 (telinite 2)	科达树结构镜质体(cordaitotelinite) 真菌质结构镜质体(fungotelinite) 木质结构镜质体(xylotelinite) 鳞木结构镜质体(lepidophytotelinite) 封印木结构镜质体(sigillariotelinite)
	无结构镜质体 (collinite)	均质镜质体(telocollinite) 胶质镜质体(gelocollinite) 基质镜质体(desmocollinite) 团块镜质体(corpocollinite)	
	碎屑镜质体(vitrodetrinite)		
壳质组 (exinite)	孢子体 (sporinite)		薄壁孢子体(tenuisporinite) 厚壁孢子体(crassisporinite) 小孢子体(microsporinite)
	角质体(cutinite)		
	树脂体(resinite)	镜质树脂体(colloresinite)	
	木栓质体(suberinite)		
	藻类体 (alginite)	结构藻类体 (telalginite)	皮拉藻类体(pila-alginite) 轮奇藻类体(reinschia-alginite)
		层类藻类体(lamialginite)	
	荧光体(fluorinite)		
	沥青质体(bituminite)		
	渗出沥青体 (exsudatinite)		
	壳屑体(liptodetrinite)		
惰质组 (inertinite)	半丝质体 (semifusinite)		
	丝质体 (fusinite)	火焚丝质体(pyrofusinite) 氧化丝质体(degradofusinite)	
	粗粒体(macrinite)		
	菌类体 (sclerotinite)	真菌菌类体 (fungosclerotinite)	密丝组织体(plectenchyminite) 团块菌类体(corposclerotinite) 假团块菌类体(pseudocorposclerotinite)
	微粒体(micrinite)		
	碎屑惰质体 (inertodetrinite)		

（一）镜质组(vitrinite)

镜质组是由植物根、茎、叶的木质纤维组织经受凝胶化作用，再经煤化作用形成的，是煤中最主要的有机显微组分。在我国大多数晚古生代煤中，镜质组含量为55%～80%。凝胶化作用是指泥炭化作用阶段，成煤植物的组织在积水较深、气流闭塞的沼泽环境下，产生极其复杂的变化，一方面，植物组织在生物化学作用下，分解、水解、化合形成新的化合物并使植物细胞结构遭到不同程度的破坏；另一方面，植物组织在沼泽水的浸泡下吸水膨胀，使植物细胞结构变形、破坏乃至消失，或进一步分解为凝胶的过程。

从低煤级到高煤级，镜质组在油浸反射光下呈深灰至浅灰色，随着煤级的增高，反射色变浅，在高煤级烟煤和无烟煤中呈白色，无突起到微突起。反射率介于壳质组和惰质组之间，并随煤级升高而增大的规律明显。在透射光下呈橙红色、棕红色、棕黑色或黑色。部分低煤级烟煤中镜质组在蓝光激发下发暗褐色到褐色荧光，被称为富氢镜质体或荧光镜质体。

与惰质组和壳质组相比，镜质组的氧含量最高，碳、氢含量和挥发分介于二者之间。由于镜质组是煤中最主要的有机显微组分，因此其性质对煤的工艺性质有很大影响。焦化时，烟煤中镜质组易熔，并具有黏结性；加氢液化时，镜质组转化率较高。镜质组按其凝胶化作用程度的不同，根据其镜下的结构和形态又可分为以下几种有机显微组分。

1. 结构镜质体

结构镜质体是指在镜下可以看出植物细胞结构（木质、皮层和周皮细胞等）的镜质组组分。结构镜质体由于其胞壁已凝胶化，因而多看不出层、孔等内部结构，细胞腔往往被无结构镜质体充填，有时也被树脂体、微粒体或黏土矿物所充填，把细胞壁称为结构镜质体；胞腔填充物质不属于结构镜质体。根据细胞结构保存的完整程度，可以分为结构镜质体1和结构镜质体2两种亚组分。

(1) 结构镜质体1

细胞结构清晰，保存完好，胞腔呈圆形、椭圆形、矩形或纺锤形，排列整齐，胞壁不膨胀或微膨胀。胞腔大多被胶质镜质体、树脂体、微粒体或黏土矿物所充填。

(2) 结构镜质体2

胞壁膨胀，胞腔变小压扁呈线形，且大小不一，排列不整齐。当胞腔内无充填物时，压缩后的胞腔残痕呈平行短线。

在各种镜质组组分中，结构镜质体的反射率往往最高，原生灰分、膨胀性、黏结性和挥发分稍低。在高煤级煤中，有时结构镜质体与半丝质体难以区分。

2. 无结构镜质体

无结构镜质体是指植物组织经历了强烈的凝胶化作用，在普通光学显微镜下看不出植物细胞结构的镜质组组分。它常作为其他各种有机显微组分碎片和共生矿物的基质胶结物或充填物。根据形态、产状和成因的不同，无结构镜质体可再细分为四种亚显微组分：均质镜质体、胶质镜质体、基质镜质体和团块镜质体。

(1) 均质镜质体

均质镜质体由植物组织经强凝胶化作用转变而成，常呈宽窄不等的带状或透镜状，质地均一、纯净，发育垂直于层面的裂纹。均质镜质体不显细胞结构的原因之一是填充细胞腔的腐植凝胶与凝胶化的细胞壁的折光率和颜色很相似。由于均质镜质体条带较宽，组成均一、纯净，具有较正常的反射率，因此是国内外作为测定镜质组反射率以确定煤级的标准组分。

(2) 胶质镜质体

胶质镜质体由胶体腐植溶液填充到植物胞腔或其他空腔中沉淀成凝胶演化而成。胶质镜质体常充填到与层理近于垂直的裂隙中或菌核的空腔中，甚至沿孢子外壳裂缝充填到孢子腔中，无确定形态，不含其他杂质，是一种真正没有结构的凝胶，并可见到其流动的痕迹，其反射率稍高，氢含量稍低。胶质镜质体是煤中少见的镜质组亚组分。

(3) 基质镜质体

基质镜质体由植物木质纤维组织经彻底的凝胶化作用，变成极细的分散腐植凝胶或胶体溶液，再经凝聚而形成。基质镜质体多作为其他显微组分和同生矿物的胶结物，多见于微亮煤、微暗亮煤、微亮暗煤以及微三合煤中，呈条带状、分叉条带状，不显示任何细胞结构痕迹，没有固定形态，胶结其他各种显微组分和矿物，作为镜煤化基质出现，具有稍低的反射率和稍高的氢含量。在煤砖光片中，基质镜质体也常作为测定反射率的组分。

(4) 团块镜质体

团块镜质体由褐煤中团块腐植体演化而成，它既可能是植物细胞壁分泌出的树皮鞣质，也可能由腐植凝胶形成。团块镜质体是一种均质体，大多数呈圆形或卵圆形，呈单体或群体，或者作为细胞充填物存在。充填在胞腔中的与呈集合状出现的团块镜质体一般与胞腔大小相近，基本一致，多为 20～100 μm；而单独的团块镜质体可达 150～200 μm。团块镜质体的反射率通常比结构镜质体高，有时略高于均质镜质体。

3. 碎屑镜质体

碎屑镜质体由镜质组碎屑颗粒(小于 10 μm)组成，多呈粒状或不规则形状，偶呈棱角状。多数来源于成煤早期阶段已被分解的植物细碎片和腐植泥炭的碎颗粒，很少是压力下被挤碎的镜质组碎片。碎屑镜质体常被基质镜质体和胶质镜质体胶结，由于其颜色、突起、反射率和基质镜质体相近，往往被视为基质镜质体。在微三合煤中，碎屑镜质体与壳质体、惰质体共生时，或在炭质泥岩中与黏土矿物共生时，才容易鉴别，碎屑镜质体在煤中是少见的镜质组组分。

(二) 壳质组(exinite)

壳质组又称稳定组，包括孢子体、角质体、树脂体、木栓质体、藻类体和碎屑壳质体等，来源于高等植物的孢粉外壳、角质层、木栓层等较稳定的器官、组织，树脂、蜡、脂肪和油等植物代谢产物以及藻类、微生物降解物。植物的类脂物及蛋白质、纤维素和其他碳水化合物也可参与壳质组的形成。壳质组是成煤植物中化学稳定性强的组成部分，在泥炭化和成岩阶段保存在煤中的组分几乎没有发生什么质的变化。从低煤级烟煤到中煤级烟煤，它们在透射光下呈透明到半透明，颜色呈柠檬黄色、黄色、橘黄色至红色，轮廓清楚，外形特殊；反射光下呈现深灰色，大多数有突起；油浸反射光下呈现深灰色、灰黑色、黑灰色到浅灰色，低突起，反射率较镜质组低。蓝光激发下发绿黄色、亮黄色、橙黄色、褐色荧光。中-高级煤中壳质组与镜质组颜色不能区分。它与镜质组和惰质组相比，具有较高氢含量、挥发分和产烃率。多数壳质组组分具有黏结性，在焦化时能产生大量的焦油和气体。

在典型的腐植煤中，壳质组是次要的有机显微组分，在腐泥煤和油页岩中富含壳质组。

1. 孢子体

孢子体来自成煤植物的孢子和花粉。煤中孢子体是指孢子和花粉的外孢壁。孢子是孢子植物的繁殖器官，孢子细胞内部由原生质组成，孢子壁由内壁、外壁和周壁组成。内壁主要由纤维素组成，在成煤过程中，孢腔中的原生质容易破坏，周壁也不易保存，外壁主要由孢粉质组成，致密坚硬，抗分解能力强，容易保存下来。异孢植物的孢子有雌雄之分，一般雌性的孢子体称为大孢子，雄性的孢子体称为小孢子。

大孢子体一般直径为 0.1～3 mm，有时可达 5～10 mm，在煤中被挤压成扁平体，纵切面为封闭的长环状，折曲处呈钝圆形，大孢子表面常有瘤状、棒状和刺状等各种纹饰。有时 3 个或 4 个大孢子在一起，称为三孢体或四孢体。有些大孢子破碎成长条带状。其孢壁两边均较光滑，不显锯齿形而区别于角质层。

小孢子体一般直径为 0.03～0.1 mm，在煤中多呈现扁环状、细短线状和蠕虫状等，沿层理分布，有时堆在一起，为小孢子群。

花粉是种子植物的繁殖器官，其个体小，一般直径小于 0.05 mm，形态与小孢子相似，难以区别，但花粉没有三射线裂缝。

孢子体在透射光下呈浅黄色到橙黄色，反射光干物镜下为深灰色，中到高突起，油浸反光下为黑灰色，荧光下具黄、橙黄和褐黄的荧光色。低煤阶时，用荧光可以很好区别腐植组和孢子体。

晚古生代是孢子植物繁盛时期，封印木、鳞木、芦木、楔叶木等都是产生大孢子的异孢植物，因此孢子多见于古生代的煤中。中、新生代成煤植物以裸子植物及被子植物为主，煤中花粉较多，孢子减少。

2. 角质体

角质体是由覆盖在植物叶、种子、细茎上的一层透明的角质表皮层转变而来的组分。角质层是植物表皮细胞向外分泌而形成的，存在于植物的叶、枝、芽的最外层，不具细胞结构，抗化学反应的能力强，细菌真菌很难破坏它，能防止水分蒸发，具有保护植物组织的作用。角质是角质层的主要成分，由一种复杂的脂类混合物质组成。

角质体根据厚度可以分为厚壁角质体和薄壁角质体两种。角质体的厚度与植物的种类、植物组织以及生长环境有关。旱生植物的角质层特别厚，湿生植物的角质层较薄，而水下生长的植物没有角质体；叶的角质体比茎的角质体薄；上表皮的角质体比下表皮的厚。

角质体在显微镜下呈现宽度不等的长条带状，其一边(外缘)平滑，而另一边(内缘)呈现明显锯齿状(表皮细胞的印痕)，转折端为尖角状。一般顺层理分布，有时密集，可因受挤压而成叠层状。有时角质层被挤压成叠层状或盘肠状，末端折曲处多带尖角状折曲等特征，故易于与大孢体相区别。在透射光下多呈浅黄至橙黄色，受到氧化时颜色发红；反射光干物镜下为深灰色，中等突起，油浸物镜下为灰黑色，具黄至褐黄色的荧光，通常比孢子体强或相近。

对由褐煤和低阶烟煤浸解得到的角质层进行的鉴定能够提供成煤植物属性和生态信息。

3. 树脂体

树脂体不仅可由成煤植物的树脂形成，也可由树胶、胶乳、脂肪和蜡质形成。树脂体是植物细胞分泌物，当植物受伤时流出体外，保护植物不致干枯腐烂，并具有防止微生物侵袭的作用。树脂体的化学性质稳定，能较好地保存在煤中。按化学组成，树脂体可分为萜烯树脂体和类脂树脂体两种。萜烯树脂体由树脂、树胶、硬树脂、胶乳和香精油形成，萜烯是较稳定的异戊二烯(C_5H_8)缩聚化合物；类脂树脂体由脂肪和蜡质形成，脂肪是含有不同脂肪酸的甘油酯的化学混合物，蜡是高级脂肪酸与高级脂肪醇的脂类。

显微镜下，树脂体的形状多样，垂直切片中，主要呈圆形、椭圆形、卵形、纺锤形等零星分布在煤中，也有不规则形状，轮廓清楚，没有结构，主要以细胞充填物形式出现，有时也呈分散状或分层状。透射光下树脂体色较浅，呈浅黄、黄色、橙黄色，透明到半透明；油浸反射光下颜色深于孢子体和角质体，呈灰色、深灰色，有时可见红色的内反射现象；由于磨蚀硬度与镜质体相近，故一般无突起或低突起，表面均一，无结构，轮廓清楚；荧光显微镜下往往具有很强的黄绿色荧光。

中、新生代成煤植物群中有大量的针叶树，因此富含树脂体。例如，黑龙江东宁晚白垩世成煤植物有南洋杉科、杉科和松科，煤中有大量的针棒状树脂体，以致形成树脂残植煤；辽宁抚顺和山东黄县古近纪始新世成煤植物以松科和罗汉松科植物为主，煤中富含树脂体。

煤中的树脂体是一种重要的成油成气母质，加拿大、澳大利亚等地已发现某些与树脂体母质有关的油田。许多学者认为树脂体不仅具有较高的生烃能力，而且成烃转化作用发生在煤化作用低级阶段，并以形成凝析油和轻质油为特征。

4. 木栓质体

木栓质体由植物木栓层细胞壁，主要是植物树皮的木栓组织以及茎、果实上的木栓化细胞壁转变而来。木栓化细胞由纤维素、木质化纤维素和木栓质组成，在木栓组织中木栓质含量达 25%～50%，木栓质的主要组成是 ω 脂肪酸醇及二羧酸、含大量碳原子（C>20）的长链酸类和醇类。它具有抵抗高温、强酸和细菌的能力，并且不透水、不透气。因此，它能较好地保存在煤中。

多数木栓保持原有木栓细胞的形态和结构特征，常以轮廓清晰的宽条状块体或碎片状出现，由数层至十几层扁平的长方形木栓细胞组成，排列紧密，其纵切面呈叠砖状或叠瓦状构造，弦切面呈鳞片状。细胞腔有时中空，木栓化细胞壁为木栓质体，胞腔多为团块镜质体。透光镜下呈橙黄色、红棕色等，色调不均匀。反光镜下呈深灰色、灰色。木栓质体的荧光呈褐黄色或暗褐色，荧光色不均匀，至烟煤木栓质体多已不具荧光。

在我国古生代煤中，木栓质体的分布相当广泛，尤其在我国南方晚二叠纪的龙潭组煤中更加丰富，如江西乐平、浙江长广等地的树皮残植煤，其中树皮体含量大于 50%或更高。木栓质体受早期热降解而有能力生成大量烃类，而且成油门限相当低。对我国吐鲁番-哈密煤成油盆地研究发现，煤中基质镜质体（占镜质组的 20%～70%）和壳质组是主要的生烃组分，尤其是壳质组中木栓质体（平均含量为 4%），是一种早期生烃物质，其生烃历程从 $R^{o}=0.35\%$ 即开始，R^{o} 达 0.65%时生烃结束，而且主要生成链烷烃。

5. 藻类体

藻类体是腐泥煤和一些油页岩的主要有机显微组分，是由低等植物藻类形成的组分。煤中常见的藻类体是绿藻和蓝绿藻，如皮拉藻、轮奇藻等。它们是由几十个至几百个黄绿色单细胞组成的群体，单细胞个体直径为 5～10 μm，呈放射状、菊花状排列，纵切面为椭圆形、纺锤形。群体直径几十至几百微米，群体中有时中部有空洞或裂口，成为群体的中央空隙。群体外缘不规则，表面呈蜂窝状或海绵状结构，其中深色斑点为胞腔。分解程度较深时，结构模糊或完全不显结构。在透射光下，透明并呈淡黄绿色、柠檬黄色、黑褐色等。反射光下，呈各种色调的灰色、深灰色，低突起，油浸反射光下近乎黑色。

藻类体中可以细分出两种亚组分：结构藻类体和层状藻类体。结构藻类体源于群体藻类或厚壁单细胞藻类，在纵切面上呈透射镜状、扇形、纺锤形，在水平切面上近圆形。群体外形清晰，边缘大多不平整，呈齿状，表面呈蜂窝状或海绵状，有时可见由几百个管状单细胞组成的群体，呈放射状（见图 4-1）。结构藻类体的透射色为柠檬黄色到褐色，油浸反射光下比孢子体暗，呈灰黑色至暗黑色，具有黄色、褐色或红色的内反射。荧光下，结构藻类体呈绿黄、柠檬黄、橙色到褐黄色，取决于煤级，具正突起，有时在抛光后易留下擦痕。层状藻类体源于小的单细胞藻、薄壁浮游藻类或者底栖藻类群体。在纵切面上呈细薄层状，或单独出现，或与其他组分互层，植物内部结构难以辨认，平行切面可见薄层由扁平的小浑圆体组成。在普通的透射光和反射光下难以辨认。油浸反射光下，反射率小于 0.1%，无内反射，难辨认。荧光下具有弱到中等强度的浅绿、绿黄、黄、橙色荧光，取决于煤级。与沥青质体相比，反射率低而荧光性强；与结构藻类体相比，层状藻类体比较小，长宽比大，且不与微粒体共生。

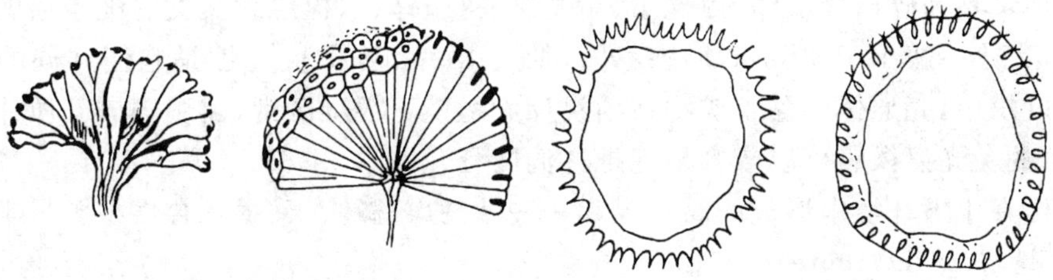

(a) 皮拉藻　　(b) 轮奇藻

图 4-1 藻类体

煤中常见的结构藻类体是皮拉藻，在石炭-二叠纪和侏罗纪煤中都有分布，我国的山西浑源和蒲县、山东新汶、安徽淮南、贵州水城等地，都发现大量皮拉藻类体。结构藻类体是重要的油源型组分，主要由长链脂族结构组成，并且生烃潜力也高，因此具有高的液态烃产率。与之相比，丝质体的产油率最小，角质体和镜质体的液态烃产率中等。

6. 荧光体

荧光体是在煤化过程中，在生油阶段由植物油或脂肪酸所形成的。荧光体呈透镜状或油滴状集合体产出，或充填于胞腔内；有时也能密集成 10～50 μm 宽的薄层。荧光体具有很强的荧光性，以亮绿黄色或亮黄色区别于树脂体。荧光体在透光镜下为柠檬黄色；在正常的反射光下呈灰黑色或黑灰色；在油浸物镜下呈黑色，具有内反射，微突起，难与煤中黏土矿物或孔洞相区别。

在我国的鲁南、苏北、淮南、河北任丘、辽宁阜新等地区的低变质烟煤中，都发现有荧光体。至高挥发分烟煤阶段荧光体逐渐减少，以至消失。

7. 沥青质体

沥青质体也是在荧光下才能确认的有机显微组分，是由藻类、浮游动物、细菌等强烈分解的产物，镜下没有固定的形状，常呈细小的透镜状、线理状或作为其他显微组分的基质产出，很软，难以抛光。透射光下呈绿黄、黄、褐黄色；反射光下呈深灰色；具有浅褐、灰黄或黄色的荧光，并且随着照射时间的增长，荧光强度增大。在低煤级烟煤中，沥青质体的反射率比共生的孢子体高。

沥青质体多见于低煤化程度煤中，在煤化过程中沥青质体在生油和运移后，留下的固体残渣为微粒体。沥青质体是腐泥煤和其他富壳质组分的微亮煤和微暗煤的特征组分，也是油页岩和其他油源岩中占优势的组分。

8. 渗出沥青体

渗出沥青体是煤化过程中新产生的组分，属于次生有机显微组分，是由树脂体或其他壳质组分、腐植凝胶化组分在煤化作用第一次跃变阶段产生的。渗出沥青体产状特殊，多充填在煤的裂隙、植物组织和菌类体的空腔或其他孔隙中，呈脉状穿插，有时切割层理。透射光下呈黄、橙黄色，浅于共生的镜质体；反射光下为灰黑、深灰色；荧光下呈黄、橙到红褐色，当母质为树脂体或其他壳质组分时，其荧光强度较强；当母质为镜质体时，其荧光强度较弱。

渗出沥青体在亮褐煤和低煤化程度烟煤中最为常见，多出现在富含壳质组和基质镜质体的煤岩类型中。

9. 壳屑体

壳屑体又称为碎屑壳质体，由孢子、角质层、树脂体、木栓层或藻类的细碎屑颗粒或分解残体组成，大小一般小于 30 μm，形态不同，低反射率和强的荧光性是它们共同的特点。在低煤化程度煤中，壳屑体和黏土矿物在油浸反光物镜下很难区别，由于碎屑壳质体具有荧光性，用高倍的荧光显微镜可以较容易地把它们区分开。

壳屑体在水下环境中形成的腐泥煤和一些微亮煤、微暗煤、微三合煤中含量丰富。

（三）惰质组(inertinite)

惰质组又称丝质组，是煤中常见的显微组分。惰质组的成因多种多样，植物组织的火焚作用、植物组织的腐解、受真菌侵袭和氧化脱水作用（丝炭化作用）等都能导致惰质化，但以丝炭化作用和火焚作用为主。

惰质组包括丝质体、半丝质体、微粒体、粗粒体、菌类体和碎屑惰质体等显微组分。

惰质组在透射光下呈棕黑色到黑色、微透明或不透明；反射光下呈白色至亮白色，具有较高突起和较高反射率；油浸反光下呈灰白色、亮白色、亮黄白色，大多具中高突起；蓝光激发下一般不发荧光。由于先期氧化，惰质组在煤化作用期间变化较小。与其他两个有机显微组分组相比，惰质组碳含量最高，氢含量最低，挥发分产率最少，没有黏结性（微粒体除外）。

在我国西北地区早、中侏罗世煤中，惰质组含量高达 35%～50%，导致了大量低中变质烟煤在分类上归属于不黏煤或弱黏煤。华北晚石炭世煤中惰质组含量大多不超过 25%～30%，早二叠世山西组煤中惰质组含量不超过 45%，而新生代煤中惰质组含量最低，大多低于 2%。

1. 丝质体

丝质体是由植物的根、茎、枝的木质部，经过强烈的丝炭化作用而形成的，常指具有清晰而且比较规则的木质细胞结构的丝炭化组分。丝质体在透射光下细胞壁为黑色，不透明；反射光下突起高而反射力强。保存着明显的细胞结构，胞腔大而且胞壁薄，胞腔形状有长方形、圆形或扁圆形。薄壁丝质体有时易破碎成弧状、星状结构，其胞腔常被黏土矿物或黄铁矿填充。

按成因的不同，丝质体可分为火焚丝质体和氧化丝质体两种亚组分。火焚丝质体是植物的木质组织在泥炭沼泽中遭到火烧，未充分燃烧炭化而形成的。所以植物的细胞结构保存完好，甚至细胞的导管和胞间隙也清晰可辨，细胞腔较大，细胞壁很薄，反射率和突起很高，反射色呈黄白色；中空，只有少数被矿物质充填，故常构成所谓的“筛孔状结构”，如细胞壁受挤压破裂，则形成“星状结构”。氧化丝质体是在成煤作用的早期，经受丝炭化作用形成的。丝炭化作用是指成煤植物的组织在积水较少、湿度不足的条件下，木质纤维组织经脱水作用和缓慢的氧化作用后，又转入缺氧的环境，进一步经煤化作用后转化为氧化丝质体。氧化丝质体中，植物的细胞结构保存较差，细胞壁较厚或细胞排列不规则，透射光下呈棕色、深棕色，反射光下呈灰色、灰白色，微突起，反射率低于火焚丝质体。氧化丝质体可以由植物木质部经真菌分解形成，也可以是泥炭表层遭受氧化作用，由于脱水和氧化而形成。

丝炭化作用也可以作用于已经遭受不同程度凝胶化作用的组分上，但经丝炭化作用后的组分不能再发生凝胶化作用成为凝胶化组分。

丝质体能完好地保存植物组织和器官的解剖结构，甚至细胞的细微结构，为鉴别成煤植物的种类提供了重要的依据。在煤中，丝质体常呈透镜状或碎块状产出，有时也可形成一薄层单独出现。澳大利亚石炭-二叠纪煤中惰质组组分含量很高，可达 82%，且以半丝质体和惰屑体为主，有时由微惰煤组成的煤分层厚达 1 m。Smyth(1980)认为，这些煤是在冰川作用后在副极带气候条件下，由矮化的阔叶木本植物、矮灌木以及草本植物、苔藓等形成。这种沼泽夏季很湿、缺氧，而冬季干旱处于氧化环境，在副极带的特殊季节性气候变化条件下形成了富惰质组的煤。

2. 半丝质体

丝炭化作用强烈时形成丝质体，作用中等或较弱时形成半丝质体。半丝质体是丝质体与结构镜质体之间的过渡型丝炭化组分，细胞结构保存较差，磨蚀硬度、显微硬度中等。透射光下呈褐色至黑色，具各向异性；反射光下呈灰白色或浅灰色，突起较高。油浸反射光下，与丝质体相比颜色偏灰，突起略低。半丝质体的细胞结构大多没有丝质体保存完好，碳、氢含量处于丝质体和结构镜质体之间。

3. 粗粒体

粗粒体是由凝胶经氧化作用生成的一种无定形物质，或是泥炭表面氧化产物沉淀到水下形成的，也可能包括真菌和细菌等微生物代谢作用产物，受强烈氧化和干燥作用形成(Teichmuller,1989)。粗粒体是一种无结构或者没有显示结构的无定形的凝胶状惰质组组分，无定形、无结构、高反射率的非颗粒状基质，也可呈大小不等的浑圆形颗粒出现。透射光下为褐色至黑色，反射光下为白色至浅灰色，磨蚀硬度与镜质组接近，一般不显突起或低突起。粗粒体可呈基质状分布在微暗煤中，胶结着孢子体、角质体、树脂体和丝质体等有机显微组分。

4. 菌类体

菌类体有一部分起源于真正的真菌，由真菌的遗体，包括菌核、菌丝和菌孢子等形成，又称真菌体；另一部分由植物细胞的树脂和丹宁的分泌物所形成，这些分泌物在沉积之前或沉积后不久就在泥炭的表层经历了氧化作用，又称为“氧化树脂体”。真菌体多出现在古近纪和新近纪煤中，在现代被子植物泥炭中也经常见到，显微镜下外形呈大小不等的圆形、椭圆形、新月形，个别为杆状或不规则状，内部显示单细胞、双细胞或多细胞结构，外缘平整，壁薄厚不等。形成于真菌菌核的真菌体，外形近圆形，内部显示蜂窝状或网状的多细胞结构，油浸反射光下呈灰白色、亮白色或亮黄白色，中高突起。相对于真菌体，氧化树脂体形态变化较大，卵形最常见，也有圆形、长柱形或不规则形状，大小不一，轮廓清晰，一般致密、均匀。根据结构不同可分为无气孔、有气孔和具裂隙三种。无气孔的多为较小的浑圆状，表面光滑，轮廓清晰。有气孔的往往具有大小相近的圆形气孔。第三种则呈现方向大约一致或不一致的氧化裂纹。油浸反射光下为灰白色、白色至亮黄白色，中高突起。

5. 微粒体

微粒体是沥青质体、富氢镜质体等油源型显微组分在煤化作用过程中经歧化反应，排出液态沥青被腐植物质吸附后，剩下的高反射率的固态裂解残体。在低煤级烟煤阶段，也可由某些树脂体和孢子体生成，属于次生有机显微组分。

微粒体是惰质组中比较特殊的有机显微组分，往往由粒径小于 1 μm 的圆形小颗粒组成，透射光下为黑色或暗褐色，反射光下呈灰白色至白色，无突起，反射率高于镜质组，但其磨蚀硬度与镜质组相同。微粒体往往呈细分散状态存在于无结构镜质体中，有时充填于镜质组的胞腔中，或者聚集成显微微粒体层，其中可混有矿物质颗粒。微粒体常与孢子体紧密共生，藻煤中的微粒体十分丰富。

微粒体在加热时能产生较多挥发分，Salehi 等(1988)用扫描电镜对次烟煤和低煤级烟煤中微粒体进行了观察，发现微粒体的背散射电子图像灰度低，和壳质体相似，而不同于其他惰质组组分，认为微粒体像树脂体一样可以形成石油。

6. 碎屑惰质体

碎屑惰质体由于颗粒细小，难于确切识别其来源，多是丝质体、半丝质体、粗粒体和菌类体的碎片或残体，这些碎屑由风力或水流带入泥炭沼泽，往往具有再沉积的特征。碎屑惰质体粒度通常小于 30 μm，很少具细胞结构，棱角状外形，也有圆形；透射光下呈黑色至暗褐色，反射光下呈浅灰色或白色，碎片的形状各异，多为棱角状或不规则状。碎屑惰质体是水下煤相和碎屑岩中常见的有机显微组分。

二、煤的无机显微组分

煤中除了有机显微组分，还有少量的无机显微组分。无机显微组分系指煤中的矿物质。通常把煤中的矿物质理解为除水分外所有无机质的总称，既包括肉眼和显微镜下可识别的矿物，也包括镜下难以识别的与有机质结合的金属和阴离子。无论是将煤作为能源还是作为原材料，煤中的矿物质或灰分一般都是不利的，它对煤的发热量、焦炭质量、燃烧和气化生产的操作条件和产品质量、设备以及煤的合理利用和环境保护都会造成不利影响。另一方面，煤中达到工业品位要求的稀有金属元素、放射性元素是伴生的有用矿产，煤矸石和煤灰可以生产建筑材料，有的矿物质在煤炭加工利用过程中能起催化作用，例如黄铁矿对加氢液化有催化作用，从而提高了煤的经济技术价值；同时煤中矿物质的成分和特征能反映聚煤环境的地质背景，以及煤层形成后所经历的各种地质作用过程，为煤的沉积环境分析提供辅助信息。因此，对煤中矿物质的成分、含量、分布状态及成因的研究，不仅对煤质评价以及煤炭的加工利用有重要意义，而且为煤沉积环境的研究提供帮助。

常见的矿物主要有黏土、硫化物、碳酸盐及氧化物和氢氧化物等四类。

(1) 黏土类矿物：是煤中最主要的矿物，占煤中矿物质总量的 60%～80%，常见的黏土矿物有高岭石、伊利石、蒙脱石。

(2) 硫化物类矿物：煤中最常见的硫化物是黄铁矿，还有白铁矿、闪锌矿、方铅矿、雄黄、雌黄、辰砂等。

(3) 碳酸盐类矿物：煤中常见的碳酸盐矿物有方解石、菱铁矿、白云石、铁白云石等。

(4) 氧化物和氢氧化物类矿物：煤中最常见的氧化物矿物有石英，还有玉髓、蛋白石、赤铁矿等；氢氧化物矿物有褐铁矿、硬水铝石等。

反射光下煤中常见矿物的鉴定标志如表 4-5 所示。

表 4-5　反射光下煤中常见矿物的鉴定标志

矿　物	普通反射光下			油浸反射光颜色	其他标志	主要状态
	颜色	突起	表面特征			
黏土矿物	暗灰色	不显突起	微粒状	黑色		微粒、透镜体、团块、薄层或充填于细胞腔
石　英	深灰色	突起很高	平整	黑色		以棱角状为主，自生石英外形不规则，个别呈自晶形
黄铁矿	浅黄白色	突起很高	平整，有时为蜂窝状	亮黄白色		球粒，或具晶形，有时充填胞腔
方解石	乳灰色	微突起	光滑、平整	灰棕色	非均质性明显，常见解理	呈脉状充填裂隙中
菱铁矿	深灰色	突起	平整	灰棕色	非均质性明显	圆形

第三节　显微煤岩组分分类及显微煤岩类型

一、显微煤岩组分分类

（一）中国烟煤的显微组分分类方案

煤的显微组分最早由英国学者 M.C. 司托普丝于 1935 年提出，几十年来各国学者对煤的显微组分的分类和命名提出了许多方案，归纳起来有两种类型：一种侧重于成因研究，组分划分较细，常用透射光显微镜观察；另一种侧重于工艺性质研究，分类较为简明，常用反射光显微镜观察。

在各国学者提出的分类方案基础上，1956 年在伦敦通过了由国际煤岩学委员会提出的显微组分分类草案。其间国际煤岩学委员会于 1971 年和 1975 年两次对过去的分类草案做了进一步的修改补充。国际硬煤（即烟煤）显微组分的分类方案侧重于化工工艺性质，表 4-4 将煤的有机显微组分分为三组，即镜质组、壳质组和惰质组。这三大组分在物理和化学工艺性质上有很大的不同。根据形态和结构特征的不同，分出若干显微组分和亚组分。然后根据成煤植物所属的门类及所属器官细分显微组分的种。将褐煤和硬煤（烟煤和无烟煤）的显微组分的分类分开，这是由于褐煤和硬煤的显微组分不仅在物理、化学、工艺性质和成因等方面有很大的不同，而且在显微组分的组成上也很不一致，因此不宜采用统一的分类方案。为探讨镜质组的成因，协调镜质组与褐煤的腐植组分类的差异，1995 年国际煤岩学委员会对镜质组再次分出结构镜质亚组、碎屑镜质亚组和凝胶镜质亚组等三个亚组，并对镜质组的显微组分划分进行了调整，如表 4-6 所示。镜质组的两种分类系统（见表 4-4 和表 4-6），目前在国际学术界同时并行使用。显然，凝胶结构镜质体、凝胶碎屑体、团块凝胶体和凝胶体分别对应于均质镜质体、基质镜质体、团块镜质体和胶质镜质体。

1978 年，我国煤炭部地质勘探研究所提出了我国“烟煤显微组分划分和命名”方案。该分类方案，一方面试图统一成因和工艺方面的分类原则，统一透射光和反射光下的两套显微组分的分类命名术语；另一方面对显微组分划分更细，并较接近于国际显微组分分类方案，这样便于和各国煤岩资料的对比和交流。它根据各种组分的化学工艺性质和成因，将有机显微组分划分为四类六组，二十个组分，二十九个亚组分。在透射光和反射光下使用同一术

表 4-6 按照 1995 年 ICCP 体系对镜质组的次级划分（ICCP,1995）

组(group)	亚组(subgroup)	显微组分(maceral)
镜质组（vitrinite）	结构镜质亚组(telovitrinite)	结构镜质体(telinite)
		凝胶结构镜质体(collotelinite)
	碎屑镜质亚组(detrovitrinite)	碎屑镜质体(vitrodetrinite)
		凝胶碎屑体(collodetrinite)
	凝胶镜质亚组(gelovitrinite)	团块凝胶体(corppgelinite)
		凝胶体(gelinite)

语，同时用反射率作为组别划分的定量依据。在评价煤质时，一般区别到组或组分，在研究成因等问题时，可细分到亚组分。

1995 年，由煤炭科学研究总院西安分院起草国家标准《烟煤显微组分分类》（GB/T 15588—1995），它将煤显微组分划分为镜质组、半镜质组、壳质组和惰质组四个组，与国际硬煤显微组分分类所不同的是在镜质组和惰质组之间多划分出一个过渡组分——半镜质组，其反射率一般比镜质组略高 0.2%～0.3%。我国西北中生代煤以过渡组分含量高为特征。半镜质组具有镜质组和惰质组之间的光性和物理、化学、工艺性质。

半镜质组的透光色比镜质组略深，在低、中煤化烟煤阶段呈棕红色至红棕色；油浸反光镜下颜色比镜质组略浅，为灰色至浅灰色，无突起或微突起，反射率一般比镜质组略高 0.2%～0.3%（可作为划分组别的定量依据）；当煤级增高时，半镜质组逐渐与镜质组难以区分。

半镜质组的挥发分、氢含量、氢碳原子比略低于镜质组，而密度、碳含量、芳碳率略高于镜质组（见表 4-7）。半镜质组的性质介于镜质组和惰质组之间，但更接近于镜质组。炼焦时，半镜质组在一定程度上可以软化，但未变成塑性状态，有时在煤粒内部略具塑性，而不与惰性颗粒相互影响。

表 4-7 中国烟煤中镜质组、半镜质组、惰质组的若干基本性质

产 地	显微组分	ρ /(g/cm³)	V_{daf} /%	C_{daf} /%	H_{daf} /%	氢碳原子比	f_{ar}^{c}	R_{max}^{o} /%	资料来源
山东兖州兴隆庄 P_1	镜质体	1.275	44.92	83.67	5.73	0.82	0.64	0.64	庞博 1985
	半镜质体	1.310	40.10	87.27	5.30	0.73	0.66		
	惰质体	1.353	21.52	92.32	4.14	0.54	0.82		
山西大同云岗 J_{1-2}	镜质体	1.300	39.70	83.10	5.47	0.79	0.70	0.76	杜铭华 1984
	半镜质体	1.360	30.70	84.70	4.46	0.63	0.79		
	丝质体	1.450	17.30	88.10	3.55	0.48	0.91		
四川白腊坪 T_3	镜质体		32.79	86.99	5.32	0.73	0.75	0.99	龚至从 1986
	半镜质体		30.10	87.49	5.06	0.69	0.77		
	惰质体		22.85	88.56	4.37	0.59	0.84		
山西西曲 C-P	镜质体	1.300	21.59	90.82	4.79	0.64	0.84	1.33	王国金 1988
	半镜质体	1.370	14.34	91.58	4.33	0.57	0.91		
	惰质体	1.430	10.02	93.75	3.82	0.49	0.93		

在中国石炭-二叠纪煤中半镜质组含量较低，大多不超过10%，仅有少数含量超过10%；而在东北、西北、四川等地的中生代煤中，半镜质组含量往往超过10%，有时可达25%以上。当半镜质组在煤中含量高时，必然会影响煤的性质，同时也反映出煤的成因特征，因此必须重视。

由于中国煤，尤其是中生代煤中镜质组与惰质组之间的过渡性组分含量较高，对煤的工艺性质有明显影响，也反映出煤的成因特征，因此，原标准《烟煤显微组分分类》(GB/T 15588—1995)从中国煤的特点出发，将过渡性组分命名为半镜质组，并作为一个显微组分单独划分出来，这也是我国烟煤显微组分分类与国际硬煤显微组分分类最显著的不同所在。

但是，由于国际标准中没有划分出过渡组分，致使我国煤岩资料和学术论文在国际交流中出现困难，在显微煤岩类型及煤分类上应用时也带来诸多不便；另一方面，半镜质组镜下鉴定也比较困难，可操作性较差，造成显微组分定量上的误差较大。为了与国际煤显微组分分类方案接轨，2000年12月中国煤的显微组分分类标准化组织在北京召开了会议，将中国沿用的“四分法”改成了“三分法”，即将半镜质组并入镜质组。目前我国煤的显微组分分类与国际分类一样，按镜质组、壳质组和惰质组三大组来划分，以便于简单而有效地描述和辨别煤的组成和性质，适应煤的炼焦、液化、气化、燃烧等加工利用工艺的需要。

与GB/T 15588—1995相比，GB/T 15588—2001在技术内容上有重大不同，体现在以下几方面：

(1) 删去半镜质组，采用国际标准镜质组、惰质组和壳质组的三分划分方案；

(2) 删去菌类体，增加真菌体和分泌体；

(3) 增加火焚丝质体、氧化丝质体两个显微亚组分；

(4) 增加了显微组分的英文名称。

2013年，相关专家又对GB/T 15588—2001做了微调，将惰质组中的显微组分“粗粒体”分为“粗粒体1”和“粗粒体2”两个显微亚组分，并对一些组分(亚组分)的代号做了修改，如表4-8所示。

表4-8 烟煤显微组分分类(GB/T 15588—2013)

显微组分组 (maceral group)	代号 (symbol)	显微组分 (maceral)	代号 (symbol)	显微亚组分 (submaceral)	代号 (symbol)
镜质组 (vitrinite)	V	结构镜质体(telinite)	T	结构镜质体1(telinite 1)	T1
				结构镜质体2(telinite 2)	T2
		无结构镜质体(collinite)	C	均质镜质体(telocollinite)	TC
				基质镜质体(desmocollinite)	DC
				团块镜质体(corpocollinite)	CC
				胶质镜质体(gelocollinite)	GC
		碎屑镜质体(vitrodetrinite)	VD	—	—

表 4-8(续)

显微组分组(maceral group)	代号(symbol)	显微组分(maceral)	代号(symbol)	显微亚组分(submaceral)	代号(symbol)
惰质组(inertinite)	I	丝质体(fusinite)	F	火焚丝质体(pyrofusinite) 氧化丝质体(degradofusinite)	F1 F2
		半丝质体(semifusinite)	Sf	—	—
		真菌体(funginite)	Fu	—	—
		分泌体(secretinite)	Se	—	—
		粗粒体(macrinite)	Ma	粗粒体 1(macrinite 1) 粗粒体 2(macrinite 2)	Ma1 Ma2
		微粒体(micrinite)	Mi	—	
		碎屑惰质体(inertodetrinite)	ID	—	—
壳质组(exinite)	E	孢粉体(sporinite)	Sp	大孢子体(macrosporinite) 小孢子体(microsporinite)	Sp1 Sp2
		角质体(cutinite)	Cu	—	—
		树脂体(resinite)	Re		
		木栓质体(suberinite)	Sub		
		树皮体(barkinite)	Ba		
		沥青质体(bituminite)	Bt		
		渗出沥青体(exsudatinite)	Ex		
		荧光体(fluorinite)	Fl		
		藻类体(alginite)	Alg	结构藻类体(telalginite) 层状藻类体(lamalginite)	TA LA
		碎屑壳质体(liptodetrinite)	LD	—	—

烟煤中的木栓质体是专指木栓组织中的栓质化细胞壁,细胞腔有时中空,且胞腔内多为团块镜质体,常显示叠瓦状构造。栓质化细胞壁在油浸反射光下呈均一的深灰色,低突起到微突起,在低煤级烟煤中可发较弱的荧光。在黑龙江、新疆和鄂尔多斯煤田的中生代低煤级烟煤中,保存有木栓质体。

木栓质体仅指细胞壁栓质化的壳质体,而中国煤中特有的树皮体,其细胞壁和细胞腔皆为栓质化物质。所以树皮体专指中国烟煤中,特别是华南晚二叠世煤中常见的树皮体。在江西乐平、浙江长广晚二叠世煤层中树皮体含量常达 60%~80%,形成特殊的树皮残植煤。

树皮体可能源于植物茎和根的皮层组织,细胞壁和细胞腔的充填物皆栓质化。王士俊等(1998)运用植物残体分析的方法研究了乐平煤的成煤植物,认为乐平煤的主要成煤植物中的树蕨辉木类最重要,其次是鳞木类和裸子植物。乐平煤中树皮体的起源大部分不是源于树蕨辉木的小根外部皮层中的厚壁组织,也不来源于鳞木类或裸子植物的周皮,推测来源于一种大羽羊齿类植物的根——刺根茎。

树皮体有多种保存形态,常为多层状,有时为多层环状、单层状等。多层状是在纵切面上，由多层扁平的长方形细胞叠瓦状排列而成，呈轮廓清晰的块体；细胞内外两平行周壁呈弓形外凸，大小不一，大多厚 10～30 μm，宽 20～70 μm。多层型块体往往外带细胞结构保存较好，而内带细胞结构模糊。多层环状是小根厚壁细胞带保存完整的横切面，中心的薄壁组织大多已分解破坏，有时可见中柱维管束，根据其细胞排列方式可判断植物的属性。此外，单层型呈细长条带，较难与角质体严格区分。在水平切面上，树皮体呈 4～6 个边的多边形。

树皮体在透射光下呈柠檬黄、橙黄、橙红及红色，在油浸反射光下呈灰、黑灰色至深灰色，低突起或微突起，且往往在一个块体中各细胞的色调不同，在油浸反射光下有时具明显的黑红色内反射，细胞之间的缝隙明显。树皮体具明显的亮绿黄色、亮黄色到褐黄色荧光，各层细胞的荧光强度不同，荧光色差异较大。

树皮体的挥发分、氢含量、氢碳原子比明显高于同煤级的镜质组，而碳含量低于镜质组（见表 4-9），密度低于镜质组，因此有可能将其分离富集。傅立叶红外光谱分析表明，树皮体具有与孢粉体相似的结构特征，主要由长链脂肪族结构组成，芳香结构和含氧基团相对较少。与镜质体和丝质体主要由芳香结构组成、脂肪族结构（尤其是长链脂肪烃）含量相对较少（或很少）明显不同。这些结构特征决定了树皮体和孢粉体类似，是一种油气生成潜力较大的显微组分。相对于煤的其他显微组分，树皮体的热解产物最多，热解产物主要为中链化合物，可产生较多的液体油，更适合液化或作为煤变油的原料利用。

表 4-9　中国华南晚二叠世煤中树皮体及共生镜质组的挥发分、碳含量、氢含量、氢碳原子比随煤级的变化

产地、煤层		镜质组					树皮体				资料来源
		R^o_{max} /%	V_{daf} /%	C_{daf} /%	H_{daf} /%	氢碳原子比	V_{daf} /%	C_{daf} /%	H_{daf} /%	氢碳原子比	
江西乐平鸣山，B_3		0.73	39.30	82.89	5.52	0.799	73.50	79.61	7.56	1.140	陈晴，1979 纯度 97.2%
贵州	盘县老屋基，12 号	1.12	30.17	86.25	5.28	0.735	55.50	84.70	7.01	0.993	李敏锐，1987 原纯度 72.89%
贵州	盘县火铺，12 号	1.25	27.44	87.70	5.14	0.707	47.91	84.16	6.72	0.958	李敏锐，1987 原纯度 67.98%
贵州	织金凤凰山，16/17 号①	3.57 3.50	6.60	93.72	3.22	0.412	7.27	93.94	2.90	0.370	李大华，1989 纯度 40%

注：① 该样品灰分偏高，A_d 为 19.35%。

（二）褐煤的显微组分分类

褐煤可以直接用作家庭燃料、工业热源燃料及发电的燃料，也可用作气化、低温干馏等的原料。德国、美国和俄罗斯是储量大国，均将褐煤作为未来重要战略资源加以开发和利用。我国褐煤资源也很丰富，内蒙古霍林河、伊敏河、大雁等煤田，云南的昭通、小龙潭、先锋等煤田都是著名的褐煤产地。褐煤煤田多属巨厚煤层，宜于露天开采，具有较大的经济价值。褐煤处于煤化作用的初期，保存的植物遗体较多，许多成因标志保存完好，对于研究成煤作用的一系列基本理论问题十分有利，因而引起学者的广泛注意。

褐煤显微组分的划分与烟煤不同，中国目前尚未建立自己的分类，大多应用国际煤岩学委员会的褐煤显微组分分类方案（见表 4-10）。

表 4-10　国际褐煤显微组分分类（据 E. Stach 等，1982）

显微组分组 (maceral group)	显微组分亚组 (maceral subgroup)	显微组分 (maceral)	显微亚组分 (maceral type)
腐植组 (huminite)	结构腐植体 (humotelinite)	结构木质体（textinite）	
		腐木质体（ulminite）	结构腐木质体（texto-ulminite） 充分分解腐木质体（eu-ulminite）
	碎屑腐植体 (humodetrinite)	细屑体（attrinite） 密屑体（densinite）	
	无结构腐植体 (humocollinite)	凝胶体（gelinite）	多孔凝胶体（porigelinite） 均匀凝胶体（levigelinite）
		团块腐植体（corpohuminite）	鞣质体（phlobaphinite） 假鞣质体（pseudo phlobaphinite）
壳质组 (exinite)		孢粉体（sporinite） 角质体（cutinite） 树脂体（resinite） 木栓质体（suberinite） 藻类体（alginite） 碎屑壳质体（liptodetrinite） 叶绿素体（chlorophyllinite） 沥青质体（bituminite）	
惰质组 (inertinite)		丝质体（fusinite） 半丝质体（semifusinite） 粗粒体（macrinite） 菌类体（sclerotinite） 碎屑惰质体（inertodetrinite）	

由表 4-10 可知，褐煤显微组分分类中的腐植组、壳质组和惰质组分别与硬煤分类中的镜质组、壳质组和惰质组相当。

腐植组是褐煤的主要显微组分分组，往往占 90%以上。透射光下腐植组呈褐黄色至红褐色，油浸反射光下呈灰色，与壳质组和惰质组相比含氧量较高。采用“腐植组”而不是“镜质组”术语的原因是褐煤的煤化程度低，没有烟煤中镜质组具有像玻璃一样的光泽和明亮如镜的特征。根据植物保存状态又分为三个亚组：结构腐植体、碎屑腐植体和无结构腐植体。

壳质组分比硬煤分类方案多了叶绿素体，缺少了荧光体和渗出沥青体。叶绿素体是褐煤中罕见的显微组分，由植物的叶绿素色素颗粒及透明质格状基质所形成。叶绿素体仅在强烈的厌氧环境下或温和到较冷的气候条件下才能保存。褐煤的壳质组中也有荧光体和渗出沥青体，而且渗出沥青体也相当发育，荧光体常以非常强的荧光与树脂体相区别；惰质组中比烟煤分类方案少了一个微粒体，这是因为大部分微粒体是烟煤阶段的次生显微组分。

二、显微煤岩类型

（一）显微煤岩类型的定义

显微镜下划分出的不同显微组分或显微组分组的各种组合，称为显微煤岩类型。每一种显微煤岩类型都有自己的组成特点和化学工艺性质，并反映一定的沉积环境。煤的显微组分，尤其是壳质组、微粒体和粗粒体很少单独存在，更多的情况是与其他显微组分共生。为了便于将煤岩分析应用于煤的加工利用，特别是用于炼焦煤的配煤，煤岩学家 C. A. 赛勒 1954 年在给国际煤岩学委员会术语分会的信中，首先提出显微煤岩类型一词，为国际煤岩学委员会采纳。

（二）国际显微煤岩类型分类

国际煤岩学委员会的显微煤岩类型分类是国际煤岩学界中广泛使用的显微煤岩类型分类方案，也是中国所采用的标准（见表 4-11）。显微煤岩类型主要由一种、两种或三种显微组分组构成，相应地命名为单组分、双组分或三组分 3 类。

表 4-11 国际显微煤岩类型分类（据 E. Stach 等，1990）

显微组分组成 （不包括矿物质）	显微煤岩类型	显微组分组的组成 （不包括矿物质）	显微煤岩类型组
单组分组类型			
无结构镜质体＞95％ 结构镜质体＞95％ 镜屑体＞95％	（微无结构镜煤） （微结构镜煤）	V＞95％	微镜煤
孢子体＞95％ 角质体＞95％ 树脂体＞95％ 藻类体＞95％ 壳屑体＞95％	微孢子煤 （微角质煤） （微树脂煤） 微藻类煤	E＞95％	微壳煤
半丝质体＞95％ 丝质体＞95％ 菌类体＞95％ 惰屑体＞95％ 粗粒体＞95％	微半丝煤 微丝煤 （微菌类煤） 微惰屑煤 （微粗粒煤）	I＞95％	微惰煤
双组分组类型			
镜质体＋孢子体＞95％ 镜质体＋角质体＞95％ 镜质体＋树脂体＞95％ 镜质体＋壳屑体＞95％	微孢子亮煤 微角质亮煤 （微树脂亮煤）	V＋E＞95％	微亮煤 微镜亮煤 微壳亮煤
镜质体＋粗粒体＞95％ 镜质体＋半丝质体＞95％ 镜质体＋丝质体＞95％ 镜质体＋菌质体＞95％ 镜质体＋惰屑体＞95％		V＋I＞95％	微镜惰煤 微惰镜煤 微镜惰煤

表 4-11(续)

显微组分组成 (不包括矿物质)	显微煤岩类型	显微组分组的组成 (不包括矿物质)	显微煤岩类型组	
惰质体+孢子体>95% 惰质体+角质体>95% 惰质体+树脂体>95% 惰质体+壳屑体>95%	微孢子暗煤 (微角质暗煤) (微树脂暗煤)	I+E>95%	微暗煤	微惰暗煤 微壳暗煤
三组分组类型 镜质体、惰质体、壳质体>5%	微暗亮煤 微镜惰壳煤 微亮暗煤	V>I、E E>I、V I>V、E	微三合煤	微镜三合煤 微壳三合煤 微惰三合煤

注:表中带括号的术语尚未通用。

双组分显微煤岩类型主要是由两组显微组分构成的,这两组显微组分之和大于95%,两个显微组分组之间的含量比可有较大的变化,但都必须大于总量的5%,如微亮煤的镜质组和壳质组含量都不能小于5%,也都不能单独达到95%。但双组分显微煤岩类型可根据其中的一种显微组分组占优势而划分为两个亚组,例如微亮煤中以镜质组为主时,称为微镜亮煤;以壳质组为主时,称微壳亮煤。同样,双组分的微暗煤可分出以壳质组占优势的微暗煤(微壳暗煤)和以惰质组占优势的微暗煤(微惰暗煤);双组分的微镜惰煤可分为以镜质组占优势的微镜惰煤(微镜惰煤)和以惰质组占优势的微镜惰煤(微惰镜煤)。

三组分显微煤岩类型规定三组显微组分的含量各自都大于5%,称微三合煤。其中微暗亮煤表明镜质组含量多于壳质组和惰质组,微亮暗煤表明惰质组含量多于镜质组和壳质组,而微镜惰壳煤则以壳质组占优势。

在各组显微煤岩类型中,除微镜惰煤外,还可根据显微组分的组成特征进一步加以细分,如微壳煤可分出微孢子煤、微藻类煤、微角质煤和微树脂煤;微惰煤可分为微半丝煤、微丝煤、微惰屑煤等。

以上分类只适用于矿化程度低的煤[可包含小于20%的矿物(如黏土、石英、碳酸盐)或小于5%的硫化物矿物],命名时只考虑有机显微组分的含量,对矿物质忽略不计。如果矿物含量超过上述数量,即含硫化物矿物大于5%或含20%以上的其他矿物者,则按显微组分与矿物的比例不同分别称为显微矿化类型或显微矿质类型。按矿物成分类型,可将显微矿化类型分为微泥质型、微硅质型、微碳酸盐质型、微硫化物质型和微复矿质型,见表4-12。

表 4-12 显微矿化类型分类

显微矿化类型	矿物种类	煤中矿物的体积百分数/%
微泥质煤	黏 土	20~<60
微硅质煤	石 英	20~<60
微碳酸盐质煤	碳酸盐	20~<60
微硫化物质煤	硫化物	5~<20
微复矿质煤	两种以上,但不含硫化物	20~<60
	两种以上,含硫化物5%	>5~<45
	两种以上,含硫化物10%	>10~<30

中国主要聚煤期腐植煤的显微煤岩类型具有以下特点：晚古生代以微亮煤和微暗亮煤占优势，其中以微丝质亮煤和微丝质暗亮煤为主，个别地区如江西乐平、浙江长广煤田赋存有微树皮煤；中生代在大多数地区以微亮煤和微镜煤占优势，其中不少是微角质亮煤，鄂尔多斯煤田、大同煤田等富含微镜惰煤，新疆伊犁、青海大通等地个别煤层中有微丝煤；古近纪和新近纪煤的显微煤岩类型以微亮煤和微镜煤为主。

第四节　显微煤岩组分的反射率

显微煤岩组分的反射率是指煤抛光面的反射光强度与垂直入射光强度之比，用百分数表示。镜质组反射率不仅是表征煤化程度的重要指标，也是石油地质勘探中研究油气源岩成熟度以及地热变化的重要依据，在研究煤的区域变质规律、煤炭分类、煤炭的加工利用方面，都起着重要的作用。

一、反射率的测定方法

反射率是在垂直照射条件下，煤岩组分磨光面的反射光强度占入射光强度的百分比。可用下式表示：

$$R=\frac{I_r}{I_i}\times 100\%$$

式中　R——反射率；

I_r——反射光强度；

I_i——入射光强度。

按国际标准化组织和中国国家标准的规定，显微组分的反射率都是在油浸物镜下测定的，并用 R^o 表示。反射率也可以在干物镜下测定，用 R^a 表示。

显微组分反射率的测定使用带光度计的双目镜筒偏反光显微镜。在显微镜油浸物镜下，对显微组分抛光面上的限定面积内垂直入射光的反射光（$\lambda=546$ nm）用光电倍增管测定其强度，与已知反射率的标准物质在相同条件下的反射光强度进行对比：

$$R=\frac{I}{I_s}R_s$$

式中，R 和 R_s 分别为未知物和已知标准物质的反射率；I 和 I_s 分别为未知物质和已知标准物质的反射光强度。

在烟煤和无烟煤中，选择均质镜质体或基质镜质体，在褐煤中选择均匀凝胶体或充分分解腐木质体作为反射率测定对象，对于最大反射率小于 1.40%、随机反射率小于 1.30%的煤，在哪些组分上测定反射率，应在报告结果时把它们的百分比标记出来。测试从试样一端开始，根据样品中镜质体的多少来确定点距和行距，以保证所有测点均匀布满全片。一般点距和行距为 0.5～1.0 mm，以固定步长用物台移动尺移动样品。每个样品的测点数目，因煤化程度不同及所要求的准确度不同而有所差异，对于单种烟煤一般测定 40～100 点，对于混合煤要求测点数大于 300。从褐煤到无烟煤油浸介质中，煤的最大反射率 $R^o_{max}=0.26\%\sim11.0\%$，空气介质中煤的最大反射率 $R^a_{max}=6.40\%\sim22.10\%$。

随着煤级的增加，镜质组具有明显的各向异性，当镜质组含碳量约为 85%时，镜质组的反射率开始出现最大值和最小值，即双反射现象。可以测定其最大反射率 R^o_{max} 和最小反射

率 R^{o}_{min}，其差值为双反射率，它反映了煤的各向异性程度，并随煤化程度提高而增大。其原因是在高煤化程度的煤分子中芳香稠环缩合度不断增大，排列越来越规则化，在平行和垂直于芳香层面两个方向的光学性质出现显著差别，这就是光学各向异性现象。测最大反射率时应将显微镜物台缓慢转动 360°，出现两次相同最大值的平均值为平均最大反射率。油浸物镜下随机反射率是通过移开显微镜上的起偏器，以自然光入射，不旋转样品而测定的，用 R^{o}_{ran} 表示。

二、显微组分的反射率

煤的各种显微组分的反射率不同，它们在煤化过程中的变化也不相同(见图 4-2)。

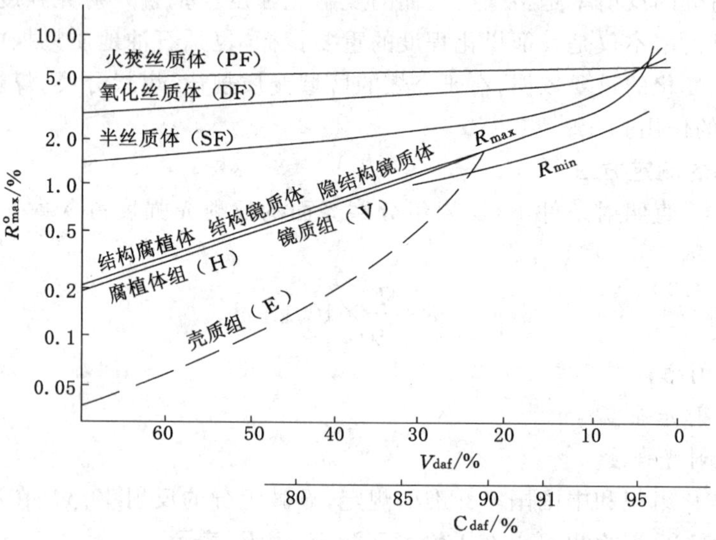

图 4-2 煤化过程中显微组分反射率的变化

镜质组的反射率在烟煤和无烟煤阶段在三大组分中居中，介于壳质组和惰质组之间，而且随煤化度加深而增高。镜质组反射率受煤化作用的影响始终比较灵敏，因此国内外都以镜质组中的均质镜质体或基质镜质体的反射率作为标志煤化程度(煤级)的指标。研究表明，镜质组的各向异性特征随煤级增高变得愈来愈明显。R^{o}_{max} 为 4.0%以前，镜质组最大反射率值的递增与平均反射率、最小反射率及双反射率值的递增之间呈密切的线性相关关系。通常人们参照德国的分类，把 $R^{o}_{max}=4.0\%$ 值作为无烟煤与高阶无烟煤的分界点，从 4.0%往上，反射率值愈来愈分散；在 $R^{o}_{max}=6.0\%$ 时，最小反射率值开始减少，而双反射率值急剧增加，表明开始了预石墨化作用。从烟煤到无烟煤，镜质组的最大反射率由 0.5%增至 8.0%；到超无烟煤阶段，镜质组反射率高于部分丝质体。

壳质组的反射率在三大组分中最低。在低煤化程度煤中，壳质组的反射率要比相应的镜质组反射率低得多。随着煤级增高，壳质组反射率增长缓慢。到中煤化烟煤的“第二次煤化跃变”阶段，壳质组的反射率迅速增加，并与镜质组反射率曲线在 $R^{o}_{max}=1.5\%$ 附近相交。中、高煤化烟煤中难以辨认壳质组。

惰质组的反射率是三大组分中最高的。惰质组中丝质体的反射率在煤化作用早期(镜质组反射率为 0.33%～0.86%)随着煤级增高，由 1.02%增至 2.08%，增长较快，惰质组中火焚丝质体的反射率最高，在整个煤化过程中几乎不变。而在无烟煤阶段，由于镜质组最大反射率增长很快，因此丝质体最大反射率低于镜质组。

煤的各种显微组分的反射率在煤化度较低时，差别很大。随着煤化程度的提高，差别变小，当碳含量为95%时，各显微组分的反射率趋于一致。

由于挥发分产率测试简单易行，目前中国煤炭分类国家标准(GB/T 5751—2009)中，以干燥无灰基挥发分 V_{daf} 作为第一大类分类指标。实际上，煤的镜质组反射率被公认是表征煤化程度的最好指标，主要有以下几点原因：镜质组反射率随煤化程度的增加变化快而且规律性强；镜质组是煤的主要组分，颗粒较大而表面均匀，其反射率易于测定；与表征煤化程度的其他指标(如挥发分、碳含量)不同，镜质组反射率不受煤的岩相组成变化的影响。因此，镜质组反射率是公认的较理想的煤化程度指标，尤其适用于烟煤阶段。目前，镜质组的平均最大反射率作为煤化程度指标已应用于一些国家的煤炭分类中，在国际煤炭编码系统中也被正式采用。

第五节　煤岩学在煤炭加工转化中的应用

煤的岩石组成和特性是煤的组成和结构的宏观反映，通过煤的岩石组成和特性分析也能预测煤的性质，指导煤的加工和转化利用。通过煤中有机组分和无机组分及其分布特性的测定，可以预测煤的可选性；通过煤岩组分和反射率的测定，可以判断和评价煤的工艺性能。

一、煤岩学在煤炭分选中的应用

煤的可选性是指将煤中有机质和矿物质进行分离的难易程度。不同产地的煤因其成煤作用过程的差异，导致有机质与矿物质之间的结合状态不同，分离的难易程度也就不同，表现在可选性上就有差异。煤炭分选工艺和设备的选择依据主要是煤炭的可选性。

目前评价煤可选性的方法主要是借助浮沉试验，通过测定不同密度级产品的产率和质量(灰分、硫分等)绘制出相应的可选性曲线，并据此计算相应的参数，评价煤的可选性。由于只考虑了影响煤可选性的生产因素(如分选密度、粒度等)，没有考虑影响可选性的成因因素，就无法阐明影响可选性好坏的原因，只能评定已开采煤的可选性，而不能实现对煤的可选性的预测。

利用煤岩学手段来评价煤的可选性主要是通过显微镜测定煤岩光片或薄片中煤岩组分的类型及含量，并确定矿物的形态、大小、成因和赋存状态等，进行定量统计，据此提出合理的破碎粒度，为制定合理的选煤工艺和流程提供技术依据。

煤岩学方法评价煤的可选性，具有简便易行、成本低、采样点多、代表性强等优点，正在成为评价煤炭可选性的重要手段。

(一) 煤中矿物质嵌布特性是影响煤可选性的主要因素

煤中矿物质的成分、密度、粒度以及分布状态，特别是矿物的分布状态和颗粒大小是影响煤可选性的主要因素。煤可选性的优劣实质上并不在于矿物质总量的多少，而在于分布状态和颗粒大小。混入煤中的矿物质颗粒越大，或呈聚集的层状、透镜体状、较大的结核状、单体状或脉状，经粗破碎后，矿物质和有机质就可实现解离，可选性就好；反之，如果煤中矿物质呈浸染状、细粒状或细条带状均匀分散于煤的有机质基体中，或充填于有机组分的细胞腔中，即使把煤破碎到很细的粒度，也难以解离，煤的可选性就差。

煤的可选性好坏取决于煤中矿物质的可解离性。所谓矿物质的可解离性是指将矿物质与有机质解体分开时的最小破碎粒度(该粒度可称为矿物质的解离粒度),解离粒度越大,可解离性就越好,煤与矿物质的分离就越容易,煤的可选性也就越好;反之,解离粒度越小,可解离性就越差,煤与矿物质的分离就越困难,煤的可选性也就越差。通过显微镜下的观察,很容易识别出矿物质在煤中的嵌布颗粒大小及其赋存形态,从而可以测定出其解离粒度,据此可对矿物质的可解离性做出判断,也就能判断煤的可选性。

(二) 煤岩组分对煤可选性的影响

不同煤岩组分的密度不同,但差别较小。由于不同煤岩组分中的矿物质含量不同以及大分子结构的差异,导致了宏观密度的差别。一般情况下,镜质组和壳质组所含的矿物质少,而惰质组所含矿物质较多,这是由于惰质组多保留细胞结构,孔隙较大,矿物质在泥炭化阶段或成煤阶段容易充填在细胞腔内。矿物质和煤密度差的大小直接影响重选法的分选效果。镜煤、亮煤、暗煤、丝炭 4 种宏观煤岩组分的表面润湿性也不相同,可浮性也有很大的差别。以凝胶化组分为主的镜煤和亮煤比暗煤和丝炭有更好的可浮性,其中以镜煤最好。

(三) 煤化程度对煤可选性的影响

煤化程度直接影响煤粒表面的疏水性和密度等与分选相关的特性。中等煤化程度的肥煤、焦煤和部分瘦煤的疏水性比低煤化程度和高煤化程度的煤都好,易于浮选。此外,我国不少低煤级煤壳质组含量较多,韧性强,破碎分离相对困难。中煤级煤中镜质组内生裂隙发育,机械强度降低,镜煤和丝炭可分性较好;而高煤级煤中各有机组分之间差别缩小,密度相近,机械强度增大,因此到贫煤、无烟煤阶段各组成成分分离性能变差。

二、煤岩学在煤炭焦化中的应用

在炼焦生产中,可以利用煤岩学方法评价煤质,主要是能够得到煤的煤岩组成、煤化程度等关键参数,从而可以指导配煤、预测焦炭质量。另外,还可以通过显微镜观察焦炭的结构用以评价其性质。

(一) 指导配煤炼焦

用煤岩学方法预测焦炭质量指导配煤炼焦是焦化工业中的一个重大成就。目前发达国家的现代配煤技术几乎都离不开煤岩学手段。早在 20 世纪 30 年代,苏联学者试图利用煤岩学方法研究煤的结焦性及配煤问题;20 世纪 50 年代,苏联提出了煤岩配煤和预测焦炭质量的计算方法;20 世纪 60 年代以来,美国、日本、澳大利亚等国的一些煤岩学者也相继开展了这一工作。直至目前,随着煤岩学研究方法的多样化、自动化及精确化,人们提出了越来越多的煤岩配煤方法,并将其应用于炼焦生产,取得了明显的经济效益。近年来,我国的一些有实力的焦化厂也开始配备煤岩测定系统,用以指导炼焦配煤。

煤岩配煤很容易实现煤料组成的最佳化,使活性组分(即能产生较多胶质体的组分)和惰性组分(即不能产生较多胶质体的组分)达到最佳配比。煤岩配煤技术基于下面的研究成果和科学认识:

(1) 煤是不均一的物质,煤中各种有机显微组分的性质不同。其中镜质组和壳质组在热解过程中自身能发生软化熔融,产生胶质体将煤粉黏结成块,属于活性组分;而惰质组在炼焦过程中不产生胶质体,不具有黏结性,属于惰性组分。炼焦时,要生产出高性能的焦炭,活性组分和惰性组分必须合理搭配。煤岩组成分析的结果就可用来计算活性组分和惰性组分的比例,通过调节不同煤种的配入量即可达到上述合理配比的目的。

(2) 活性组分的质量差别很大，不仅不同煤化程度的煤差别大，即使同一种煤，所含的活性组分的质量也有差别，这些差别可以用反射率分布图来表示。图 4-3 至图 4-5 是不同煤种的反射率分布图。

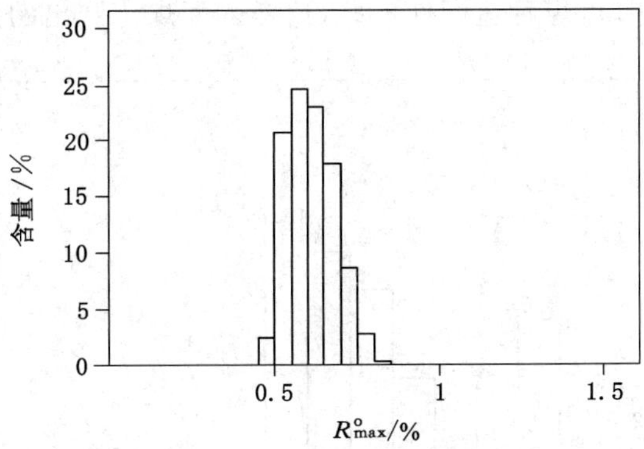

图 4-3　某气肥煤的反射率分布图

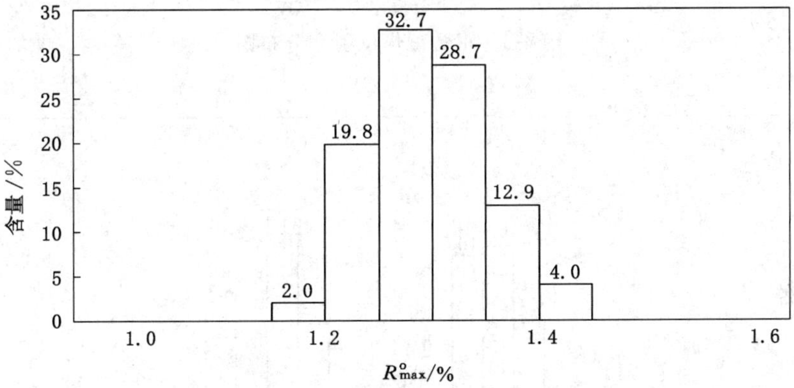

图 4-4　某焦煤的反射率分布图

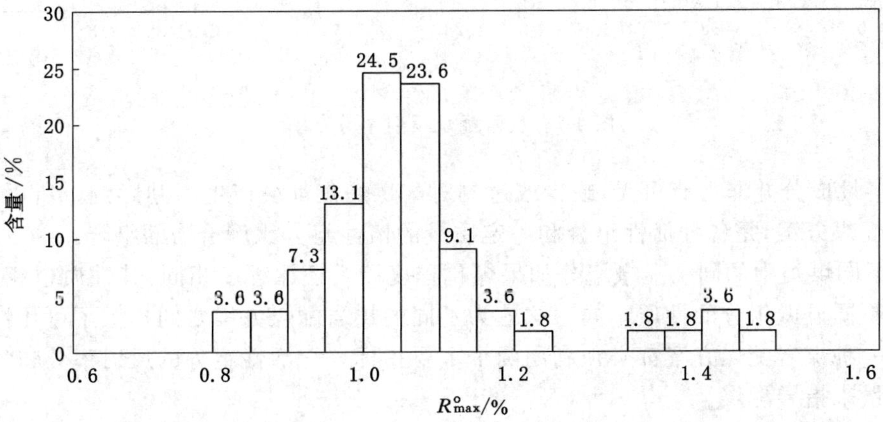

图 4-5　某肥煤的反射率分布图(其中混有少量高变质烟煤)

用煤岩学手段指导炼焦配煤，要使各种配煤的适配性好，即反射率在1.0%到1.4%之间要有一个类正态分布，小于1.0%和大于1.4%的煤量要少，中间不出现凹口，如图4-6所示，这样的配煤就能炼制出合格的焦炭。对于图4-7那样的配煤，可以看出镜质组反射率在1.2%～1.4%有较大的凹口，煤种适配性不好，这样的配煤炼制出的焦炭不符合质量要求。

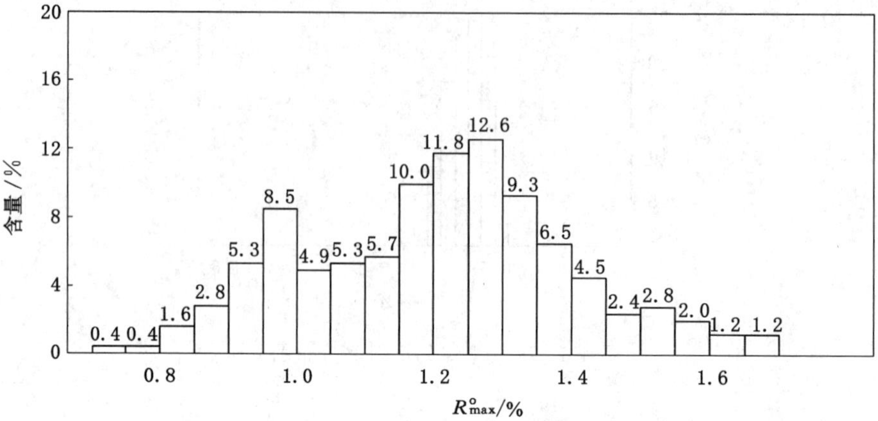

图4-6 正常配煤反射率分布图

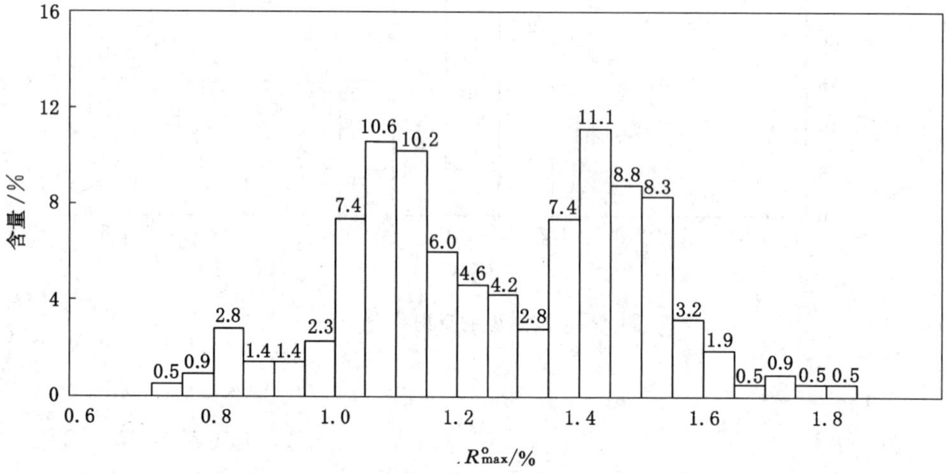

图4-7 反常配煤反射率分布图

(3) 惰性成分并非可有可无，缺少或过剩对配煤炼焦都会产生不利影响。所以，任何一个合理的配煤方案，是各种活性组分和一定质量的惰性组分比例恰当的组合。

(4) 不同煤类中的同一显微组分如果煤化程度以及还原程度相同，其性质也相同，而同一煤类中不同显微组分的性质不同。这就为不同的煤岩配煤方案之间提供了可比性。

任何一种煤岩配煤方案都必须利用两个主要指标——活性组分的反射率分布情况和惰质组分含量来指导配煤。

(二) 焦炭质量的评价

1. 焦炭强度的预测

根据煤岩配煤原理，一定的配煤所炼制的焦炭性能也是一定的，因此利用煤岩学方法研究配煤的煤岩组分和活性组分的反射率，就可以对焦炭的强度进行预测。

2. 焦炭的反应性预测

焦炭的反应性决定于焦炭显微结构组成、焦炭表面积和焦炭的灰成分。其中，焦炭光学性质与焦炭反应性之间有一定的函数关系。

华东理工大学曾做过不同煤化程度煤所炼焦炭的反应性试验，结果表明，从气煤到焦煤，煤的煤化程度越高，焦炭中各向同性组分含量及焦炭的反应性随之降低；而对同一煤化程度的煤，惰质组含量越高，焦炭中各向同性组分及其反应性增加。周师庸的研究也表明，焦炭中各向异性效应越强，其反应性越低；各向异性效应越弱，则反应性越高。

日本川崎钢铁公司测定了焦炭中各种显微组分的反应性，其大小顺序为：各向同性（来自煤中活性组分）＞各向异性（来自煤中惰性组分）＞ 细粒镶嵌＞粗粒镶嵌＞流动状。由此可知，焦炭中各向异性组分含量越高，其反应性越低。

三、煤岩学在煤炭加氢液化中的应用

石油与煤炭同是有机可燃矿产，石油基本上由饱和烃组成，煤则由具芳香结构的固体有机物组成。前者 H/C 为 1.5～1.8，后者 H/C 仅为 0.4～1，可见两者主要的差别在于 H/C 不同。现今认为，煤炭液化主要是裂解和加氢反应，带有各种官能团和侧链的缩合芳香结构的煤分子经裂解形成低分子自由基，加氢后向沥青烯、油、气方向转化。如果缺乏足够的活性氢，裂解产物会发生再缩聚反应，又会生成高分子化合物，形成半焦。因此，煤的液化潜力主要取决于组成煤物质的分子结构。从煤岩学角度看，可以反映煤分子结构的煤岩（有机与无机）成分、煤化程度和还原性质（包括鉴定它们的各种参数）是影响煤液化的基本因素。

研究发现，在煤加氢液化过程中，镜质组（V）和壳质组（E）是活性组分，惰质组（I）是惰性组分，加氢反应的活性顺序为 E＞V＞I；藻类体具有异常高的液化活性。

与炼焦性不同，假镜质组在液化过程中与镜质组一样呈现活性。试验表明，转化率与镜质组、假镜质组和孢子体总量之间具有良好的线性相关关系。许多直接液化试验数据表明，煤活性组分是影响煤加氢液化反应活性的主要因素。

对长焰煤阶段三大组分的研究表明，镜质组与壳质组的转化率差别不大，但是抽提产物的成分差异却十分显著：镜质组主要产出前沥青烯和沥青烯，油气生成量较少；壳质组则主要产出油和气；惰质组的转化率虽然很低，但产物成分则主要是油和气。

液化用煤通常都要求煤化程度低。国内外的研究证实，镜质组反射率（R^{o}_{max}）在 0.35%～0.80%（中国），或＜0.9%（俄罗斯），或者 0.50%～0.80%（欧美等）低煤阶范围内的煤是液化的良好用煤。

复习思考题

1. 解释下列名词术语：

宏观煤岩成分，显微煤岩组分，凝胶化作用，丝炭化作用，块煤光片，粉煤光片，煤薄片。

2. 煤岩学研究的方法分为哪几类？各有何特点？

3. 宏观煤岩成分有哪几种？各有何特点？

4. 有机显微组分组包含哪几种组分？

5. 试述各显微组分在透射光、反射光下的特征及其随煤化程度变化的规律。

6. 简述显微组分、宏观煤岩成分之间的关系。

7. 从煤的生成过程分析凝胶化作用和镜质组的形成。

8. 惰质组的成因有哪几种？

9. 壳质组是如何形成的？

10. 凝胶化组分与丝炭化组分在成因上有何区别与联系？

11. 为什么镜质组分的细胞结构保存得不够完好，而惰质组分却能使植物细胞结构较好地保存下来？

12. 试分析泥炭化作用和煤化作用分别对煤岩组成的不同影响。

13. 什么是镜质组的最大反射率？镜质组最大反射率有何用途？

14. 什么是矿物质的可解离性？什么是矿物质的解离粒度？

15. 简述煤岩学在煤炭加工利用中的应用。

第四章学习指南

第五章　煤的化学组成

煤的组成极其复杂，是由无机组分和有机组分构成的混合物。无机组分主要包括黏土矿物、石英、方解石、石膏、黄铁矿等矿物质和吸附在煤中的水；有机组分主要是由碳、氢、氧、氮、硫等元素构成的复杂的高分子有机化合物的混合物。一般来说，煤中的无机组分对煤的加工利用是有害的，有机组分是煤的主要组成部分，也是煤炭加工利用的主要对象。煤中矿物质和有机质的化学成分十分复杂，特别是有机组分的完全分离和鉴定几乎是不可能的。因此，从分子水平上研究和分析煤的各种组成成分在技术上难以实现。为了指导煤炭加工利用和研究煤的性质，在实际应用上通常采用较为简单的办法分析和研究煤的有机组成和无机组成，主要有工业分析法、元素分析法、灰成分分析法和溶剂萃取法等。

第一节　煤中的水分及煤样

一、煤中水分的概念和存在状态

水分是煤中的重要组成部分，是煤炭质量的重要指标。煤中的水分可分为游离水和化合水。游离水是指与煤呈物理态结合的水，它吸附在煤的外表面和内部孔隙中。因此，煤的颗粒越细、内部孔隙越发达，煤中吸附的水分就越高。煤中的游离水分可分为两类，即在常温的大气中易失去的水分和不易失去的水分。前者吸附在煤粒的外表面和较大的孔隙中，称为外在水分，用 M_f 表示；后者则存在于较小的孔隙中，称为内在水分，用 M_{inh} 表示。煤的内在水分和外在水分的质量之和就是煤的全水分，它代表了刚开采出来，或用户刚收到或即将投入使用状态下煤中的全部水分（游离水分）。通俗地说，外在水分就是煤长时间暴露在空气中所失去的水分，而这时仍然残留在煤中的水分就是内在水分，有时也称为风干煤样水分。

严格地说，外在水分、内在水分、全水分等指的是水分占煤样质量的百分数。按照一定的采样程序从商品煤堆、商品煤运输工具或用户煤场等处所采集的煤样，称为应用煤样，将应用煤样送到化验室后称为收到煤样，它含有的水分占收到煤样质量的百分数称为煤的全水分或收到基全水分，用 M_t 或 M_{ar} 表示。应用煤样在空气中放置一段时间，使煤中水分在大气中不断蒸发，当煤中水的蒸气压与大气中水蒸气分压达到平衡时所失去的水分占收到煤样质量的百分数就是收到基外在水分，用 $M_{f,ar}$ 表示。

煤失去外在水分后所处的状态称为风干状态或空气干燥状态，失去外在水分的煤样称为风干煤样或空气干燥煤样。残留在风干煤样中的全部游离水分质量占风干煤样质量的百分数称为空气干燥基内在水分，用 $M_{inh,ad}$ 表示。通常，大多数煤质分析化验采用的煤样均是粒度小于 0.2 mm 的空气干燥煤样（称为一般分析试验煤样或分析煤样），空气干燥煤样的水分也可称为空气干燥基水分，国标称为“一般分析试验煤样水分”，用 M_{ad} 表示。理论上，

M_{ad}的大小与$M_{inh,ad}$相同。但M_{ad}属于煤工业分析中的内容，$M_{inh,ad}$则属于煤全水分测定中的内容，两者分属两个标准，因此，两者的数值实际上并不相等，略有差异，在缺乏数据、要求不高时可以互相替代。为了应用方便，将收到基外在水分和空气干燥基内在水分简称为外在水分和内在水分，符号也分别简化为M_f和M_{inh}。

外在水分和内在水分构成了煤的全水分（即收到基全水分），它们的关系可用下式表示：

$$M_{ar}=\frac{100-M_f}{100}\cdot M_{inh}+M_f \tag{5-1}$$

煤的化合水包括结晶水和热解水。结晶水是指煤中含结晶水的矿物质所具有的呈化合态的水，如石膏（$CaSO_4\cdot 2H_2O$）、高岭石（$2Al_2O_3\cdot 4SiO_2\cdot 4H_2O$）中的结晶水。煤中结晶水含量不大可以忽略。热解水是煤炭在高温热解条件下，煤有机质中的氧和氢结合生成的水，它取决于热解的条件和煤中的氧含量。煤的化合水一般不进行分析测定，如果不进行特殊说明，煤中的水分均是指煤中游离态的吸附水。这种水在稍高于 100 ℃的条件下即可从煤中完全析出，而结晶水和热解水析出的温度要高得多。如 $CaSO_4\cdot 2H_2O$ 在 163 ℃才析出结晶水，而 $2Al_2O_3\cdot 4SiO_2\cdot 4H_2O$ 则要在 560 ℃才析出结晶水，煤分子中的氢和氧化合为水也要在 300 ℃以上才能形成。因此，煤中水分的测定温度一般在 105～110 ℃，在此温度下不会发生化合水的析出。

煤的内在水分受空气湿度影响很大，为此可采用煤的最高内在水分表示煤中水分的含量。煤的最高内在水分是指煤样在 30 ℃、相对湿度达到 96%的条件下吸附水分达到饱和时测得的水分，用符号 MHC 表示。这一指标反映了年轻煤的煤化程度，主要用于煤质研究和煤的分类。由于空气干燥基水分的平衡湿度一般低于 96%，因此，最高内在水分高于空气干燥基水分。

二、测定煤中水分的基本原理

煤的空气干燥基水分、外在水分、内在水分、最高内在水分和收到基全水分的测定方法、步骤有所不同，但测定的原理相同：首先把煤中的水分驱赶出来，通常采用加热的方法，如电加热、微波加热等；然后对驱赶出来的水分进行计量，可以采用体积法、质量法、电解法等计量水分的量。据此，形成多种煤中水分的测定方法，如干燥失重法、共沸蒸馏法、微波干燥法等。

（一）干燥失重法

由于煤中水分是以物理态吸附在煤的表面或孔隙中，只要将煤加热到高于 100 ℃，即可使煤中的水分析出。干燥失重法通常是将煤加热到 105～110 ℃并保持恒温，直至煤样达到恒重时，煤样的失重即认为是煤样水分的质量。计算煤样干燥后失去的质量占煤样干燥前质量的百分数即为测定的水分含量。由于干燥失重法测定过程简单、仪器设备容易解决、测定结果可靠，因此是实验室中最常用的方法。GB/T 212—2008 规定了两种测定煤的空气干燥基水分的方法，即通氮干燥法（A 法）和空气干燥法（B 法）。A 法是在氮气流中干燥，可以防止煤样氧化，适用于所有煤种并为仲裁法；B 法是在空气流中干燥，只适用于不易氧化的烟煤和无烟煤。煤的内在水分、外在水分和全水分的测定，由 GB/T 211—2017 进行规范，煤的最高内在水分由 GB/T 4632—2008 进行规范。

（二）共沸蒸馏法

将煤样悬浮在一种与水不互溶的有机溶剂（通常用甲苯或二甲苯）中，放入水浴加热，煤中的水分受热后形成水蒸气，与有机溶剂蒸气一起进入冷凝冷却器，冷凝液进入有刻度的接收管。由于水与溶剂不互溶，且水的密度大，沉于底部，可通过刻度读取水的体积，从而得到水分的量。该方法特别适用于高水分的年轻煤，但所用溶剂有毒，操作较烦琐，易受其他因素的影响而导致测定精度较差，因此，在国际标准和我国标准中已将此方法淘汰。

（三）微波干燥法

将煤样置于微波测水仪内，在微波作用下，煤中的水分高速振动，产生摩擦热，使水分蒸发析出，根据煤样的失重计算水分的含量。微波干燥法对煤样能够均匀加热，水分可以迅速蒸发，因而测定快速、周期短，能防止煤样因加热时间过长而氧化。但因为无烟煤和焦炭的导电性强，不适合用该法测定水分。研究发现，微波干燥法虽能得到与通氮法基本一致的结果，但存在一定的系统误差。

在实验室中最常用的方法是烘箱加热的干燥失重法。煤中各种水分测定的具体方法请参照相应的国家标准。

第二节　煤的工业分析组成

煤的工业分析组成是指用“煤的工业分析”方法划定的煤的组成。工业分析是确定煤化学组成最基本的方法，它是在规定条件下，将煤的组成划分为水分、灰分、挥发分和固定碳四种组分。工业分析是一种条件试验，除了水分以外，灰分、挥发分和固定碳是煤在测定条件下的转化产物，不是煤中的固有组分，其测定结果依测定条件变化而变化。为了使测定结果具有可比性，工业分析的测定方法均有严格的标准。目前我国实施的是《煤的工业分析方法》(GB/T 212—2008)，在该标准中分别规定了水分、灰分、挥发分的测定和固定碳的计算方法。工业分析虽然简单，但分析结果对于研究煤炭性质、确定煤炭的合理用途以及在煤炭贸易中，具有重要的作用。

需要指出的是，与使用含有全水分的收到煤样测定全水分和外在水分不同，测定煤的工业分析组成时，使用的是仅含内在水分的“一般分析试验煤样”，这样得到的结果都要用空气干燥基表示，通过基准换算后可以用其他基准表示。

一、一般分析试验煤样水分

（一）测定一般分析试验煤样水分的方法要点

《煤的工业分析方法》中规定，采用干燥失重法测定一般分析试验煤样水分，其要点是：称取 1 g 一般分析试验煤样置于称量瓶中，轻摇使煤样平铺，然后在鼓风的干燥箱中于 105～110 ℃干燥至恒重，取出称量瓶，在干燥器中冷却至室温，称量后得到煤样的失重，即可计算一般分析试验煤样水分。

（二）影响一般分析试验煤样水分的因素

1. 空气湿度和温度的影响

一般分析试验煤样水分是内在水分，它存在于煤的毛细孔隙中、呈吸附态或凝聚态，它的大小反映了煤中的孔隙及其内表面的特性。煤中水分的蒸发，与空气中的水蒸气分压（或湿度）有很大关系，当毛细管中水的平衡蒸气压大于空气中的水蒸气分压时，煤中的水分就会蒸发进入空气。空气的湿度越大，煤中的水分就越难蒸发，残留在煤中的内在水分就越高。对于确定的煤来说，空气干燥基水分受大气湿度和温度的影响，如表 5-1 所示。

表 5-1 煤的一般分析试验煤样水分 M_{ad} 随空气温度、湿度的变化

煤样来源	序号	温度/℃	湿度/%	M_{ad}/%	温度/℃	湿度/%	M_{ad}/%	ΔM_{ad}/%
青磁窑	1	22	88	2.76	25	38	1.69	1.07
	2	18	100	4.30	21	40	2.00	2.30
	3	18	88	3.15	22	45	2.46	0.69
	4	18	88	3.28	22	45	2.41	0.87
	5	18	88	3.54	22	45	2.60	0.94
	6	18	88	3.54	22	45	2.60	0.94
黄土坡	1	18	93	8.18	20	30	4.12	4.06
	2	18	93	8.12	20	30	4.44	3.68
	3	18	93	7.39	20	30	4.49	2.90
	4	18.5	93	8.67	21	35	5.26	3.41
	5	17	63	3.77	21	30	2.26	1.51
姜家湾	1	17	100	4.37	22	35	2.56	1.81
	2	17	100	4.02	22	35	2.67	1.35
	3	17	100	4.41	22	35	2.48	1.93
	4	17	63	2.98	21	30	1.62	1.36
旧高山	1	22	88	3.75	25	38	2.64	1.11
	2	18.5	93	8.18	21	35	6.02	2.16
	3	18.5	93	8.66	21	35	6.42	2.24
南窑矿	1	22	88	8.60	25	30	5.57	3.03
	2	18	100	10.35	21	40	7.98	2.37
	3	18	87	9.42	21	35	4.88	4.54
	4	18	87	9.84	21	35	5.51	4.33
	5	18	87	9.52	21	35	5.34	4.18
	6	16	62	6.68	20	30	4.63	2.05
	7	16	62	6.78	20	30	4.84	1.94
	8	16	62	6.88	20	30	4.92	1.96
平朔洗精煤	1	22	94	3.66	27	31	2.36	1.30
	2	22	94	3.63	27	31	2.38	1.25
	3	22	94	3.42	27	31	2.20	1.22
	4	22	94	3.54	27	31	2.24	1.30
	5	21	93	3.82	25	43	2.63	1.19
	6	21	93	3.72	25	43	2.62	1.10
	7	21	93	3.82	25	43	2.76	1.06
	8	20.5	100	4.23	24	45	2.90	1.33
	9	20.5	100	4.24	24	45	3.00	1.24

表 5-1(续)

煤样来源	序号	温度/℃	湿度/%	M_{ad}/%	温度/℃	湿度/%	M_{ad}/%	ΔM_{ad}/%
神华煤	1	22.5	88	10.44	27	44	6.73	3.71
	2	22.5	88	10.00	27	44	7.79	2.21
	3	22.5	88	9.68	27	44	7.15	2.53
	4	22.5	82	9.40	26	30	4.77	4.63
	5	22.5	82	9.35	26	30	5.01	4.34
	6	22.5	82	9.36	26	30	4.72	4.64
	7	17.5	100	9.46	21	35	7.07	2.39
	8	17.5	100	10.06	21	35	6.40	3.66
	9	17.5	100	9.72	21	35	5.73	3.99
	10	18	100	10.00	21	40	7.51	2.49

从表 5-1 看出：① 这 7 种煤的水分 M_{ad} 都不同程度地受环境湿度影响；② 相同大气温度和湿度下的多次试验水分变化不大，水分测值的稳定性很好；③ 相同大气温度、不同湿度下，随湿度增加，M_{ad} 明显增加；④ 相同湿度、不同大气温度下，M_{ad} 变化不大，说明大气温度变化对水分影响不明显；⑤ M_{ad} 越大，受空气湿度变化的影响也越大；⑥ 相对湿度较低时湿度的变化对 M_{ad} 影响较大，即在较干燥情况下，空气湿度的变化对 M_{ad} 影响较大。如青磁窑煤，相对湿度由 38%变化到 40%再变化至 45%时，其变化范围较小，但水分变化较大，从 1.69%上升到 2.00%再上升到 2.4%～2.6%，其他如神华煤湿度由 30%上升到 35%，水分变化由 4.72%～5.01%上升到 5.73%～7.07%。总体看，湿度在 50%以下时湿度变化对 M_{ad} 的影响较敏感。

从图 5-1 中可以看出，随湿度的增加，煤的 M_{ad} 呈线性增大，但不同煤的线性斜率不同，这主要取决于煤的孔隙特性。相同湿度下，煤的 M_{ad} 主要与煤化程度有关。

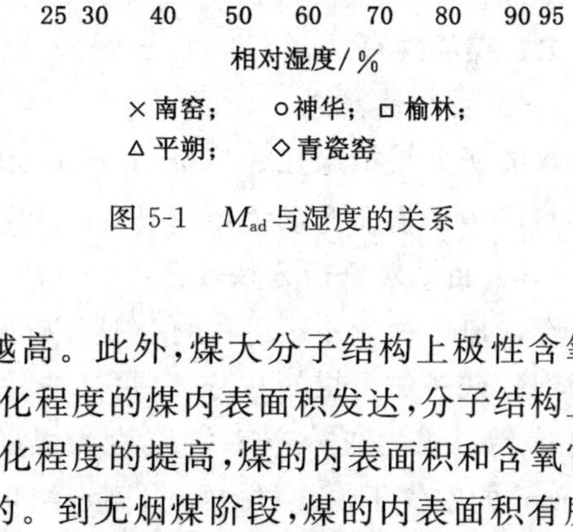

图 5-1　M_{ad} 与湿度的关系

2. 煤化程度的影响

一般分析试验煤样水分随煤化程度呈现规律性的变化。一般分析试验煤样水分就是煤的内在水分，从褐煤开始，随煤化程度的提高，煤的内在水分逐渐下降，到中等煤化程度的肥煤和焦煤阶段，内在水分最低，此后，随煤化程度的提高，内在水分又有所上升。这是由于煤的内在水分吸附于煤的孔隙内表面上，内表面积越大，吸附水分的能力就越强，煤的水分就越高。此外，煤大分子结构上极性含氧官能团的数量越多，煤吸附水分的能力也越强。低煤化程度的煤内表面积发达，分子结构上含氧官能团的数量也多，因此内在水分就较高。随煤化程度的提高，煤的内表面积和含氧官能团均呈下降趋势，因此，煤中的内在水分也是下降的。到无烟煤阶段，煤的内表面积有所增大，因而煤的内在水分也有所提高。由于煤的内在水分值受空气湿度的影响较大，因此用

MHC 表示煤的内在水分及煤化程度更为准确，不同煤种的最高内在水分如表 5-2 所示。

表 5-2 煤的最高内在水分与煤化程度的关系

煤 种	无烟煤	贫煤	瘦煤	焦煤	肥煤	气煤	弱黏煤	不黏煤	长焰煤	褐煤
MHC/%	2～12	1.5～3.5	1～3.0	0.5～2.5	0.5～3.0	2～6	3～10	5～20	5～20	15～45

煤的最高内在水分与挥发分之间的关系如图 5-2 所示。

3. 降灰的影响

在工业应用时常常需要对原煤进行分选降灰处理以得到低灰的精煤，如炼焦、液化等需要使用精煤，在实验室有时也需要对原煤通过浮沉试验进行降灰处理。煤经过降灰处理后，灰分降低，精煤中有机质的比例提高。由于矿物质中的孔隙率很小，有机质孔隙率高，这将导致精煤水分高于原煤的水分。水分越高的煤，这种差异就越大。

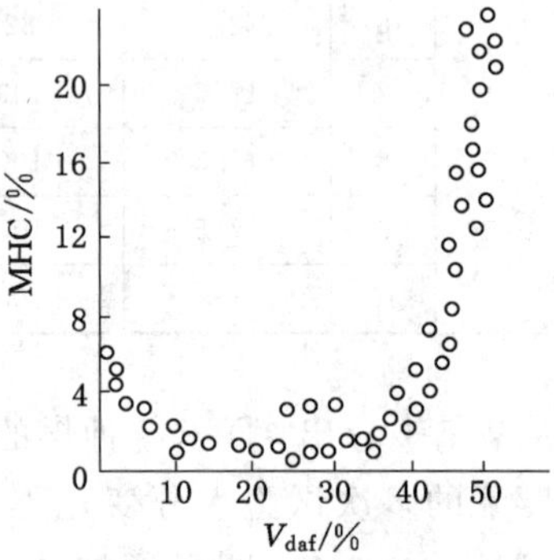

图 5-2 煤的最高内在水分与挥发分之间的关系

（三）影响外在水分和全水分的因素

煤的外在水分与煤化程度没有规律可循，一般与煤颗粒的外表面积大小有关。煤的粒度越小，单位质量的颗粒外表面积就越大，外在水分也越高。如浮选精煤的外在水分远高于跳汰选精煤和重介质选精煤，主要原因就是浮选精煤的粒度远小于跳汰选精煤和重介质选精煤。煤的全水分与煤化程度有一定的规律性，当粒度分布接近时，类似于内在水分的规律。但若粒度差别过大，就比较混乱。一般来说，粒度级越小，煤的全水分也越大；煤化程度越低，煤的全水分越高。

（四）煤中水分对煤炭加工利用的影响

煤中的水分对煤炭的加工利用过程是有害的或者是不利的。在煤炭燃烧、气化、炼焦时，水分的存在，要额外吸收热量，使过程热效率降低。在煤炭运输过程中，水分高意味着运力的浪费。因此，在煤炭贸易中，水分成为一项重要的计价依据，水分高，煤价就要下降。但煤中适量的水分有利于减少运输和贮存过程中煤粉尘的产生，可以减少煤的损失，降低煤粉对环境的污染。

二、煤的灰分

（一）灰分的概念

煤的灰分是指煤在一定条件下完全燃烧后得到的残渣。燃烧残渣量的多少主要与煤中矿物质含量关系密切，也与测定条件有关。

（二）测定灰分的方法要点

在灰皿中称量 1 g 左右的一般分析试验煤样，然后在 815 ℃、空气充足的条件下完全燃烧得到的残渣作为煤的灰分，称量残渣并计算其占煤样质量的百分数，称为煤的灰分产率，用 A 表示。煤的灰分产率常简称为煤的灰分。测定灰分产率时所用的煤样是粒度小于 0.2 mm 的空气干燥煤样，因此，测定结果是空气干燥基的灰分产率，用 A_{ad} 表示。

GB/T 212—2008 规定了两种测定煤灰分的方法，即慢速法和快速法，慢速法为仲裁法，具体测定步骤请参阅相关国家标准。慢速法测定灰分时采用分段升温，从室温升至500 ℃时要恒温 30 min，使煤中有机硫和硫化物硫提前形成 SO_2，可防止在高温段因方解石分解形成的 CaO 与 SO_2 反应生成 $CaSO_4$ 导致灰分测值偏高。

由于空气干燥煤样中的水分随空气湿度的变化而变化，因而造成灰分的测值也随之发生变化。但就绝对干燥的煤样而言，其灰分产率是不变的。所以，在实用上空气干燥基的灰分产率只是中间数据，一般还需换算为干燥基的灰分产率 A_d。在实际使用中除非特别指明，灰分的表示基准应是干燥基。换算公式如下：

$$A_d = \frac{100}{100 - M_{ad}} \times A_{ad} \tag{5-2}$$

（三）煤灰分的形成

煤的灰分不是煤中的固有组成，而是由煤中的矿物质在高温条件下转化而来的产物。煤的灰分与矿物质有很大的区别，首先是灰分的产率比相应的矿物质含量要低，其次是在组成成分上有很大的变化。矿物质在高温下经分解、氧化、化合等化学反应之后转化为灰分。煤的灰分产率与煤化程度没有规律性关系，煤化程度一般只影响煤的有机质，对煤的矿物质影响不大，对灰分也就几乎没有影响。煤在灰化过程中矿物质发生的化学反应主要有以下几种。

（1）碳酸盐类矿物的分解

$$CaCO_3 \xrightarrow{\triangle} CaO + CO_2 \uparrow$$

$$FeCO_3 \xrightarrow{\triangle} FeO + CO_2 \uparrow$$

$$4FeO + O_2 \xrightarrow{\triangle} 2Fe_2O_3$$

（2）硫铁矿的氧化

$$4FeS_2 + 11O_2 \xrightarrow{\triangle} 2Fe_2O_3 + 8SO_2 \uparrow$$

（3）黏土、石膏脱结晶水

$$2SiO_2 \cdot Al_2O_3 \cdot 2H_2O \xrightarrow{\triangle} 2SiO_2 \cdot Al_2O_3 + 2H_2O \uparrow$$

$$CaSO_4 \cdot 2H_2O \xrightarrow{\triangle} CaSO_4 + 2H_2O \uparrow$$

（4）CaO 与 SO_2 的反应

$$2CaO + 2SO_2 + O_2 \xrightarrow{\triangle} 2CaSO_4$$

必须说明的是，煤在实际燃烧过程中，其中矿物质的转化要复杂得多，常常伴有产物之间复杂的化学反应，形成新的矿物，限于本书的读者对象，在此不予赘述。

煤中矿物质含量与其相应的灰分产率之间的关系可用下式近似表示：

$$MM = 1.08A + 0.55S_t \tag{5-3}$$

式中　MM——煤中矿物质的含量，%；

S_t——煤中的全硫含量，%。

使用时公式中各指标的基准应完全相同。

三、煤的挥发分和固定碳

（一）挥发分和固定碳的概念

在高温条件(900 ℃)下，将煤样隔绝空气加热一段时间，煤的有机质发生热解反应，形成部分小分子的化合物，在测定条件下呈气态析出，其余有机质则以固体形式残留在焦渣中。由有机质热解形成并呈气态析出的化合物称为挥发物，该挥发物占煤样质量的百分数称为挥发分或挥发分产率。以固体形式残留下来的有机质占煤样质量的百分数称为固定碳。实际上，固定碳不能单独存在，它与煤中的灰分一起形成的残渣称为焦渣，从焦渣中扣除灰分就是固定碳了。挥发分用 V 表示，固定碳用 FC 表示。

关于挥发分的概念有不同的意见，若从方便挥发分测定的角度理解，按照 GB/T 3715—2022 的定义，挥发分是指煤隔绝空气加热时，从逸出的挥发性物质中扣除煤样中吸附水后的所有物质。按这样的定义，挥发分中包含了煤中矿物质热解形成的挥发性气体，如 CO_2、结晶水等。虽然如此，但由于煤中矿物质在挥发分测定条件下能形成挥发性气体的量实在有限，除特殊情况之外，基本上可以认为，挥发分测定时得到的挥发物除吸附水之外，其余的几乎都是有机质热解而形成的低分子化合物。因此，根据挥发分能够大致判断煤有机质的大部分性质，几乎在所有研究或利用煤的场合均需要煤的挥发分数据。

（二）挥发分的测定方法要点和基准换算

1. 挥发分的测定

称取 1 g 一般分析试验煤样放入挥发分坩埚，在 900 ℃下隔绝空气加热 7 min 后取出，在干燥器中冷却至室温后称量焦渣的质量，按下式计算挥发分：

$$V_{ad}=\frac{m-m_1}{m}\times100-M_{ad} \tag{5-4}$$

式中 V_{ad}——空气干燥基挥发分，%；

m——一般分析试验煤样的质量，g；

m_1——残渣的质量，g；

M_{ad}——空气干燥基水分，%。

空气干燥基固定碳 FC_{ad} 按下式计算：

$$FC_{ad}=100-M_{ad}-A_{ad}-V_{ad} \tag{5-5}$$

挥发分和固定碳都不是煤中的固有成分，它们是煤中的有机质在一定条件下热解的产物。固定碳与煤中的碳元素是两个不同的概念，固定碳实际上是高分子化合物的混合物，它含有碳、氢、氧、氮、硫等元素。

通常在煤的有机质隔绝空气加热后形成的挥发物中有 CH_4、C_2H_6、H_2、CO、H_2S、NH_3、COS、H_2O、C_nH_{2n}、C_nH_{2n-2} 和苯、萘、酚等芳香族化合物以及 C_5～C_{16} 的烃类、吡啶、吡咯、噻吩等化合物。

2. 干燥无灰基挥发分的换算

挥发分由煤的有机质热解而产生，挥发分的高低反映了煤有机质分子结构的特性。但挥发分的测定结果用空气干燥基表示时，由于水分和灰分的影响，既不能正确反映这种特性，也不能准确表达挥发分的高低。因此，排除水分和灰分的影响，采用无水无灰的基准（也称干燥无灰基）表示。干燥无灰基的挥发分指的是有机质热解挥发物的质量占煤中干燥无灰物质质量的百分数。在实际使用中除非特别指明，挥发分均是指干燥无灰基时的数值。干燥无灰基挥发分用 V_{daf} 表示，由空气干燥基挥发分换算而得：

$$V_{daf}=\frac{100}{100-M_{ad}-A_{ad}}\times V_{ad} \tag{5-6}$$

这时，干燥无灰基的固定碳：

$$FC_{daf}=100-V_{daf} \tag{5-7}$$

3. 挥发分的校正

根据挥发分的特点，挥发分反映的是煤中有机质的特性，但在失重法测定过程中，挥发物中除了从有机质分解而来的化合物之外，还有一部分挥发物不是从有机质而来。如煤样中矿物质的结晶水、碳酸盐矿物分解产生的 CO_2、由硫铁矿转化而来的 H_2S 等。显然它们是由煤样中的无机物转化而来的。但在挥发分测定时，计入了挥发分，这样，所测得的挥发分就不能正确反映有机质的真实情况，必须进行校正，也就是从挥发分的测值中扣除 CO_2、H_2S 和矿物结晶水的量。但实际上很难实现，主要是结晶水、H_2S 等的含量测定困难所致，另外，这两种成分在挥发分测定中的生成量极小，因此一般不作校正。碳酸盐 CO_2 含量的测定则相对容易得多，校正如下：

当碳酸盐 CO_2 含量大于等于 2%时，则

$$V_{ad,校正}=V_{ad}-(CO_2)_{ad} \tag{5-8}$$

式中　$(CO_2)_{ad}$——煤样的空气干燥基碳酸盐 CO_2 的含量，%。

在 GB/T 212—2008 中规定干燥基和空气干燥基挥发分无须进行碳酸盐 CO_2 的校正，只有干燥无灰基挥发分需要校正，这么做是因为“挥发分是指从挥发物中扣除水分后的量”，在干燥基和空气干燥基下，基准物质中包含了碳酸盐。干燥无灰基挥发分需要对 CO_2 进行校正，是因为干燥无灰基定义为假想无水、无灰状态，而在无灰状态时，煤中是不存在碳酸盐的。故计算干燥无灰基挥发分时，应扣除煤中碳酸盐 CO_2 含量。当碳酸盐 CO_2 含量小于 2%时，CO_2 含量可忽略不计。

在实际工作中，直接测定碳酸盐分解生成的 CO_2、硫铁矿产生的 H_2S 和矿物质结晶水的含量十分复杂，有的甚至是不可能的。因此，一般采用对煤样进行脱灰处理，降低其矿物质含量后，矿物质对挥发分测定产生的影响就可以忽略了。通常，要求用于挥发分测定的煤样灰分应小于 15%，最好小于 10%。

4. 焦渣特征

焦渣是煤样在测定完挥发分后的固体残留物，它由固定碳和灰分构成。焦渣特征是指焦渣的形态（粉状、块状）、光泽、强度、形状等特点，并根据这些特点，把焦渣特征划分为 8 种，用以粗略判断煤的黏结性强弱，用 1～8 的数字表示，号数越大，表明黏结性越强。它们是：

1 号粉状：全部是粉末，没有相互黏着的颗粒；

2 号黏着：颗粒黏着，但手指轻压即碎成粉状；

3 号弱黏结：已经成块，但手指轻压即碎成小块；

4 号不熔融黏结：手指用力压才裂成小块；

5 号不膨胀熔融黏结：呈扁平的饼状，煤粒界面不易分清，表面有银白色金属光泽；

6 号微膨胀熔融黏结：焦渣手指压不碎，表面有银白色金属光泽和较小的膨胀泡；

7 号膨胀熔融黏结：焦渣表面有银白色金属光泽，明显膨胀，但高度不超过 15 mm；

8 号强膨胀熔融黏结：同 7，但高度超过 15 mm。

（三）影响煤挥发分的因素

1. 测定条件的影响

影响挥发分测定结果的主要因素是加热温度、加热时间、加热速度。此外，加热炉的大

小，试样容器的材质、形状、重量、尺寸以及容器的支架都会影响测定结果。因此，挥发分测定是一个规范性很强的分析项目。

2. 煤化程度的影响

煤的挥发分随煤化程度的提高而下降。褐煤的挥发分最高，通常大于 40%；无烟煤的挥发分最低，通常小于 10%。煤的挥发分主要来自煤分子中不稳定的脂肪侧链、含氧官能团断裂后形成的小分子化合物和煤有机质高分子在高温下缩聚时生成的氢气。随着煤化程度的提高，煤分子上的脂肪侧链和含氧官能团均呈下降趋势；高煤化程度煤分子的缩聚度高，热解时进一步缩聚的反应也少，由此产生的氢气量也少。所以，煤的挥发分随煤化程度的提高而下降。

3. 成因类型和煤岩组分的影响

煤的挥发分主要取决于其煤化程度，但煤的成因类型和煤岩类型也有影响。腐植煤的挥发分低于腐泥煤，这是由成煤原始植物的化学组成和结构的差异导致煤分子结构的差异引起的。腐植煤以稠环芳香族物质为主，受热不易分解，而腐泥煤则脂肪族成分含量高，受热易裂解为小分子化合物成为挥发分。

煤岩组分中壳质组的挥发分最高，镜质组次之，惰质组最低。这是因为壳质组化学组成中抗热分解能力低的链状化合物占有较大比例，而惰质组的分子主要以抗热分解能力强的缩合芳香结构为主，镜质组则居于二者之间。由于各个显微组分有不同的挥发分，所以煤的挥发分将随显微组成的变化而变化，而且非常敏感。图 5-3 是不同煤岩组分的挥发分随煤化程度的变化规律。腐植煤镜质组的挥发分随煤化程度的提高而较为均匀地下降。大多数腐植煤中显微组分以镜质组为主，所以，一般可以用挥发分作为表示煤化程度的指标。

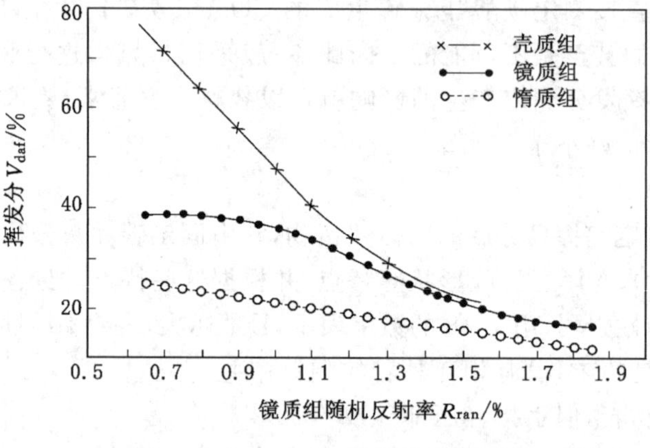

图 5-3 不同显微组分的挥发分与其镜质组随机反射率的关系

第三节 煤中矿物质的组成及煤灰成分

一、煤中的矿物质种类

煤中的矿物质是煤中无机物的总称，既包括在煤中独立存在的矿物质，如高岭石、蒙脱石、硫铁矿、方解石、石英等；也包括与煤的有机质结合的无机元素，它们以羧基盐的形式存在，如钙、钠等的盐。此外，煤中还有许多微量元素，有的是有益或无害的元素，有的则是有毒或有害元素。

煤中的矿物质种类十分复杂，含量差异很大，它们与煤的有机质结合得很紧密，很难彻底分离，要准确测定其组成成分是比较困难的。因此，一般只测定矿物质的总含量，而不测定各组分的含量。国际上测定煤中矿物质含量的方法很不统一，一般采用酸抽提法和低温灰化法。酸抽提法的要点是用盐酸和氢氟酸处理煤样，以脱除部分矿物质，再测定酸不溶矿物质，从而计算矿物质含量。这个方法与低温灰化法相比，具有仪器设备简单、实验周期短、易于掌握等优点，但此法的缺点是使用有毒的氢氟酸，测定过程烦琐。低温灰化法是用等离子低温炉，使氧活化后通过煤样，让煤中的有机质在低于 150 ℃的条件下氧化，残余物即为矿物质。由于温度较低，煤中的矿物质不发生变化。低温灰化法的优点是在不破坏矿物质结构的情况下直接测定煤中的矿物质含量；缺点是测定周期长达 100～125 h，且需要专门的仪器，实验条件严格，而且还要测定残留物中的碳、硫含量，比较烦琐费时。因此，一般情况下并不测定煤中矿物质的含量。煤中常见的矿物质有以下几种。

（一）按矿物质组成分类

1. 黏土矿物

黏土矿物是煤中最主要的矿物质，其含量明显高于其他矿物，常见的有高岭石、伊利石、蒙脱石等。随煤化程度的提高，黏土矿物也发生变质作用。在一些高变质的煤中（如贫煤、无烟煤等），高岭石常转化为地开石，它是一种高结晶度的高岭石族矿物。说明煤中矿物质与有机质一样，在煤变质过程中，其结晶度和有序度都在不断提高。高岭石可以呈碎屑方式由风和水的搬运作用在泥炭沼泽中沉积而形成，一般认为是远离海相沉积的陆源矿物；也可由铝硅酸盐（长石和云母）经风化作用，在泥炭沼泽中沉淀而产生。高岭石（$Al_2O_3 \cdot 2SiO_2 \cdot 2H_2O$）在较低温度下（400～500 ℃）发生脱水，转变成偏高岭石。

伊利石是煤中常见的黏土矿物之一，一般情况下其含量仅次于高岭石。伊利石结晶度一般较低，极少见解理清晰、颗粒较大的晶体，在煤层中往往与高岭石等黏土矿物共生，很少单独出现，多呈小鳞片状分布在碎屑状基质中。伊利石在酸性环境中不稳定，在中性及碱性环境中比较稳定。伊利石多为碎屑成因，煤层顶板比煤中含量高。在陆相沉积的煤中，伊利石在矿物质中占有一定的比例。但在海相沉积的煤中，伊利石的含量与高岭石相反，往往其含量较高，因为伊利石不仅可以来源于陆源供应物质，而且可以在盆地内形成自生矿物。煤燃烧后煤灰中的 K_2O 主要来源于煤中的伊利石矿物。

蒙脱石又称微晶高岭石或胶岭石，具有极强的分散性和膨胀性，而可塑性和耐火性较差，具有强的吸附力和阳离子交换能力。煤中蒙脱石与火山作用形成的火山灰蚀变有关。

黏土矿物主要呈微粒状、团块状、透镜状、薄层状或不规则状产出，常见其充填于基质镜质体、结构半丝质体及结构丝质体细胞腔中或分散在无结构的镜质体中。团块状、透镜状和薄层状黏土集合体的大小变化范围很大，可由十几微米到 1 mm 左右。黏土矿物在薄片中呈无色，有时因腐植酸作用而略带褐色，在干物镜下呈灰色、棕黑色、暗灰色或灰黄色，轮廓清晰，表面不光滑，呈颗粒状及团块状结构，不显突起或微突起。反光油浸镜下呈黑色，轮廓及结构往往不清楚，难于辨认；具有微弱的荧光，呈暗灰绿色，不太清晰。煤中的黏土矿物，在光学显微镜下很难区分其矿物成分，必须配合差热分析、X 射线衍射和红外光谱等方法才能准确鉴定。

对煤中黏土矿物的成分和产状的研究有助于对成煤古地理环境进行分析。由于黏土矿物受后生作用的影响显著，因此黏土矿物的成因比其他矿物难以确定。一般认为，高岭石是在温暖、潮湿气候的酸性介质条件下形成的；蒙脱石主要产于干燥、温暖气候的碱性介质条件下，并且其形成与基性火山岩有关；伊利石的形成是在温和至半干燥气候条件下由风化作用形成，而自生伊利石常与富钾的碱性介质条件有关。

2. 石英

石英是煤中最常见的矿物之一，分布广泛，其含量可达有机和无机显微组分总量的5%～10%以上。煤中的石英大部分是陆源矿物，被水或风等带入泥炭沼泽，并保存在煤层中，但也有一些石英是煤化过程中产生的自生石英。煤中的石英一般为粉砂级，显微镜下常常表现为棱角或半棱角状，与细分散状的黏土矿物及其集合体伴生，长轴方向与层理方向相近；化学成因的石英、玉髓和蛋白石为二氧化硅的溶液凝聚而成，一般呈无定形状态分布于煤中，其中玉髓和蛋白石数量很少。煤层形成后，由于地下水或岩浆的活动，也可生成石英，多呈脉状或薄膜状充填在裂隙或孔洞中。陆相沉积的煤中，石英含量一般较高。石英类在原煤中含量较高，煤燃烧后的灰中，石英含量仍然较高，但在煤灰中其X射线衍射强度有所减弱，可能有少量石英同Al_2O_3、CaO等其他成分在煤燃烧过程中发生反应，并生成了一些新的矿物质或非晶质的玻璃体物质，从而降低了其衍射峰强度。

3. 碳酸盐矿物

煤中碳酸盐矿物主要有方解石，其次是白云石、菱铁矿等。碳酸盐矿物是煤中较常见的矿物，特别是在近海相沉积环境或海陆交互相沉积环境中，碳酸盐矿物含量相当丰富，如山东济宁煤田太原组与山西组煤层中，太原组16煤层与17煤层，为海陆交互相沉积，其煤层顶板为碳酸盐，其裂隙较发育，因此，该煤层中方解石含量较高。而山西组3煤层为陆相沉积，煤层顶、底板多为黏土岩和砂岩，因而3煤层中碳酸盐的含量明显低于同一钻孔中的太原组煤层。

在煤燃烧过程中，方解石($CaCO_3$)全部分解变成了CaO，菱铁矿转变为Fe_2O_3，菱镁矿转变为MgO。

4. 硫化物和硫酸盐矿物

煤中的含硫矿物主要以黄铁矿为主，也含有极少量的其他硫化物和硫酸盐矿物。在煤燃烧过程中，黄铁矿(FeS_2)变成了赤铁矿(Fe_2O_3)。

黄铁矿是煤中主要的硫化物矿物，主要存在于海相和海陆交互相煤中，而内陆条件下形成的煤层黄铁矿含量较低。后生黄铁矿多呈薄膜状、脉状充填在煤的裂隙中，往往与地下水或岩浆热液的活动有关。黄铁矿为浅铜黄色，条痕绿黑色。透射光下为黑色，反光油浸镜下为强亮黄白色或亮黄白色，突起很高，轮廓清楚，表面不太平整。常呈结核状、浸染状及霉球菌状集合体，或充填于裂隙及孔洞中。有时充填于有机显微组分细胞腔中或镶嵌其中。黄铁矿在氧化条件下不稳定，易氧化为褐铁矿。

（二）按矿物质的成因或来源分类

1. 按矿物质的成因分类

(1) 原生矿物质

原生矿物质是指存在于成煤植物中的矿物质。成煤植物在生长过程中，通过植物的根部吸收溶于水的一些矿物质，来促进植物新陈代谢作用的进行。原生矿物质主要是碱金属和碱土金属的盐类，如钾、钠、钙、镁、磷、硫的盐类以及少量铁、钛、钒、氯、氟、碘等元素。原生矿物质与有机质紧密地结合在一起，在煤中呈细分散分布，很难用机械方法分离。这类矿物质含量较少，一般仅为1%～2%。

(2) 同生矿物质

同生矿物质主要指在泥炭化作用阶段，由风和水流带到泥炭沼泽中和植物残体一起堆积下来的碎屑无机物质，如石英、长石、云母和各种岩屑；还有由胶体溶液沉淀形成的各种化学成因和生物成因的矿物质，如高岭石、方解石、黄铁矿等。同生矿物质以多种形态嵌布于煤中。例如以矿物夹层、包裹体、结核状存在于煤中，并且与煤紧密共生，在平面上分布比较稳定，可以用来鉴别和对比煤层。不同的聚煤环境，同生矿物质的数量和种类有很大的差别，如近海环境形成的煤中，黄铁矿较多，高岭石含量较低；陆相沉积环境的煤中黏土矿物和石英碎屑多。

同生矿物质还包括煤层形成后，由于地下水的淋滤作用，方解石、石膏等矿物质沉淀下来，填充在煤的裂隙中的矿物。

同生矿物质分选的难易程度与其嵌布形态有关，若在煤中分散均匀，且颗粒较小，就很难与煤分离；若颗粒较大，在煤中较为聚集，则将煤破碎与矿物解离后利用密度差可将其除去。同生矿物质是煤中灰分的主要来源。

(3) 后生矿物质

后生矿物质指煤层形成固结后，由于地下水的活动，溶解于地下水中的矿物质，因物理化学条件的变化而沉淀于煤的裂隙、层面、风化溶洞中或胞腔内。煤中的后生矿物质多呈薄膜状、脉状产出，往往切穿层理。主要有由于地下水的淋滤作用形成的方解石、石膏、黄铁矿等，也有由于岩浆热液的侵入形成的一些后生矿物质，如石英、闪锌矿、方铅矿等。

(4) 外来矿物质

在采煤过程中混入煤中的顶、底板岩石和夹矸层中的矸石，常称为外来矿物质，其数量在很大范围内波动，随煤层结构的复杂程度和采掘方法而异，一般为5%～10%，高的可达20%以上。外来矿物质的主要成分是SiO_2、Al_2O_3、$CaCO_3$、$CaSO_4$和FeS_2等。外来矿物质的密度越大、块度越大，越易与煤分离，用一般选煤方法即可除去。

2. 按矿物质的来源分类

按矿物质的来源，煤中矿物质的分类见表5-3。

表5-3　煤中矿物质的分类

矿物组	泥炭化作用阶段形成		煤化作用阶段形成	
	水或风运移	化学反应形成	沉积在空隙中 （松散共生）	共生矿物的转变 （紧密共生）
黏土矿物	高岭石、伊利石、绢云母、蒙脱石等			伊利石、绿泥石
碳酸盐矿物		菱铁矿、铁白云石、白云石、方解石等	铁白云石、白云石、方解石等	

表 5-3(续)

矿物组	泥炭化作用阶段形成		煤化作用阶段形成	
	水或风运移	化学反应形成	沉积在空隙中 (松散共生)	共生矿物的转变 (紧密共生)
硫化物		黄铁矿结核、胶黄铁矿、白铁矿等	黄铁矿、白铁矿、闪锌矿、方铅矿、黄铜矿、丝炭中黄铁矿	共生 $FeCO_3$ 结合转变为黄铁矿
氧化物		赤铁矿	针铁矿、纤铁矿	
石英	石英粒子	玉髓和石英、来自风化的长石和云母	石英	
磷酸盐	磷灰石	磷钙土、磷灰石		
重矿物和其他矿物	金红石、电气石、正长石、黑云母		氯化物、硫酸盐和硝酸盐	

二、煤灰成分

煤中的矿物质组成十分复杂,很难分别分离和测定其含量。煤灰是煤中矿物质在煤燃烧后形成的残渣,其化学组成也十分复杂,不同产地、不同煤种的灰分组成差别很大,与煤化程度没有规律可循。通过灰成分分析,结合物相分析了解煤中矿物的大致组成。煤灰中的元素有几十种,地球上天然存在的元素几乎在煤灰中均可发现,但常见的只有硅、铝、铁、钙、镁、钛、钾、钠、钛、硫、磷等,在一般的灰成分测定中也只分析这几种。煤灰成分十分复杂,很难单独测定其中的化合物,一般测定灰分的元素含量,并用元素的氧化物形式表示,如 SiO_2、Al_2O_3、CaO、MgO、Fe_2O_3、TiO_2、K_2O、Na_2O、SO_3、P_2O_5。其中,最主要的是 SiO_2、Al_2O_3、CaO、MgO、Fe_2O_3等几种,一般占95%以上。煤灰分中各成分的含量取决于原始的矿物组成。

我国煤中的矿物组成以黏土类矿物为主,因此,煤灰中 SiO_2 含量最大,其次是Al_2O_3。我国煤灰成分的一般范围见表 5-4,我国部分产地煤的煤灰成分见表 5-5。

表 5-4 我国煤灰成分的一般范围 单位:%

煤灰成分	褐 煤		烟煤和无烟煤	
	最低值	最高值	最低值	最高值
SiO_2	10	60	15	>80
Al_2O_3	5	35	8	50
Fe_2O_3	4	25	1	65
CaO	5	40	0.5	35
MgO	0.1	3	<0.1	5
TiO_2	0.2	4	0.1	6
SO_3	0.6	35	<0.1	15
P_2O_5	0.04	2.5	0.01	5
K_2O+Na_2O	0.09	10	<0.1	10

表 5-5　我国部分产地煤的煤灰成分　　单位：%

煤产地	SiO_2	Al_2O_3	Fe_2O_3	CaO	MgO	TiO_2	K_2O+Na_2O	SO_3	碱酸比①
阳泉无烟煤	52.7	33.6	7.0	0.2	1.3	0.8	2.0	0.4	0.10
晋城无烟煤	47.4	33.6	4.7	6.5	0.9	0.9	3.3	2.7	0.19
西山贫瘦煤	56.3	31.4	6.9	2.2	0.5	1.0	0.5	1.2	0.11
灵武不黏煤	37.9	14.5	16.4	10.9	5.0	0.9	2.5	11.8	0.65
长广气煤	46.1	29.7	15.2	3.5	0.5	1.6	1.1	2.4	0.26
大同弱黏煤	57.8	18.4	13.1	3.4	0.7	1.3	—	3.2	0.16
扎赉诺尔煤	41.1	13.6	12.4	14.0	3.0	1.2	3.0	9.5	0.6

注：① 碱酸比$=\dfrac{Fe_2O_3+CaO+MgO+K_2O+Na_2O}{SiO_2+Al_2O_3+TiO_2}$，分子上的五种组分称为碱性组分，分母上的三种组分称为酸性组分。

三、煤中的微量元素

在煤的矿物质中，除了上述含量较高的元素之外，还含有为数众多的含量较少的元素，即微量元素。对于煤中微量元素的研究始于20世纪40年代，人们研究的重点是微量元素的分布规律。到20世纪50年代，由于电子工业、原子能工业的迅猛发展，对稀有元素的需求量剧增，从煤中提取稀有元素成为科学家的研究重点之一。一般来说，煤中的锗含量达到20 g/t以上、镓30 g/t以上、铀300 g/t以上、钍900 g/t以上、铼2 g/t以上，就有工业提取价值。到目前为止，已经发现与煤伴生的微量元素有几十种，可分为常见元素：铜、铍、锶、钡、氟、锰、硼、镓、锗、锡、铅、锌、钒、铬、砷、镍、钴、钛、锆等；不常见元素：钪、钇、镧、镱、锑、锂、铯、砣、铋、镭、铀等；很少见元素：铪、铌、钽、铂、钯、铹、铼、钍、铈等。下面介绍几种煤中常见的微量元素。

（一）锗

地球上单独存在的锗矿石极少，锗通常分布在各种硅酸盐、碳酸盐与锡石共生的矿物以及铌、钽、铁和硫化物矿物中，所以锗是一种稀散元素。锗在煤层中往往形成大面积的富集区。绝大多数煤中含有锗，但一般含量小于5 g/t，个别可以达到20 g/t的工业可采品位。研究结果表明，锗在低煤化程度的煤（褐煤、长焰煤、气煤）中含量较高。在煤岩组分中，镜煤中的锗含量较高，在薄煤层中锗的含量比厚煤层高。煤中的锗赋存形式有无机的也有有机的。锗主要用于半导体材料。

（二）镓

镓在自然界中没有独立的矿床，但在煤中普遍存在，是一种稀散元素。一般在煤中镓的含量达10 g/t，有的煤中高达250 g/t。镓的工业可采品位是30 g/t。镓与铝的原子半径相近（分别为0.139 nm和0.143 nm），因此镓和铝常常共生。一般来说，在煤层中，镓的品位并不高，但在其顶、底板和夹矸层中却富集有较多的镓。镓在煤中的赋存形式既有无机的也有有机的。目前，镓大量用于制造半导体元件，其性能优于锗、硅半导体。

（三）铀

铀也是煤中易富集的元素之一，但一般不超过5 g/t。通常在褐煤中富集有较多的铀。在我国已经发现有一些铀含量超过工业提取品位（300 g/t）的褐煤矿点，在美国、俄罗斯等国家的煤矿中也有发现。煤中的铀大多数与有机质结合，但也有含铀的无机矿物。铀主要用作原子能工业的燃料。

（四）钒

钒在地壳中的含量很低，大约只占0.02%，且多分散在其他矿物或岩石中。在煤中，钒和镓常常共生。在我国浙江、湖南等地的石煤中，钒含量较高，有些已经达到了工业提取的品位0.5%～1.0%。我国已经成功地从石煤中提取出了钒，实现了工业化生产。钒主要用于制造优质合金钢，也是重要的催化剂成分。

（五）铍

铍在煤中以有机结合为主。通常，铍在煤中的含量不高(10～20 g/t)，但有时也高达40 g/t。铍是一种剧毒元素，有致癌作用。铍广泛用于原子能、火箭、导弹、航空航天以及电子工业中。

（六）铼

铼在煤中也有富集，当其品位达到2 g/t以上时有工业利用价值。但我国的煤中，铼的品位多在1 g/t以下。铼可作飞机发动机和宇宙飞船的耐高温部件，也是重要的制造仪表的材料。

（七）钍

钍在有些煤中富集，它以二氧化钍的形式存在，但含量一般只有每吨数克，难以达到900 g/t以上的工业开采品位。钍是重要的热核燃料，冶金工业用钍冶炼优质合金钢，如钍铝合金能耐海水侵蚀和增大延展性。

（八）钛

钛也是煤中有提取价值的一种元素，其合金有良好的抗腐蚀性和耐高温性，已经在航海和航空工业中得到广泛应用。

四、煤中的有害元素

煤中的有害元素主要有硫、磷、氯、砷、氟、汞、铍、镉、铅等。这里所说的“有害”是指在煤的利用过程中，对工艺、设备、产品、人体、环境等会产生危害。如果这些元素达到工业提取品位，这些元素将是有用的原料。

（一）硫

煤中的硫以硫铁矿以及有机质等形式存在于煤中。硫是煤中最主要的有害元素。煤中的硫在燃烧过程中形成SO_2随烟气进入大气环境，下雨时成为酸雨，腐蚀建筑物和设备，进入水体后污染水源，SO_2也是空气中霾的主要成因之一。大气中的SO_2对人体健康和动植物的生长也有危害。

煤通过焦化制成焦炭主要用于炼铁。在焦化过程中，煤中的硫在焦炉中发生了很大的变化，20%～30%转化为H_2S、COS、CH_3SH、CH_3SCH_3等低分子含硫化合物进入煤气和焦油，其余则残留在焦炭中。焦炭中的硫对于炼铁是非常有害的，生铁中的硫主要来自焦炭，当生铁中的硫含量较高时就不能炼钢。硫以FeS的形式存在于钢中，FeS能与Fe形成低熔点化合物(985 ℃)，它低于钢材热加工开始温度(1 150～1 200 ℃)。在热加工时，由于它的过早熔化而导致工件开裂，这种现象称为“热脆性”。含硫量愈高，热脆性愈明显。通常钢中的硫含量应低于0.07%。为了防止过量的硫进入生铁，在炼铁高炉炉料中必须配入大量的石灰石脱硫。经验证明，焦炭中的硫每增加0.1%，焦比增加1.5%左右，石灰石用量增加2%左右，高炉生产能力降低2%～2.5%。

煤中的硫在煤气化时主要形成 H_2S、COS 等，作为燃料气时，H_2S、COS 燃烧后形成 SO_2 刺激人的呼吸道，腐蚀燃烧设备，污染大气；如作为合成气，这些硫化合物将会使合成催化剂中毒失效，影响生产的正常进行。因此，煤气中的硫化合物必须脱除。

（二）磷

煤中的磷含量一般不高，通常在 0.001%～0.1%之间，最高不超过 1%。煤中的磷主要以无机物的形式存在，如磷灰石[$3Ca_3(PO_4)_2 \cdot CaF_2$]和磷酸铝矿物[$Al_6P_2O_{14}$]，但也有以有机磷的形式存在于煤中。煤在炼焦时，磷几乎全部进入焦炭。用磷含量高的焦炭炼铁，过量的磷将进入生铁。用这种生铁炼成的钢磷含量也较高。磷在钢中能溶于铁素体（钢中的一种金相组织）内，使铁素体在低温下的强度增大，而塑性、韧性下降，即产生所谓“冷脆性”，使钢的冷加工和焊接性能变坏，因此，磷也是煤中的有害元素。含磷量愈大，冷脆性愈强，故钢中磷含量控制较严，一般小于 0.06%。因此，炼焦用煤的磷含量必须小于 0.1%。作为燃料使用时，煤中的磷形成的化合物在锅炉的受热面上冷凝，胶结了一些飞灰，形成难以清除的污垢，对受热面的传热效率影响很大。

（三）氯

煤中氯含量差别较大，含量一般为 0.005%～0.2%，个别的可达 1%左右。我国煤中氯含量较低，在 0.01%～0.2%，平均为 0.02%，绝大部分在 0.05%以下。早期的研究认为，煤中的氯主要以 NaCl 或 KCl 的形式存在，但目前的研究认为，煤中氯也有以有机质的形式存在的证据。关于煤中氯的存在形式学术界还存在争议。煤中的氯对煤炭利用有很大的危害，如炼焦煤氯含量高于 0.3%，将腐蚀焦炉炭化室的耐火砖，大大缩短焦炉的使用寿命。若含氯量高的煤用于燃烧，会对锅炉产生严重的腐蚀。经过洗选的煤，其中的氯化物会溶于水而使煤中的氯含量下降。

（四）砷

砷是煤中挥发性较强的有毒物质，是煤中最毒的元素之一。煤燃烧时大部分砷形成剧毒的 As_2O_3（砒霜）和 As_2O_5，并以化合物形式侵入到大气环境中；另一部分残留在灰渣和飞灰中。由砷引起的地方性疾病已引起有关部门和国内外学术界的重视。它与其他污染物质如苯并(a)芘起协同作用促使癌变，从而对人体健康构成危害。煤中的砷主要以硫化物的形式与硫铁矿结合在一起，即以砷黄铁矿[$FeS_2 \cdot FeAs_2$]的形式存在于矿物质中，小部分以有机质的形式存在。煤中的砷含量极小，一般为$(3\sim5)\times10^{-6}$，高的可达 10^{-4} 甚至 10^{-3}。

（五）汞

煤中的汞是污染环境的有害元素之一。汞在煤中的赋存形式还没有定论，其含量一般在 10^{-7} 以下，但国外有汞含量高达 2×10^{-3} 的煤。煤在燃烧时，汞以蒸气的形式排入大气，当空气中的汞浓度达到 30～50 $\mu g/m^3$ 时，将对人体产生危害。汞蒸气吸附在粉尘颗粒上，随风飘散，进入水体后，能通过微生物作用，转化为毒性更大的有机汞（如甲基汞 CH_3HgCH_3）。甲基汞能在水体动物体内积累，最后通过食物链危害人类。汞的慢性中毒会导致精神失常、肌肉震颤、口腔炎等，对人体危害极大。因此，我国对燃煤锅炉烟气中的汞含量做出限定，小于 30 $\mu g/m^3$。近年来，烟气脱汞已逐步提到议事日程，国际上已达成汞控制的协议。

（六）氟

氟是地壳中常见的元素之一，是人体中既不可缺少又不能多的“临界元素”。煤中的氟主要以无机物赋存于煤中的矿物质中，含量一般在 3×10^{-4} 以下，也有个别高氟煤的氟含量达到 10^{-3} 以上。燃烧高氟煤，将对周围的动植物造成严重危害。曾经发生过电厂周围的蜜蜂、桑蚕大量死亡的事件，经调查与氟中毒有关。煤在燃烧过程中，氟以 SiF_4、H_2F_2 的形式挥发出来，并形成含 NaF 和 CaF_2 的粉尘。这些氟化物一部分滞留在空气中，一部分进入土壤和水体中。

（七）铅

铅以方铅矿的形式存在于煤中，我国煤中的铅含量在 $(1\sim5)\times10^{-6}$。人发生铅中毒后，表现为全身无力、肢端麻木、伴有呕吐等症状。煤在燃烧时，铅以氧化铅的形式随烟尘飘散到空气中，从呼吸道或消化道进入人体。

（八）铍

铍在煤中多以有机质的形式存在，通常在煤化程度低的煤中铍的含量较高。一般煤中的铍含量在 $(1\sim30)\times10^{-6}$。煤燃烧时，铍随烟气进入大气。铍的氧化物和氯化物都是极毒的物质，特别是这种化合物以气溶胶的形式滞留在大气中时，对人畜的危害更大。研究表明，铍可引起中毒性肝炎，并导致癌症。

（九）镉

镉以无机物形式存在于煤中，在煤中的含量为 $(1\sim26)\times10^{-6}$。煤燃烧时，镉以氧化物的形式随烟气进入大气，通过呼吸道进入人体。在人体内的镉能积聚并取代骨骼中的钙，会造成严重的骨质疏松症。

第四节　煤中有机质的元素组成

大量研究表明，煤中的有机质主要由碳、氢、氧、氮和硫等五种元素构成。煤中有机质的元素组成可以通过元素分析法测定。煤的元素分析就是对煤有机质中碳、氢、氧、氮和硫含量的分析测定。

一、构成煤有机质的主要元素

（一）煤中的碳元素

碳是构成煤大分子骨架最重要的元素，也是煤燃烧过程中放出热能最主要的元素之一。随煤化程度的提高，煤中的碳元素逐渐增加，从褐煤的 60%左右一直增加到年老无烟煤的 98%。腐植煤的碳含量高于腐泥煤，在不同煤岩组分中，碳含量的顺序是：惰质组＞镜质组＞壳质组。

（二）煤中的氢元素

氢元素是煤中第二重要的元素，主要存在于煤分子的侧链和官能团上，在有机质中的含量为 2.0%～6.5%，随煤化程度的提高而呈下降趋势。从低煤化程度到中等煤化程度阶段，氢元素含量下降不十分明显，但在高变质的无烟煤阶段，氢元素的下降较为明显而且均匀，从年轻无烟煤的 4%下降到年老无烟煤的 2%左右。因此，我国无烟煤分类中采用氢元素含量作为分类指标。氢元素的热值约为碳元素的 4 倍，虽然含量远低于碳含量，但氢元素的变化对煤的热值影响很大。

腐泥煤的氢含量高于腐植煤。腐植煤中不同煤岩组分氢含量的顺序是：壳质组＞镜质组＞惰质组。

（三）煤中的氧元素

氧也是组成煤有机质的重要元素，主要存在于煤分子的含氧官能团上，如—OCH_3、—COOH、—OH、>C=O 等基团上均含有氧原子。随煤化程度的提高，煤中的氧元素迅速下降，从褐煤的23%左右下降到肥煤的6%左右，此后氧含量下降速度趋缓，到无烟煤时大约只有2%。氧元素在煤燃烧时不产生热量，在煤液化时要无谓地消耗氢气，对于煤的利用不利。腐泥煤的氧含量低于腐植煤。腐植煤中不同煤岩组分氧含量的顺序是：镜质组>惰质组>壳质组。

（四）煤中的氮元素

煤中的氮元素含量较少，一般为0.5%～1.8%，随煤化程度提高而呈下降趋势。它主要来自成煤植物中的蛋白质。氮在煤中主要以氨基、亚氨基、五元杂环（吡咯、咔唑等）和六元杂环（吡啶、喹啉等）等形式存在。煤中的氮在煤燃烧时也不放热，主要以 N_2 的形式进入废气，少量形成 NO_x。当煤在炼焦时，煤中的氮一部分形成 NH_3、HCN 及其他有机含氮化合物，其余的则留在焦炭中。

（五）煤中的硫元素

1. 煤中硫的存在形态

煤中的硫分为有机硫和无机硫，无机硫又分为硫化物硫和硫酸盐硫。

（1）煤中的有机硫

一般煤中的有机硫含量较低，但组成很复杂，主要由硫醚、硫化物、二硫化物、硫醇、巯基化合物、噻吩类杂环化合物及硫醌化合物等组分或官能团所构成。

研究表明，低煤化程度煤以低相对分子质量的脂肪族有机硫为主，而高煤化程度煤以高相对分子质量的环状有机硫为主。煤化程度高的煤绝大部分有机硫属噻吩结构，褐煤中脂肪族硫占主导地位。随煤化程度提高，煤中噻吩硫的比例增大，其芳构化程度也逐渐提高。

（2）煤中的无机硫

煤中的无机硫主要以硫铁矿、硫酸盐等形式存在，其中尤以硫铁矿硫居多。煤中的硫铁矿形态多样，宏观上多呈结核状、透镜状、层状裂隙充填状和分散状；在显微镜下，呈莓球状、鱼子状、块状、均一球状等。脱除硫铁矿硫的难易程度取决于硫铁矿的颗粒大小及分布状态，颗粒大则较易去除，极细颗粒的硫铁矿硫也难以采用常规方法脱除。一般情况下，煤中的硫酸盐硫是黄铁矿氧化所致，因而未经氧化的煤中的硫酸盐硫很少。

煤中的有机硫用 S_o 表示，硫铁矿硫用 S_p 表示，硫酸盐硫用 S_s 表示；有机硫和无机硫之和称为煤的全硫，用 S_t 表示，即

$$S_t = S_o + S_p + S_s \qquad (5\text{-}9)$$

煤中的有机硫和硫铁矿硫称为可燃硫，燃烧后形成 SO_2 等有害气体。

2. 煤中硫的来源

煤中硫的来源有两种：一是成煤植物本身所含有的硫——原生硫，另一种是来自成煤环境及成岩变质过程中加入的硫——次生硫。对于绝大多数煤来说，其中的硫主要是次生硫。成煤植物中的含硫物质，如蛋白质在泥炭沼泽中分解或转变为氨基酸等化合物参与成煤作用，从而使植物中的硫部分转入煤中，显然成煤植物是煤中硫的一个来源。迄今为止，大家的共识是低硫煤中硫主要来自淡水硫酸盐和成煤植物，高硫煤中硫主要来自海水硫酸盐。

在次生硫的生成过程中，硫酸盐还原菌起到了非常重要的作用。

(1) 煤中有机硫的来源

① 成煤过程中海水对煤中有机硫形成的影响

现代泥炭沼泽研究表明，除了成煤植物提供煤中的硫，古泥炭沼泽的水介质也是一个重要来源。泥炭沼泽既受潮汐作用的影响，又受淡水的影响。在海平面相对上升时期，由于大量海水的进入，直接对泥炭沼泽覆盖。海水中有丰富的硫酸盐，硫酸盐还原菌的活动使得海水中的氧不断消耗，将海水中的硫酸盐还原成硫化氢，而煤中的硫醇和硫化物正是有机质与硫化氢在松软的有机质沉积物中起反应而生成的。同时海水对泥炭沼泽的覆盖及大量生物的活动，造成周期性缺氧条件，有利于硫化物和硫元素的形成，并富集在泥炭中。

一般海生植物较陆生植物的有机硫含量要高出几倍，甚至更多，如现代内陆石松科植物中，硫含量为 0.1%～0.14%，而受海水影响的海南岛潮间带的红树林植物硫含量高达 0.3%～0.4%。这主要是因为生长在咸水、半咸水中的植物吸收水介质中的硫酸盐并使之转变为有机硫，其煤层的硫含量因而较高，其中有机硫含量亦较高。海水中含有大量的藻类体，藻类体本身含有比高等植物多的有机硫，它在降解过程中可以提供硫源，为有机硫的生成提供物质来源。细菌富含蛋白质，大多很快在沼泽中降解，因此参与形成泥炭的菌类会带来高于高等植物的有机硫。

植物死亡后降解产生 H_2S、CH_3SH 及 $(CH_3)_2S$ 等。由于底栖生物作用或风暴扰动作用造成局部或短时间泥炭浅层富氧，使这些气体氧化为硫酸盐，更主要的是厌氧生物光合自氧和化学自氧硫细菌借助光能或化学能将 H_2S 或 FeS_2 氧化成硫酸盐。由硫酸盐细菌还原形成的 HS^- 或 S^0 既可与有机质反应生成有机硫，也可与铁离子反应形成硫化物。若体系缺乏活性铁离子，而 SO_4^{2-} 含量相对充足，在适合的条件下必然会形成大量有机硫和少量黄铁矿。

② 成煤过程中的沉积环境对煤中有机硫形成的影响

煤中硫的富集，与煤层顶板岩石沉积环境直接相关，即使成煤原始植物没有供给沼泽中大量的硫，但堆积后的泥炭在随后被海水淹没浸泡以及掩埋条件下，最终在煤中吸附了大量海水中的硫，使煤中硫含量较高。一般陆相煤的硫含量较低，而海相煤的硫含量较高。这是因为在海相还原环境下，海水中的硫酸根被还原形成硫铁矿进入煤层。此外，海相植物本身的含硫量较高。

③ 成煤过程中有机硫的形成机理

沼泽水介质中 SO_4^{2-} 的含量和介质的 pH 值是影响泥炭硫含量的主要因素。海水中的 SO_4^{2-} 为海相泥炭提供了丰富的硫源，同时海水具有弱碱性，经常被海水淹没的泥炭的 pH 值为 7.0～8.5，这种介质条件对硫酸盐还原菌和许多微生物的活动都有利(最有利的生存条件的 pH 值为 6.5～8.3)。据研究，硫酸盐还原菌最宜在 pH 值为 7.0～7.8 的弱碱性条件下生存，亦可在 pH 值为 5.5～9.0 条件下生存。硫酸盐还原菌利用泥炭中大量的有机质把海水中的 SO_4^{2-} 还原成 H_2S，经复杂的物理化学作用，H_2S 能与 Fe^{2+} 结合，最终形成黄铁矿。而内陆淡水中的 SO_4^{2-} 含量平均为海水的 1/200，且淡水沼泽多呈酸性($pH<4$)，不利于硫酸盐还原菌的生存，故淡水泥炭中所形成的 H_2S 少，黄铁矿及全硫含量都不高，这也是淡水沼泽所形成的煤一般为低硫煤且主要来自成煤原始植物的原因。研究表明，当泥炭顶板为海相沉积时，能增加其下部泥炭硫的含量。Davis 认为海水渗入淡水泥炭时，可增加淡水泥炭有机硫的含量。可见

泥炭沼泽被上覆的沉积物覆盖后，上部沉积介质中的 SO_4^{2-} 也会渗入泥炭，在成煤过程中转变为煤中的硫。泥炭上覆沉积介质中的硫也是煤中硫的来源之一。

(2) 煤中黄铁矿的来源

煤系沉积岩中黄铁矿的形成主要受控于可被还原菌利用的有机质含量、活性铁的含量和 SO_4^{2-} 的丰度，这些因素也同样决定着有机硫的形成。众所周知，活性铁离子与有机质相比对还原硫有更大的竞争能力，当存在铁离子的情况下，硫离子会优先与其结合形成硫化铁矿物，只有在铁离子不足的情况下，多余的 H_2S 才结合进入有机分子。由于海水本身所含铁离子的浓度很小，所以大量的铁应来自陆源区，一般通过水流以黏土矿物等方式搬运至沼泽中。与黏土伴生的铁，在形成矿物的情况下能保持稳定，但随着环境条件，尤其是 pH 和 Eh 值的变化，铁可以从黏土矿物中迁出，如 pH 值增高，Eh 值下降，Fe^{3+} 会还原为 Fe^{2+}，从而引起铁的迁移，也可能是其他元素与铁离子发生离子交换反应，还可能是晶格随着环境的改变而变得不稳定，从而引起铁的迁出。只有一部分以低价存在的可溶于盐酸的 Fe^{2+} 才能与 H_2S 反应生成黄铁矿，或通过 FeS 的形式最终转化为黄铁矿。所以水溶液中是否有可被利用的活性铁离子是黄铁矿得以聚集的重要因素。

二、煤有机质中各元素含量随煤化程度的变化

煤中有机质元素含量随煤化程度的变化规律见表 5-6。

表 5-6　煤中元素随煤化程度的变化规律

煤　种	C_{daf}/%	H_{daf}/%	O_{daf}/%	N_{daf}/%
泥　炭	55～62	5.3～6.5	27～34	1～3.5
年轻褐煤	60～70	5.5～6.6	20～23	1.5～2.5
年老褐煤	70～76.5	4.5～6.0	15～20	1～2.5
长焰煤	77～81	4.5～6.0	10～15	0.7～2.2
气　煤	79～85	5.4～6.8	8～12	1～1.2
肥　煤	82～89	4.8～6.0	4～9	1～2
焦　煤	86.5～91	4.5～5.5	3.5～6.5	1～2
瘦　煤	88～92.5	4.3～5.0	3～5	0.9～2
贫　煤	88～92.7	4.0～4.7	2～5	0.7～1.8
年轻无烟煤	89～93	3.3～4.0	2～4	0.8～1.5
典型无烟煤	93～95	2.0～3.2	2～3	0.6～1.0
年老无烟煤	95～98	0.8～2.0	1～2	0.3～1.0
腐泥煤	75～80	6.5～7.0	—	—

二、煤中有机质元素的测定

根据元素分析的定义，对空气干燥煤样，有下式成立：

$$M_{ad}+A_{ad}+S_{o,ad}+C_{ad}+H_{ad}+O_{ad}+N_{ad}=100\% \qquad (5\text{-}10)$$

式中，C_{ad}，H_{ad}，O_{ad}，N_{ad}，$S_{o,ad}$ 分别表示空气干燥基的碳、氢、氧、氮和有机硫的含量，%。

对于硫元素，从理论上来说，式(5-10)中的 $S_{o,ad}$ 是合理的，但在实际应用中有诸多不便，因为有机硫含量的测定十分复杂，而且硫元素是煤中的一个十分特殊的有害元素，一般情况

下，全硫含量是个必测指标，而且其含量并不高。因此，在一般的应用中，用全硫含量 $S_{t,ad}$ 来代替有机硫 $S_{o,ad}$。这样，式(5-10)就变为：

$$M_{ad}+A_{ad}+S_{t,ad}+C_{ad}+H_{ad}+O_{ad}+N_{ad}=100\% \tag{5-11}$$

另外需要说明的是，虽然有测定氧元素含量的方法，但测定过程繁杂，一般也不直接测定，而是在测定了碳、氢、氮和硫后，用差减法由上式计算氧的含量。这样做，氧含量的数值中包含了水分、灰分、碳、氢、氮和硫的测定误差，也包含了无机硫的影响。虽然结果不十分准确，但对大多数煤来说，这样的误差是可以接受的。在特殊的情况下，需要用有机硫的数据进行计算或直接测定氧元素的含量。

(一) 碳、氢元素的测定

1. 燃烧法测定煤中的碳、氢含量

燃烧法是目前测定煤中碳、氢含量最通用的方法，其基本原理是：将盛有定量煤样的瓷舟放入燃烧管内，通入氧气，在850 ℃的温度下使煤样充分燃烧。煤样中的碳和氢分别生成二氧化碳和水，分别用吸水剂(氯化钙或过氯酸镁)和二氧化碳吸收剂(碱石棉、钠石灰)吸收。根据吸收剂的增重计算出煤中碳和氢的百分含量。

为了防止煤样燃烧不完全，在燃烧管中要充填线状氧化铜或高锰酸银，可将未燃烧完全的CO、CH_4等氧化完全。为避免煤中硫形成的 SO_x 和氯被二氧化碳吸收剂吸收误为二氧化碳，燃烧管内还要充填铬酸铅和银丝卷(若前面用高锰酸银，则银丝卷可不用)。铬酸铅可与 SO_x 反应生成硫酸铅，被固定在铬酸铅内，不随气流进入二氧化碳吸收管。氯则与银反应生成氯化银而被固定。另外，煤中的氮会生成 NO_x 影响碳的测定，可以在二氧化碳吸收管前加充填有粒状 MnO_2 的吸收管以除去它的干扰。

反应方程式如下：

(1) 燃烧反应

$$煤+O_2 \xrightarrow[CuO]{800\ ℃} CO_2\uparrow+H_2O\uparrow+SO_2\uparrow+SO_3\uparrow+Cl_2\uparrow+NO_2\uparrow+N_2\uparrow+\cdots$$

(2) 对 CO_2 和 H_2O 的吸收反应

$$2NaOH+CO_2 \longrightarrow Na_2CO_3+H_2O$$

$$CaCl_2+2H_2O \longrightarrow CaCl_2\cdot 2H_2O$$

$$CaCl_2\cdot 2H_2O+4H_2O \longrightarrow CaCl_2\cdot 6H_2O$$

或

$$Mg(ClO_4)_2+6H_2O \longrightarrow Mg(ClO_4)_2\cdot 6H_2O$$

(3) 排除硫、氯、氮对测定干扰的反应

三节炉法中，在燃烧管内用铬酸铅脱除硫的氧化物，用银丝卷脱氯：

$$4PbCrO_4+4SO_2 \xrightarrow{600\ ℃} 4PbSO_4+2Cr_2O_3+O_2\uparrow$$

$$4PbCrO_4+4SO_3 \xrightarrow{600\ ℃} 4PbSO_4+2Cr_2O_3+3O_2\uparrow$$

$$2Ag+Cl_2 \xrightarrow{180\ ℃} 2AgCl$$

二节炉法中，用高锰酸银热分解产物脱除硫和氯：

$$2Ag\cdot MnO_2+SO_2+O_2 \xrightarrow{500\ ℃} Ag_2SO_4\cdot MnO_2$$

$$4Ag\cdot MnO_2+2SO_3+O_2 \xrightarrow{500\ ℃} 2Ag_2SO_4\cdot MnO_2$$

$$2Ag\cdot MnO_2+Cl_2\xrightarrow{500\ ℃}2AgCl\cdot MnO_2$$

在燃烧管外部，用粒状二氧化锰除去氮氧化物：

$$MnO_2+2NO_2\longrightarrow Mn(NO_3)_2$$

或

$$MnO_2+H_2O\longrightarrow MnO(OH)_2$$

$$MnO(OH)_2+2NO_2\longrightarrow Mn(NO_3)_2+H_2O$$

三节炉法碳、氢含量测定装置如图 5-4 所示。

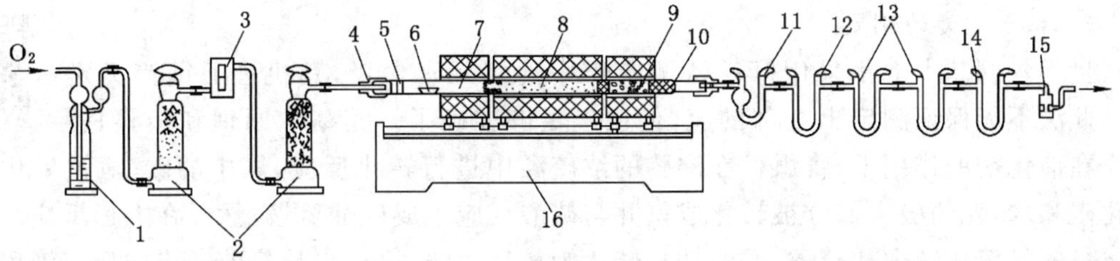

1—鹅头洗气瓶；2—气体干燥塔；3—流量计；4—橡皮帽；5—铜丝卷；6—瓷舟；
7—燃烧管；8—氧化铜；9—铬酸铅；10—银丝卷；11—吸水 U 形管；
12—除氮 U 形管；13—吸二氧化碳 U 形管；14—保护用 U 形管；15—气泡计；16—三节电炉。

图 5-4　三节炉法碳、氢含量测定装置示意图

测定结果的计算如下：

$$C_{ad}=\frac{0.2729m_1}{m}\times 100 \tag{5-12}$$

$$H_{ad}=\frac{0.1119(m_2-m_3)}{m}\times 100-0.1119M_{ad} \tag{5-13}$$

式中　m——一般分析试验煤样的质量，g；

m_1——二氧化碳吸收管的增重，g；

m_2——水分吸收管的增重，g；

m_3——水分空白值，g；

M_{ad}——一般分析试验煤样水分，%；

0.272 9——由二氧化碳计算碳元素质量的折算因数；

0.111 9——由水计算氢元素质量的折算因数。

如果煤中碳酸盐二氧化碳含量大于 2%，对碳含量需作校正，公式如下：

$$C_{ad}=\frac{0.2729m_1}{m}\times 100-0.2729(CO_2)_{ad} \tag{5-14}$$

2. 电量-重量法测定煤中的碳、氢含量

煤样在 800 ℃、有催化剂存在的条件下于氧气流中燃烧，煤中氢燃烧生成的水进入 $Pt\text{-}P_2O_5$ 电解池与五氧化二磷反应生成偏磷酸，电解偏磷酸，当电解至终点时，通过电解消耗的电量计算氢的含量，计算时应扣除煤样中水分的影响。煤中碳燃烧生成的 CO_2 由吸收剂吸收并计重，可以计算出碳的含量。杂质的脱除与二节炉法类似。

3. 库仑法自动测定煤中的碳、氢含量

煤样在 800 ℃、有催化剂存在的条件下于氧气流中燃烧，氢燃烧生成的水由 $Pt\text{-}P_2O_5$ 电

解池吸收并电解；碳燃烧生成的二氧化碳与氢氧化锂反应生成的水由 Pt-P_2O_5 电解池吸收并电解。根据电解水所消耗的电量按照法拉第电解定律分别计算煤样中氢和碳的含量。为防止硫、氯、氮对碳测定的干扰，在燃烧管内由高锰酸银热分解产物除去硫氧化物和氯气；由粒状二氧化锰除去氮氧化物。全自动碳氢分析仪采用控制电流库仑分析法。反应生成的水进入 Pt-P_2O_5 电解池与五氧化二磷反应生成偏磷酸，电解偏磷酸。计算机对电解过程所消耗的电量进行积分，并实时将电量积分值转换为碳和氢的质量(mg)显示出来，最后显示碳和氢的百分含量。

（二）氮元素的测定

世界各国基本上都采用开氏法测定煤中的氮元素含量，其机理目前尚无定论。此法不能保证测定出全部的氮，但已经足够准确了。其基本原理和步骤是：首先在催化剂的作用下，将煤样在沸腾的浓硫酸中进行转化反应，煤中的碳、氢被氧化成二氧化碳和水，氮的极大部分被转化成氨并与硫酸反应生成硫酸氢铵；然后在上述反应液中加入过量的氢氧化钠中和硫酸，并使铵盐转化为氢氧化铵；第三步是将前一步的反应液用水蒸气加热，将氢氧化铵分解为氨，并被汽提蒸馏出来，在另一个有吸收剂（硼酸溶液或稀硫酸溶液）的三角瓶中被吸收；最后通过酸碱滴定，计算出氮的含量。测定装置如图 5-5 所示。

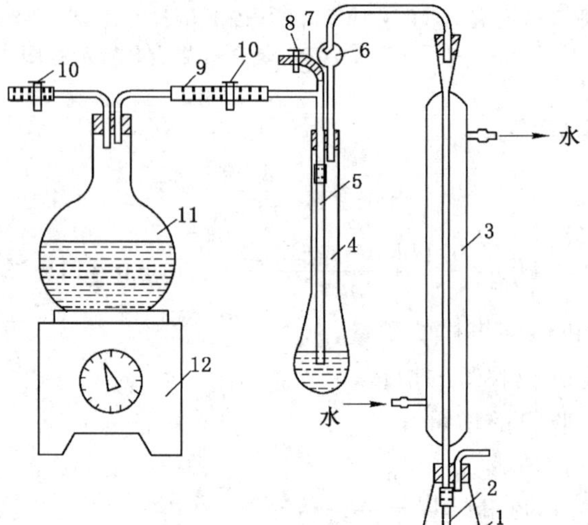

1—锥形瓶；2—玻璃管；3—直形玻璃冷凝管；4—开氏瓶；5—玻璃管；6—开氏球；7—橡皮管；8—弹簧夹；9、10—橡皮管和夹子；11—圆底烧瓶；12—万用电炉。

图 5-5 测定氮含量的蒸馏装置示意图

测定结果由下式计算：

$$N_{ad}=\frac{c(V_1-V_2)\times 0.014}{m}\times 100 \tag{5-15}$$

式中 N_{ad}——空气干燥基氮元素含量，%；

c——硫酸标准溶液的摩尔浓度，mol/L；

V_1——硫酸标准溶液的用量，mL；

V_2——空白试验时硫酸标准溶液的用量，mL；

0.014——氮的毫摩尔质量，g；

m——一般分析试验煤样的质量，g。

（三）氧元素的测定

迄今为止，煤中氧元素含量的测定方法还不十分成熟，其中较可靠的是舒兹法。其基本原理是：有机物在纯氮气流中于1 120 ℃的高温下裂解，纯碳与析出产物中有机结合态的氧和部分可能存在于水中的氧反应生成CO，CO与五氧化二碘定量反应，析出当量的碘，此时CO转化为CO_2。根据析出的碘量或CO_2的量即可计算出试样中原有的氧含量。碘用$Na_2S_2O_3$滴定法定量，CO_2通过重量法或酸碱滴定法定量。由于此法所用的仪器设备和操作步骤都较为繁杂，实际上较少使用。实用上氧元素含量一般采用“差减法”获得，即将煤的水分、灰分、碳、氢、氮和硫测定出来，再利用下式计算：

$$O_{ad}=100-(M_{ad}+A_{ad}+S_{t,ad}+C_{ad}+H_{ad}+N_{ad}) \tag{5-16}$$

（四）硫元素的测定

1. 艾氏卡法测定煤中的全硫含量

该方法是德国人艾氏卡于1876年制定的经典方法，迄今为止，它仍然是世界各国通用的测定煤中全硫含量的标准方法。其特点是精确度高，成熟可靠，适合成批测定，但耗时长，不适合单个试样的测定。

艾氏卡法的基本原理：将一般分析试验煤样与艾氏试剂（2份轻质MgO和1份Na_2CO_3混合而成）混合后缓慢加热到850 ℃，使煤中的硫全部转换为可溶于水的硫酸钠和硫酸镁。冷却后用热水将硫酸盐从熔融物中全部浸取出来，在滤液中加入氯化钡，使硫酸盐全部转化为硫酸钡沉淀。过滤并洗涤硫酸钡沉淀，然后在坩埚中干燥、灰化滤纸。称量硫酸钡的质量，即可计算出煤中全硫含量。

主要的化学反应如下：

（1）煤的氧化

$$煤\xrightarrow[空气]{O_2}CO_2\uparrow+H_2O+N_2\uparrow+SO_2\uparrow+SO_3\uparrow$$

（2）氧化硫的固定

$$2Na_2CO_3+2SO_2+O_2(空气)\xrightarrow{\triangle}2Na_2SO_4+2CO_2\uparrow$$

$$Na_2CO_3+SO_3\xrightarrow{\triangle}Na_2SO_4+CO_2\uparrow$$

$$MgO+SO_3\xrightarrow{\triangle}MgSO_4$$

$$2MgO+2SO_2+O_2(空气)\xrightarrow{\triangle}2MgSO_4$$

（3）硫酸盐的转化

$$CaSO_4+Na_2CO_3\xrightarrow{\triangle}CaCO_3+Na_2SO_4$$

（4）硫酸盐的沉淀

$$MgSO_4+Na_2SO_4+2BaCl_2\longrightarrow 2BaSO_4\downarrow+2NaCl+MgCl_2$$

测定结果由下式计算：

$$S_{t,ad}=\frac{(m_1-m_2)\times 0.137\ 4}{m}\times 100 \tag{5-17}$$

式中　$S_{t,ad}$——空气干燥基全硫含量，%；

m——一般分析试验煤样的质量,g;

m_1——硫酸钡的质量,g;

m_2——空白试验硫酸钡的质量,g;

0.137 4——由硫酸钡换算成硫的折算系数。

2. 高温燃烧中和法测定煤中的全硫含量

与艾氏卡法比较,高温燃烧中和法的特点是测定速度快,一般在 20～30 min 内即可获得结果,同时还可测定出煤样中的氯含量。

高温燃烧中和法的基本原理是:煤样和催化剂(三氧化钨)一起在氧气流中完全燃烧,使煤中各形态的硫全部转化成二氧化硫和三氧化硫,用过氧化氢溶液吸收二氧化硫和三氧化硫,生成硫酸溶液。用氢氧化钠标准溶液中和滴定,根据氢氧化钠的消耗量,计算出煤中硫的含量。

煤燃烧时,煤中的氯生成氯气,或在过氧化氢的作用下生成盐酸。用氢氧化钠滴定硫酸时,生成的盐酸也与氢氧化钠反应生成 NaCl,多消耗了氢氧化钠标准溶液,计算全硫含量时应扣除这部分氢氧化钠的量。由于 NaCl 可与羟基氰化汞反应再生成氢氧化钠,因此再用硫酸标准溶液滴定,即可计算出与盐酸反应的氢氧化钠的量。扣除后,即可计算出全硫含量,同时还可以得到氯含量。

高温燃烧中和法的主要反应过程以下列各式表示:

$$\text{煤}\xrightarrow[1\ 250\ ℃]{O_2、WO_3}SO_2\uparrow+CO_2\uparrow+H_2O+Cl_2\uparrow+\cdots$$

硫氧化物的吸收 $SO_2+H_2O_2\longrightarrow H_2SO_4$

氯的吸收 $Cl_2+H_2O_2\longrightarrow 2HCl+O_2$

酸与碱的中和

$$2HCl+H_2SO_4+4NaOH\longrightarrow Na_2SO_4+2NaCl+4H_2O$$

氯化钠转变成定量的 NaOH

$$Hg(OH)CN+NaCl\longrightarrow HgCl(CN)+NaOH$$

测定氯含量的间接反应

$$2NaOH+H_2SO_4\longrightarrow Na_2SO_4+2H_2O$$

高温燃烧中和法装置如图 5-6 所示。

测定结果由下式计算:

$$S_{t,ad}=\frac{[(V_1-V_0)\times N_1-N_2\times V_2]\times 0.016}{m}\times 100 \tag{5-18}$$

式中 N_1、N_2——氢氧化钠标准溶液和硫酸标准溶液的浓度,mol/L;

V_1、V_0——煤样测定和空白试验时,氢氧化钠标准溶液的消耗量,mL;

V_2——校正试验中,硫酸标准溶液的消耗量,mL;

m——一般分析试验煤样的质量,g;

0.016——硫的毫摩尔质量,g。

3. 库仑滴定法测定煤中的全硫含量

基本原理:将一定量煤样(有三氧化钨催化剂存在)置于 1 150 ℃洁净的空气流中燃烧,煤中各形态的硫转化为二氧化硫和少量的三氧化硫,并随燃烧气体一起进入电解池。二氧

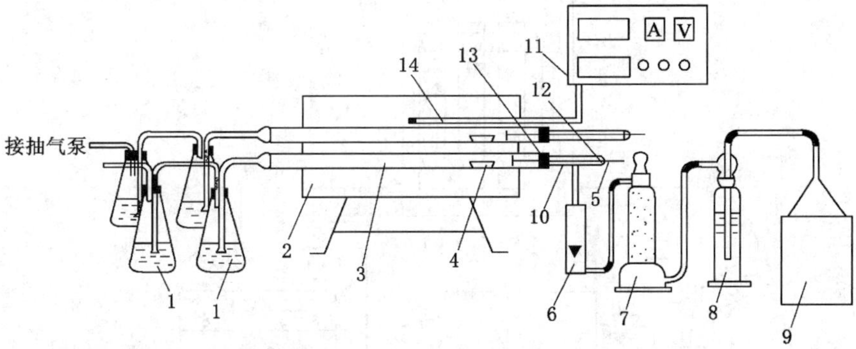

1—吸收瓶；2—燃烧炉；3—燃烧管；4—瓷舟；5—推棒；6—流量计；7—干燥塔；8—洗气瓶；
9—贮气筒；10—T形管；11—温度控制器；12—翻胶帽；13—橡皮塞；14—探测棒。

图 5-6　高温燃烧中和法测定全硫装置示意图

化硫与水化合生成亚硫酸，电解液中的碘立刻与亚硫酸反应，将其氧化生成硫酸，I_2 被还原为 I^-：

$$I_2 + H_2SO_3 + H_2O \longrightarrow 2I^- + H_2SO_4 + 2H^+$$

由于碘离子的生成，碘离子的浓度增大，使电解液中的碘-碘化钾电对的电位平衡遭到破坏。此时，仪器立即自动电解，使碘离子生成碘，以恢复电位平衡。电极反应如下：

$$\text{阳极}: 2I^- - 2e \longrightarrow I_2$$

$$\text{阴极}: 2H^+ + 2e \longrightarrow H_2 \uparrow$$

燃烧气体中二氧化硫的量越多，上述反应中消耗的碘就越多，电解消耗的电量就越大。当亚硫酸全部被氧化为硫酸时，根据电解碘离子生成碘所消耗的电量，由法拉第电解定律，可计算出煤中全硫质量。

$$w = \frac{q \times 16 \times 1\,000 \times f}{96\,500} \tag{5-19}$$

式中　w——煤样中硫的质量，mg；

q——电解滴定消耗的电量，C；

f——校正系数，与仪器特性有关，由仪器生产厂实验确定。

库仑滴定法测定煤中全硫含量的装置如图 5-7 所示。

由于少量三氧化硫的生成（根据化学平衡计算，约占 3%），在电解时并不能使 I_2-I^- 平衡破坏，电解也就不会发生。这样，这部分硫就反映不出来，使测值偏低。此外，在实验中并非全部的二氧化硫都能进入电解池，一部分吸附在进入电解池之前的管路上，也使测值偏低。因此，公式中引入校正系数 f，对电量进行校正。这个校正系数已经体现在仪器显示的数据中，无须再行校止计算。

库仑滴定法是一种快速测定煤中全硫的有效方法，得到了十分广泛的应用，但使用中需要注意以下几点，否则会带来较大误差：① 燃烧炉的温度必须严格控制，若炉温低于设定值，煤样中硫转化不完全，测定结果偏低，因此应定期用标准热电偶进行检定；② 适时更换电解液，pH 值不能低于 1；③ 由于煤的全硫含量变化太大，最好定期用标准煤标定仪器，并按硫含量的高低分段测定校正系数；④ 电极表面要及时清洗，保持清洁。

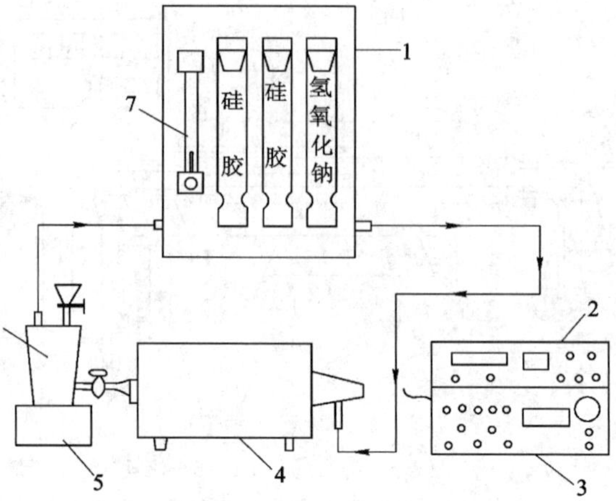

1—电磁泵开关；2—库仑积分仪；3—控制器；4—燃烧炉；
5—磁力搅拌器；6—电解池；7—转子流量计。

图 5-7 库仑滴定法测定煤中全硫含量装置示意图

4. 盐酸萃取法测定煤中的硫酸盐硫

由于硫酸盐能溶于稀盐酸，而硫铁矿硫和有机硫不溶且不与稀盐酸反应，因此可用稀盐酸萃取法测定煤中硫酸盐硫的含量。

方法要点：将一般分析试验煤样与稀盐酸混合，煮沸 30 min 后过滤，得到盐酸浸取液；调整其酸度，加入氯化钡，生成硫酸钡沉淀。根据硫酸钡的质量，计算出煤中硫酸盐硫的含量。

$$S_{s,ad}=\frac{(m_1-m_0)\times 0.1374}{m}\times 100 \tag{5-20}$$

式中 $S_{s,ad}$——空气干燥基硫酸盐硫的含量，%；

m——一般分析试验煤样的质量，g；

m_1——测定的硫酸钡的质量，g；

m_0——空白试验硫酸钡的质量，g；

0.137 4——由硫酸钡换算成硫的折算系数。

5. 硝酸氧化法测定煤中的硫铁矿硫

将定量的一般分析试验煤样用稀硝酸氧化、浸取，煤中的硫铁矿硫被氧化成硫酸盐，同时，煤中原有的硫酸盐也进入溶液。用测定硫酸盐硫的方法测定此时溶液中的硫含量，扣除煤中原有硫酸盐硫的含量，即为煤中硫铁矿硫的含量。

6. 差值法计算煤中有机硫的含量

$$S_{o,ad}=S_{t,ad}-(S_{p,ad}+S_{s,ad}) \tag{5-21}$$

第五节 煤中有机质的族组成

一、煤有机质族组成的概念

煤的族组成是指在一定条件下，对煤的分子结构未加破坏的情况下，进行分子分离后得到的组成。通常利用的手段就是溶剂抽提(或称溶剂萃取),即通过对煤有一定溶解能力的溶剂进行抽提分离。通过不同溶解能力的溶剂分级处理,可以得到一组组成不同的组分。虽然同一溶剂抽提得到的组分结构类似、性质接近,但也不是纯净组分,仍然是一族的混合物,因此,这种组分称为煤的族组成。

较早开展煤族组分分离的是 Wheeler 等,他们使用吡啶抽提原煤,将原煤分离成残渣和吡啶可溶物,然后以氯仿为溶剂将吡啶可溶物分离成氯仿不溶物和可溶物,再以石油醚将可溶物分离成石油醚不溶物和可溶物,以乙醚将石油醚不溶物分离成乙醚不溶物和可溶物,最后以丙酮将乙醚不溶物分离成丙酮可溶物和不溶物。该法虽然可以将煤有机质分离成 6 种族组分,但各族组分都是在吡啶可溶物中进行的,而煤有机质的吡啶可溶物所占比例不大,因此真正构成煤主体的部分并没有得到分离。

1985 年,Iino 等发现 CS_2/NMP 混合溶剂在常温常压下对某些煤具有超强溶解能力,结合微波、超声波处理等技术,对煤进行了较全面的萃取分离研究。近年来,秦志宏等在此基础上提出了加入反萃取剂的方法对煤进行全组分分离,将黏结性烟煤可分为疏中质组、密中质组和轻质组分,加上先期分出的混合溶剂的萃余物(重质组),即将煤在常压室温条件下分离成四大族组分,如图 5-8 所示。

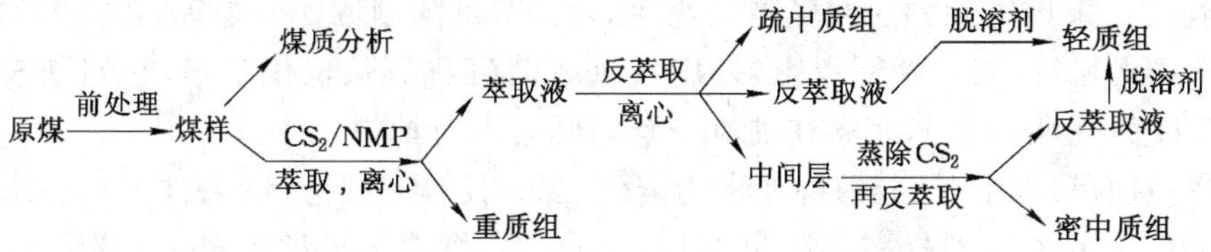

图 5-8 煤的全组分分离实验流程

二、抽提溶剂和抽提方法

(一) 抽提溶剂

溶剂抽提法是研究煤的组成、结构的最早方法之一。早在 20 世纪初,费雪(Fischer)、彭恩(Bonn)和惠勒(Wheeler)等相继采用溶剂抽提法试图从炼焦煤中分离出结焦要素。随后,大量的研究工作转向通过研究溶剂抽提物来阐明煤的结构。该方法的优点是在基本上不破坏煤有机质结构的情况下,研究各种溶剂抽出物及其残渣的组成、结构和性质,从而推测煤大分子的组成和结构。

煤的溶剂抽提也用在工业生产过程中。如抽提某些泥炭、褐煤可以得到泥炭蜡、褐煤蜡;用碱性溶液抽提泥炭、褐煤及风化煤可以得到腐植酸钠等;用有机溶剂抽提炼焦煤,可以研究黏结成分和不黏结成分的数量和性质,以此指导炼焦生产过程;有机溶剂抽提用于煤的液化,获得燃料油;溶剂抽提还应用于煤的脱灰,制备超纯煤。

因此,煤的抽提既有理论意义,也有实用价值,是煤化学和煤化工的一个重要研究领域。常用的有机溶剂大致可分为:

(1) 中性溶剂:脂肪烃类——石油醚;

芳香烃类——四氢萘、苯、甲苯、二甲苯等;

含氧化合物——乙醇、乙醚、丙酮等;

含氯化合物——氯仿($CHCl_3$)、四氯化碳。

(2) 碱性溶剂:含氮化合物——吡啶、喹啉等。

(3) 酸性溶剂:各种酚类。

(4) 混合溶剂:CS_2/NMP 等。

迄今为止,煤科学研究者已筛选了几十种煤的抽提溶剂,但其中大部分抽提率都不高,仅吡啶(Py)、乙二胺、二甲基甲酰胺、环己酮、*N*-甲基-2-吡咯烷酮(NMP)等少数溶剂的抽提率较高。

(二) 抽提方法

有人按抽提条件不同将抽提方法分为以下五类。

(1) 常规抽提:在 100 ℃以下,采用一般溶剂(苯、乙醇等)抽提时,抽出物仅占煤的百分之几,抽出物是由树脂和树蜡所组成的物质,不是煤的代表性成分。

(2) 特殊抽提:在 200 ℃以下,用亲核性的溶剂(具有给予电子性质的胺类、酚类及羰基类溶剂)抽提时,抽出物占煤的 20%～40%。其抽出物与煤有机质的基本结构单元类似,对煤的结构研究是重要的。在此条件下,抽提纯属物理过程。

(3) 抽提热解:在 200 ℃以上,有时在 300 ℃或 350 ℃以下,用菲、β-萘酚、蒽油、沥青等进行抽提时,甚至能得到 90%以上的抽出物。抽出物是煤本身受到某种程度的热分解后所抽提出来的物质。采用这种方法主要是工业性的目的,例如制取膨润煤等。

(4) 化学抽提氢解:在 300 ℃以上,采用供氢溶剂(四氢萘、氢化菲等,它们既较易给出氢、又较易从 H_2 那里得到氢),将煤在加氢分解的同时进行抽提。

(5) 超临界抽提:以甲苯、异丙醇或水为溶剂在超过溶剂临界点的条件下抽提煤。抽提温度一般在 400 ℃左右。抽提率可达 30%以上,它已发展成为一种煤液化工艺。

(三) 抽提过程中的影响因素和强化手段

影响抽提主要有三方面的因素:煤本身的化学结构及其分子间的相互作用力;抽提溶剂体系的性质;抽提过程中的传质速率。这三方面相互作用影响抽提收率和速率。从抽提溶剂的性质来看,对煤有较强溶解能力的抽提溶剂体系能有效地削弱煤分子间的作用力,并对可抽提物有较强的溶解能力。尽管可以通过溶解度参数、表面张力或溶剂的供电子、受电子能力判断一个溶剂体系的优劣,但由于实际情况往往十分复杂,影响因素甚多,因此,这些理论也只能作为选择溶剂体系时的参考。抽提过程中的传质速率主要取决于渗透与扩散效应。溶剂只有渗透到煤的微孔结构中,才能与可溶物发生作用;溶解于溶剂中的可溶物只有快速向外扩散,溶解才能继续进行,因此影响传质的因素主要有煤粒度、煤中孔隙的大小、溶煤比、溶剂的表面张力和黏度、溶解温度和压力、溶剂在微孔中的湍流度等。提高煤的孔隙率、溶煤比、溶解温度和溶剂在微孔中的湍流度,降低煤粒度、溶剂的表面张力、黏度和溶解压力有助于提高煤的溶剂抽提速率。根据抽提过程中的影响因素,有以下几种强化手段。

1. 超声波辅助抽提

利用超声波在煤微孔内的溶液中发生的空化作用,提高溶剂在微孔中的湍流度,从而加大了抽提过程中的传质速率,缩短了抽提操作时间,提高了装置的处理能力。C. G. Blanco 等利用苯等 8 种溶剂提取油页岩中的沥青质为对象,对比超声波辅助浸取法和 Soxhlet 浸取法,发现超声浸取法 2 h 的浸取得率与 Soxhlet 浸取法 48 h 的浸取得率相同。M. P. Klotzkin 研究超声场对溶剂处理煤过程的影响,实验采用多种不同溶剂对不同型号的烟煤进行抽提，其后采用氮气及二氧化碳吸附法测定抽提后的烟煤中微孔表面积的大小。结果表明，经超声抽提 3 h 后烟煤中微孔表面积大于 Soxhlet 浸取法抽提的 24 h 后烟煤中微孔表面积。

2. 降低溶剂黏度

降低溶剂黏度有助于提高抽提溶剂的渗透与扩散能力，从而提高溶剂的抽提率，加大抽提过程中的传质速率。有机溶剂加入 CS_2 主要作用之一就是降低了溶剂的黏度，使溶剂的渗透和扩散变得较为容易，显著提高了抽提率。当单独使用 NMP 对煤进行抽提时，室温下抽提率仅为9.3%，而用 CS_2/NMP(体积比 1∶1)混合溶剂在相同条件下抽提，抽提率则达到了 55.9%。

此外，适当提高抽提温度、利用一定的方法提高煤中孔隙的大小均可强化溶剂抽提过程。

三、煤的常规抽提

（一）褐煤的苯-乙醇抽提

以 1∶1 的苯和乙醇混合溶液在沸点下抽提褐煤，所得抽提物称为沥青。它是由树脂、树蜡和少量沥青构成的复杂混合物。再用丙酮抽提时，可溶物为树脂和地沥青，不溶物为树蜡。来源于褐煤的树蜡称为褐煤蜡，又称蒙旦蜡。树脂中含有饱和的与不饱和的高级脂肪烃、萜烯类、羟基酸等化合物。褐煤蜡基本上由高级脂肪酸(C_{14}～C_{32}以上)和高级脂肪醇(C_{20}～C_{30}以上)的酯以及游离的脂肪酸、脂肪醇和长链烷烃等构成。它具有熔点高、化学稳定性高、防水性好、导电性低、强度较高和表面光亮等优点，故应用范围很广，可用于精密铸造，其性能优于硬脂酸，还可用于电线电缆工业以及制造复写纸、鞋油、地板蜡、有色铅笔和金属擦亮剂等。树脂在很多场合可代替松香使用，在电气工业中用于浇注，生产黑色硝基清漆以及用作矿石浮选剂和铸造泥芯黏结剂等。

由于褐煤蜡在工业上有广泛应用，所以含蜡高的褐煤是一种宝贵的资源。我国云南寻甸和潦浒褐煤的含蜡量(干燥基)近 10%，德国的蒙旦褐煤含蜡量高达 20%以上。

（二）氯仿抽提

为研究煤的黏结机理，对煤的氯仿抽提已进行过不少研究。表 5-7 为原煤和经预处理后的煤，用氯仿在其沸点温度下抽提所达到的抽提率。由表可见，原煤用氯仿抽提时，抽提率不到 1%，经快速预热、钠-液氨处理和乙烯化后，抽提率明显增高。由于黏结性好的煤经预热后，氯仿抽提率增高，抽提率在中等变质程度烟煤处出现最高点，所以，有不少研究者力图找出黏结性和氯仿抽提率之间的相关性。

表 5-7　煤的氯仿抽提率

抽提对象	抽提率/%	
	气煤(C_{daf}82.2%)	焦煤(C_{daf}88.0%)
原煤	0.8	0.9
预热煤(400 ℃)	3.7	—
预热煤(450 ℃)	—	6.8
钠-液氨处理过的煤	3.2	11.2
乙烯化的煤	10.9	6.9

四、煤的特殊抽提

最常用的溶剂是吡啶、有机胺类和 *N*-甲基-2-吡咯烷酮等。用这些溶剂抽提时，虽然煤的有机质尚未发生热解反应，但从抽提物和抽余煤中很难完全分离出溶剂，说明有少量溶剂分子已与煤的有机质发生了键合反应。以下以吡啶抽提为例做简要介绍。

吡啶在沸点温度下对煤的抽提率和抽提物的碳、氢元素组成列于表 5-8。由表可见，吡啶的抽提率明显高于普通的有机溶剂。在烟煤阶段，抽提率先随变质程度的增加而增加，在煤中 C_{daf} 为 88%左右时达到最大值，然后随变质程度的进一步提高而急剧下降。抽提物的元素组成与原煤很接近。由于煤的复杂性，有些国家的煤在 C_{daf} 为 83%左右时，抽提物的产率最高。

表 5-8 煤的吡啶抽提率和抽提物组成 单位：%

原煤 C_{daf}	抽提率	抽提物组成		原煤 C_{daf}	抽提率	抽提物组成	
		C_{daf}	H_{daf}			C_{daf}	H_{daf}
81.7	28.3	—	—	87.1	37.1	87.4	5.9
82.8	30.1	83.6	5.7	89.0	37.9	88.3	5.6
84.3	32.3	—	—	90.9	0.6	—	—
84.7	31.4	—	—				

五、煤的超临界抽提

超临界气体抽提是基于在压缩气体存在时，物质自由蒸发的能力提高了。理论表明气体溶解某些物质的能力随气体的密度增大而增加。对一定的气体来说，施加一定的压力，在其临界温度时密度最大。因此，进行抽提的温度应稍高于所选择抽提气体的临界温度，所以称为超临界抽提。挥发性小的物质与具有超临界状态的溶剂相接触，能使物质的蒸气压增大，向超临界状态的气体中溶解和气化。在合适的条件下，挥发度可提高 10 000 倍。因此，此法能在温度比其正常沸点低得多时抽提低挥发度的物质。

此技术很适于抽提煤在 400 ℃左右加热时形成的液体。超临界气体提供了一个回收此液体的方法，因为它们是在低温下进行的，避免了不必要的热分解和缩聚。

煤焦油或石脑油馏分的普通烃类液体的临界温度范围为 315～400 ℃，适用于煤的气体抽提。回收蒸发物质最简单的方法是把气相移到另一降低压力的容器内，降低了“溶剂”气体的密度，因而使之“溶解能力”降低，固体将沉淀下来被回收，剩下的“溶剂”气体被循环使用。

英国国家煤炭局(NCB)在 Cheltenham 的煤研究部(CRE)研究了在超临界条件下用有机溶剂直接抽提煤。在约 400 ℃、10 MPa 条件下，以甲苯为溶剂抽提出煤料中 1/3 的组分，剩余的煤作为固体回收，气体和液体产率很小。

对英国煤来说，抽提收率随煤中挥发分的增加而增加。表 5-9 是典型高挥发分煤及所得抽提产物的分析数据。

抽提物为一低熔点玻璃状固体，其软化点(环球法)约 70 ℃(与煤焦油中温沥青相近)，基本无矿物质和溶剂。

表 5-9　典型超临界抽提物、原料煤及残渣的分析(daf)

物　质	原料煤	抽提物	残　渣
C/%	82.7	84.0	84.6
H/%	5.0	6.9	4.4
O/%	9.0	6.8	7.8
N/%	1.85	1.25	1.90
S/%(刚收到时)	1.55	0.95	1.45
氢碳原子比	0.72	0.98	0.53
A/%(干燥基)	4.1	0.005	5.0
V/%	37.4	—	25.0
相对分子质量	—	490	—

与多数的煤转化过程相比，煤的超临界抽提有许多潜在优点：

(1) 不必供给高压气体，抽提介质像液体而不像气体那样被压缩，压缩能量低；

(2) 煤抽提物含氢多，相对分子质量比用原油得到的低，更容易转化为烃油和化学品；

(3) 残渣为非黏结性的多孔固体，并有适量的挥发分，反应性好，是理想的气化原料，并适宜在流化燃烧情况下用作电站燃料；

(4) 抽提时仅有固体和蒸气相，所以残渣易与溶剂分离，避免了通常煤液化时高黏流体的过滤。

第六节　煤质分析指标的基准及其相互换算

一、基准的概念

大量的煤质分析指标要用百分比表示，如工业分析指标、元素分析指标等。计算某指标的百分比时，都有一个计算的基准。说到某指标的百分数时，是指它占某种具体对象的百分数，这个对象就是基准。例如灰分产率，对于某一给定煤样，灰分占绝对干煤质量的百分比就是干燥基的灰分产率；灰分占空气干燥煤质量的百分比就是空气干燥基的灰分产率。像“绝对干煤、空气干燥煤”就是基准物，以这些基准物计算百分比时，就相应得到干燥基或空气干燥基等基准。在煤质分析中常用的基准有收到基、空气干燥基、干燥基、干燥无灰基等。

基准的使用不限于用百分比表示的煤质指标，有些其他指标也用到基准，如发热量、焦油收率等，这时基准的含义与百分比表示的指标所用基准类似。

二、煤质分析中不同基准的物质含义

煤质分析时煤炭组成有两种划分法，一种是将煤划分为有机质(用挥发分 V、固定碳 FC 或 C、H、O、N 和 S)和无机质(水分 M、矿物质 MM)，另一种是将煤划分为可燃质(挥发分 V、固定碳 FC 或 C、H、O、N 和 S)和不可燃质(水分 M、灰分 A)。常用基准的物质划分如图 5-9 所示。

不同基准的含义如下：

(1) 空气干燥基 ad(旧称分析基)：$M_{ad}+A_{ad}+V_{ad}+FC_{ad}=100\%$

或者　　$M_{ad}+A_{ad}+C_{ad}+H_{ad}+O_{ad}+N_{ad}+S_{o,ad}=100\%$

(2) 干燥基 d(旧称干基)：$A_d+V_d+FC_d=100\%$

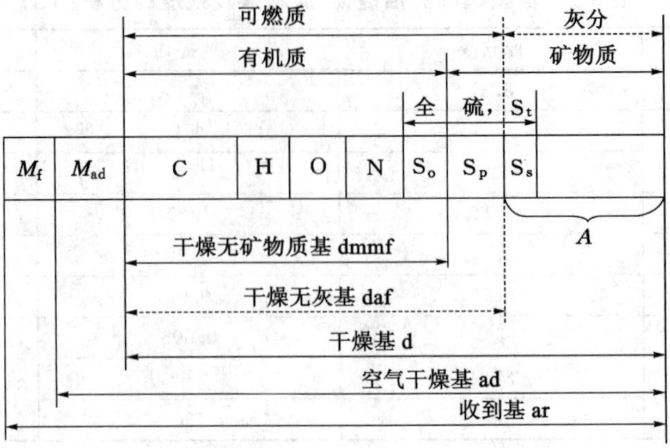

图 5-9 各基准中包含的基准物质示意图

或者 $A_d+C_d+H_d+O_d+N_d+S_{t,d}=100\%$（用 $S_{t,ad}$ 代替可燃硫，即 S_o 和 S_p）

(3) 干燥无矿物质基 dmmf（旧称有机基）：$V_{dmmf}+FC_{dmmf}=100\%$

或者 $C_{dmmf}+H_{dmmf}+O_{dmmf}+N_{dmmf}+S_{dmmf}=100\%$

(4) 干燥无灰基 daf（旧称可燃基）：$V_{daf}+FC_{daf}=100\%$

或者 $C_{daf}+H_{daf}+O_{daf}+N_{daf}+S_{t,daf}=100\%$

(5) 收到基 ar（旧称应用基）：$M_{ar}+A_{ar}+V_{ar}+FC_{ar}=100\%$

或者 $M_{ar}+A_{ar}+C_{ar}+H_{ar}+O_{ar}+N_{ar}+S_{t,ar}=100\%$

三、各基准间的相互换算

煤质分析测定时，煤样通常都处于空气干燥状态，以此煤样测得的结果，就是以空气干燥煤样的质量为基准的。但空气干燥基的数据往往不能正确反映指标的本质，需要换算到其他基准表示的数据。另外，有时还需要各基准之间相互换算。用 X 代表 A、V、FC、C、H、O、N、S 等具体的指标，基准换算公式如下：

(1) ad→d

$$X_d=X_{ad}\frac{100}{100-M_{ad}} \tag{5-22}$$

(2) ad→daf

$$X_{daf}=X_{ad}\frac{100}{100-M_{ad}-A_{ad}} \tag{5-23}$$

(3) ad→dmmf

$$X_{dmmf}=X_{ad}\frac{100}{100-M_{ad}-MM_{ad}} \tag{5-24}$$

(4) ad→ar

$$X_{ar}=X_{ad}\frac{100-M_{ar}}{100-M_{ad}} \tag{5-25}$$

(5) d→daf

$$X_{daf}=X_d\frac{100}{100-A_d} \tag{5-26}$$

(6) ar→daf

$$X_{daf}=X_{ar}\frac{100}{100-M_{ar}-A_{ar}} \tag{5-27}$$

(7) ar→d

$$X_d = X_{ar}\frac{100}{100-M_{ar}} \tag{5-28}$$

例 5-1　某煤样的 $V_{ad}=23.55\%$，$M_{ad}=1.84\%$，$A_{ad}=18.16\%$，求 V_{daf}。

解　根据式(5-23)有：

$$V_{daf}=V_{ad}\frac{100}{100-M_{ad}-A_{ad}}=23.55\times\frac{100}{100-1.84-18.16}=29.44(\%)$$

答：该煤样的 V_{daf} 为 29.44%。

例 5-2　已知某煤样的 $V_{ad}=25.00\%$，$M_{ad}=2.00\%$，$V_{daf}=29.44\%$，求 A_d。

解　根据式(5-23)有：

$$29.44=25.00\times\frac{100}{100-2.00-A_{ad}}$$

由上式解得 $A_{ad}=13.08\%$。再由式(5-22)有：

$$A_d=A_{ad}\frac{100}{100-M_{ad}}=13.08\times\frac{100}{100-2.00}=13.35(\%)$$

答：该煤样的 A_d 为 13.35%。

例 5-3　某煤样的 $V_{ad}=24.32\%$，$M_{ad}=1.52\%$，$A_d=18.50\%$，求 V_{daf}。

分析　此题有两种方法可解：一个是利用式(5-23)，另一个是利用式(5-26)。用前一个公式需要知道 A_{ad}，后一个需要知道 V_d。根据题中所给条件，A_{ad} 和 V_d 均可利用式(5-22)求得，然后分别代入式(5-23)和式(5-26)即可求得 V_{daf}，结果是 30.30%。

复习思考题

1. 什么是煤的工业分析组成？煤的工业分析组成包含哪几个组分？

2. 什么是外在水分、内在水分和全水分？影响煤外在水分和内在水分测定结果的主要环境因素是什么？

3. 为什么不能将内在水分和外在水分直接相加来计算全水分？

4. 什么是一般分析试验煤样？

5. 什么是空气干燥基水分？什么是收到基全水分？

6. 测定低煤化程度煤的水分时为什么要在氮气流中进行？

7. 什么是煤的最高内在水分？

8. 煤的最高内在水分与煤化程度有何关系？为什么？

9. 什么是煤的灰分？什么是煤的灰分产率？

10. 快速法和慢速法测定煤的灰分产率有什么不同？为什么仲裁时要使用慢速法？

11. 在比较不同煤的灰分产率时为什么要用干燥基的灰分产率进行比较？煤的灰分产率与煤化程度是否有规律性的关系？为什么？

12. 煤的灰分与煤中的矿物质有何关系？

13. 什么是煤的挥发分产率和固定碳产率？焦渣中的灰与灰分测定时的灰有什么不同？数量上是否可以认为相等？

14. 挥发分产率与煤化程度有何关系？为什么？

15. 为什么煤的灰分、挥发分和固定碳的数值应该称为产率而不是含量？

16. 煤中的矿物质来源有哪些？对煤的可选性有决定性影响的是哪类矿物质？

17. 煤灰成分主要有哪些？碱性组分和酸性组分各包括哪些成分？

18. 煤中的有害元素有哪些？

19. 煤中的伴生元素及微量元素有哪些？

20. 什么是煤的元素分析？煤的有机质主要是由哪几种元素组成的？

21. 煤中碳、氢元素的测定原理是什么？测定过程中产生的干扰性杂质有哪些？如何去除？

22. 煤中硫的来源是什么？煤中的形态硫可分为哪几种？

23. 煤中全硫的测定方法有哪几种？各自的测定原理是什么？

24. 试分析泥炭化作用和煤化作用对煤的工业分析组成和元素组成的影响。

25. 某原煤全水分 $M_t=10.00\%$，制成一般分析试验煤样后测得 $M_{ad}=2.10\%$，$A_{ad}=11.00\%$，测定挥发分的原始数据为：坩埚质量 20.500 6 g，加煤样后共 21.500 6 g，在 900 ℃下隔绝空气加热 7 min，冷却后称量，坩埚加残渣共 21.200 6 g。试求：

(1) $V_{ad}=?$，$V_d=?$，$V_{daf}=?$ （$V_{ad}=27.90\%$，$V_d=28.50\%$，$V_{daf}=32.11\%$）

(2) 如果完全燃烧 1 000 kg 这样的原煤，将会产生多少灰渣？ (101.12 kg)

(3) 燃烧 1 000 kg 这样的原煤，如果燃烧不完全，灰渣(认为灰渣完全干燥)中有 10% 的残炭(指纯有机质，没有灰分)，灰渣的实际产量是多少？ (112.36 kg)

26. 某厂采购的动力煤分析结果如下表所示，请计算 V_{ar} 和 C_{daf}。

（$V_{ar}=27.74\%$，$C_{daf}=78.31\%$）

工业分析/%				元素分析/%				
M_{ar}	A_d	V_{daf}	FC_d	C_{ad}	H_{ad}	N_{ad}	O_{ad}	$S_{t,d}$
9.2	20.18	38.27	49.27	58.50	3.54	1.05	11.01	0.64

(解题思路：空气干燥基时，水分、灰分和五个元素之和为 100%，求解出 M_{ad}，再利用 M_{ad} 和其他已知数据求解 V_{ar} 和 C_{daf}。)

27. 已知某煤样的 $V_{ad}=17.20\%$，$M_{ad}=1.60\%$，$V_{daf}=19.58\%$，求 $A_d=?$ $FC_d=?$

（$A_d=10.73\%$，$FC_d=71.79\%$）

28. 试比较下面两个煤样灰分的高低。

煤样Ⅰ $A_{ad}=14.22\%$，$M_{ad}=1.80\%$； （$A_{d\,I}=14.48\%$）

煤样Ⅱ $A_{ad}=13.20\%$，$M_{ad}=4.50\%$。 （$A_{d\,II}=13.82\%$）

29. 试比较下面两个煤样挥发分的高低。

煤样Ⅰ $A_{ad}=9.55\%$，$M_{ad}=1.53\%$，$V_d=24.15\%$； （$V_{daf\,I}=26.74\%$）

煤样Ⅱ $A_{ad}=17.20\%$，$M_{ad}=2.50\%$，$V_d=22.80\%$。 （$V_{daf\,II}=27.68\%$）

30. 什么是煤有机质的族组成？

31. 什么是煤的溶剂抽提？常用的溶剂有哪些？

第五章学习指南

第六章　煤的物理性质和物理化学性质

煤是我国的主要能源，又是冶金和化工等行业的重要原料。煤的物理性质和物理化学性质是确定煤炭加工利用途径的重要依据。

煤的物理性质主要包括：煤的密度，煤的硬度，煤的热性质，煤的电磁性质，煤的光学性质等；煤的物理化学性质主要指煤的润湿性、润湿热和孔隙率等。

煤的物理性质和物理化学性质与下面几个主要因素有关：① 煤的成因因素，即原始物料及其堆积条件；② 煤化程度或变质程度；③ 矿物质（数量、组成与分布）、水分和风化程度等。

一般来说，煤的成因因素与煤化程度是独立起作用的因素。但是变质程度愈深，用显微镜所观察到的各种成因上的区别则变得愈小，并且这些区别对于物理性质和物化性质的影响也愈小。因此，在煤化作用的低级阶段，成因因素对煤的物理性质和物化性质的影响起主要作用；在煤化作用的中级阶段，变质作用成为主要因素；而在煤化作用的高级阶段，成因上的区别变得很小，变质作用成为唯一决定煤的物理性质及物化性质的因素。

研究煤的物理性质和物理化学性质首先是生产实践的需要，因为它们与煤的各种用途有密切的关系，了解煤的物理性质与物化性质对煤的开采、破碎、分选、型煤制造、热加工等工艺也有很大的实际意义，同时也是煤化学理论的需要，因为这些性质与煤的成因、组成和结构有内在的联系。

第一节　煤的密度

煤的密度因研究目的和用途不同，可分为真相对密度、视相对密度和散密度。

一、煤的真相对密度

（一）真相对密度的基本概念

从物理学角度来说，煤的真密度是指 20 ℃时单位体积（不包括煤中所有孔隙）煤的质量，用 TD 或 d 表示，单位 g/cm^3 或 kg/m^3。但煤质分析中用相对密度，是指在 20 ℃时，单位体积（不包括煤中所有孔隙）煤的质量与同体积水的质量之比，叫作煤的真相对密度，用 TRD 表示。真相对密度是煤的主要物理性质之一，在研究煤的分子结构、确定煤化程度、制定煤的分选密度时，都会用到煤的真相对密度。

用不同物质（例如氦、甲醇、水、正己烷和苯等）作为置换物质测定煤的密度时所得的结果是不同的。通常以氦作为置换物所测得的真相对密度最为准确。因为煤中的最小气孔的直径为 0.5～1 nm，而氦分子直径为 0.178 nm，因此氦能完全进入煤的孔隙内。另外，由于煤不能将氦吸附在其表面上，因此吸附对于密度测定的影响也就被排除了。

在研究煤质时，有时用到纯煤真相对密度的概念。它是指煤有机质的真相对密度，用$(TRD)_{daf}$表示。可从TRD和煤的灰分等进行计算，公式如下：

$$(TRD)_{daf}=\frac{TRD\cdot d_A(100-A_d)}{100d_A-TRD\cdot A_d} \tag{6-1}$$

式中 d_A——煤灰的平均真相对密度，无数据时可取为3.0；

A_d——干燥基灰分产率，%。

有时用下式估算纯煤的真相对密度：

$$(TRD)_{daf}=TRD-0.01A_d \tag{6-2}$$

（二）真相对密度的影响因素

影响煤真相对密度的因素有成因类型、煤岩组成、矿物质、煤化程度等。

1. 成因类型的影响

不同成因的煤真相对密度是不同的，腐植煤的真相对密度总比腐泥煤大。例如除去矿物质的纯腐植煤的真相对密度在1.25以上，而纯腐泥煤的真相对密度一般小于1.20。

2. 煤化程度的影响

研究表明，从低煤化程度煤开始，随煤化程度的提高，煤的真相对密度缓慢减小，到碳含量为86%～89%之间的中等煤化程度时，煤的真相对密度最低，约为1.25，此后，煤化程度再提高，煤的真相对密度急剧提高到1.90左右。煤的真相对密度随煤化程度的变化是煤分子结构变化的宏观表现。从化学结构的角度看，煤的真相对密度反映了煤分子结构的紧密程度和化学组成的特点，其中分子结构的紧密程度是影响煤真相对密度的关键因素。年轻褐煤分子结构上有较多的侧链和官能团，在空间形成较大空隙，难以形成致密的结构，所以密度较低；随煤化程度的提高，分子上的侧链和官能团呈减少趋势，同时，分子上的氧元素也迅速减少，虽然侧链和官能团的减少有利于密度的提高，但氧的相对原子质量较碳的大，氧的减少造成密度下降占优势，总体上使煤的真相对密度有所下降；到无烟煤阶段后，煤分子结构上的侧链和官能团迅速减少，使煤分子缩聚成为非常致密的芳香结构，从而煤的真相对密度也随之迅速增大。分别采用氦和水测得的煤的真相对密度见表6-1，从表6-1中可以看出，两种介质的测定结果一致，因此实际中常用水作为测定介质。

表6-1 煤的真相对密度

挥发分 V_{daf}/%	真相对密度		差值/%	挥发分 V_{daf}/%	真相对密度		差值/%
	用氦测定	用水测定			用氦测定	用水测定	
44.5	1.31	1.31	0.0	23.7	1.31	1.32	+0.8
34.8	1.36	1.36	0.0	17.0	1.34	1.33	−0.7
32.9	1.27	1.28	+0.8	14.0	1.45	1.46	+0.7
29.6	1.30	1.29	−0.8	12.9	1.40	1.37	−2.1
26.6	1.28	1.28	0.0	11.7	1.39	1.45	+4.3
24.9	1.34	1.33	−0.7	3.4	1.57	1.57	0.0
24.6	1.38	1.45	+5.1	1.7	1.58	1.58	0.0

3. 煤岩组成的影响

如图 6-1 所示，惰质组、微粒体的真相对密度最高，镜质组次之，壳质组最低；当 $C_{daf}>$ 90％后，三者的真相对密度逐渐趋于一致，并且急剧上升，表明其分子结构发生深度变化，到无烟煤阶段趋于一致。一般来说，随着煤化程度的提高，煤的分子结构越趋紧密化，因而煤的真相对密度也应不断增加。然而，如图 6-1 所示，在煤化程度较低时，即镜质组的 $C_{daf}<87\%$的情况下，镜质组的真相对密度反而随煤化程度增高而降低。在 $C_{daf}<87\%$之前，H/C、O/C、N/C 的变化幅度，以 O/C 减少的幅度最大。由于氧的迅速减少，且氧的相对原子质量又较碳的相对原子质量大，因而碳的相对增长率低于氧的减少速度，这使煤的真相对密度相对地降低了，$C_{daf}=87\%$左右时，真相对密度达极小值。此后真相对密度的快速增大，主要是大分子排列有序化的迅速提高导致煤结构致密化。

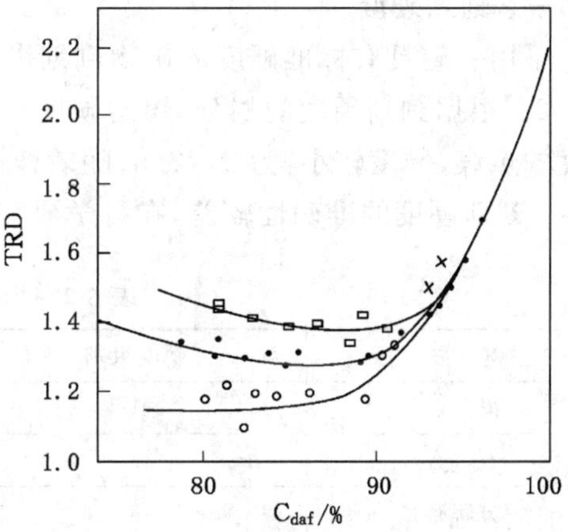

图 6-1　煤不同显微组分的真相对密度

• 镜质组，○ 壳质组，□ 微粒体，× 惰质组

4. 矿物质的影响

煤中矿物质的含量与组成对煤的真相对密度影响很大，煤中矿物质的真相对密度比有机物的真相对密度大得多。例如，常见的矿物质黏土真相对密度为 2.4～2.6，石英真相对密度为 2.7，黄铁矿真相对密度为 5.0。可以粗略地认为，灰分每增加 1％，则煤的真相对密度增加 0.01。

二、煤的视相对密度

20 ℃时单位体积（仅包括煤的内部孔隙）煤的质量与同体积水的质量之比，叫作煤的视相对密度，用 ARD 表示。煤的视相对密度可用于计算煤的埋藏量。

根据煤的真相对密度和视相对密度还可算出煤的孔隙率。

$$孔隙率=\frac{TRD-ARD}{TRD}\times 100\% \tag{6-3}$$

三、煤的散密度

煤的散密度又称堆密度或堆积密度，是指 20 ℃下单位体积（包括煤的内外孔隙和煤粒间的空隙）煤的质量，用 BD 表示，单位 g/cm^3。散密度的大小除了与煤的真相对密度有关外，主要决定于煤的粒度组成和堆积的密实度。散密度对煤炭生产和加工利用部门在设计矿车、煤仓、炼焦炉炭化室和气化炉的装煤量及估算煤堆质量等方面都有很大的实用意义。

第二节　煤的硬度

煤的硬度是指在外来机械力的作用下煤抵抗变形或破坏的能力。由于机械力的不同，煤硬度表示的方式有刻划硬度（莫氏硬度）、弹性回跳硬度（肖氏硬度）、压痕硬度（努普硬度、显微硬度)和耐磨硬度(突起)等。常用的是刻划硬度和显微硬度。

一、刻划硬度

采用一套具有标准硬度的矿物刻划煤,得到粗略的相对硬度。标准矿物的刻划硬度见表6-2。根据刻划硬度的划分,煤的硬度一般为1～4。煤的硬度与煤化程度有关,中等煤化程度的焦煤,硬度较小,为2～2.5,随着煤化程度的提高,硬度增加,无烟煤的硬度最大,约为4。刻划硬度的准确性较差,在科学研究上一般采用显微硬度的指标。

表6-2 标准矿物的刻划硬度

矿 物	硬度级别	矿 物	硬度级别
滑 石	1	长 石	6
石 膏	2	石 英	7
方解石	3	黄 晶	8
氟 石	4	刚 玉	9
磷灰石	5	金刚石	10

二、显微硬度

显微硬度属于压痕硬度的一种,一般采用特殊形状(如角锥形、圆锥形等)而又非常坚硬的压入器,施加一定的压力,使压入器压入样品表面,形成压痕,卸除压力后用显微镜测量压痕的尺寸,如用方形棱锥形金刚石压入器时,压痕形状是正方形,测量压痕对角线的长度,即可计算出显微硬度值,即

$$H = 2\sin\frac{\alpha}{2}\cdot\frac{p}{l^2} \tag{6-4}$$

式中 H——显微硬度,MPa;

p——加在压入器上的负荷,N;

l——压痕对角线长度,mm;

α——方形棱锥体两相对锥面的夹角,一般为136°。

从褐煤开始,显微硬度随煤化程度提高而上升,在碳含量为75%～80%之间有一个极大值;此后,显微硬度随煤化程度提高而下降,在碳含量达到87%左右最低;煤化程度进一步提高,显微硬度又开始上升,到无烟煤阶段,显微硬度几乎随煤化程度提高而呈直线增加。

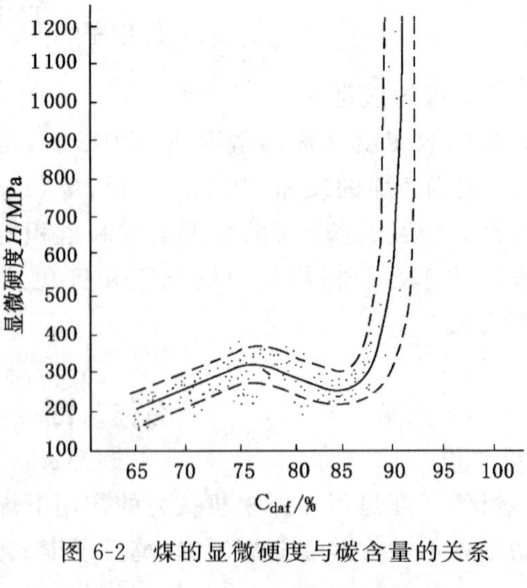

图6-2 煤的显微硬度与碳含量的关系

由图6-2可见,整个曲线像一个靠背椅,"椅背"是无烟煤,"椅面"是烟煤,"椅脚"为褐煤。在无烟煤阶段,随变质程度的提高,镜质组的显微硬度急剧升高,变化幅度很大,在300～2 000 MPa之间。在不同还原程度煤中,强还原煤的显微硬度比弱还原煤的小。

惰质组的显微硬度比镜质组高，惰质组中菌类的显微硬度最高。因此，在煤的光片进行抛光时，惰质组比镜质组磨损得慢，惰质组比相邻较软的组分突起要高。

图 6-2 曲线的变化规律可以从煤的结构和组成加以解释。由于褐煤富含腐植酸及沥青质，这些成分的塑性高、硬度值小。因此，褐煤的显微硬度较低。随着煤化程度逐渐提高，腐植酸含量迅速下降，导致煤的显微硬度上升，在碳含量 78%左右的烟煤阶段达到极大值，此后开始下降。因为此后腐植酸含量极小，煤分子间的交联作用成为影响硬度的主要因素。但这时煤分子上侧链减少、缩短，使分子的交联作用力减弱，反映在硬度上就出现了从无黏结性煤转为黏结性煤的硬度的渐次降低，在碳含量为 87%左右达到最低点。此后，煤分子结构的缩合程度迅速增大，煤结构趋于致密化，分子内部的化学键力远远大于分子间力，煤的硬度也随之急剧增大。

第三节　煤的热性质

一、煤的比热容

煤的比热容是指在一定温度范围内，单位质量的煤温度升高 1 ℃所需要的热量，用 c 表示。

煤的比热容与煤化程度、水分含量、灰分和温度等因素有关。煤的比热容一般随煤化程度的升高而减小。从碳含量为 60%的褐煤到碳含量为 90%的瘦煤、贫煤阶段，煤的比热容随煤化程度升高而直线下降，从 1.37 J/(g·℃)下降到 1.08 J/(g·℃)左右，此后煤化程度再提高，比热容迅速减小，碳含量从 90%增加到 98%，比热容则从 1.08 J/(g·℃)减小到 0.71 J/(g·℃)。比热容和煤中碳含量的关系见图 6-3。

煤的比热容随水分增大而提高，这是因为水分的比热容较大。煤的灰分较多时，比热容则减小，因为灰分的比热容一般小于 0.72 J/(g·℃)。当温度在 350 ℃以下时，比热容随温度升高而增大，在 270～350 ℃时达到最大值，这是由于煤大分子中的原子和原子团振动吸收能量所致；在 350～1 000 ℃时，比热容随温度升高而下降，这是因为在此温度下，煤发生了热解，温度越高，热解程度越高，分子结构越接近于石墨，其比热容也接近于石墨的比热容[0.82 J/(g·℃)]。比热容随温度的变化规律如图 6-4 所示。

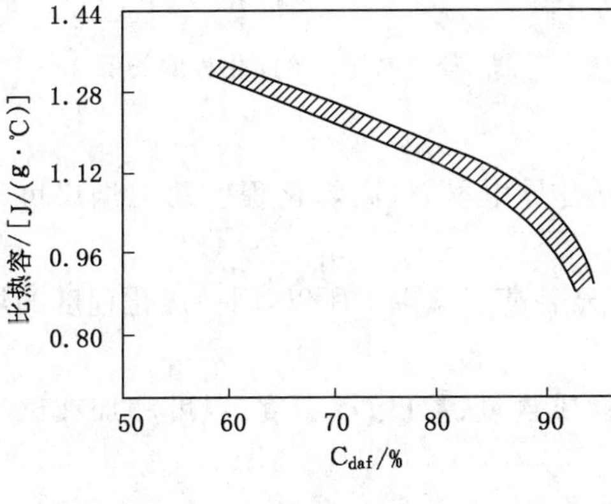

图 6-3　比热容和煤中碳含量的关系

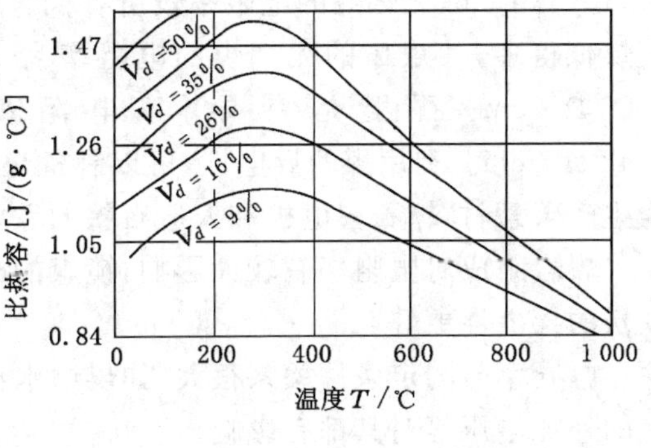

图 6-4　煤的比热容随温度的变化规律

二、煤的导热性

煤的导热性包括导热系数λ[W/(m·K)]和导温系数 α(m^2/h)两个基本常数,它们之间的关系可用下式表示:

$$\alpha = \frac{\lambda}{c \cdot d} \tag{6-5}$$

式中 c——煤的比热容,J/(kg·K);

d——煤的密度,kg/m^3。

物质的导热系数是指热量在物体中的传导速度,而物质的导温系数反映的是物体温度变化的能力。从上式中可以看出,导温系数 α 与导热系数 λ 成正比,而与热容量 $c \cdot d$ 成反比。λ 表示煤的散热能力,$c \cdot d$ 表示单位体积物体温度变化 1 ℃所吸收或放出的热量,即物体的蓄热能力。

第四节　煤的电性质

一、煤的导电性

煤的导电性是指煤传导电流的能力。导电性常用电阻率 ρ(即比电阻)或电导率 σ(即电阻率的倒数)表示。电导率越大,煤的导电能力越强。煤的导电有离子导电和电子导电两种形式,无烟煤以电子导电为主,褐煤以离子导电为主。

电导率与煤化程度的关系如图 6-5 所示,导电性随煤化程度的增加而增强,在无烟煤阶段提高更快。图 6-5 没有褐煤阶段的数据,实际上褐煤的电阻率较低,随着煤化程度的加深电阻率增加,到长焰煤时达到最大,此后随煤化程度加深,煤的电阻率呈缓慢下降趋势,到碳含量达到 90% 以上的无烟煤时,电阻率迅速下降。煤的导电性属于半导体或导体的范围。如莫斯科近郊的褐煤在室温下的电阻率为 4×10^4 Ω·cm;美国某煤田的黏结性烟煤的电阻率为 $15\times10^4\sim6\times10^7$ Ω·cm;无烟煤的电阻率较所有低煤化程度煤低得多,某煤田的无烟煤的电阻率为 70～200 Ω·cm;石墨是良导体,电阻率为 0.42 Ω·cm。利用煤的导电性,可以制备煤有机复合导电材料,高煤化程度的无烟煤可作为生产碳素材料、石墨电极和人造石墨的重要原料。

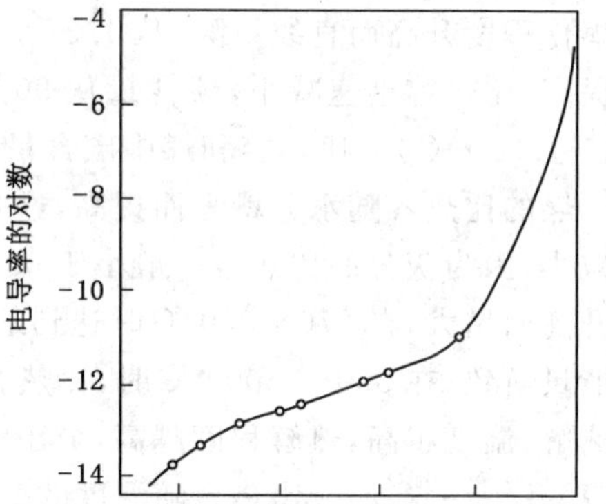

图 6-5　电导率与煤化程度关系

煤岩组成对电阻率有较大影响,镜煤的电阻率显著高于丝炭。所以,同一煤化程度的煤丝炭的导电性更好。

电导率与测定条件关系很大,如煤中水分、矿物质含量、粒度、散密度、温度和加在试样上的外加电压等对其都有影响。

某无烟煤中的矿物质对煤电导率的影响见表 6-3。

表 6-3　矿物质对煤电导率的影响　　单位：μS/m

样品	σ_{DC}	σ_{AC}
原煤样	1.564	3.480
一次脱矿样	35.93	37.95
二次脱矿样	135.6	138.0

注：散密度为 0.936 g/cm³。

从表 6-3 列出煤样的电导率变化情况看，一次脱矿样的直流电导率(σ_{DC}) 比原煤样增大 22 倍，而二次脱矿样增大 86 倍；交流电导率(σ_{AC})的变化规律与此基本相同，这主要是因为一次脱矿脱除了含量相对较低的碳酸盐及一些碱性氧化物，而二次脱矿主要脱除了含量相对较大的、电导率又很小的石英。

利用煤与矿物质之间以及煤岩组成之间在导电性上的差异，可以在电选设备上分离煤和矿物质甚至实现煤岩成分之间的分离。

二、煤的介电常数

物质的介电常数 ε 是指当物质介于电容器两极板间的蓄电量和两板间为真空时的蓄电量之比。对非极性绝缘体，$\varepsilon=n^2$，n 为折射率。

水分对介电常数影响很大，其原因是水的极性大。测定煤的介电常数时，必须用完全干燥的煤样。

煤化程度是影响煤的介电常数的主要因素(见图 6-6)，随煤化程度的加深，煤的介电常数减小，在含碳 87%左右达到最小，然后又急剧增大。因为年轻煤的极性含氧官能团多，极性大，所以其介电系数较大；随煤化程度的加深，含氧官能团减少，介电常数也减小；而年老煤的 ε 增大是因为其导电性增大之故。

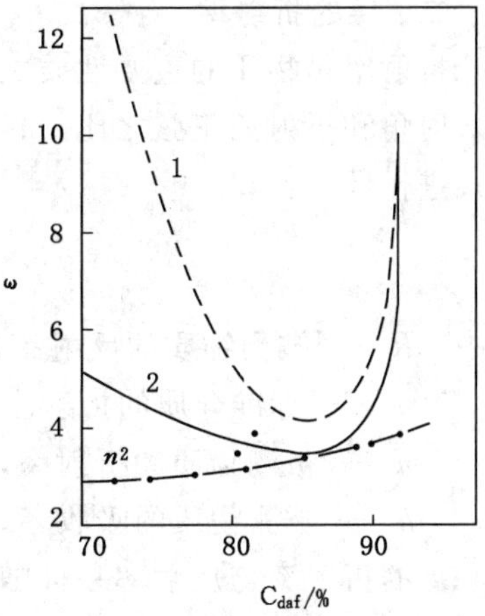

1—空气干燥煤样；2—干燥煤样。

图 6-6　煤的介电常数和折射率的平方与煤化程度的关系

第五节　煤的光学性质

煤的光学性质主要有可见光照射下的反射率、折射率和透光率以及不可见光照射下的 X 射线、红外光谱、紫外光谱和荧光性质等。这里只介绍煤的反射率，折射率，透光率，X 射线及红外光谱。

一、煤的反射率

镜质组的反射率与煤化程度之间有较好的线性关系，故可作为煤分类的指标。

煤的反射率用显微光度计测定，目前广泛采用光电倍增管(PMT)或电荷耦合阵列检测器(CCD)接收反射光，对单光束进行对比，以显示器中的光电效应大小表示反射光强度。测定中注意以下几个问题：① 采用煤岩光片，以无结构镜质体作为测定对象；② 反射率有几种不同的类型，常用的有最大反射率和随机反射率两种，其中，最大反射率在偏振光条件下测试，随机反射率在自然光条件下测试；③ 测定最大反射率时，需将光源调节为偏振光，测点选定后，使反射光投射到 PMT 或 CCD 上，缓慢转动显微镜载物台 360°，应出现两次相同的最大值，测定时应以最大值为准；④ 测定随机反射率时，需将光源调节为自然光，无须旋转载物台，仪器显示数值稳定时读数即可；⑤ 一般以折射率为 1.518 的浸油为介质，因为油浸物镜的解像力远比干物镜（以空气为介质）强，对反射率的分辨力强；⑥ 在一个煤岩光片上一般要测 20～50 个点，然后计算平均值，因此人工测定比较费时。

经过多年努力，到 20 世纪 70 年代，自动扫描反射显微镜问世。美国生产的 ADPR Mark Ⅰ，除能自动测定反射率外，还能作煤岩显微组分分析。载物台移动间距为 10 μm，自动扫描速度为 200 μm/s，1 min 可测上万个点。目前，中国在煤岩图像分析系统开发方面取得了积极进展，已达到商业化应用水平，并制定了国家标准《煤的镜质体随机反射率自动测定 图像分析法》(GB/T 40485—2021)。

二、煤的折射率

折射率是物质的重要性质之一。它是指光在物质界面发生折射后进入该物质内部时，其入射角和折射角正弦之比。目前还没有测定煤折射率的方法，可以通过弗顿斯内耳-比尔公式进行计算：

$$R=\frac{(n-n_0)^2+n^2k^2}{(n+n_0)^2+n^2k^2} \tag{6-6}$$

式中 R——被测物质的反射率，%；

n_0——标准介质的折射率，%；

n——被测物质的折射率，%；

k——被测物质的吸收率，%。

煤的折射率与反射率一样随煤化程度提高而增大，表 6-4 是一些典型的数据。

表 6-4 煤的折射率和反射率

碳含量 C_{daf}/%	雪松油中反射率/%		空气中反射率/%		折射率/%	
	最大	最小	最大	最小	最大	最小
58.0	0.26	0.26	6.40	6.40	1.680	1.680
70.5	0.35	0.35	6.80	6.80	1.705	1.705
75.5	0.51	0.51	7.25	7.25	1.730	1.730
81.5	0.67	0.67	7.85	7.85	1.775	1.775
85.5	0.92	0.90	8.50	8.45	1.815	1.815
89.0	1.26	1.18	9.50	9.30	1.880	1.870
91.2	1.78	1.55	10.60	10.00	1.950	1.900
92.5	2.37	1.84	11.70	10.55	2.000	1.930
93.4	3.25	2.06	12.90	10.80	2.020	1.930
94.2	4.17	2.22	14.05	11.50	2.020	1.930
95.0	5.20	2.64	15.35	11.55	2.020	1.930
96.0	6.60	3.45	17.10	12.55	2.020	1.930
100	11.0	—	22.10	—	—	—

根据煤在空气和雪松油两种介质中的反射率，可通过联立方程解得 n 和 k。褐煤在光学性质上是各向同性的，由烟煤向无烟煤转化时，煤的各向异性趋于明显。这是由于煤化程度高的煤，其分子结构中芳香层片不断增大，排列越来越规则化，在平行和垂直于芳香层片两个方向上的光学性质出现了各向异性现象。

三、煤的透光率

煤的透光率是指煤样在 100 ℃的稀硝酸溶液中处理 90 min，所得有色溶液对一定波长(475 nm)的光的透过率。有色溶液透光率的测定有分光光度计法和目视比色法两种。分光光度计法因其重现性差，一般用得不多，我国国家标准采用目视比色法测定有色溶液的透光率，用 P_M 表示。

透光率在反映年轻煤的煤化程度时非常灵敏，特别是在煤样受到轻微氧化时，其测值不受影响，而其他反映煤化程度的指标如挥发分、碳含量、发热量等则有明显的变化。因此，在我国煤炭分类中将 P_M 列为划分长焰煤和褐煤的主要指标以及褐煤划分小类的指标。一般年轻褐煤的 P_M 小于 30％，年老褐煤在 30％～50％之间，长焰煤的 P_M 通常大于 50％，气煤的 P_M 一般大于 90％。

四、煤的 X 射线衍射

X 射线的波长在 0.1～1 nm 之间，这一大小正好与晶体的晶格尺寸相近。当 X 射线照射到晶体上时，如果波长 λ、入射角(布拉格角) θ 和晶面间距 d 符合以下公式，就会产生衍射现象使光线增强。

$$2d\sin\theta = n\lambda$$

式中　n——衍射次数，等于 1,2,3…。

因为煤不是完整的晶体，所以只能用粉末法测定其衍射性质。粉末法是以煤粉为试样，固定 X 射线的波长而连续改变入射角。X 射线计数管接收来自煤样的衍射线并把它转变为电讯号，经放大后在记录仪中记录下来。

X 射线衍射法对研究煤的结构有很大帮助，石墨具有明显的晶体结构，而煤属多元非晶态物质，石墨的衍射带(条带)共有 9 个，而煤的衍射峰只有 2～4 个。煤不是晶体物质，但在煤结构中存在着类似于石墨结构而尚未发育完全的微晶子。它的大小和定向排列规则化程度随煤化程度而变化。用 X 射线衍射法可求得微晶子与芳香层面平行方向的长度和垂直方向的厚度以及芳香层面之间的距离。

五、煤的红外光谱

红外光谱法是研究有机化合物结构的最主要方法之一，其图谱有很强的结构特征性。该法分析速度快、灵敏度高、试样用量少，可以分析各种状态的样品，因此得到广泛应用。运用傅立叶变换和计算机技术以及与色谱的联用使红外光谱技术有了更大的发展。

红外光谱是分子中原子和原子团的振动光谱。振动类型有伸缩振动(对称和不对称)和变形振动两类。后者包括面内变形振动(剪式和摇摆)与面外变形振动(扭曲和摇摆)两种。它们吸收的能量正好与 2.5～25 μm 的红外线相当。

煤的红外光谱图如图 6-7 所示，关于各吸收峰对应的结构列于表 6-5。

(1) 羟基吸收峰主要是 3 450 cm^{-1}和 1 260 cm^{-1}。煤中羟基一般都是氢键化的，所以吸收峰位置从 3 300 cm^{-1}移到 3 450 cm^{-1}。各种煤的羟基消光度随煤化程度增加而减小。

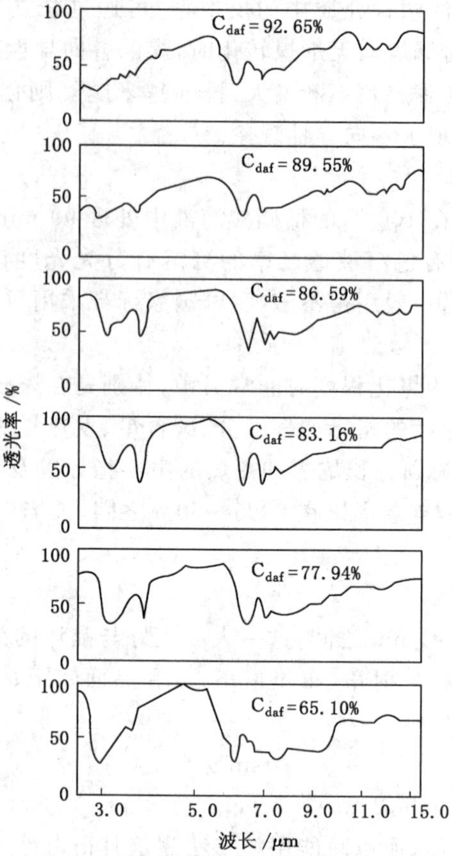

图 6-7 煤的红外光谱图

表 6-5 煤中基团的特征吸收峰

吸收峰位置		对应基团	振动类型
波数/cm^{-1}	波长/μm		
3 450	2.9	氢键化的—OH 或—NH_2	伸缩
3 300	3.0	—OH 或—NH_2	伸缩
3 030	3.3	芳香氢	伸缩
2 940	3.4	脂肪氢	伸缩
2 925	3.42	脂肪氢	
2 860	3.5	脂肪氢	
1 700	5.9	羰 基	
1 600	6.25	芳香环	环振动、伸缩
1 500	6.65	芳香环	环振动、伸缩
1 450	6.9	芳香环	不对称变形
1 380	7.25	—CH_3	对称变形
1 300～1 000	7.7～10.0	酚 C—O,醚键	伸缩
900～700	11.1～14.3	芳香环	变形

(2) 芳香氢吸收峰主要由 3 030 cm^{-1} 代表，低煤化程度时很微弱，随煤化程度增加而增强。

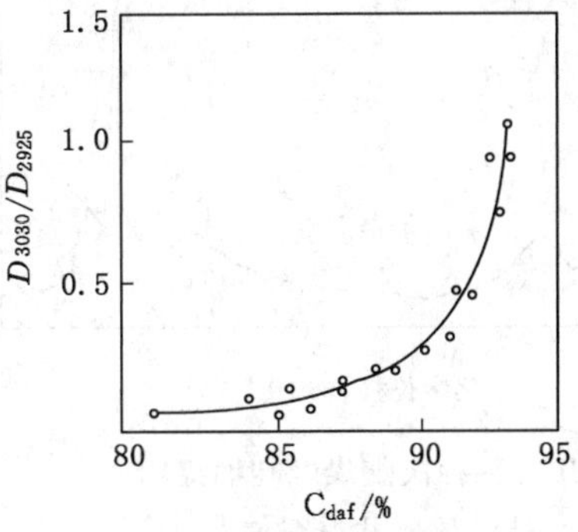

图 6-8　D_{3030}/D_{2925} 与煤化程度的关系

(3) 脂肪氢一般以 2 925 cm^{-1} 的吸收峰为衡量指标。消光度 D_{3030}/D_{2925} 与 $D_{芳烃}/D_{脂肪}$ 相对应，它与煤化程度的关系如图 6-8 所示，在中低煤化程度时，D_{3030}/D_{2925} 缓慢增加，在 $C_{daf}>90\%$ 以上这一比值急剧增加。说明芳香氢在 C_{daf} 小于 90%时比例不高，增加很慢，而在 C_{daf} 大于 90%以后大幅度增加。

另外，1 380 cm^{-1} 吸收峰是甲基的特征吸收峰，可以测定甲基含量。

(4) 羰基和羧基吸收峰在波数 1 700 cm^{-1} 附近。褐煤比较强，它随煤化程度加深而减弱。

(5) 1 600 cm^{-1} 吸收峰在煤的红外光谱图上特别强，这里有多种解释：如—OH 和 ═C═ 螯合、缩合芳环被—CH_2—所连接、两个芳香层面间的电子转移和非结晶的假石墨结构等，很有可能是上述原因综合的结果。

(6) 醚键吸收峰在波数 1 300～1 000 cm^{-1}。

(7) 芳香环吸收峰主要在 900～700 cm^{-1}，一般消光度随着煤化程度的加深而增加。

第六节　煤的磁性质

一、煤的抗磁性

煤的有机质一般具有抗磁性，即在外磁场的作用下产生的附加磁场与外磁场的方向相反。磁化率是指磁化强度 I（抗磁性物质是附加磁场强度）与外磁场强度 H 之比，用 K 表示：$K=I/H$。

在化学上常用比磁化率 χ 表示物质磁性的大小。比磁化率是指在 1 Gs 磁场强度下，1 g 物质的磁化率。在采取适当措施消除了煤中杂质的干扰后，本田等研究了煤的抗磁性磁化率与煤化程度的关系，如图 6-9 所示。结果表明，煤的比磁化率随煤化程度的提高而呈直线增加，在碳含量为 79%～91%出现转折，增大幅度减缓，此后则急剧增大。即煤的比磁化率在烟煤阶段增大幅度较小，无烟煤阶段最大，褐煤阶段居中。比磁化率的这种规律，反映了煤的分子结构随煤化程度的变化。

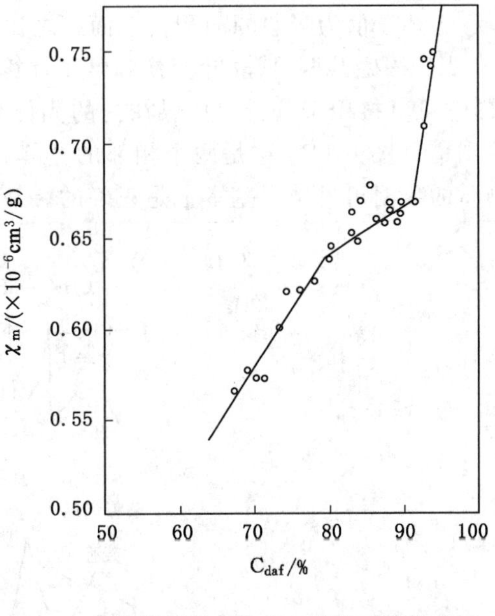

图 6-9　煤的抗磁性磁化率与煤化程度的关系

二、煤的核磁共振

核磁共振是一个非常重要的有机结构分析方法，过去仅用于煤的溶剂抽提物和液化产品的分析，近几年由于核磁共振技术的发展已开始直接分析固体煤样。

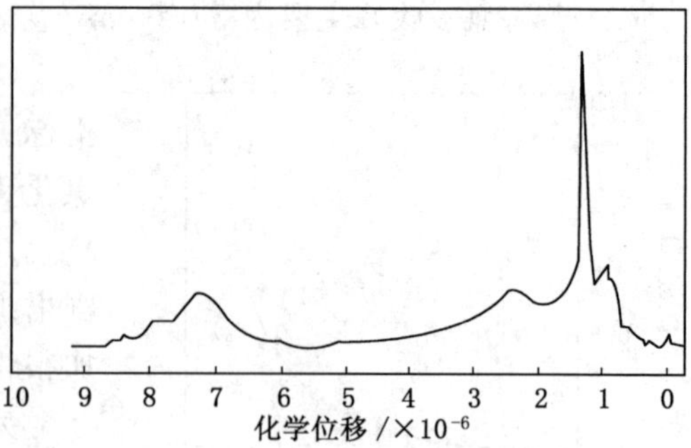

图 6-10 一种次烟煤吡啶抽提物的^{1}H 核磁共振图谱

核磁共振是原子核在强磁场作用下吸收一定波长射频的能量产生能阶跃迁的现象。

^{1}H 核磁共振用于测煤的溶剂抽提产物或转化降解产品的氢分布。图 6-10 是一种次烟煤吡啶抽提物的^{1}H 核磁共振图谱。根据大量分析结果，一般认为对煤的抽提物或转化产物这样的复杂体系，共振峰和氢原子位置有以下的对应关系：

$\sigma=0\sim1.0$　　脂肪或不是芳环 α 位置上的—CH_3。

$\sigma=1.0\sim2.0$　　脂肪或不是芳环 α 位置上的—CH_2—和 $-\overset{|}{\underset{|}{C}}H$。

$\sigma=2.0\sim3.6$　　芳环 α 位置上的—CH_3、—CH_2—和 $-\overset{|}{\underset{|}{C}}H$。

$\sigma=3.6\sim5.8$　　芳环之间作为桥链的—CH_2—和 $-\overset{|}{\underset{|}{C}}H$。

$\sigma=5.8\sim10.0$　　芳香氢和酚羟基氢。

上述 σ 值为吸收峰面积占总面积之比，即对应氢原子数占总氢原子数之比。

^{13}C 核磁共振、傅立叶变换和电子计算机数据处理相结合，这是核磁共振技术的重大发展，它可直接用于分析包括煤在内的固体样品。交叉偏振的^{13}C 核磁共振分析固体煤得到的图谱见图 6-11。这是两个相邻的宽峰，右面的代表脂肪碳，左边的代表芳香碳。从模型物质的数据可见结果基本上是正确的。

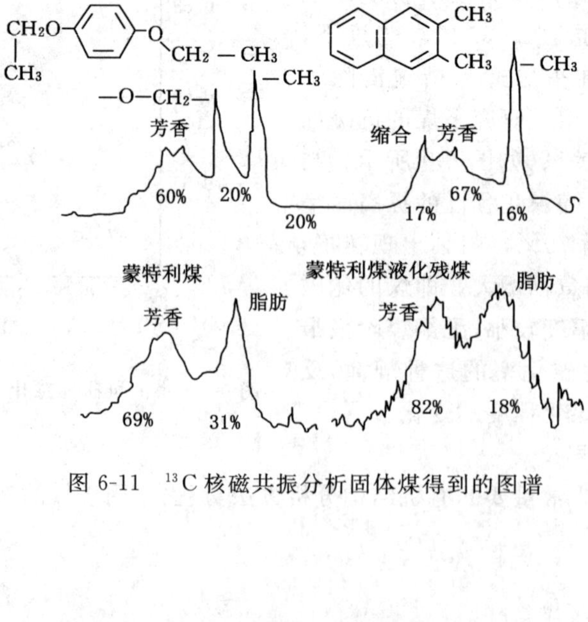

图 6-11 ^{13}C 核磁共振分析固体煤得到的图谱

第七节　煤的润湿性

一、煤的润湿性

当液体和固体接触时，如果固体分子与液体间的作用力大于液体分子间的作用力，则固体可被液体润湿；反之，则不能润湿。所谓润湿性是指液体与固体接触时，固体被液体所润湿的程度(见图 6-12)。通常采用接触角表示煤的润湿性的大小，接触角越大，煤的润湿性越差。

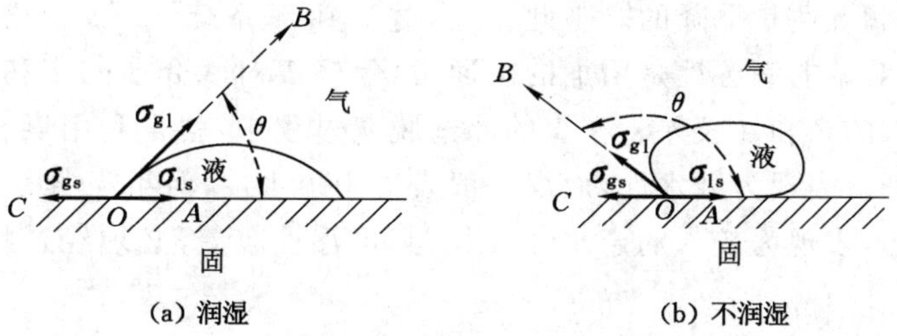

图 6-12　液体和固体间的润湿情况

接触角的测定方法有粉末法、倾板法等。粉末法是将煤磨成 200 网目以下的粉状，施加 15 MPa 的压力成型。这种型块可看成是毛细管的集合体，再用液体润湿，同时在加液体的对侧通入氮气，阻止润湿过程的进行，当润湿恰好阻止时，测定氮气的压力 p，可根据下式计算出接触角 θ。

$$\cos\theta = p \cdot g \cdot r / 2\sigma \tag{6-7}$$

式中　r——毛细管半径；

p——氮气的压力；

g——重力加速度；

σ——液体的表面张力。

煤的润湿性取决于煤表面的分子结构特点。通常分别用水和苯作为液体介质测定煤的接触角，来反映煤的亲水性和亲油性。日本学者太刀川等人用粉末法测定不同煤化程度煤的接触角，结果见表 6-6。

表 6-6　煤的接触角(粉末法)

C_{daf}/%	$\cos\theta$	
	氮-水系统	氮-苯系统
74.0	0.610	0.726
78.1	0.604	0.738
79.1	0.562	0.736
81.1	0.443	0.841
81.9	0.508	0.706
83.1	0.432	0.813

表 6-6(续)

C_{daf}/%	cos θ	
	氮-水系统	氮-苯系统
83.9	0.341	0.886
89.7	0.453	0.863
91.3	0.416	0.900

从表中可以看出，随着碳含量的增加，对于氮-水系统，cos θ 呈下降趋势，亦即 θ 是增大的，所以煤对水的润湿性是下降的。与此相反，对于氮-苯系统，cos θ 呈增加趋势，所以随煤化程度的提高，煤对苯的润湿性是增加的。通常，年轻煤对水介质的亲和性较强，中等以上煤化程度的煤对水的亲和性较差。在煤的浮选脱灰过程中，就是利用煤和矸石亲水性的差异进行分离的。矸石表现为亲水性，而煤一般表现为疏水性，但年轻煤由于分子中含有大量的极性含氧官能团，表现为较强的亲水性，因而其可浮性较差，必须经过特殊工艺才能采用浮选工艺脱灰。

二、煤的润湿热

煤被液体润湿时会释放出热量，通常用 1 g 煤被润湿时释放出的热量作为煤的润湿热。润湿热的大小主要与液体种类、煤的表面性质有关。常用的润湿剂是甲醇，甲醇能在几分钟内将润湿热全部释放出来。润湿热与煤化程度的关系如图 6-13 所示。低煤化程度煤的润湿热较高，但随着煤化程度的提高而急剧下降，在碳含量为 90%左右达到最低值，以后又有所上升。润湿热的产生实际上是液体在煤的孔隙内表面上发生吸附作用的结果。吸附作用越强，比表面积越大，润湿热就越高。低煤化程度煤的分子上含有较多的含氧官能团，易于与甲醇分子产生强极化作用，而且低煤化程度煤的比表面积大，因而润湿热较高。随煤化程度的提高，含氧官能团和比表面积均呈下降趋势，所以润湿热也随之下降。到了碳含量为 90%以上的无烟煤阶段，润湿热上升是由于比表面积有所提高之故。

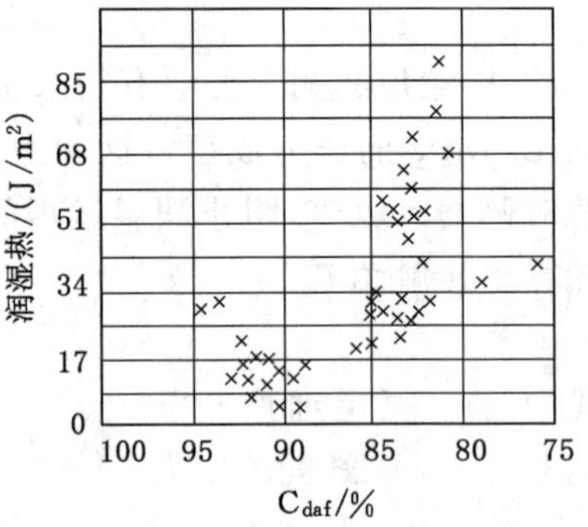

图 6-13 润湿热与煤化程度的关系

润湿热的大小受多种因素影响，但主要与比表面积有关。试验表明，煤的润湿热大致为 0.39～0.42 J/m^2。利用润湿热可以大致估计煤的比表面积，但不准确。

三、影响煤对水润湿性的因素

水润湿煤的本质是煤表面分子或原子与水分子之间的作用过程，影响这种作用的因素有煤的表面含氧官能团、温度、水中所含的表面活性剂的种类和浓度、pH 值、煤的粒度等。

（一）表面含氧官能团的影响

煤表面的有机质由带不同极性官能团的结构单元组成。在褐煤阶段，由于表面极性官能团较多，与水分子之间的作用力大，因而对水的润湿性较好。随着煤化程度的提高，表面极性官能团的数量逐渐减少，芳香度增加，对水的润湿性下降。在烟煤阶段，对于芳香环少的烟煤，随芳香环的增多，煤的疏水性增强；而对于芳香环多的烟煤，随连接芳香环的脂肪族侧链的减少，煤的疏水性反而减弱。接触角是煤表面性质的宏观表现，碳氧比反映了这种表面性质的平衡度量。随着碳氧比增加，煤的临界界面张力增加，界面更容易被一些低极性的有机液体润湿。煤表面的羟基、羧基、醚键、羰基等含氧官能团易与水分子形成氢键而亲水。煤氧化后导致醚键和羟基、羧基官能团增多，因而煤的亲水性增强。村田逞诠详细研究了接触角与含氧官能团之间的关系，发现羧基含量是影响煤表面润湿性最主要的因素，如从水悬浮液角度考虑，褐煤表面化学性质由羧基官能团控制。羟基对润湿性的影响仅次于羧基。从化学结构上可以看出，羰基、醚键对润湿性的影响甚微，与接触角之间不存在相关性。因此，煤的含氧量及含氧官能团不同，它们的表面润湿性也不同。在水煤浆制备中，由疏水性较强的煤种制备的水煤浆黏度较低。浮选时，疏水性较强的煤种可浮性好，能够采用浮选工艺进行分选加工。

（二）pH 值的影响

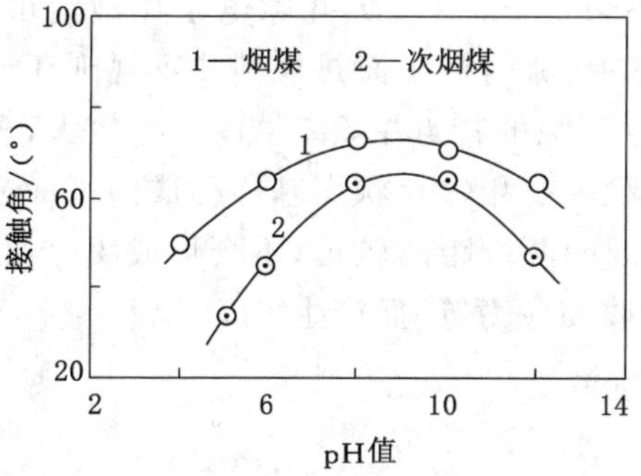

图 6-14 pH 值对煤润湿性的影响

F. Osasere 研究发现，溶液从酸性到碱性转化过程中，接触角先是增大，出现极大值后又开始下降，如图 6-14 所示。这种变化规律乃是 pH 值的变化使体系达到等电点时，接触角达到最大值。

润湿现象只是一种纯粹的界面行为，只要通过改变相互接触的液固界面性质即可改变润湿性，除了改变体系的 pH 值可以改变润湿性外，在水中加入添加剂，如表面活性剂、混凝剂或絮凝剂等，它们在界面上的吸附作用，可导致固体表面与水的界面性质发生变化，从而引起煤表面的润湿性的变化。就表面活性剂分子的吸附而言，因其所带的电荷不同，煤粒子表面和表面活性剂分子之间的相互作用也不同。同时，添加剂浓度不同，添加剂分子在溶液中的行为也不同，结果导致煤表面的润湿性不同。

（三）矿物质的影响

煤是有机质与矿物质的混合物，两者对液体的润湿性有很大的不同。煤中的矿物质是亲水性的，而有机质一般是疏水性的，因此，随着矿物质含量的增加，煤对水的接触角呈下降趋势，对水的润湿性增强。矿物质的粒度对煤的润湿性也有影响，矿物质粒度越大，接触角越小，对水的润湿性就越好。

（四）煤粒度的影响

类似于矿物质粒度的影响，煤的粒度对润湿性也有影响，且随粒度的增大而提高。煤样粒度越大，浸润速度也越快。这对于煤尘治理有重要的指导意义。

（五）煤岩组分的影响

傅贵等研究发现，接触角随惰质组含量增大而提高，随镜质组含量增大而下降，如图 6-15 所示。

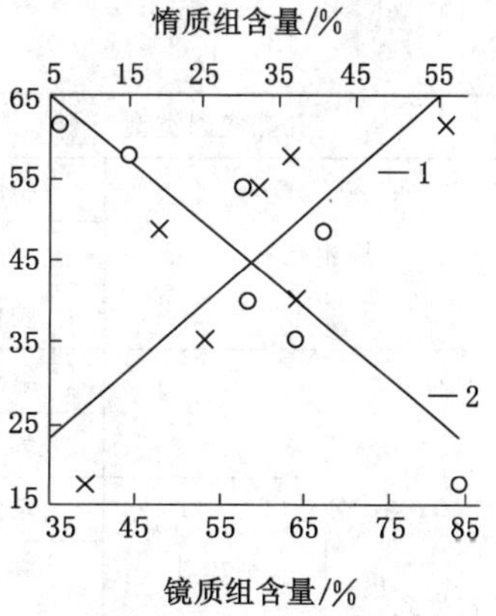

1—惰质组与接触角的关系；
2—镜质组与接触角的关系。

图 6-15 煤岩组分对煤润湿性的影响

第八节　煤中的孔

煤中的孔是指煤粒内可由流体进出或填充的孔洞或空间。成煤作用初期，古代植物在沼泽、湖泊等有水的环境中降解形成胶体状物质——泥炭，其中存在大量的孔，泥炭转化为煤后泥炭中的孔就转化为煤中的孔。此外，泥炭埋入地下经受变质作用的过程中，因各种原因也会在煤基体上形成孔。因此，煤中含有数量众多、大小悬殊、形态各异的孔。煤中孔的大小、数量直接影响到煤对瓦斯的吸附性、解吸性以及瓦斯在煤层中的流动运移性等，也影响煤中水分的存在方式和含量。研究煤中的孔，对于认识煤中瓦斯的赋存、瓦斯在煤层中的运移以及对煤的加工利用等具有重要意义。

一般将煤中各样的孔统称为孔隙，本书将煤中的孔按其特点划分为孔隙和裂隙。孔隙的特点主要有：① 尺寸较小，微米到纳米级，肉眼不可见，部分较大孔隙电子显微镜可见；② 形状呈多样化，如圆筒形、狭缝形、墨水瓶形等；③ 孔隙的横截面是规则或不规则环形曲线，多呈闭合状态；④ 主要为原生孔和次生变质孔。裂隙的特点主要有：① 尺寸较大，多是微米到毫米级，常常肉眼或光学显微镜可见；② 形状多是相邻片状煤基体构成的平面或凹凸面形状的缝隙孔；③ 裂隙的横截面呈近似直线，线的两端距离较远，不会形成闭合曲线，呈四面开放型结构；④ 主要是因应力（如构造应力、收缩应力等）而产生。

一、煤的孔隙

（一）煤中孔隙的成因

煤中的孔隙体系十分复杂，表现在孔隙的形状各异、大小不同、多少不等，有的开放，有的闭合等方面，这些差异性是煤形成过程多样性的结果。煤中孔隙的成因可分为原生孔和次生孔，原生孔是煤炭形成的初期，在成岩作用之前的泥岩中原有的孔隙及其演变后的结果，次生孔是煤变质作用期间，因不同作用力在煤物质的基体上重新形成的孔隙，如表 6-7 所示。

表 6-7　煤中孔隙成因

孔隙成因类型			成因简述
原生孔		胞腔孔	成煤植物本身所具有的细胞结构孔
		屑间孔	镜屑体、惰屑体和壳屑体等碎屑状颗粒之间的孔
		胶体孔	泥炭胶体经脱水、压缩形成的孔
次生孔	变质孔	缩聚孔	凝胶化物质在变质作用下缩聚而形成的分子链之间的孔
		气　孔	煤变质过程中由生气和聚气作用而形成的孔
	外生孔	角砾孔	煤受构造应力破坏而形成的角砾之间的孔
		碎粒孔	煤受构造应力破坏而形成的碎粒之间的孔
		摩擦孔	压应力作用下面与面之间摩擦而形成的孔
	矿物质孔	铸模孔	煤中矿物质在有机质中因硬度差异而铸成的印坑
		溶蚀孔	可溶性矿物质在长期气、水作用下受溶蚀而形成的孔
		晶间孔	矿物晶粒之间的孔

1. 原生孔

原生孔是在泥炭化阶段就已存在的孔隙，主要有胞腔孔、屑间孔和胶体孔。

胞腔孔（或称植物组织孔）是成煤植物本身所具有的细胞结构孔，其孔径为几微米至几十微米；对煤层而言，胞腔孔的空间连通性差，尤其是纤维状丝质体的胞腔孔，仅局限于一个方向发育，相互之间连通少。

屑间孔指煤中各种碎屑状显微体，如镜屑体、惰屑体、壳屑体等碎屑颗粒之间堆砌形成的孔隙，这些碎屑颗粒无一定形态，有不规则棱角状、半棱角状或似圆状等，大小为 2～30 μm。由其构成的屑间孔的形态以不规则状为主，孔的大小一般小于碎屑。这些碎屑可能来自成煤早期被降解或在运移过程中遭机械破坏的植物碎屑和泥炭，但也不排除可能由后期构造作用导致破碎而产生。按前一成因而言，屑间孔为原生孔。屑间孔发育于镜屑体、惰屑体及壳屑体之间，仅微区连通，且数量很少，对煤层渗透率贡献不大。

胶体孔即泥炭化作用阶段，植物组织被降解后形成的胶体在后来的成岩作用和变质作用过程中经历脱水、压缩等作用形成的孔隙。这类孔是煤中孔隙的主要组成部分，它们的孔径小，一般在纳米级至微米级，相互连通性好，是瓦斯气体的主要吸附场所和运移通道。胶体孔尺寸随上覆岩层的压力增大而缩小，随煤化程度的提高明显下降。

2. 次生孔

次生孔是成岩作用及变质作用期间，因各种应力在煤基体上新形成的孔隙，分为变质孔、外生孔和矿物质孔。

（1）变质孔

变质孔是煤在变质作用过程中因发生各种物理化学反应而形成的孔隙。变质孔分为缩聚孔和气孔。变质作用过程中，煤的大分子在温度、压力作用下，侧链逐渐减少、缩短，芳香稠环体系不断增强，芳构化程度逐渐增高，引起体积收缩，并导致煤基体产生细微孔隙，这样的孔隙称为缩聚孔，其尺度范围在纳米级。

气孔主要由生气和聚气作用而形成，以往称之为热成因孔。常见气孔的大小为 0.1～3 μm，1 μm 左右者多见。单个气孔的形态以圆形为主，边缘圆滑，其次有椭圆形、梨形、圆管形、不规则港湾形等。气孔大多以孤立的形式存在，相互之间连通性不好。不同煤岩组分气孔的发育特征不同。壳质组气孔最发育，并大多以群体的形式出现，有些壳质体具有外壳壁，壳壁上很少有气孔，壳内气孔密集；镜质组气孔较发育，但很不均匀，成群的特点突出，气孔群中的气孔排列有无序的，也有有序的，有的呈带状分布，有的呈线状分布，椭圆形及圆管形气孔的长轴常定向排列，气孔群与气孔群之间也很少连通，有时气孔与裂隙连通；惰质组中很少见有气孔。

（2）外生孔

泥炭固结成岩后，受构造应力的作用而形成的孔隙为外生孔。外生孔主要有角砾孔、碎粒孔和摩擦孔。角砾孔是煤受构造破坏而形成的角砾之间的孔。角砾呈直边尖角状，相互之间位移很小或没有位移，角砾孔的大小以 2～10 μm 居多。碎裂煤的镜质组中角砾孔发育较好，局部连通性比较好。碎粒孔是煤受较严重的构造破坏而形成的碎粒之间的孔。碎粒呈半圆状、条状或片状，碎粒之间有位移或滚动，碎粒大小多为 5～50 μm，其孔隙大小为 0.5～5 μm。碎粒孔体积小，易堵塞。碎粒孔占优势的煤层，煤体破碎严重，影响煤储层渗透性。摩擦孔是煤中压性构造面上常有的孔隙，此乃在压力作用下面与面之间相互摩擦和滑动而形成的孔。摩擦孔有圆状、线状、沟槽状、长三角状等形态，且常有方向性，孔边缘多为锯齿状，大小相差悬殊，小者 1～2 μm，大者几十或几百微米。摩擦孔还常与擦痕伴生，二者的方向有一致的，也有不一致的。摩擦孔仅局限于二维构造面上，空间连通性差。

(3) 矿物质孔

由于矿物质(包括晶质矿物和非晶质无机成分) 的存在而产生的各种孔隙称为矿物质孔，孔的大小以微米级为主，常见的有铸模孔、溶蚀孔和晶间孔。铸模孔是煤中原生矿物质在有机质中因硬度差异而铸成的印坑。溶蚀孔是煤中可溶性矿物质(碳酸盐类、长石等) 在长期气、水作用下受溶蚀而形成的孔。晶间孔指矿物晶粒之间的孔，有原生的，也有次生的。裂面和滑面上的次生方解石、白云石、菱铁矿、高岭石和石英等常发育有晶间孔或溶蚀孔。次生矿物晶间孔和溶蚀孔的发育是煤层水文地质环境的反映，也是煤储层渗透率的反映。矿物质在煤中含量有限，矿物质孔只有少数矿物质发育，数量很少，对煤储层性能影响不大。

(二) 煤中孔隙的大小

煤中孔隙直径的大小在 10^{-9}～10^{-3} m 之间。由于煤的孔径大小悬殊，差别很大，为便于研究和应用，可按照孔直径的大小对孔隙进行分类。孔隙的大小分类方案很多，不同分类方案的区别在于所规定的各种孔径的范围不同。煤中孔隙常见的分类方案见表 6-8。国际纯粹与应用化学联合会(IUPAC)的分类方案在世界范围内广为接受。

表 6-8 主要的煤中孔隙分类方案 单位：nm

分类方案及年代	大孔	中孔	小孔	过渡孔	微孔	超微孔
焦作矿业学院(1990)	>100	100～10			10～1	<1
俞启香(1992)	100 000～1 000	1 000～100	100～10		<10	
王大增(1992)	>10 000	10 000～1 000			1 000～200	<200
IUPAC(1966，孔宽)	>50	50～2			<2	
Dubinin(1966)	>20			20～2	<2	
Холот(1961)	>1 000	1 000～100		100～10	<10	
Gan(1972)	>30			30～1.2	<1.2	
抚顺煤研所(1985)	>100			100～8	<8	
杨思敏(1991)	>750	750～50		50～10	<10	
秦勇(1995)①	>400	400～50		50～15	<15	

注：① 适合于高煤级的煤。

从表 6-8 看出，虽然孔隙的名称有大孔、中孔、微孔等区别，但不同分类方案所对应的孔尺寸相去甚远。总体来看，IUPAC、Dubinin 和 Gan 提出的方案是基于气体吸附法的测定结果划分的，对 50 nm 以下的孔划分得较细；其他的方案都是基于压汞法结果划分的，对 10 nm 以上的孔划分得较细，10 nm 以下的孔几乎没有再细分。实际上，1～10 nm 的孔是煤中重要的孔隙，且对瓦斯的储存和运移有重要影响，因此必须考虑 10 nm 以下孔的分布情况。限于目前的测定技术，还没有一种方法可以全程测定煤中的孔隙结构，常常是压汞法和气体吸附法结合起来使用。但由于原理的不同，这两类方法得到的孔径数据的物理意义有一定的差别,还不能相互代替。

前述大部分划分方案的缺憾是没有考虑孔隙大小与气体的吸附或运移的流动特性相关联,仅仅是根据孔隙的机械尺寸进行划分。罗新荣在探索瓦斯在煤孔隙中的流动扩散特性的基础上,提出了一套分类方案,见表 6-9。

表 6-9　煤层孔隙与流动形态

孔隙分级	孔隙分类	孔径/nm	瓦斯储运特征
一级吸附容积	微孔	≤10	吸附与扩散
	小孔	10～100	毛细凝结和扩散
	中孔	100～1 000	分子滑流层流渗透
二级渗透容积	大孔	10^3～10^5	剧烈层流渗透
	可见缝隙	>10^5	层流与紊流渗透

桑树勋等人在研究前人成果的基础上,提出了一套基于吸附过程本质的分类体系,见表 6-10。

6-10　煤中孔隙类型与瓦斯储运特征

孔隙类型	特　征	气储集	气运移
渗流孔隙	孔径大于 100 nm,原生孔和变质气孔	游离气	渗流
凝聚-吸附孔隙	孔径 10～100 nm,分子间孔和部分经受变形改造的原生孔和变质气孔	吸附气、凝聚气	扩散
吸附孔隙	孔径 2～10 nm,分子间孔	吸附气	扩散
吸收孔隙	孔径小于 2 nm,有机大分子结构单元缺陷,部分为分子间孔	充填气	扩散

该方案整体上较为科学,且覆盖了煤中的各种尺寸的孔隙,值得借鉴。本书认为同一类孔对于分子的吸附有相近的特性,且对应相似的物理过程。IUPAC 分类方案被世界学术界广泛接受,且孔隙对应不同的吸附现象,有较好的科学性,但划分过于宽泛。本书根据前述研究者的结果以及作者在多孔吸附材料研究中的成果,结合 IUPAC 分类方案,提出煤中孔隙结构分类体系,见表 6-11。

表 6-11　煤中孔隙建议分类

孔类别	孔径/nm	孔隙成因	气体吸附特性	气体运动特性
超大孔	>1 000	构造孔、细胞孔	多分子层吸附	紊流渗透
大　孔	1 000～100	构造孔、胶体孔	多分子层吸附	层流渗透
中　孔	100～10	胶体孔	毛细管凝结	渗透凝结
小　孔	10～2	胶体孔、变质孔	毛细管凝结	渗透凝结和扩散
微　孔	2～1	变质孔	毛细管充填	分子扩散
超微孔	<1	变质孔、分子间孔	毛细管充填和吸收	分子间作用

超大孔对吸附没有意义，仅作为气体运移的通道，气体在其中可以作自由渗透流动；大孔具有很小的吸附能力，可以忽略，其作用也仅限于气体的通道；中孔和小孔可以吸附气体，且能够形成毛细管凝聚现象；微孔及超微孔的尺度与分子直径相近，不发生毛细管凝聚，是分子充填，甚至是吸收。这样划分的孔隙对应的吸附现象较为明确，与国际上多孔材料孔隙的划分方案也容易接轨。

（三）煤中孔隙的孔径分布与煤化程度的关系

吕志发等详细研究了煤中孔隙结构（按照俞启香的划分方案，见表 6-8）分布随煤化程度的变化规律，如表 6-12 所示。

表 6-12　不同煤化程度煤的孔隙结构变化

采样点	R^{o}_{min} /%	总孔容 /(cm^3/g)	孔面积 /(m^2/g)	孔隙率 /%	孔隙体积/%			
					微孔	小孔	中孔	大孔
抚顺	0.52	0.118 5	32.20	5.67	36.71	15.61	2.28	45.40
焦坪	0.54	0.080 1	18.59	4.76	30.21	36.08	14.86	18.85
乌鲁木齐	0.62	0.058 4	20.27	5.88	52.10	24.30	13.40	11.20
镇城	1.16	0.040 4	13.71	2.29	44.80	30.20	7.18	17.82
鸡西	1.42	0.054 4	13.42	1.38	32.54	21.51	5.33	40.62
半城	1.67	0.023 0	9.34	1.33	61.80	18.20	8.59	11.41
南桐	1.91	0.025 4	9.32	2.55	48.43	29.53	5.91	16.13
阳泉	2.36	0.035 4	15.90	2.78	59.60	32.20	3.95	4.25
汝箕沟	3.32	0.029 9	12.27	3.36	55.18	34.11	4.02	6.69

从表中可以看出：

(1) $R^{o}_{max}<1.5\%$时，在该阶段随着煤化程度的提高，总孔容、比表面积和各级别孔隙体积均明显减小，尤其是大孔和中孔体积的减小更为迅速。

(2) $R^{o}_{max}\geq1.5\%$时，随煤化程度的提高，小孔和微孔体积开始增大，但大、中孔体积和总孔体积继续减少。

（四）孔隙率

孔隙率又称孔隙度，是煤中孔隙体积占煤总体积的百分比。孔隙率大小影响煤储层储集气体的能力。与常规天然气储层孔隙率相比，煤的孔隙率较低，前者一般为 10% ～ 20%，后者一般小于 10%。

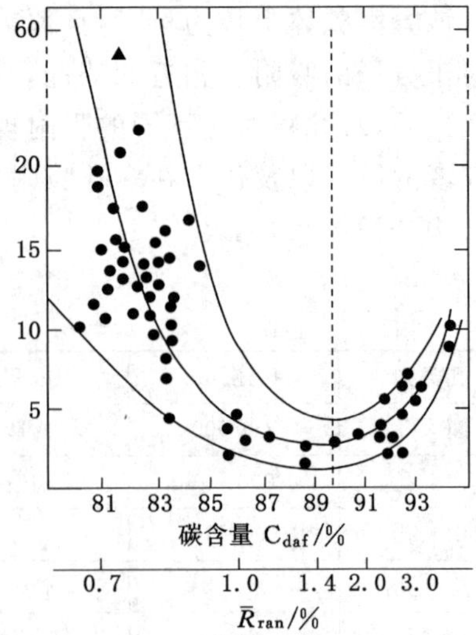

图 6-16　煤的孔隙率随煤化程度的变化规律

煤的孔隙率随煤化程度的变化如图 6-16 所示。年轻煤中的孔隙主要是由泥炭胶体的孔隙转化而来的，由于成煤作用中受到的压力较小，孔径也就较大；到了中等煤化程度的煤，由于煤化作用，分子结构的变化会使分子排列趋于紧密，因而孔隙会减小；到了高煤化程度的无烟煤，煤分子缩聚加剧，密度增大，使煤的体积收缩，由于收缩不均，产生的内应力大于煤的强度时，就会在局部形成裂隙，使无烟煤的孔隙率又有所增大。这些裂隙基本以微孔为主。

二、煤的裂隙

煤的裂隙是指煤在各种力的作用下，煤基体裂开所形成的缝隙，通常肉眼可见。煤的裂隙可分为内生裂隙和外生裂隙。在煤层气界，内生裂隙又称为割理。

（一）煤的内生裂隙

1. 内生裂隙的概念

煤的内生裂隙是指煤化作用过程中，煤在自身产生的收缩内应力和孔隙流体高压力作用下，煤基体开裂形成的缝隙即是内生裂隙。内生裂隙的走向受古构造应力场控制。

内生裂隙一般呈相互垂直的两组出现，且与煤层层面垂直或高角度相交。一般情况下，连续性较强、延伸较远、裂隙数较多的一组称为主要垂直裂隙面（面割理）；主要垂直裂隙面之间断续分布、裂隙数较少的一组称为次要垂直裂隙面（端割理）。这两组裂隙将煤体切割成一系列菱形或长方体基质块。裂隙一般集中分布在光亮煤分层中，裂隙面平整、无擦痕、多具张性特征。裂隙的充填物一般为自生矿物，如方解石、黏土等，极少充填碎煤粒。主要垂直裂隙面（面割理）和次要垂直裂隙面（端割理）如图 6-17 所示。

2. 内生裂隙与煤岩组分、层理的关系

煤的内生裂隙与煤岩组分、层理之间的关系如图 6-18 所示。

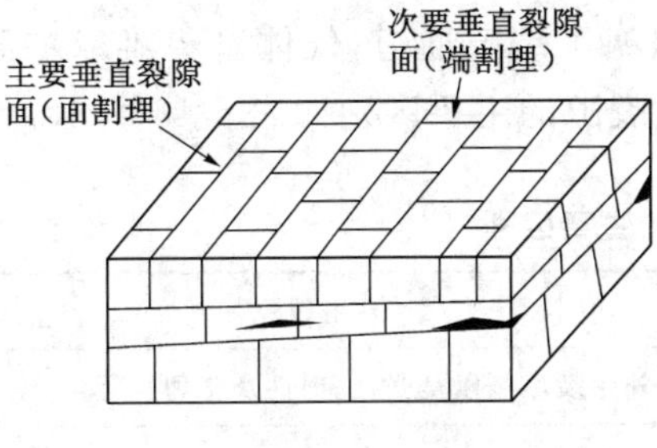

图 6-17　煤的主要垂直裂隙面（面割理）和次要垂直裂隙面（端割理）示意图

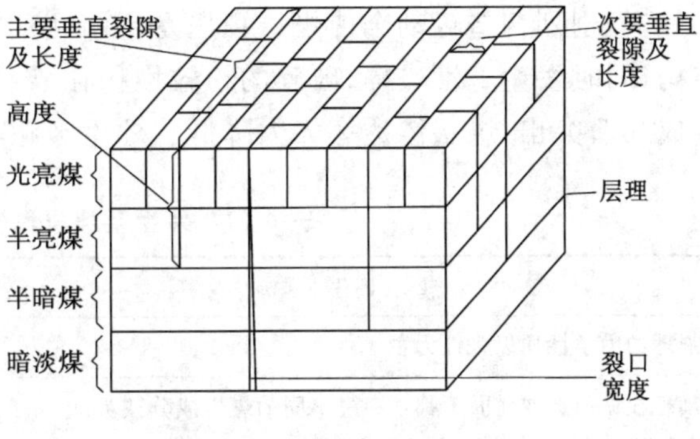

图 6-18　煤的内生裂隙与煤岩组分、层理关系示意图

主要垂直裂隙与次要垂直裂隙在空间上是两组互相垂直或微斜交、各自沿一定方向平行排列且垂直于煤层层理并延伸发育的裂隙。其中主要垂直裂隙在走向上连续发育，次要垂直裂隙发育在相邻两条主要垂直裂隙之间，两端终止于主要垂直裂隙面。

主要垂直裂隙面垂直于煤层层理并平行排列，区域内走向大体一致，走向长度不等，有的仅在镜煤成分中发育，分布范围与镜煤体积大小一致，延伸长度一般较小。有的不受煤岩成分的控制，可切穿不同的煤岩成分，一般延伸长度较大。主要垂直裂隙的高度有的仅发育在镜煤微层理中，有的可发育在一个煤岩类型中局部范围内。主要垂直裂隙有等间距性，裂隙裂缝平直，裂隙面平整，煤体容易沿主要垂直裂隙面断开。

次要垂直裂隙面垂直于煤层层理并平行排列，沿一定方向延伸发育，区域内走向大体一致。走向上的长度受主要垂直裂隙间距的控制，一般情况下其长度等于主要垂直裂隙的间

距。次要垂直裂隙的高度有的仅发育在镜煤微层理中，有的可发育在一个煤岩类型中。

裂隙发育程度与煤岩组分有关，裂隙密度由大到小是：镜煤＞亮煤＞暗煤。这一规律具有普遍性。裂隙发育程度与煤岩类型有关，光亮型煤最为发育，其次是半亮型煤和半暗型煤。从长焰煤到焦煤，随着煤变质程度的提高，裂隙密度增大，到瘦煤阶段裂隙密度又减小，但此后规律不明显。

3. 内生裂隙与煤化程度的关系

煤化程度对内生裂隙的影响很大。腐植煤中，长焰煤＜10 条/5 cm，气煤 10～15 条/5 cm，焦煤 30～40 条/5 cm，无烟煤＜10 条/5 cm。一般认为，内生裂隙是凝胶化物质在变质作用过程中受温度、压力的影响，内部结构变化、体积均匀收缩，产生内应力而形成的。有迹象显示，内生裂隙可能受构造的影响。内生裂隙发育程度随煤级的变化不但受变质程度的影响，而且还受宏观煤岩类型的制约。在成煤作用过程中，由于成煤环境的变迁、成煤物质将有所差异，导致煤的宏观煤岩成分和煤岩类型的明显不同，从而控制了内生裂隙的发育程度。光亮型煤内生裂隙最发育、裂隙孔隙率最大；向暗淡型煤过渡，内生裂隙密度和裂隙孔隙率依次降低。

(二) 煤的外生裂隙

外生裂隙是煤层形成后受到构造应力破坏而产生的裂隙。外生裂隙常成组出现，方向性明显，延伸较长，可切入各种煤岩分层，是良好的导水、导气通道。外生裂隙受控于区域构造运动，强调对煤储层的主干通道作用。一定程度的构造运动是储层渗透性能改善的有利条件，但剧烈构造运动会使煤层积压发生塑性形变，煤体压缩成糜棱状，破坏裂隙中枢网络结构，同时发生脆性破碎，破碎的粉粒堆积在破裂处，阻塞了裂隙通道，气体富集难以疏导，造成瓦斯突出，煤层渗透率大大降低。外生裂隙与内生裂隙的主要区别如表 6-13 所示。

表 6-13　外生裂隙与内生裂隙的主要区别

内生裂隙	外生裂隙
割理的力学性质以张性为主	外生裂隙可以是张性、剪性及张剪性等
割理在纵向上或横向上都不穿过不同的煤岩成分或界线，一般发育在镜煤和亮煤条带中，遇暗煤条带或丝炭终止	外生裂隙不受煤岩类型的限制
割理面垂直或近似垂直于层理面	外生裂隙面可以与层理面以任何角度相交
割理面上无擦痕，一般比较平整	裂隙面上有擦痕、阶步、反阶步
割理中充填方解石、褐铁矿及黏土，极少有碎煤粒	外生裂隙中除了方解石、褐铁矿、黏土外还有碎煤粒

三、煤的比表面积

(一) 煤比表面积的概念

煤中含有大量的孔隙，孔隙就有表面，煤的比表面积是指单位质量煤的孔隙的表面积，常以 m^2/g 为单位。煤的比表面积具有当量的概念，即煤的比表面积并非宏观意义上的平面或曲面的面积，而是根据某种方法测定出来的煤中孔隙的当量面积，因此，不同方法和不同介质测定出来的比表面积的结果常常有显著的差异。煤的比表面积的测定方法有很多，如甲醇润湿热法、吸附法、压汞法、小角度X射线散射法等。

因为甲醇上的羟基能与煤分子上的含氧官能团相互作用，润湿热法很不准确，这个方法现在只有历史意义了。小角度X射线散射法测定的孔隙和比表面积包含了封闭孔隙的信息，因此，对于研究煤的吸附作用时，该法的结果不适用。在实用上，目前主要采用吸附法和压汞法测定煤的孔隙结构和比表面积。

（二）影响煤比表面积的因素

1. 煤化程度的影响

煤的比表面积是煤内部孔隙的表面积的反映，煤的比表面积随煤化程度的变化见表6-14和图6-19。

表6-14　不同煤化程度煤的比表面积

C_{daf}/%	吸附测定的比表面积/(m^2/g)				
	N_2 (−196 ℃)	Kr (−78 ℃)	CO_2 (−78 ℃)	CO_2 (25 ℃)	Xe (0 ℃)
95.0	34	176	246	224	226
90.0	0	96	146	146	141
86.2	0	34	107	125	109
83.6	0	20	80	104	62
79.2	11	17	92	132	84
72.7	12	84	198	139	149

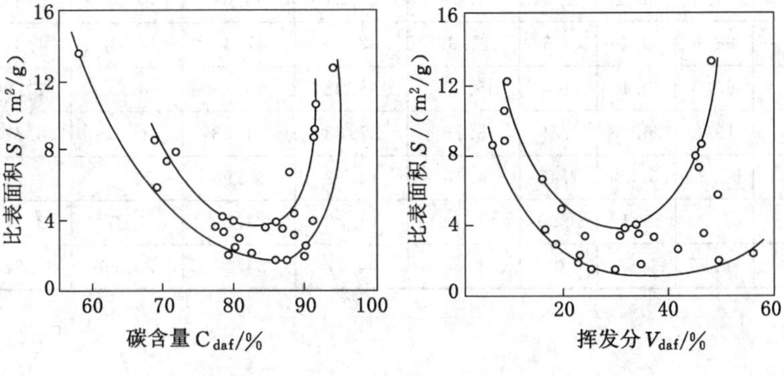

图6-19　煤的比表面积与煤化程度的关系

表6-14中的数据表明，氮吸附测定的比表面积值最小，二氧化碳吸附测定的结果最高。从孔的可进入性和扩散活化能来看，多数人认为−78 ℃下用二氧化碳测定的结果较为可靠。

从表6-14可以看出，用N_2测得的比表面积比用CO_2的测值小得多。这与气体分子在煤微孔中的活化扩散速度有关。N_2分子的扩散活化能比CO_2分子的扩散活化能大，扩散速度就慢。而且，N_2吸附法的测定温度为77 K，CO_2吸附法的测定温度则高得多，通常为298 K。低温下N_2分子的能量低，扩散进入孔隙更难。这是导致两者测值差异的主要原因。

2. 煤岩组分的影响

不同煤岩组分的孔隙结构有很大区别，而且随煤化程度的变化，不同煤岩组分孔隙结构的变化规律也有差异，导致在不同煤化阶段，煤岩组分的比表面积出现此消彼长的变化。从煤中孔隙演变的情况来看，镜质组在低煤化程度阶段，其中的孔隙以胶体孔隙为主，孔隙大而且多，表现出比表面积也大，随着煤化程度的提高，受上覆岩层压力的影响，孔隙收缩，比表面积也逐渐减小，大约在碳含量为90%达到最低。此后，煤化程度再提高，变质作用形成的微孔不断增多，煤的孔隙率和比表面积也增大。对于惰质组来说，它的特点是孔隙发达，但多为植物组织孔，孔径较大，其比表面积可能比镜质组还高。由于惰质组随煤化程度提高的变质作用不如镜质组和壳质组明显，其孔隙结构的演变也比较缓慢。总体而言，在中低煤化程度阶段，惰质组与镜质组的比表面积相当，互有高低，壳质组最低；在中高煤化程度阶段，惰质组＞壳质组＞镜质组；在高煤化程度阶段，镜质组＞惰质组＞壳质组。

从表6-15中可以看出，神1煤主要由镜质组构成，神2煤主要由惰质组构成，神1煤的比表面积稍大；抚1和抚3有相同的反射率，但惰质组为主的抚3比表面积大。这说明低煤化程度阶段镜质组的比表面积占优势，煤化程度提高，惰质组的比表面积逐渐占优势；从鹤1和鹤2煤的比较，在高煤化程度时，镜质组的比表面积又重新占优势。有趣的是，抚2煤中有较多的壳质组，但该煤的比表面积却最小，说明壳质组的比表面积很小。

表6-15 煤岩组分对煤比表面积的影响

样品名称	镜煤反射率 $\bar{R}^{o}_{m}$/%	镜质组 V/%	惰质组 I/%	壳质组 E/%	工业分析				BET比表面积/(m^2/g)	
					M_{ad}/%	V_{ad}/%	FC_{ad}/%	A_{ad}/%	原煤	煤焦
神1	0.46	94.2	5.6	0	8.97	35.02	53.58	2.43	7.340 9	317.383 1
神2	0.46	14.4	83.2	1.6	7.65	28.51	58.87	4.97	5.825 6	289.796 2
抚1	0.53	98.6	0.4	0.6	12.36	37.51	47.41	2.72	4.329 5	203.941 2
抚2	0.53	60.0	0.1	39.2	5.56	48.02	38.20	8.22	1.990 0	150.702 2
抚3	0.53	19.8	76.58	0.59	3.73	37.33	54.03	4.91	6.773 9	297.825 0
鹤1	1.83	92.31	5.38	1.15	1.18	12.62	61.90	24.30	3.718 8	69.875 3
鹤2	1.83	51.39	35.12	0.99	1.12	13.29	78.32	7.27	2.271 6	74.741 0
鹤3	1.83	74.77	3.61	0	1.06	14.77	54.21	29.96	4.521 5	76.932 4

复习思考题

1. 煤的密度有哪几种表示方式？其含义有何区别？
2. 煤的真相对密度随煤化程度有何变化规律？为什么？
3. 煤的硬度有哪几种表示方法？
4. 煤的显微硬度随煤化程度有怎样的变化规律？为什么？
5. 煤的热性质有哪些？
6. 煤的导电性和介电常数随煤化程度有何变化规律？为什么？
7. 什么是煤的透光率？它有何用途？

8. 煤对水的润湿性随煤化程度有何变化规律？为什么？

9. 煤的润湿热主要与哪些因素有关？

10. 什么是煤的孔隙？煤的孔隙与裂隙有何区别？

11. 煤的孔隙有哪几种成因？

12. 煤的孔隙率随煤化程度有何变化规律？为什么？

13. 什么是煤的裂隙？什么是煤的内生裂隙？什么是主要垂直裂隙面和次要垂直裂隙面？内生裂隙与煤化程度有何关系？

14. 煤的比表面积随煤化程度有何变化规律？为什么？

第六章学习指南

第七章　煤的化学性质

煤的化学性质是指煤炭在一定条件下与其他物质进行化学反应的性能。通常与煤能进行化学反应的物质有空气、氧气、双氧水、硝酸和浓硫酸等，此外卤素、硼和氢气等也能与煤起反应。本章主要阐述煤的氧化、煤的加氢以及煤的磺化。这些化学反应有的可以形成煤转化的方法，如腐植酸的制备、煤炭液化等。

第一节　煤的氧化性质

一、不同氧化条件下煤的氧化产物

煤的氧化是研究煤结构和性质的重要方法，同时又是煤炭加工利用的一种工艺。煤的氧化是在氧化剂作用下煤分子结构从复杂到简单的转化过程。氧化的温度越高、氧化剂的氧化性越强、氧化的时间越长，氧化产物的分子结构就越简单，从结构复杂的腐植酸到较简单的苯羧酸，直至最后被完全氧化为二氧化碳和水。常用的氧化剂有：高锰酸钾、重铬酸钠、双氧水、空气、纯氧和硝酸等。煤的氧化可以按其进行的深度或主要产品划分为表面氧化、轻度氧化、中度氧化、深度氧化和完全氧化。表 7-1 列举了煤进行不同深度氧化的条件及其产物。

表 7-1　煤氧化的深度

氧化深度	主要氧化条件	主要氧化产物
表面氧化	100 ℃以下的空气氧化	表面碳氧络合物
轻度氧化	100～300 ℃空气或氧气氧化 100～200 ℃碱溶液中，空气或氧气氧化 80～100 ℃硝酸氧化等	可溶于碱的高分子有机酸（再生腐植酸）
中度氧化	200～300 ℃碱溶液中空气或氧气加压氧化，碱性介质中 $KMnO_4$ 氧化及双氧水氧化等	可溶于水的复杂有机酸（次生腐植酸）
深度氧化	与中度氧化条件相同，增加氧化剂用量，延长反应时间	可溶于水的苯羧酸
完全氧化	在空气或氧气中，煤的着火点以上	二氧化碳和水

（一）煤的表面氧化

氧化条件较弱，一般是在 100 ℃以下的空气中进行，氧化反应发生在煤的内外表面，主要形成表面碳氧络合物。这种络合物不稳定，易分解为 CO、CO_2 和 H_2O 等。煤经氧化后易于碎裂，表面积增加，使氧化加快。煤的表面氧化虽然氧化程度不深，但却会使煤的性质发生较大的变化，如热值降低、黏结性下降甚至消失、机械强度降低等，对煤的工业应用有较大的不利影响。

（二）煤的轻度氧化

1. 轻度氧化条件及产物

氧化条件有所增强，一般是在 100～300 ℃的空气或氧气中氧化或 100～200 ℃的碱溶液中用空气或氧气氧化或在 80～100 ℃的硝酸溶液中氧化。氧化的产物主要是可溶于碱液的高分子有机酸，称为再生腐植酸。

再生腐植酸与煤中的天然腐植酸具有相似的结构和性质，通过研究再生腐植酸可以得到煤结构的信息。同时，腐植酸具有多种用途，如作为肥料可以刺激植物生长、改良土壤、防治蔬菜病虫害，还可以用作饲料添加剂；在工业上可用作锅炉除垢剂、混凝土减水剂、硬水软化剂、型煤黏结剂以及水煤浆添加剂等。

泥炭、褐煤、风化煤被碱所抽提的物质称为腐植酸。腐植酸具有弱酸性，它不是单一的化合物，是由多种结构相似但又不相同的高分子羟基芳香酸所组成的复杂混合物。它的组分既不具有塑性，也不具有弹性，而是一种高分子的非均一缩聚物。它既不溶解于水，又不结晶，是一种无定形的高分子胶体。按腐植酸在不同溶剂中的溶解度和颜色，一般可分成三个组分，即黄腐酸、棕腐酸和黑腐酸。

腐植酸类物质一般是指由腐植酸及其派生物质的总称，它包括腐植酸的各种盐类（钠、钾和铵等）、各种络合物（络腐酸和腐植酸-尿素等）以及各种衍生物（硝基腐植酸、氯化腐植酸和磺化腐植酸等）。硝基腐植酸是腐植酸类物质中的一大类，它本身包括多种盐类、络合物以及衍生物。广义地说，腐植酸类物质也包括天然含腐植酸的煤（泥炭、褐煤和风化煤）。

2. 腐植酸类物质的制备方法

(1) 原料的选择

① 腐植酸含量。这是选择原料的一个重要指标。不同产品及不同用途对腐植酸中的具体指标有不同要求，并不是只要求腐植酸含量高就好。如生产作物生长刺激素时，不仅要求原料中腐植酸含量高，而且更希望腐植酸含量中的生物活性高，这样的产品有利于刺激作物生长。所以，原料选择必须考虑产品及应用对象。

② 原料中灰分含量。灰分在生产过程中都是无效成分，希望越低越好。

(2) 原料的预处理

原料的预处理包括原料的干燥、粉碎、除尘和脱钙等方面，在腐植酸加工过程中是重要的一环。它对产品的质量、收率和成本都有一定的影响。

① 干燥。干燥通常采用自然干燥和机械干燥方式。自然干燥是把水分高的原料，散放到地面上，让其自然蒸发干燥。第二种是滚筒干燥器干燥，干燥器是一种卧式滚筒，有机械带动可以回转。将热风炉来的烟道气和需干燥的物料同时从圆筒一端加入，烟道气和物料在圆筒中不断翻滚流动至另一端，烟道气放空，经干燥后的原料进入下一工序。第三种干燥形式是干燥与破碎都在同一设备里进行，把含水较高而未经干燥的原料煤，送入球磨机内通入烟道气，一边干燥，一边粉碎。

② 粉碎。腐植酸产品的工业生产，大多数是固液两相的化学反应，为了取得高的反应速率和收率，固相表面积是非常重要的工业条件，因此，对原料煤粉碎和磨碎细度有比较高的要求，通常要求 40～80 网目。

③ 输送。粗料输送一般选用胶带输送机的斗式提升机。粉料输送采用刮板输送机和

气流管道输送器。管道输送采用负压，避免粉料外泄污染环境和浪费物料。

④ 脱钙和除灰。为了提高生产过程中腐植酸收率和氨化效果，将原料煤中与腐植酸结合的钙、镁离子预先进行酸化除去，其化学反应式为

$$R—(COO)_2Ca+2HCl \longrightarrow R—(COOH)_2+CaCl_2$$

$$R—(COO)_2Mg+2HCl \longrightarrow R—(COOH)_2+MgCl_2$$

脱除钙、镁时，盐酸、硫酸和硝酸都可以应用。但是用硫酸时反应后产物硫酸钙和硫酸镁在水中的溶解度小，用水洗法洗涤时不易洗净，仍有一部分硫酸钙和硫酸镁留在产品中，将影响产品质量，所以采用硫酸脱除钙、镁离子不如盐酸和硝酸效果好。

(3) 几种腐植酸类物质制备方法

① 固体腐植酸钠。原料煤与水混合湿磨，加碱配料，经抽提、沉降、湿沉渣洗涤、蒸发浓缩和烘干。

② 纯硝基腐植酸。方法一是：先将褐煤或风化煤用稀酸硝化制取硝化煤(粗硝基腐植酸)，再用稀碱溶液抽提，经酸化、过滤、洗涤和干燥制得。方法二是：先从泥炭、褐煤或风化煤抽得腐植酸，再与稀硝酸反应，经过滤干燥制得。

③ 硝基腐植酸铵。先使褐煤与40%的硝酸反应制得硝基腐植酸，再加氨水进行氨化中和制得。

④ 磺化硝基腐植酸。先用硝酸氧解褐煤得粗硝基腐植酸，再用 Na_2SO_3 或者 $NaHSO_3$ 磺化制取。

⑤ 铬腐植酸。由褐煤或腐植酸与重铬酸钠反应制得。

⑥ 医药用纯腐植酸。泥炭经盐酸洗涤，除部分矿物质，用硫酸酸化，其残留物经碳铵和硫铵的稀溶液抽提，经过滤，用硫酸酸化，其沉淀再次过滤、洗涤、干燥，在索氏抽提器中用乙醚抽提制得。

3. 腐植酸的主要性质

(1) 腐植酸能或多或少地溶解在酸、碱、盐、水和一些有机溶剂中，因而可用这些物质作为腐植酸的抽提剂。而且腐植酸的钠盐、钾盐和铵盐可溶于水。

(2) 腐植酸是一种亲水的可逆胶体，低浓度时是真溶液，没有黏度；而在高浓度时则是一种胶体溶液或称分散体系，呈现胶体性质。加入酸或高浓度盐溶液可使腐植酸溶液发生凝聚。一般使用稀盐酸或稀硫酸，保持溶液 pH 值在 3～4 之间时，此溶液经静置后就能很快析出絮状沉淀。

(3) 腐植酸分子结构中有羧基和酚羟基等基团，具有弱酸性。所以腐植酸可以与碳酸盐、醋酸盐等进行定量反应。腐植酸与其盐类组成的缓冲液可以调节土壤的酸碱度，使农作物在适宜的 pH 值条件下生长。

(4) 腐植酸分子上的一些官能团如羧基(—COOH)上的 H^+ 可以被 Na^+、K^+、NH_4^+ 等金属离子置换出来而生成弱酸盐，所以具有较高的离子交换能力。

(5) 由于腐植酸含有大量的官能团，可以与一些金属离子(Al^{3+}、Fe^{2+}、Ca^{2+}、Cu^{2+}、Cr^{3+}等)形成络合物或螯合物，故能从水溶液中除去金属离子。

(6) 可溶于水的腐植酸盐能降低水的表面张力，降低泥浆的黏度和失水。

(7) 腐植酸具有氧化还原性，如可将 H_2S 氧化为硫，将 V^{4+} 氧化为 V^{5+}；黄腐酸能把 Fe^{3+} 还原为 Fe^{2+}，将 $AuCl^-$ 还原为 Au 等。

(8) 腐植酸具有一定的生理活性，作为氢接受体可参与植物体内的能量代谢过程，对植物体内的各种酶有不同程度的促进或抑制作用，也能促进铁、镁、锰及锌等离子的吸收与转移等。

4. 腐植酸类物质的主要应用

(1) 在农业上的应用

腐植酸是有机质的重要组成部分，由于自身独特的化学组成和理化性质，对于提高土壤肥力有着重要作用。它不但可以改良土壤的理化性质、刺激作物生长，而且还可以增强作物的抗逆性，改善农产品的品质等。所以，腐植酸在农业生产中被人们广泛关注。近几年来各种各样的腐植酸肥料也相继在市场上广泛出现。目前，腐植酸肥料的生产原料大多采用的是不同腐植化程度的有机物料，例如草炭、褐煤、风化煤等，腐植化程度不同，其性质和组成是否相同，其作用是否一致等问题成为困扰腐植酸肥料生产的重要问题。

目前我国经审议定型的有腐植酸铵、腐植酸钠、硝基腐植酸铵等。腐植酸肥料是植物生长的刺激剂，可增产粮食，也可作土壤改良剂、多功能除草剂、蔬菜生理病预防剂、饲料添加剂、杀虫杀菌剂、养殖池环境调整剂等。

(2) 工业上的应用

腐植酸类物质一般包括腐植酸类本身及其重要的衍生物硝基腐植酸类两大类，这两大类的酸和它们的一些盐类或螯合物，例如，碱金属(钠、钾)盐、碱土金属(钙、钡)盐、铵盐、铋盐、钴盐、铝盐、铬腐植酸、胺盐、烷基胺盐以及酰胺盐等在工业上有较广泛的应用。轻度氧化生成腐植酸类物质用于水泥减水剂、锅炉除垢剂、锅炉硬水软化剂、钻井泥浆调整剂、浮选药剂、制造偶氮染料和硫化染料、涂料(船底漆防污剂、抗腐蚀剂)、黏结剂(煤砖、煤球和型焦)、脱硫剂(石油馏分、煤气、焦炭)、煤-油混烧稳定剂、煤粉运输用分散剂、皮革颜色分散剂、香肠肠衣浸润剂、食品防腐剂、酿酒促酵剂、工业废水废气净化剂和陶瓷添加剂等。腐植酸还可以用于医药，可调整机体的免疫功能、抑制肿瘤的生长、调节内分泌，并有止血和活血作用。

(三) 煤的中度氧化和深度氧化

在 200～300 ℃的碱性溶液中，用空气或氧气加压氧化；或在碱性介质中用高锰酸钾或双氧水氧化。产物是可溶于水的复杂有机酸，如果增加氧化剂用量或延长氧化时间，生成的产物可以继续氧化为相对分子质量更小的苯羧酸甚至氧化为二氧化碳和水。利用煤的中度氧化或深度氧化可以制备芳香羧酸。

煤经轻度氧化得到腐植酸类物质，如果继续氧化分解，在氧化第三阶段和第四阶段条件下，可生成溶于水的低分子有机酸和大量二氧化碳。低分子有机酸类包括草酸、醋酸和苯羧酸(主要有苯二羧酸、苯三羧酸、苯四羧酸、苯五羧酸和苯六羧酸等)。

煤的深度氧化通常是在碱性介质中进行的，碱性介质的作用是使氧化生成的酸转变成相应的盐而稳定下来。同时，由于碱的存在还能促使腐植酸盐转变为溶液，因此可以明显地减少反应产物的过氧化，从而达到控制氧化的目的。常用的碱性介质是 $NaOH$、Na_2CO_3、$Ca(OH)_2$ 等。如果采用中性或酸性介质，则会使 CO_2 增加，而水溶性酸降低。煤的深度氧化过程是分阶段进行的，氧化时，首先生成腐植酸，进一步氧化则生成各种低分子酸，如果一直氧化下去，则全部转变成 CO_2 和 H_2O。氧化过程是一个连续变化过程，也就是边生成边分解的过程。因此，适当控制氧化条件，可增加某种产品收率。

氧化剂的用量和氧化时间对氧化产物的收率影响很大。用高锰酸钾氧化煤时，高锰酸钾的用量对氧化产物的收率有重大影响，见表 7-2。

表 7-2 高锰酸钾用量对氧化产物收率的影响 单位：%

$KMnO_4$ 的用量	0	1.0	3.0	5.0	7.0	8.1	12.8
固体残渣	100	81.9	56.1	32.4	10.9	4.4	0
腐植酸	0	10.9	27.8	24.4	19.1	0	0
芳 酸	0	6.0	23.0	35.1	51.0	46.8	41.8
草 酸	0	2.0	8.0	13.2	20.0	17.0	20.8
醋 酸	0	0.9	1.9	2.4	2.1	2.6	3.3

波内(Bone)等人对木质素、纤维素以及各种煤化程度的煤，用碱性高锰酸钾进行了深度氧化研究，结果见表 7-3。

表 7-3 木质素、纤维素及各种煤的氧化产物收率 单位：%

原料物质	二氧化碳	醋酸	草酸	芳香族酸
纤维素	48	3	48	—
木质素	57～60	2.5～6.0	21～22	12～16
泥 炭	49～61	3.0～5.5	15～28	10～25
泥炭和褐煤	45～47	3.0～7.5	9～23	22～34
烟 煤	36～42	1.5～4.5	13～14	39～46
无烟煤	43	2	7	50

从表 7-3 可知，醋酸的收率较少，随煤化程度变化甚微；草酸的收率较多，且随煤化程度增加而减少；芳香族酸收率也较多，且随煤化程度增加而增加，增加的幅度也比较大；二氧化碳的收率很高，随着煤化程度的增加而显示出下降的趋势。

(四) 煤的完全氧化

煤的完全氧化是指煤在高温空气中的燃烧过程，生成二氧化碳和水，并放出大量的热能。煤炭作为能源主要是以这种方式加以利用的。

(五) 煤氧化过程中不同结构基团的变化规律

煤的大分子可分为芳香结构的规则部分和连接在芳香结构周围的非芳香结构不规则部分，如脂肪族侧链、各种官能团和桥键等。

国内外学者对于煤中易氧化的非芳香结构均已做了许多卓有成效的研究。Fanor Mondragon 研究了不同变质程度煤在空气中的氧化过程，发现低变质程度煤氧化后倾向于形成酯基，高变质程度煤氧化后则主要形成羧基。董庆年等在低温氧化褐煤时，发现氧原子主要攻击脂肪族取代基，通过生成过氧化物进入煤结构，因此整个过程表现为含氧基团的增多和脂肪族基团的减少，而煤的核心部分芳环是稳定的。李涛等人通过红外光谱研究发现，随着温度升高，甲基、亚甲基、羟基等活性基团最终氧化生成了羧酸、酯、醚键等基团。煤分子中活性基团氧化生成酮、羧酸、酯、醚键等基团的反应较慢，充分反应需要较长时间。研究表明，易自燃煤分子结构中首先被氧化的是芳香环上的侧链，易被氧化的是结构单元的桥键或桥键的侧链，同时伴随着各结构单元之间桥键的断裂氧化，氧化速率由快到慢为醚氧键、甲基或者亚甲基、芳香环。

在煤的氧化过程中，各类基团的变化规律如下：

(1) 脂肪族结构的变化

褐煤氧化时，脂肪族基团被氧攻击而减少，甚至在某一温度之后某一官能团不复存在，且不同的脂肪族基团具有不同的氧化活性，大部分是煤分子结构中的支链部分，如和芳核、$>C=O$ 或—OR 相连的 $>CH_2$ 都比较活泼，但也存在相对稳定的—CH_3。

(2) 含氧官能团的变化

煤的氧化反应是吸氧反应，整个过程表现为含氧官能团增加，脂肪和芳香族基团减少，并且脂肪族最易被氧攻击，形成含氧官能团。煤的氧化能力随煤中含氧官能团的增加而增强。

煤表面官能团的种类和数量对煤的性质有很大的影响，最重要的表面官能团是含氧官能团，而在氧化过程中含氧官能团的种类和数量的变化也尤为明显。

褐煤结构中的含氧官能团可以分成两种类型：一种是和氢结合，形成醇、酚、酸结构中的羟基；另一种是和碳结合，形成酮、酯、酸、酐、醌中的羰基和醇、酚、醚、酯、酸、酐中的 C—O 键。

羟基的变化规律最为明显，如果不考虑脂肪基和芳基的 C—H，在氧化过程中，尽管羟基在生成酯、酐等反应中有所消耗，但总的说来，在结构中它仍呈积累趋势。其中醇羟基呈增加趋势。但对酚羟基来说，其只是在氧化初期有所增加，在氧化后期，则有所下降。关于羧酸中的羟基，在原煤中它们大多呈缔合状态存在，但随着氧化的开始，这些相近的羧基相当活泼，易于脱水成酐，或脱羧成 CO_2，或和邻近的羟基反应成酯。而氧化过程中的羧酸羟基，主要以孤独的"游离"状态存在。

随着氧化时间的增加，在煤氧化过程中开始出现五元环共轭酸酐新基团。五元环共轭酸酐可来自同核相邻的两个羧基脱水反应，也可能由和芳核骈接的饱和环氧化而得。与此同时，在氧化过程中，还伴随着酚酯类羰基的产生。酚酯可由酸、酚反应而得到，也可由过氧化物与酮的反应生成。在经历较长时间的氧化过程之后，会有极少量的脂肪酸酯(RCOOR′)存在。

醛、酮、酸中的 $>C=O$ 随氧化时间的变化并不明显，可能是由于这些基团比较活泼，因此，在氧化过程中，虽有新的羰基生成，但它们的进一步转化使得该基团在结构中难以有显著的积累。

煤氧化过程中还有醌和二芳酮基存在的标志。氧化煤中醌基的增多是某些多取代酚被氧化的结果。醚键由于测试过程中醇、酚、酸、酯的 C—O 干扰，煤结构中对醚键的定量表征比较困难。但还是可以确定氧化过程中一定包含有芳醚，但终因其干扰的复杂性，难以根据它们的强度来了解醚含量的变化规律。氧化过程中，醚键的增多，部分是由羟基本身缩合或和自由基缩合而成的。

由上面可知，煤氧化过程中，芳香酮、醛类羰基、酚、醇、醚、酯等含氧官能团数量增加，或者从无到有并逐渐增加，这是由于煤在氧化过程出现氧原子与还原性较强的官能团结合导致这些含氧官能团在低温氧化过程中随温度升高数量增加。

(3) 芳香结构的变化

煤氧化时，由于芳核上的含氧取代基不断变化，一部分芳环 C═C 呈递增趋势，而另一部分则先增多，然后又逐渐下降。褐煤由于芳核上有较多羧基，它的 C═O 基和芳环共轭，氧化开始后，由于酚酯和芳醚的积累以及脱羧造成与芳核共轭的 C═O 减少。对褐煤来说，温度不高时，氧化基本不触及结构单元的核心芳核，核本身是稳定的。这种认识和褐煤的结构概念相一致。众所周知，低煤化程度的褐煤，其主要结构单元是仅有 1～2 个环的芳核，在氧化过程中本身不会发生缩合反应，而部分羧酸基的脱羧反应却使芳核的取代程度降低，导致芳烃 C—H 键增多。氧化时，唯一能使芳烃 C—H 键减少的，可能是部分酚基转化成醌基的反应，但这种反应仅占很小比例。

综上可知，低温氧化褐煤时，氧原子主要攻击脂肪族取代基，通过生成过氧化物进入煤结构中，因此整个过程表现为含氧基团的增多和脂肪族基团的减少。煤的核心部分芳环是稳定的。芳烃 C—H 键在氧化过程中的增多进一步说明芳核未遭破坏，本身也没有发生缩合。它的增多主要是由于芳酸中的部分羧基脱羧的结果。

此外，煤在低温氧化过程中微观结构的变化主要表现为煤表面官能团的变化，在低温氧化阶段，煤分子中的芳香结构由于需要较高的能量才能被活化而发生氧化反应，依据相关试验也可以从不同氧化温度红外光谱图看出煤的芳香结构基本没有大的变化。

(六) 煤低温氧化过程中反应历程分析

在煤低温氧化过程中，随着温度的升高，首先是煤分子中大量的缔合羟基、酚羟基与氧发生反应转化为羧基，部分羧基在氧化过程中变成水随气流逸出；芳香羧基(Ar—COOH)先是逐渐增多，在温度到达 100 ℃时，其数量达到一最大值后，由于高温下不稳定，发生分解，转变为较稳定的醚键。随着氧化温度的继续上升，直至温度高于 175 ℃时，煤大分子结构上一些脂肪侧链开始脱落，甚至部分连接芳香基团间的桥键发生了断裂，氧化产物中的芳香环显著增加，从而使芳香族部分相对比例升高。

根据最新研究表明，当温度在 200 ℃以下时，煤在氧化过程中，分子中芳香结构单元间的桥键及与其连接的官能团侧链参与了氧化反应：

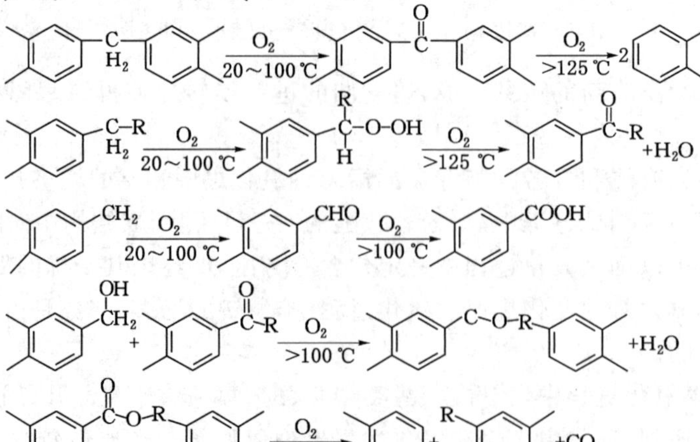

大多数研究者已认同煤氧化的开始阶段主要是氧分子与某些烷基侧链反应，如处在芳烃 α 位上的亚甲基键或一些含氧桥键如—OR 首先反应，生成相对稳定的过氧化物，进一步生成羧基酮、共轭羰基及醚键等含氧官能团。

综上所述，可以认为煤分子中羟基和与芳香族相连的亚甲基是较为活跃的基团，在低温下即首先与氧发生反应生成羧基，其中芳香羧基增加比例高于脂肪羧基；在温度较高时，羧基分解成羰基并进一步氧化转变成更为稳定的醚键。当温度高于 150 ℃进行氧化时，大量脂肪侧链开始脱落，部分桥键断裂并参与反应，从而使煤分子中芳香基团的比例增高；在低温下，煤分子中的芳香结构相对较为稳定，没有受到破坏。

二、煤的风化与自燃

（一）煤的风化

煤的风化是指离地表较近的煤层，经受风、雪、雨、露、冰冻、日光和空气中氧等的长时间作用，使煤的性质发生一系列不利变化的现象。在浅煤层中被风化了的煤称为风化煤。被开采出来存放在地面上的煤，经长时间与空气作用，也会发生缓慢的氧化作用，使煤质发生变化，这一过程也称为风化作用。经风化作用后，煤的性质主要发生以下一些变化。

(1) 化学组成的变化：碳元素和氢元素含量下降，氧含量增加，腐植酸含量增加；

(2) 物理性质的变化：光泽暗淡，机械强度下降，硬度下降，疏松易碎，表面积增加，对水的润湿性增大；

(3) 工艺性质的变化：低温干馏焦油产率下降，发热量降低，黏结性煤的黏结性下降甚至消失，煤的可浮性变差，浮选回收率下降，精煤脱水性恶化。

风化煤中的腐植酸常与钙、镁、铁和铝离子结合形成不溶性的腐植酸盐，所以用碱溶液不能直接抽出，而要先进行酸洗。有些风化煤因风化程度较深，生成了相对分子质量更低的黄腐酸，可以溶于酸并能用丙酮抽提出来。

（二）煤的自燃

煤不经外源性的点燃而自行着火的现象称为自燃。一般煤层露头、老窿以及煤堆都是容易引起煤自燃的场所。

多年来，人们进行了不懈的努力与探讨，提出了若干学说来解释煤的自燃，如黄铁矿作用、细菌作用、酚基作用、煤氧复合作用等学说。黄铁矿作用学说认为煤的自燃是由煤层中的黄铁矿(FeS_2)与空气中的水分和氧相互作用、发生热反应而引起的。细菌作用学说认为，在细菌作用下，煤在发酵过程中放出一定热量对煤自燃起了决定性作用。酚基学说认为，煤的自燃是由煤体内不饱和的酚基化合物强烈地吸附空气中的氧，同时放出一定的热量而造成的。煤氧复合作用学说认为，原始煤体自暴露于空气中后，与氧气结合，发生氧化并产生热量，当具备适宜的储热条件，就开始升温，最终导致煤的自燃。

近年来，又提出了煤自燃逐步自活化反应理论，认为煤结构中不同官能团活化所需温度与能量不同，先被活化而发生氧化反应的官能团释放能量，使其他需要更高活化温度和能量的官能团活化进一步与氧发生反应而释放出更多能量。煤自燃过程是不同官能团分步逐渐活化而与氧发生反应的自加速升温过程。此外，还有人提出煤自燃零活化反应理论，认为零活化能使煤活化能由正值向负值转变的过渡值，意味着煤从被动氧化进入自发氧化，然后煤可以依靠本身的物理吸附、化学吸附和化学反应产热不断使煤体内的活性结构活化，发生氧化反应，放出热量而使温度升高，最终达到着火点发生自燃。

由于煤是一个非均质体，其品种多样，化学结构、物理化学性质、煤岩成分、赋存状态、地质条件均有很大差别，所以其自燃过程也是相当复杂的，至今现有的煤炭自燃学说都还不能完全揭示煤炭自燃的机理，例如高变质程度富含黄铁矿的煤会发生自燃，但完全不含黄铁矿的煤也会自燃；煤即使在真空中让细菌充分死亡的条件下，其自燃倾向也未降低。这说明黄铁矿作用学说和细菌作用学说都是不全面的。有人认为酚基作用学说实际上是煤氧复合学说，或者是煤氧复合学说的补充。另外也未能回答煤炭自燃过程中产生的 CO、CO_2、烷烃、烯烃、低级醇、醛等气体成分是如何生成的等一系列问题。主要原因是人们不能获得准确的煤的分子结构，因此不能准确揭示煤氧反应的化学机理。尽管如此，煤氧复合作用学说还是揭示了煤炭氧化生热的本质，并得到了实践的验证，所以该学说已经被人们广泛认同，成为指导人们防治煤炭自燃工作的重要理论。

根据现有的研究成果，人们认为煤炭的氧化和自燃是基-链反应。煤炭自燃过程大体分为 3 个阶段：① 准备期；② 自热期；③ 燃烧期。如图 7-1 所示。

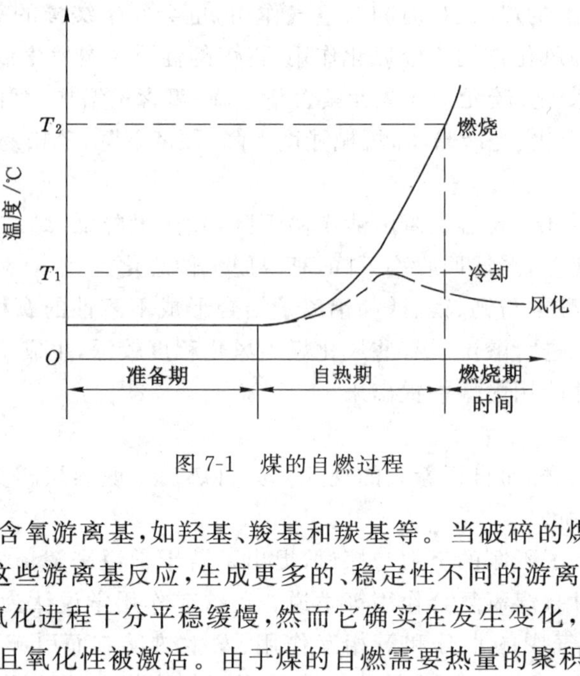

图 7-1 煤的自燃过程

煤分子上有许多含氧游离基，如羟基、羧基和羰基等。当破碎的煤与空气接触时，煤从空气中吸附的 O_2 与这些游离基反应，生成更多的、稳定性不同的游离基。此阶段煤体温度的变化不明显，煤的氧化进程十分平稳缓慢，然而它确实在发生变化，不仅煤的重量略有增加，着火温度降低，而且氧化性被激活。由于煤的自燃需要热量的聚积，在该阶段，因环境起始温度低，煤的氧化速度慢，产生的热量较少，因此需要一个较长的蓄热过程，故这个阶段通常称为煤的自燃准备期，它的长短取决于煤的自燃倾向性的强弱和通风散热条件。

经过这个准备期之后，煤的氧化速度加快，不稳定的氧化物分解成水、二氧化碳、一氧化碳。氧化产生的热量使煤的温度继续升高，超过自热的临界温度（60～80 ℃），煤温上升急剧加速，开始出现煤的干馏，产生碳氢化合物、氢气、更多的一氧化碳等可燃气体，这个阶段称为自热期。

临界温度也称自热温度（self-heating temperature，SHT），是能使煤燃烧的最低温度。一旦达到该温度点，煤氧化的产热与煤所在的环境的散热就失去了平衡，即产热量将高于散热量，就会导致煤与周围环境温度的上升，从而又加速了煤的氧化速度并又产生了更多的热量，直至煤自动燃烧起来。煤的自热温度与煤的产热能力和蓄热环境有关，对于具有相同产热能力的煤，煤的自热温度也是不同的，主要取决于煤所处的散热环境。如煤堆积量越大，散热环境越差，煤的最低自热温度也就越低。因此应该注意即使是同一种煤，其自热温度也不是一个常量，受散热（蓄热）环境影响很大。

自热期的发展有可能使煤温上升到着火温度（T_2）而导致自燃。煤的着火温度由于煤种不同而变化，无烟煤一般为 400 ℃，烟煤为 320～380 ℃，褐煤为 270～350 ℃。如果煤温根本不能上升到临界温度（60～80 ℃），或上升到这一温度但由于外界条件的变化更适于热量散发而不是聚积，煤炭自燃过程即行放慢而进入冷却阶段，继续发展，便进入风化状态，使煤自燃倾向性降低而不易再次发生自燃，如图 7-1 中虚线所示。

煤的自燃过程就是煤氧化产生的热量大于向环境散失的热量导致煤体热量聚积，使煤的温度上升而达到着火点进而自发燃烧的过程。

由此可见，煤炭自燃必须具备四个条件：① 煤具有自燃倾向性；② 有连续的供氧条件；③ 热量易于聚积；④ 持续一定的时间。第一个条件由煤的物理化学性质所决定，取决于成煤物质和成煤条件，表示煤与氧相互作用的能力。第二、第三条为外因，决定于矿井地质条件和开采技术条件或煤的堆放条件。自燃倾向性强的煤更容易氧化，在单位时间内放出的热量更多，从而更容易自燃。最后一个条件是时间。只有上述四个条件同时具备时煤炭才能自燃。

完整的煤体只能在其表面发生氧化反应，氧化生成的热量少且不易聚积，所以不会自燃。相反，煤受压时引起煤分子结构的变化，游离基增加；另外，破碎程度越大，氧化表面积就越大，也就越容易自燃。因此，煤炭自燃经常发生的地点有：

（1）有大量遗煤却未及时封闭或封闭不严的采空区（特别是采空区附近的联络巷附近及采空区处）；

（2）巷道两侧和遗留在采空区内受压破坏的煤柱；

（3）巷道内堆积的浮煤或巷道的冒顶垮帮处；

（4）与地面老窑通联处；

（5）高大的煤堆内部。

（三）煤风化和自燃的影响因素

1. 成因类型和煤化程度

腐泥煤和残植煤较难风化和自燃，腐植煤则比较容易风化和自燃，腐植煤随煤化程度加深，着火点升高，风化和自燃的趋势下降。各种煤中以年轻褐煤最易风化和自燃。

2. 岩相组成

岩相组分的氧化活性一般按下面的次序递减：镜煤＞亮煤＞暗煤＞丝炭。但丝炭有较大的内表面，低温下能吸附更多的氧，丝炭内又常夹杂着黄铁矿，故能放出较多热量从而促进周围煤质和自身的氧化。

3. 黄铁矿含量

黄铁矿含量高，能促进氧化和自燃。因为在有水分存在时黄铁矿极易氧化并放出大量热量。煤炭科学研究总院重庆分院赵善扬研究发现，煤中硫含量低于 2% 时，不增加煤的自燃危险性；煤中硫含量高于 3% 时，煤的自燃危险性增加。

4. 散热与通风条件

大量煤堆积，热量不易散失；自然堆放时，煤堆比较疏松，与空气接触面大，容易引起自燃。

5. 煤的粒度、孔隙特征和破碎程度

完整的煤体(块)一般不会发生自燃,一旦受压破裂,呈破碎状态,其自燃性能显著提高。当煤粒度小于1 mm时氧化速率和粒径无关,且孔径大于10 nm的孔在煤氧化中起重要作用。煤的自燃性随着其孔隙率、破碎程度的增加而上升。

6. 煤的瓦斯含量

瓦斯或者其他气体含量较高的煤,由于其内表面含有大量的吸附瓦斯,使煤与空气隔离,氧气不易与煤表面发生接触,也就不易与煤进行复合氧化,使煤炭自燃的准备期加长。当煤中残余瓦斯量大于5 m^3/t时,煤往往难以自燃。但随着瓦斯的放散,煤与氧就更易结合。

7. 水分

煤的水分分为内在水分和外在水分,煤的含水量对煤的氧化进程的影响主要还是煤的外在水分。如果煤的外在水分含量较大,就会增加蓄热时间,延长煤炭自燃的准备期。

(四) 井下煤炭自燃的早期识别与预报

煤炭自燃的发展有一个过程,如果能够在自燃发生的初期发现它,对于阻止其发展、避免酿成火灾,十分重要。前述的煤炭自燃发展过程中各种物理与化学变化是早期识别和预报的根据。识别的方法可分为:① 人的直接感觉;② 测定矿内空气和围岩的温度;③ 测定矿内空气成分的变化;④ 物探测定方法。

1. 人的直接感觉

利用人的感官进行探测是最简便的方法,虽然常带有一定的主观性,但是它还是比较可靠的。依据人的感官去判定矿井火灾的主要方法有:

(1) 嗅觉。气体是人们能够最先感受到的煤炭自燃特征。可燃物受高温作用,会分解生成一些带有异味的气体。例如煤炭自热到一定温度后出现带煤油味、汽油味和轻微芳香气味的非饱和碳氢化合物。人们嗅到这些异常的气味时,则可以判断附近的煤炭在自燃。

(2) 视觉。人们视觉发现煤在氧化过程中产生的水蒸气,及其在附近的煤岩体表面凝结成水珠(俗称为"挂汗"),煤在自燃的最后阶段会出现烟雾。

(3) 感(触)觉。煤炭自燃或自热、可燃物燃烧会使环境温度升高,并可能使附近空气中的氧浓度降低、CO_2等有害气体增加,所以当人们接近火源时,会有头痛、闷热、精神疲乏等不适感。

2. 测定矿井内空气和围岩温度

煤炭自燃会产生高温,测定矿井内空气和围岩的温度是煤炭自燃早期识别与预报的一个基本方法。测定温度的方法又分为直接测定和间接测定两种。

直接测定是将测温传感器直接放入测温钻孔中或埋在采空区内测定煤岩体的温度,常采用的温度传感器是热电偶和热敏电阻。间接测定法主要有无线电测温方法、测气味法和红外辐射法等。无线电测温方法是将含有热记录装置的无线电传感器埋入采空区,根据测得的热量而发射出无线电信号。测气味法是将含有低沸点和高蒸气压并具有浓烈气味的液态物质封装在胶囊中,在设定的高温下,胶囊破裂而发出气味。红外辐射法则是通过测定巷道壁面的红外辐射能量而测定出煤壁的表面温度。

测定温度的方法操作简便,结果直观、可靠,故得到较为广泛的应用,但也存在较大的局限性。直接测温由于采空区顶板的垮落或底板裂变易引起测温仪表和导线的破坏和折断，即使在用钢套管保护的情况下也易被损坏；无线电传感器处于采空区高湿恶劣的环境中，影响了其可靠性；气味剂法因靠漏风传播气味，移动速度慢，分布区域小，较难测取；当火源离巷道表面较近时，红外辐射测温仪因接触不到热表面而无能为力。热测定面临的最大问题还在于：由于煤体的热传导能力非常弱，热量影响的范围很小，有时钻孔即使已打到了火源边缘附近，也觉察不到火源的存在。

3. 气体分析方法

煤炭自燃过程中会产生 CO、CO_2、H_2、H_2O、烷烃等气体成分，故气体分析法被广泛地用于煤炭早期自燃火灾的预测。由于火灾气体中的主要成分是 CO 和 CO_2，从 20 世纪初以来，这两种气体的变化量一直被用作分析火灾发展变化趋势的主要指标。将这些变化值除以氧气的消耗量($-\Delta O_2$)即可排除新鲜空气的稀释影响。

为确切地监测火情，须对回风流的空气成分做系统的检测，主要掌握氧气含量的减少量($-\Delta O_2$)、一氧化碳含量的增加量($+\Delta CO$)、二氧化碳含量的增加量($+\Delta CO_2$)三种气体的变化，依据这些气体的变化量，可以计算出一氧化碳指数、二氧化碳指数和碳氧化物比值，以此判断火灾的发展趋势，如表 7-4 所示。

表 7-4　分析矿井火灾气体成分的主要比值

比　值	名　称
$CO/\Delta O_2$	一氧化碳指数(index for carbon monoxide)，或 Graham 比值(Graham's ratio)
$CO_2/\Delta O_2$	二氧化碳指数，或 Young 比值(Young's ratio)
CO/CO_2	碳氧化物比值(oxides of carbon ratio)

4. 其他测定方法

近年来，物探技术在寻找隐藏火源中获得了应用，如核物探技术和地质雷达探测技术。核物探技术是采用测定氡气的方法判定火源位置，其原理是由地下向上垂直迁移，氡气上升过程中在井下火源区域，由于高温和压力的变化会使氡气向上运移的速率发生变化，通过在地面测定出氡气的异常情况就可以判别出火源的位置，但在实际测定中将受多种因素影响难以奏效。此外，目前对氡气在岩体中的传递规律尚不清楚。因此，该方法还不成熟。地质雷达则通过测定煤岩特性对电磁波的影响程度而判定煤岩的温度情况，因为火源点的高温会改变煤岩的物理特性。由于煤岩性质差异较大，测量资料的解释与处理相当困难，目前对隐蔽火源探测问题仍未找到有效的技术手段。

(五) 风化和自燃的预防

1. 开拓开采技术措施

矿井开拓系统和采煤方法是影响煤炭自燃的重要因素，因此，在矿井设计、建设初期就应注意选择合理的开拓系统和采煤方法。在矿井生产过程中更应采取有效的开采技术措施，防止发生煤炭自燃灾害以保证矿井生产安全正常地进行。

从预防煤炭自燃的角度出发，对易自燃煤层开拓开采方法的总的要求是煤炭回采率高，工作面推进速度快，尽量减少丢煤等。

(1) 合理地进行巷道布置

① 对一些服务时间较长的巷道应尽量采用岩石巷道。

② 区段煤巷采用垂直重叠布置。厚煤层分层开采时,分层区段平巷的布置过去有内错和外错两种形式,这两种布置形式都容易造成煤炭自燃。

③ 采用无煤柱护巷方式。采用煤柱护巷时,不但浪费煤炭资源,而且遗留在采空区的煤柱也给自然发火创造了条件。采用无煤柱护巷时,取消了煤柱,也就消除了由此带来的煤炭自燃隐患。

(2) 坚持正规开采和合理的开采顺序

开采工作要设法加快工作面的推进速度,提高采煤机械化程度,采用一切可能的措施提高采出率,避免在采空区中留下任何不必要的煤柱。同时,要按照合理的回采顺序进行开采,煤层间、区段间一般采用下行式,下山采区则采用上行式,区段内采用后退式,尽量避免形成孤岛工作面。

(3) 减少煤体破碎

采掘工作要破坏岩层的原始应力状态,产生应力集中,即矿山压力。矿山压力作用于煤层上,会使煤体破碎,使风流能够深入煤壁,从而增加煤体与氧气的接触面积,增加煤炭自燃的危险性。所以,在巷道布置中,应设法避开矿山压力峰值,避免煤壁受压破碎。

2. 防止漏风

根据煤自燃必须满足的四个条件可知,如果能够杜绝或减少向易自燃区域的漏风,使煤低温氧化过程得不到足够的氧气,那么在一定程度上就能延长煤自然发火期和防止煤自燃的发生。因此,防止漏风是防止煤自燃的重要措施之一。同时,在发火后对火区进行封闭,也必须尽量减少向火区漏风,使火区惰化,尽快使火区的火熄灭。

(1) 漏风与自燃火灾的关系

矿井自燃火灾中,没有漏风也就没有煤的自燃。煤自燃都是发生在人员难以进入和观察到的隐蔽区域,而这些地方之所以发生自燃,就是因为有或多或少的风流进入这些区域,使这些区域里较为破碎的煤氧化产生热量,也正是这些较为隐蔽的区域风量较小而且风速慢,同外部环境相比具有一定的蓄热能力,因此较易发生自然发火。

矿井漏风方式可以分为外部(地面)漏风和内部漏风。

(2) 防止漏风的主要技术措施

根据漏风定律,漏风量随漏风风路两端风压差的增大而增大,随漏风风阻的增大而减小。因此,为了减少漏风,应该从降低风压差和增大风阻两方面着手采取措施。

无煤柱开采时防止漏风的主要技术措施有:

① 沿空巷道挂帘布。

② 利用飞灰充填带隔绝采空区。

③ 利用水砂充填带隔离采空区。

④ 喷涂塑料泡沫防止漏风。

(3) 利用可塑性胶泥堵塞漏风

英国利用螺杆泵将一种半塑性不凝固的胶泥压入采空区矸石堆的缝隙中,形成 4 m 宽的隔绝矸石墙。这种隔离带在巷道受到压力时,随着巷道的变形,不会形成新的裂隙。

(4) 采取"均压"措施,减少漏风

国内外普遍采用调节风压("均压")措施防止采空区的漏风,方法简单,效果显著。

3. 减少和防止煤的风化和自燃的其他措施

(1) 隔断空气。在水中或惰性气体中贮存(适合于实验室保存试样);贮煤槽密闭,煤堆尽量压紧,上面盖以煤粉、煤泥、黏土或重油。

(2) 通风散热。不能隔断空气时可以使用换气筒等,使煤堆通风散热。

(3) 通过分选减少黄铁矿含量。

(4) 尽可能缩短贮存期。

第二节　煤的加氢

一、概述

煤加氢是煤十分重要的化学反应,是研究煤的化学结构与性质的主要方法之一,也是具有发展前途的煤转化技术。煤加氢分轻度加氢和深度加氢两种。煤加氢可制取液体燃料,可脱灰、脱硫制取溶剂精制煤,生产结构复杂和有特殊用途的化工产品以及对煤进行改质等。

煤的加氢又称煤的氢化。最初研究煤加氢的主要目的是煤通过加氢液化制取液体燃料油。人们研究了煤和烃类的化学组成后发现,固体的煤与液体的烃类在化学元素的组成上几乎没有区别,仅仅是各元素含量的比例不同而已,特别是氢碳原子比。一般石油的氢碳原子比接近 2,褐煤、长焰煤、肥煤、无烟煤的氢碳原子比分别约为 0.9、0.8、0.7 和 0.4。从分子结构来看,煤主要由结构复杂的芳香环结构组成,相对分子质量高达 5 000 以上,而石油则主要由结构简单的直链烃组成,相对分子质量小得多,仅为 200 左右。通过对煤加氢,可以破坏煤的大分子结构,生成相对分子质量小、氢碳原子比大、结构简单的烃,从而将煤转化为液体油。煤与烃类的元素组成典型数据见表 7-5。

表 7-5　煤和烃类元素组成比较　　单位:%

元素	无烟煤	中挥发分烟煤	高挥发分烟煤	褐煤	煤焦油沥青	甲苯	粗石油	汽油	甲烷
C_{daf}	93.7	88.4	80.3	72.7	87.4	91.3	83.9	86	75
H_{daf}	2.4	5.0	5.5	4.2	6.5	8.7	11.1	14	25
O_{daf}	2.4	4.1	11.1	21.3	3.5				
N_{daf}	0.9	1.7	1.9	1.2	2.2		0.2		
S_{daf}	0.6	0.8	1.2	0.6	0.4		1.0		
H/C	0.31	0.68	0.82	0.86	0.90	1.14	1.76	1.94	4

研究表明,在一定条件下对煤进行不同程度的加氢处理,煤的性质将发生巨大变化。在高温下热解以生产甲烷为主要目的时被称为加氢气化;以液体和部分气体为目标产物的中等温度下的热解称为加氢热解;超高加热速率(≥1 000 K/s)的加氢热解称为快速加氢热解,其主要目的是获取高含量的 BTX。其中加氢热解过程因富产优质焦油(焦油中富含 BTX 和萘等高经济价值组分)和洁净半焦(因加氢脱硫脱氮作用降低了半焦燃烧的污染性)以及高热值煤气(气体中富含氢气和甲烷等高热值组分),被誉为是介于液化和气化之间的第三条煤转化途径。

早在1869年贝特洛用碘化氢(HI)在270 ℃下将煤液化;1913年,贝尔齐乌斯研究了煤在高压下直接加氢,并在德国实现了工业化;1927年,帕特·布劳赫研究出溶剂抽提法。在20世纪50年代尤其是60年代,由于石油的大规模开发利用,使煤加氢工艺的开发工作几乎完全停顿,但加氢理论的研究工作一直进行着。1973年西方出现"能源危机",石油储量有限,煤作为可靠能源又受到世界各国的广泛重视,使煤加氢理论和技术研究又有了新的发展。

我国在煤液化方面也有较好的基础,20世纪50年代开始有煤和页岩油加氢工厂运转,一些研究所和高等学校也做过不少研究工作。从20世纪80年代初开始,在国家发改委和煤炭部的支持下,煤炭科学研究总院和国内有关大学开展了煤的直接液化技术研究,多年来通过国际合作,取得了一批具有先进水平的研究成果。神华集团利用具有中国自主知识产权的煤液化工艺及装备,投巨资建成目前世界上唯一的百万吨级煤直接液化的工业化示范项目,这对于解决我国石油短缺、保证液体燃料能源安全稳定供给具有重大现实意义和战略意义。

二、煤加氢反应的机理

从煤的结构概念出发,认为固体煤加氢转化为液体,就是煤结构中某些键断开时加氢,生成液体产物和少量气态烃。下面介绍煤加氢的主要化学反应、反应历程以及煤的性质对加氢液化的影响等。

(一)煤加氢的主要化学反应

煤加氢液化是一个极其复杂的反应过程,是一系列顺序反应和平行反应的综合,很难用几个方程式表示出来。但是根据煤在加氢液化过程中的状况,可以认为其基本化学反应如下。

1. 裂解反应

煤加热到一定温度(300 ℃左右)时,煤的化学结构中键能最弱的部位开始断裂成自由基碎片。随着温度的升高,煤中一些键能较高的部位也相继裂解形成自由基碎片。

煤结构单元间的桥键主要有—CH_2—、—CH_2—CH_2—、—CH_2—CH_2—CH_2—、—O—、—CH_2—O—、—S—、—S—S—、—S—CH_2—等,这些桥键的键能较低,受热很容易裂解生成自由基碎片,自由基在有足够的活性氢存在时,能得到饱和而稳定下来,生成相对分子质量低的组分。但如果反应过程中没有氢的供应就会重新缩合形成半焦或焦炭,所以煤热解生成自由基是加氢液化的第一步。

煤分子化学键断裂必须在适当的阶段就应停止,如果切断进行得过分,则生成气体太多(类似气化);如果切断进行得不足,则液体油产率低。所以,必须严格控制反应条件。

2. 供氢反应

煤在热解过程中,生成的游离基从供氢溶剂中取得氢而稳定下来,生成稳定、相对分子质量较小的产物。

$$\text{H(供氢溶剂)} + \text{R}\cdot \longrightarrow \text{RH}$$

此外,煤结构中的某些C═C也可能被氢化。

研究表明,烃类的相对加氢速度,随催化剂和反应温度的不同而异。烯烃加氢速度远比芳烃大;一些多环芳烃比单环芳烃的加氢速度快;芳环上取代基对芳环的加氢速度也有影响。

如当供氢溶剂不足时,煤热解生成带有游离基的碎片缩聚生成半焦。

$$n(R\cdot) \longrightarrow 半焦(R)_n$$

影响煤加氢难易程度的因素是煤本身稠环芳烃结构，稠环芳烃结构越密、相对分子质量越大，则加氢越难，煤呈固态也阻碍其与氢相互作用。

有供氢能力的溶剂主要是四氢萘、9，10-二氢菲和四氢喹啉等。供氢溶剂给出氢后，又能与气相中氢气反应恢复原来的形式，如此反复起到传递氢的作用。反应表示如下：

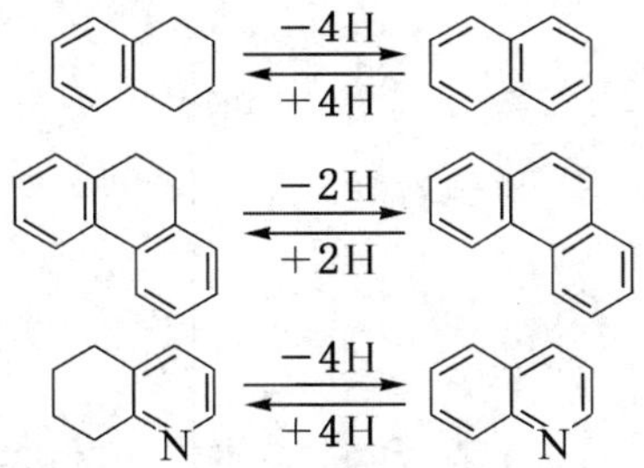

煤直接液化溶剂种类很多，在实验室研究中经常使用的主要有四氢萘等，而在实际工艺中使用最多的液化溶剂是煤直接液化循环油和煤焦油等。这些溶剂在煤直接液化过程中的主要作用有溶解热解的煤粒、保护煤热解产生的自由基、溶解气相氢气、促进氢气向催化剂的扩散、贡献活性氢、转移氢、作为反应介质以及配制便于输送的煤浆等。

除上述被动的“自由基-氢-转移”机理外，根据 McMillen 的研究，煤在直接液化过程中，溶剂还起着主动进攻的作用，即所谓的“溶剂促使氢解”。由于溶剂的这份贡献，使煤直接液化反应的实际难度要小于模型化合物中桥键断裂的难度。

而在液化过程中，氢气参与煤液化反应的步骤为：溶解、活化和反应。催化剂只是促进了氢气向溶剂以及溶剂中的氢再向煤的转移，溶剂起到了桥梁的作用，而且催化剂在促进煤中稳定的 C—C 键的断裂也起到了一定的作用。也有研究者认为，在催化剂和高压氢气存在的条件下，供氢主要发生在煤和氢气之间，而不用供氢溶剂，溶剂只是很好地溶解了煤以及液化过程中生成的小分子物质。

催化剂是煤直接液化的重要因素之一，一般认为煤直接液化催化剂在液化过程中的作用主要有两个方面：① 促进煤的热解；② 促进活性氢的产生。催化剂在煤直接液化反应中的第一种作用已经被许多研究者证实，但是大部分研究者认为后者才是催化剂在煤直接液化过程中所起的关键作用。

3. 脱杂原子反应

煤的有机质主要由 C、H、O、S、N 等元素组成，其中 O、S、N 元素称为煤中的杂原子。杂原子在加氢条件下与氢反应，分别生成 H_2O、H_2S、NH_3 等从煤中脱出。

煤中杂原子脱除的难易程度与其存在形式有关，一般侧链上的杂原子比环上的杂原子容易脱除。

(1) 脱氧反应

煤结构中的氧多以醚基(—O—)、羟基(—OH)、羧基(—COOH)、羰基和醌基等形式存在。醚基、羧基和羰基在较缓和的条件下就能断裂脱去，羟基则不能，需在苛刻条件下才能脱去。羧基最不稳定，加热到 200 ℃以上即发生明显的脱羧反应，析出 CO_2。酚羟基在比较缓和的加氢条件下相当稳定，故一般不会被破坏，只有在高活性催化剂作用下才能脱除。羰基和醌基在加氢裂解中，既可生成 CO 也可生成 H_2O。醚键有脂肪醚键和芳香醚键两种，前者易破坏，而后者相当稳定。杂环氧和芳香醚键差不多，也不易脱除。

在煤加氢反应中发现，开始氧的脱除与氢的消耗正好符合化学计量关系，见图 7-2。可见反应初期氢几乎全部消耗于脱氧，以后氢耗量急增是因为有大量气态烃和富氧液体生成，从煤的转化率和氧脱除率关系（见图 7-3）可见，开始转化率随氧的脱除率呈直线关系增加，当氧脱除率达 60%时，转化率已达 90%，另有 40%的氧十分稳定，难以脱除。

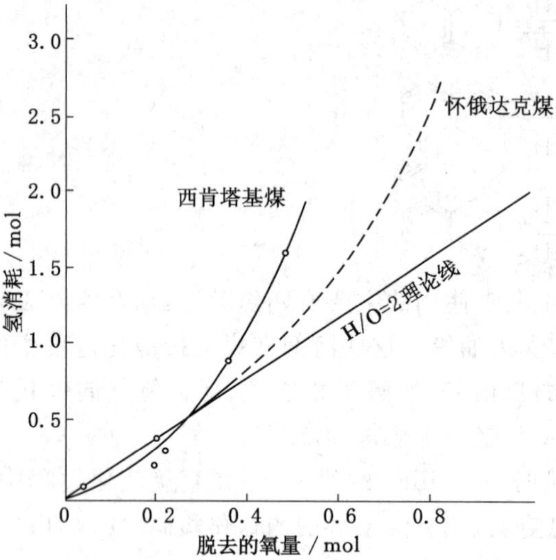

图 7-2 氢消耗与氧脱除的关系

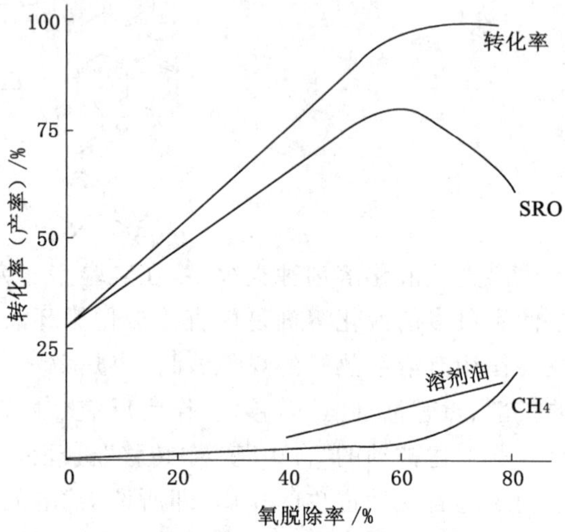

图 7-3 煤的转化率和氧脱除率的关系

（2）脱硫反应

煤结构中的硫以硫醚、硫醇和噻吩等形式存在。脱硫反应与上述脱氧反应相似。由于硫的负电性弱，所以脱硫反应更容易进行。脱硫率一般在 40%～50%。

硫醚键容易断开脱去，例如：

$$RCH_3—S—CH_2—R' \xrightarrow{H_2} RCH_3 + R'CH_3 + H_2S$$

硫醇基不如酚羟基稳定，加氢条件下比酚羟基容易脱去。

有机硫中硫醚最易脱除，噻吩最难（一般要用催化剂）。

（3）脱氮反应

煤中的氮大多存在于杂环中，少数为氨基。脱氮反应比上面两种反应要困难得多，在轻度加氢时氮含量几乎不减少，它需要激烈的反应条件和高活性催化剂。脱氮与脱硫不同的是，氮杂环只有当旁边的苯环全部饱和后才能破裂，即芳香环先要饱和加氢，然后才能破坏环脱氮。

4. 加氢裂解反应

加氢裂解反应是煤加氢液化的主反应，包括芳环结构饱和加氢、开环和脱烷基等。随着这些反应的进行，煤加氢液化组分的相对分子质量逐渐降低，分子结构也由复杂向简单转变。

5. 缩合反应

在加氢液化过程中，由于温度过高或氢供应不足，煤的自由基碎片或反应物分子及产物分子会发生缩合反应，生成半焦和焦炭。缩合反应将使液化产率降低，它是煤加氢液化中不希望进行的反应。为了提高液化效率，必须严格控制反应条件和采取有效措施，抑制缩合反应，加速裂解、加氢等反应。

另外，还可能产生异构化、脱氢等反应。

综上所述，煤加氢液化反应使煤中氢的含量增加，氧、硫的含量降低，生成低分子的液态产物和少量的气态产物。煤加氢时发生的各种反应，因原料煤的性质、反应温度、反应压力、氢量、溶剂和催化剂的种类等不同而异，因此，所得产物的产率、组成和性质也不同。如果氢分压很低，氢量又不足时，在生成含氢量较低的高分子化合物的同时，还可能发生脱氢反应，并伴随发生缩聚反应生成半焦或焦炭；如果氢分压高、氢量富裕时，将促进煤裂解和氢化反应的进行，并能生成较多的低分子化合物。所以加氢时，除了原料煤的性质外，合理地选择反应条件是十分重要的。

（二）煤加氢反应的历程

煤加氢反应的产物非常复杂，既有多种气体和沸点不同的油类，又有结构十分复杂的重质产物。现已证明，煤加氢反应包括一系列非常复杂的顺序反应和平行反应，即有一定的顺序：反应产物的相对分子质量由高到低，结构从复杂到简单，出现的时间先后大致有一定顺序；但另一方面，反应又是平行进行的：在反应初期，煤刚开始转化时，就有少量气体和油产生，人们对煤加氢反应历程做了大量研究，并提出了各种反应历程。

研究者提出不同反应机理，通过综合分析对比，结合实践，对煤加氢液化反应机理可以得出几点比较公认的看法：

（1）煤组成是不均一的。既有易液化的组分，例如嵌布在高分子立体结构中的低分子化合物，也有一些极难液化的惰性组分。但是，如果煤的岩相组成比较均一，为简化起见，也可将煤当作组成均一的反应物看待。

（2）虽然在反应初期有少量气体和轻质油生成，不过数量不多，在比较温和条件下更少，所以反应以顺序进行为主。

（3）沥青烯是主要中间产物。研究证明，在沥青烯中间产物中，前沥青烯的相对分子质量大约为 1 000，比沥青烯大一倍。目前对主要经过前沥青烯还是沥青烯生成油尚没有定论。

（4）逆反应可能发生。当反应温度过高、氢压不足、反应时间过长时，已形成的前沥青烯、沥青烯以及煤裂解生成的自由基碎片可能缩聚成不溶于任何有机溶剂的焦；油亦可裂解、聚合生成气态烃和相对分子质量更大的产物。

综合起来认为煤加氢反应历程可用图 7-4 表示。

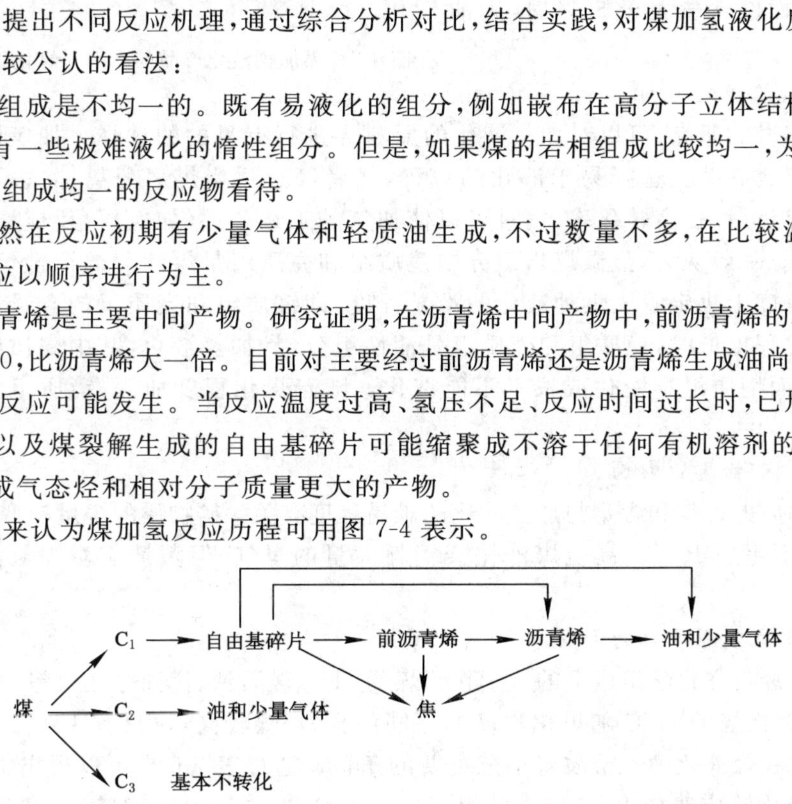

C_1表示煤有机质的主体；C_2表示存在于煤中的低分子化合物；C_3表示惰性成分

图 7-4　煤加氢反应历程

煤是复杂的有机化合物的混合物，含有少量容易液化的成分，在反应初期加氢直接生成油；也存在少量很难甚至不能液化的成分。在加氢反应的初期由于醚键等桥键断裂生成沥青烯，沥青烯进一步加氢，可能使芳香环饱和及羧基、环内氧、环间氧脱除，使沥青烯转变成油。沥青烯和前沥青烯也可脱氢缩聚生成半焦。

三、煤的性质对加氢反应的影响

原料煤对加氢反应的影响因素主要包括煤化程度、煤岩组成、矿物质组成及含量、氢碳原子比、煤中官能团等。

（一）煤化程度的影响

试验表明，煤加氢液化与煤化程度有关。一般认为，煤化程度越深，加氢液化越困难。高挥发分烟煤（长焰煤、气煤）和年老褐煤是最适宜加氢液化的原料，中等变质程度以上的煤很难加氢液化。煤加氢液化产品的产率与煤化程度的关系如图7-5所示。

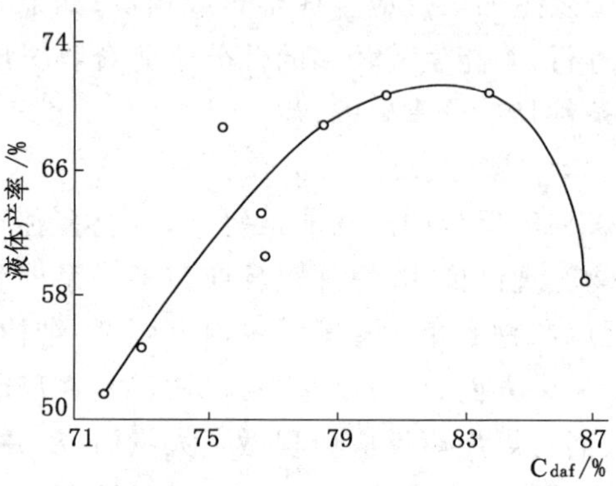

图 7-5 煤加氢液化产品的产率与煤化程度的关系

由此可见，碳含量在 81%～83%时，油产率最高，而碳含量大于 83%时，则油产率明显下降。

（二）煤岩组成的影响

通过对煤岩的研究，可以对加氢液化的原料煤进行有目的的选择。加氢液化的难易程度与煤岩组成有关。选择易于液化的煤种，或者经过适当煤岩分离，除去不易液化的组分，这样不但可以提高转化率，而且可以使加氢的工艺条件（如氢压、反应温度、反应时间）有所降低。一般认为，显微煤岩组分中镜质组和壳质组是煤液化的活性组分，两者的含量在很大程度上决定着该煤种液化的难易程度，即镜质组和壳质组的含量越高越容易液化。当煤化程度低时，镜质组和壳质组是活性组分，易加氢液化，其中壳质组比镜质组更容易加氢，而惰质组难液化或根本不能液化。随着煤化程度加深，镜质组液化转化率直线下降。

（三）煤中矿物质的影响

煤中矿物质的种类和含量与加氢液化的难易程度有关。矿物质的含量越低越好，5%左右最好，最大不超过 10%。高硫煤液化会消耗大量的氢气，但黄铁矿对加氢液化有催化作用。

（四）煤中氢碳原子比的影响

煤和液体烃类在化学组成上的差别在于煤的 H/C 较石油、汽油等低很多。一般石油的 H/C 约为 2.0，而煤的 H/C 随煤化程度的不同而异，褐煤较高，也只有 1.1 左右。一般认为，煤中 H/C 在煤液化中也扮演着十分重要的角色。通过表 7-6 也可以得出类似的结论。所以在加氢液化时应选择 H/C 较高的煤，一般 H/C 在 0.8～0.9 时，液化油的产率最高。氢碳原子比高到一定程度，液化油的产率下降。这是因为煤化程度低的煤含脂肪族碳和氧多，H/C 高，加氢液化时，生成的气体和水多，耗氢量大。当 H/C<0.6 时，为中等变质程度以上烟煤，加氢困难。所以液化常使用褐煤、长焰煤和气煤。

表 7-6　宏观煤岩成分液化转化率

宏观煤岩成分	H/C	液化转化率/%
丝炭	0.37	11.7
暗煤	0.66	59.8
亮煤	0.84	93.0
镜煤	0.82	98.0

（五）煤中官能团对煤液化的影响

煤中官能团对煤液化也起着重要作用。煤中或煤衍生物中的官能团及某些成分在促进煤化反应方面的重要性为：酯＞苯并呋喃＞内酯＞含硫成分＞萜烯＞二苯并呋喃＞脂环酮。其中含氧官能团中酯对煤液化起着重要作用，其作用原理并不是破坏 C—O 键，而是通过减少中间体芳环的数目增加液体产物的收率。另外含氧官能团也可能与催化剂作用形成活性中心，但大多数酚类化合物对煤液化起负面作用。

第三节　煤的磺化

煤的磺化是指煤与浓硫酸或发烟硫酸作用发生的反应。

一、磺化反应

磺化可使缩合芳香环和侧链上引入磺酸基，反应式如下：

$$RH + HOSO_3H \longrightarrow R—SO_3H + H_2O$$

因为浓硫酸具有一定的氧化作用，所以也有氧化反应进行，生成羧基和酚羟基。

二、磺化机理

煤是含有多种侧链和官能团的多环芳香化合物，用发烟硫酸或浓硫酸处理煤，发生磺化反应，把—SO_3H 引入到煤的缩合芳香环和侧链上生成磺化煤。煤的磺化反应如下：

$$RH + HOSO_3H \longrightarrow R—SO_3H + H_2O$$

浓硫酸在加热条件下也是一种强氧化剂，可把煤分子结构中—CH_3（甲基）和—C_2H_5（乙基）等基团氧化成—COOH（羧基），并使 C—H 键氧化成酚羟基。因此，磺化煤的分子结构式可表示成：

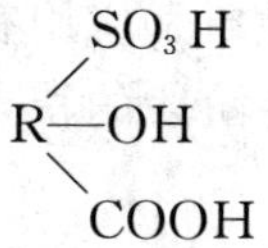

三、磺化煤的生产工艺

生产工艺如图 7-6 所示。

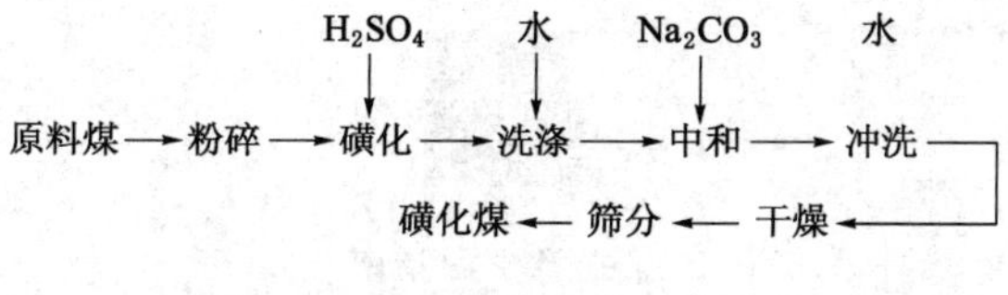

图 7-6　磺化煤的生产工艺流程

(1) 原料煤:采用挥发分大于20%的中低变质程度煤种,为了确保磺化煤具有较好的机械强度,最好选用暗煤较多的煤种;灰分6%左右;煤粒度2~4 mm。

(2) 硫酸浓度和用量:硫酸浓度应大于90%,发烟硫酸反应效果更好,硫酸对煤的质量比一般为(3~5)∶1。酸煤比对磺化反应的影响有以下两个方面:一方面它影响磺化反应进行的完全程度,酸煤比增大,磺化反应程度深,磺化煤对 Cu^{2+} 的吸附能力增加;另一方面,酸对煤的碳化作用、氧化作用也加强,磺化煤的收率下降。所以,确定合理的酸煤比可以保证磺化反应的顺利进行,而且有利于降低酸耗,提高磺化煤生产的经济性。

(3) 反应温度:110~160 ℃较适宜。在磺化煤制备中,磺化温度是最显著的影响因素,只有磺化温度达到一定数值才能保证磺化反应的顺利进行,才可以得到符合标准要求的磺化煤产品。有研究表明,温度越高,产品对 Cu^{2+} 的吸附性能越好。这是因为中等变质程度的煤种,其反应活性并不是很好,所以只有在较高的温度下磺化反应才能够顺利进行。根据磺化反应原理,磺化温度存在一适宜范围,若温度太高,煤分子的磺化反应和氧化反应速率均加快,易导致煤结构的深度氧化分解和热分解。

(4) 反应时间:反应开始需要加热。因磺化为放热反应,所以反应发生后就不需供热。包括升温在内总的反应时间一般在9 h左右。

四、磺化煤的用途

(1) 锅炉水软化:除去 Ca^{2+} 和 Mg^{2+};磺化煤作为硬水软化剂,具有制取容易、价格低廉、原料来源普遍的优点,并有较好的抗酸性,又有较大的交换钙镁离子的能力,所以磺化煤广泛应用在工农业上水质要求不太高的中、低压锅炉水软化装置或高压锅炉一级水处理装置中。

(2) 有机反应催化剂,用于烯酮反应、烷基化或脱烷基反应、酯化反应和水解反应等。

(3) 钻井泥浆添加剂。

(4) 处理工业废水(含酚和重金属废水),尤其是电镀废水的吸附净化效果较好。

(5) 湿法在冶金中回收金属,如Ni、Ga、Li等。

复习思考题

1. 煤的氧化程度分成哪几种?煤的氧化在工农业生产上有何重要意义?
2. 什么是煤的风化?风化对煤的性质和应用有哪些影响?
3. 煤的自燃过程有哪几个阶段?各阶段的特点是什么?
4. 如何防止煤的氧化、自燃?
5. 煤加氢液化经历了怎样的反应过程?
6. 磺化煤有哪些方面的应用?

第七章学习指南

第八章　煤的工艺性质

煤炭在加工、转化过程中表现出来的性质称为煤的工艺性质，如黏结性烟煤在热解过程中表现出来的黏结性、煤在气化过程中表现出来的反应活性、煤在燃烧过程中表现出来的发热量、煤在粉磨过程中表现出来的可磨性等。煤工艺性质的变化是煤组成和结构特性的宏观反映。

第一节　煤的热解性质

一、煤热解的概念及分类

煤在无氧或惰性条件下持续加热至较高温度时发生一系列物理变化和化学反应，形成热解半焦或焦炭、热解焦油和热解气等产物的复杂过程称为煤的热解，也称作煤的炭化或干馏。

煤的热解按热解终温高低，可分为低温热解（500～650 ℃）、中温热解（650～800 ℃）、高温热解（900～1 000 ℃）和超高温热解（>1 200 ℃）；按热解气氛不同，可分为惰性气氛热解和还原气氛（氢、甲烷、一氧化碳或还原气体混合物等）热解；按是否存在催化剂，可分为非催化热解、催化热解等；按热源不同，可分为电加热热解、等离子体加热热解、微波加热热解和热载体加热热解等；按反应器类型不同，可分为固定床热解、流化床热解、气流床热解、滚动床热解和输送床热解等；按热解压力大小，可分为常压热解和加压热解；按热解升温速度大小，可分为慢速热解（3～5 ℃/min）、中速热解（5～100 ℃/min）、快速热解（500～10^5 ℃/min）和闪速热解（>10^6℃/s）。

二、煤热解过程及发生的化学反应

（一）煤热解过程及机理

煤热解过程一般可以分为三个阶段。

1. 干燥脱气阶段（室温～300 ℃）

煤在此阶段没有明显的化学变化，主要发生煤中水分和吸附气体的脱除，年轻褐煤伴有轻微的脱羧基反应，生成少量的 CO_2 和水。

2. 裂解、解聚阶段（300～600 ℃）

煤中有机质开始发生化学变化，首先是桥键、脂肪侧链和含氧官能团等不稳定基团断裂，生成气态烃、CO、H_2O 和 CO_2 等小分子气体逸出。然后是煤有机质大分子发生解聚反应，形成饱和烷烃、芳香烃和稠环芳香烃等产物；这些产物有的以气态逸出，成为挥发分的一部分，有的则以胶一样的液态存在，具有流动性，称为胶质体（只有部分烟煤热解时才能产生胶质体），有的则转化为固体半焦。

3. 缩聚阶段（600～1 000 ℃）

本阶段以缩聚反应为主，700 ℃左右缩聚反应最为激烈，有大量气体产生，主要组分为

H_2和少量CH_4，本阶段析出焦油量极少。随着热解温度的升高，在750～1 000 ℃，半焦进一步缩聚，生成少量气体(主要是H_2)，半焦逐渐转化为焦炭。

煤的热解主要发生裂解反应和缩聚反应，目前普遍被大家所接受的热解机理是自由基反应机理(见图8-1)，主要有生成自由基和自由基相互反应两个过程。在一定条件下，煤有机质大分子受热发生裂解生成初始自由基，包括较小的氢自由基和较大的稠环自由基。它们很不稳定，一部分通过碰撞会相互反应，扩散到气相中生成初始挥发分，一部分发生缩聚反应生成半焦。初始挥发分在释放以及冷却、冷凝的过程中会发生加氢、脱氢、缩聚和二次裂解等一系列复杂的二次反应，最终形成气(干煤气)、液(煤焦油和热解水)和焦油渣(由粉尘与焦油、水形成的混合物)三相产物。

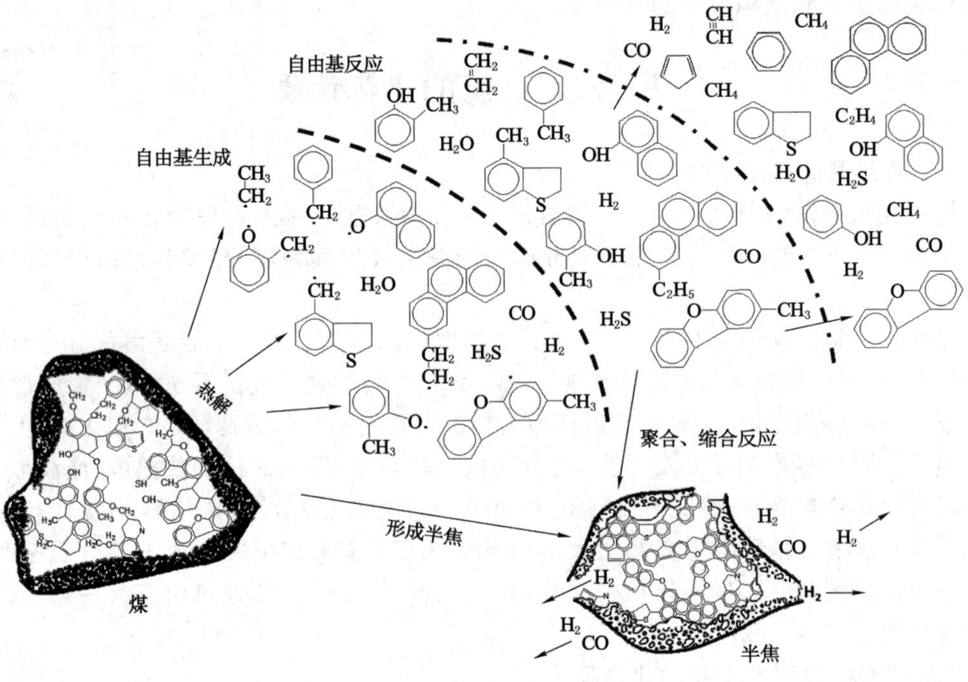

图8-1 煤热解过程反应机理示意图

(二) 煤热解过程中的化学反应

煤组成的不均匀性使煤的热解过程十分复杂，发生的化学反应包括煤中有机质的裂解、裂解产物的缩聚、挥发性产物在析出过程中的分解与化合、缩聚产物的进一步分解及再缩聚等复杂过程。

1. 有机化合物的热解

煤的热解实际上是煤有机质大分子中化学键的断裂与重新组合。有机化合物对热的稳定性取决于组成分子的各原子结合能即键能的大小。键能大，难断裂，热稳定性好；键能小，热稳定性差，易裂解。有机化合物中主要的几种化学键的键能如表8-1所示。

为说明煤热解的化学反应，首先介绍有机化合物热稳定性的一般规律：

(1) 芳香烃＞环烷烃＞炔烃＞烯烃＞烷烃；

(2) 芳环上侧链越长越不稳定，芳环数越多其侧链越不稳定，不带侧链的分子比带侧链的分子稳定；

(3) 缩合多环芳烃的环数越多，热稳定性越强；

(4) 大部分杂原子及原子基团特别是含氧官能团容易断裂。

煤的热解过程也遵循上述规律。

表 8-1　有机化合物化学键键能

化学键	键能/(kJ/mol)	化学键	键能/(kJ/mol)
$C_{芳}—C_{芳}$	2 057	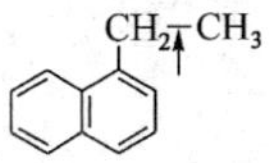	284
$C_{芳}—H$	425		
$C_{脂}—H$	392	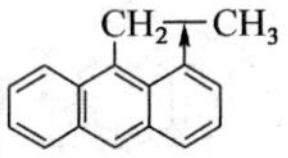	251
$C_{芳}—C_{脂}$	332		
$C_{脂}—O$	314	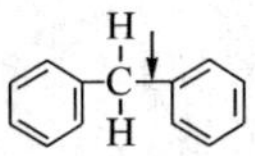	339
$C_{脂}—C_{脂}$	297		
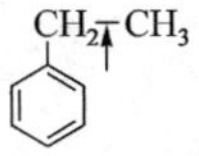	301	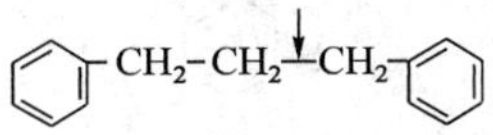	284

2. 煤热解过程中的主要化学反应

煤热解过程中的主要化学反应主要有以下几类：

(1) 裂解反应

裂解反应主要有大分子结构单元之间桥键的断裂、脂肪侧链的裂解、含氧官能团的裂解和低分子化合物的裂解。桥键主要有$—CH_2—$、$—CH_2—CH_2—$、$—CH_2—O—$、—O—和—S—等，它们的键能较小，是煤结构中最薄弱的环节，受热极易断裂生成自由基；脂肪侧链受热也极易裂解，生成CH_4、C_2H_6、C_2H_4等气态烃；含氧官能团主要有—OH(700～800 ℃)、—C═O(400 ℃)和—COOH(200 ℃)，它们的热稳定性不同，一定温度下会分解生成H_2O、CO和CO_2等产物；低分子化合物以脂肪结构为主，受热后可裂解生成小分子气态烃类。

(2) 一次热解产物的二次反应

煤在低温段热解形成的挥发性产物称为一次热解产物或热解的一次气体，一次热解产物在高温下会发生二次反应，主要包括裂解、脱氢、加氢和缩合反应。二次反应对最终热解产物的分布有较大影响。

裂解反应：

$$C_2H_6 \longrightarrow C_2H_4 + H_2$$

$$C_2H_4 \longrightarrow CH_4 + C$$

$$CH_4 \longrightarrow C + 2H_2$$

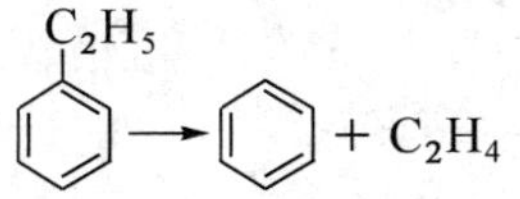

脱氢反应

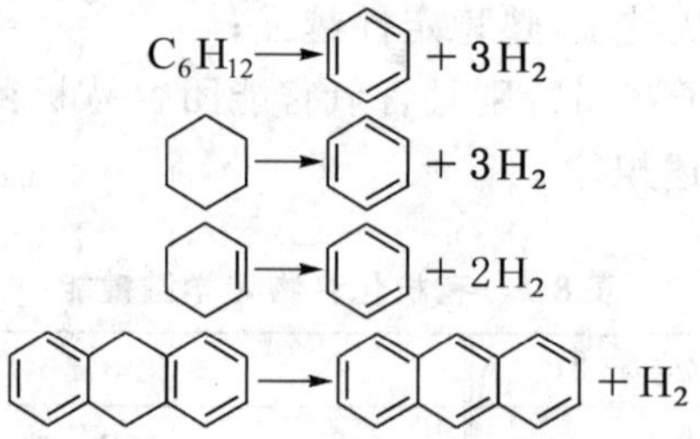

加氢反应

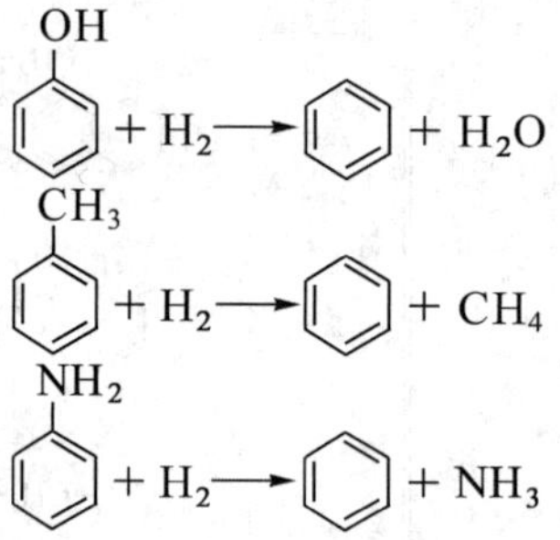

缩合反应

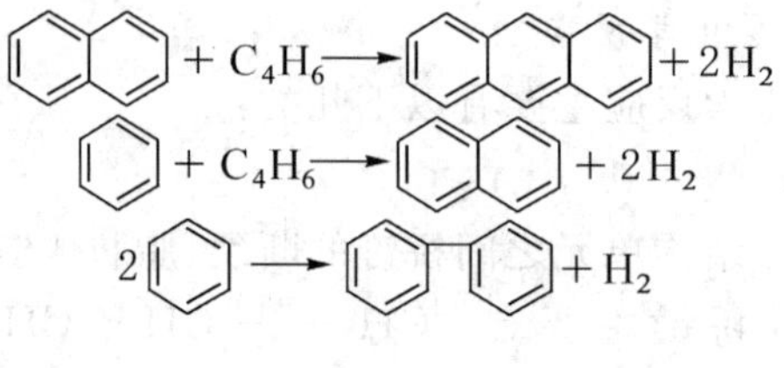

(3) 缩聚反应

煤(实际上已经转化为半焦)在热解后期主要发生缩聚反应,即热解生成的自由基之间的缩聚反应。半焦随热解温度的继续提高,热解继续深化,自由基之间进一步发生深度缩聚反应,生成更大分子的化合物,半焦转化为焦炭。

自由基的缩聚反应:

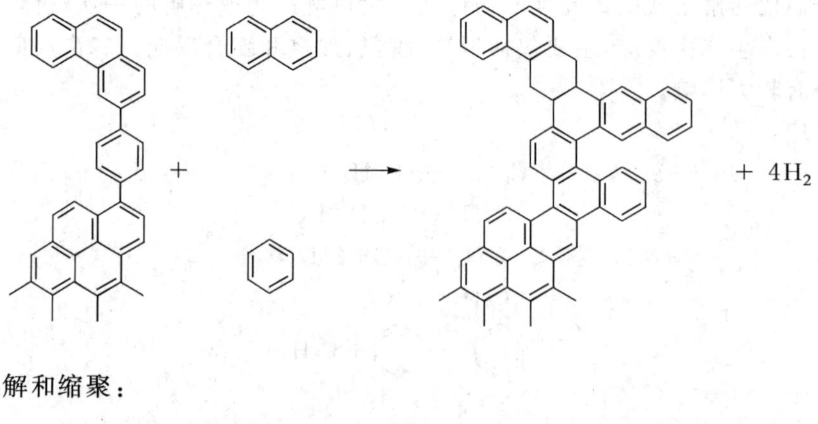

半焦裂解和缩聚:

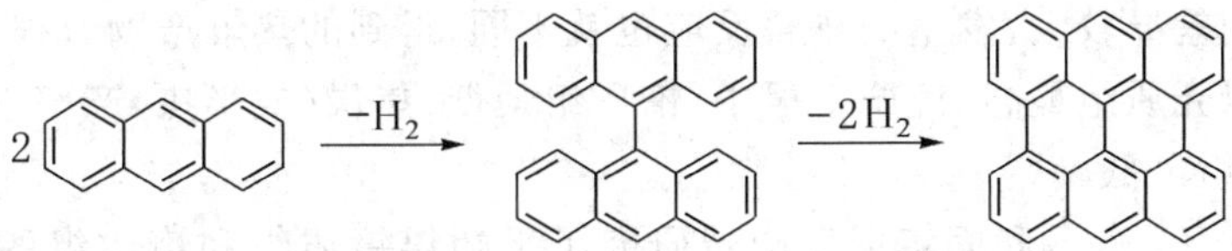

三、煤热解产物的影响因素

煤的热解受多种因素影响，有煤本身的特性，包括煤化程度和煤岩显微组分等；热解工艺条件，包括热解温度、升温速率、压力、热解气氛和催化剂等。这些因素共同决定了煤热解的行为和产物的分布及组成。

（一）煤化程度的影响

煤化程度对煤的热解影响很大。煤化程度不同，煤大分子的结构就不同，C、H、O、N 和 S 等元素的组成也不同，即使在相同工艺条件下，煤的热解产物也不相同。随着煤化程度的提高，碳含量增大，煤大分子结构的稳定性更高，焦油和气体的产率降低。

对于褐煤、长焰煤、不黏煤和弱黏煤等低煤化程度煤，工业上一般在 550～650 ℃的低温条件下，对单种煤进行热解，以制取兰炭为目的，同时副产焦油和煤气；对于气煤、肥煤、焦煤和瘦煤等有黏结性的烟煤，工业上要按比例进行混配，然后在 1 000 ℃的焦炉中进行高温热解（一般称为炼焦或焦化），以制取炼铁用的焦炭为主要目的，同时副产焦油和煤气。

低煤化程度煤低温热解和配煤高温炼焦两种工艺下产物分布如表 8-2 所示，低温煤焦油和高温煤焦油组分如表 8-3 所示。

表 8-2　煤热解产物分布　　单位：%

产物	半焦/焦炭	焦油	净煤气	热解水、粗苯等
低煤化程度煤低温热解	55～65	5～15	10～15	7～15
烟煤高温炼焦	70～78	3～4.5	15～19	4～7

表 8-3　低温煤焦油和高温煤焦油的主要组分含量　　单位：%

焦油	烷烃	烯烃	烷基取代芳香族化合物	酸性化合物	碱性化合物	沥青类
低温焦油	7～10	2～4	45～55	15～20	1～2	10～20
高温焦油	<0.5	<0.5	22～40	～9.0	～0.5	>55

不同煤低温热解产生的气体以及炼焦煤气组成如表 8-4 所示。

表 8-4　低温热解和高温热解煤气的组成分布　　单位：%

煤种	H_2	CH_4	CO	CO_2	NH_3	$N_2$①	C_mH_n
褐煤（低温热解）	10～30	10～30	15～25	10～20	1～2	3～10	1～2
低煤化程度烟煤（低温热解）	10～30	20～40	10～15	5～20	1～2	3～10	3～5
炼焦配煤（高温热解）	54～59	24～28	5.5～7	1.5～3.0	1—2	3～5	2～3

注：① 工业上多用内热式炉热解，煤气中 N_2 的含量通常超过 40%。

（二）煤岩显微组分的影响

有机显微组分中壳质组有最高的挥发分产率，惰质组挥发分产率最低。由于不同显微组分的分子结构差异较大,发生的热解反应也就不同,得到的热解产物有很大区别。气体产率和焦油产率以壳质组最高,镜质组居中,惰质组最低;焦炭(或半焦)产率以惰质组最高,镜质组居中,壳质组最低。

有学者通过 TG-MS 和固定床反应器研究了平朔煤镜质组和惰质组的热解行为,发现在 650 ℃时镜质组的焦油产率为 22.4%,气体产率为 14.4%,明显高于惰质组的 13.4%和 10.2%;对神府煤煤岩显微组分的低温热解研究表明:煤样中镜质组含量越高,热解焦油收率越高,而惰质组含量越高,焦油收率越低,半焦收率越高。神府煤不同显微煤岩组分低温热解焦油组成见表 8-5,镜质组热解焦油中的酚类、萘类和链烃类物质含量高于惰质组,而惰质组热解焦油中含氧化合物及苯类相对含量较高。

表 8-5 神府煤不同显微煤岩组分低温热解焦油组成 单位:%

组成	神府原煤	镜质组	惰质组
酚类	38.7	41.6	21.1
苯类	16.6	11.1	23.8
萘类	18.9	24.9	14.4
长链烃类	6.0	17.8	3.8
含氧化合物	10.7	2.8	24.8
其他	9.2	1.8	12.2

(三)热解温度的影响

煤在不同的温度下热解的具体反应不同,其热解产物的组成和分布也会有所不同。在低温段,主要是含氧官能团多和桥键、侧链断裂,形成挥发性气体。首先生成的热解气体是 H_2O 和 CO_2,之后 CO 和 CH_4 等气体逐渐生成。随着热解温度升高,焦油组分逐渐析出,在 450~600 ℃时焦油产率达到最大值,此后逐渐降低。温度的升高会导致焦油组分的二次热解反应,其组成会发生变化。有学者研究了长焰煤在 500 ℃和 700 ℃下的热解,气体和焦油的产率分别从 15%和 7%增加到 18%和 8%,而半焦的产率从 70%减小到 67%;焦油产率在 600 ℃时达到最大值 8.66%;焦油中脂肪族和芳香族含量从 40%增加到 60%。另有学者研究了胜利褐煤的热解,结果表明从 500 ℃升到 700 ℃,半焦产率从 65.5%降低到 53.2%,气体产率从 8.84%提高到 20.8%,而焦油产率先升后降,并在 600 ℃达到最大值 21.4%。因此煤的中低温热解能够产生更多的焦油和半焦,高温热解能够产生更多的热解气体,选择合适的热解温度对于获得不同的产物至关重要。

(四)升温速率的影响

随着升温速率的增大,单位时间生成的挥发分增多,挥发分在煤表面停留时间缩短,二次反应减少,使焦油和热解气的产率增大,焦炭产率降低。此外,随着升温速率的提高,部分煤分子结构来不及裂解,挥发分不能及时析出,使得挥发分开始逸出的温度提高,最大失重峰会向高温方向移动。过快的升温速率会导致发生热滞后现象,对热解反应不利。有人研究了不同升温速率下长焰煤的热解过程,当升温速率从 6 ℃/min 增加到 667 ℃/min 时,气体和半焦的产率分别从 16.89%和 60.83%下降到 15.29%和 57.92%,而焦油产率由 9.78%增加到 13.38%,总挥发分由 26.7%增加到 28.7%。不同的热解装置中,热解产物的逸出路径和环境不同，也会使热解产物的分布不同。一般来说，慢速热解有利于半焦的生成，中速、快速以及闪速热解有利于焦油和气体的生成。

（五）压力的影响

压力对热解反应也有较大影响。压力增大，一方面会促进热解产生的 H_2 和自由基的加氢反应，增加焦油产率；另一方面会抑制煤热解初级产物的快速逸出，延长其停留时间，加剧二次裂解反应，反而降低焦油的产率。压力变化对气态产物中小分子气体的产率影响规律不明显。

（六）热解气氛的影响

不同的热解气氛下，煤热解反应过程有所不同，进而影响热解产物的组成。除惰性气氛外，还可以利用 H_2、合成气（CO、CH_4 和 CO_2）、水蒸气等。H_2 气氛下，H_2 能够产生自由基，能稳定煤热解产生的大分子自由基碎片，从而提高焦油收率和焦油品质；但也会发生加氢裂解反应，这会导致焦油产率降低、气体产率增加。CO 和 CH_4 气氛下热解，有利于焦油产率和焦油品质的提高。CO_2 气氛下，焦油中轻质组分提高，但由于促进了重整反应，焦油产率降低、气体产率增加。水蒸气气氛下，半焦产率降低，气体产率增加；热解温度较低时，焦油与半焦的接触机会减少，从而抑制焦油二次反应，焦油产率增加；热解温度较高时，焦油与水蒸气发生重整，产生更多的气相产物，降低了焦油产率，但可提高焦油品质。

（七）催化剂的影响

煤的催化热解是指在煤热解过程中使用催化剂，利用催化剂对热解自由基的选择性促进或抑制作用，提高热解转化率，实现对某一目标产物的催化效果以及热解产物二次裂解的影响，从而促进热解产物的定向分布。焦油品质低、重质组分含量高一直是煤热解领域有待改善的关键问题，通过催化热解能够实现对煤热解焦油的提质升级，提高煤焦油的产率和焦油品质。用于煤催化热解的催化剂主要有金属类催化剂、半焦类催化剂和分子筛及其负载类催化剂等。应用于煤热解的部分催化剂性能如表 8-6 所示。不同的催化剂有不同的热解催化效果，要根据实际需要选择合适的催化剂。

表 8-6　催化快速热解过程中催化剂的性能比较

	原　料	催化剂	载气	结　果
金属类催化剂	霍林河褐煤	金属氯化物（$CaCl_2$、KCl、$NiCl_2$、$CoCl_2$ 和 $ZnCl_2$）	N_2	促进有机物更多地转化为轻质物质
	低阶煤	熔融碳酸盐（Li_2CO_3、Na_2CO_3、和 K_2CO_3）	Ar	提高烃类产率从而增加油的产量和质量
	褐煤、次烟煤和烟煤	碱金属及碱土金属	He	对酚类化合物和缩合芳烃分解为轻质芳烃具有良好的催化活性
	内蒙古和新疆褐煤	钼基和铁基催化剂	N_2	有利于煤的解聚反应，焦油产率提高
	低阶胜利煤	MoS_2	N_2	降低了焦油中沥青含量，使其中轻焦油的比例由 50%提高到 60%
	褐煤	铁矿石（褐铁矿、赤铁矿、菱铁矿和磁铁矿）	N_2	褐铁矿在轻质芳烃生产方面有最好的催化性能

表 8-6(续)

	原　料	催化剂	载气	结　果
半焦类催化剂	神东长焰煤	半焦催化剂	N_2	可为焦油的分解提供活性表面和催化无机组分,有利于焦油的提质
	山西烟煤	半焦和金属浸渍半焦催化剂(Co-char、Ni-char、Cu-char 和 Zn-char)	N_2	提高焦油中轻质焦油比例,降低 N、S 含量,提高焦油 H/C
	呼伦贝尔褐煤	生物质半焦	N_2	可为裂解重馏分煤焦油提供催化活性位点,热解产生的轻质焦油比例提高
	神木长烟煤	半焦催化剂和商用椰壳活性炭	N_2	提高煤焦油的质量,增加轻焦油的含量和气体产率
	山西烟煤	金属改性半焦催化剂(Ni-char、Fe-Ni-char、Mg-Ni-char、Ce-Ni-char 和 Zr-Ni-char)	N_2	焦油中轻质焦油产率提高,S 和 N 的含量降低
分子筛类催化剂	宁夏烟煤	Y 型	He	轻芳烃的产率提高,焦油质量提高
	汾西烟煤	USY	He	苯的含量增加了 500%,甲苯、乙苯、二甲苯、萘等化合物的含量也有不同程度的增加
	宁夏烟煤	多级孔 Y 型	—	轻芳烃的产率提高
	胜利褐煤	HZSM-5	Ar	高铝含量的 ZSM-5($SiO_2/Al_2O_3=50$)产生轻芳烃的效果更好
	胜利褐煤	金属改性 ZSM-5(Co、Mo、Ni 改性)	Ar	金属的引入使焦油中芳烃含量增加,有机氧含量明显降低
	神东煤	多级孔 HZSM-5	Ar	多级孔 ZSM-5 可以促进脂肪烃的裂解环化和酚的裂解,提高了焦油中轻质芳烃的收率
	金属负载 ZSM-22(Co、Mo)	榆林煤	H_2/N_2	选择性地提高了脂肪族、芳烃和酚类的相对含量,而抑制了醇类和含氮化合物的相对含量

煤热解的影响因素众多,影响程度各异,而且各因素并非单独产生影响,它们之间相互关联,有一定的耦合现象。因此,对于一个特定的热解过程,需要综合考虑热解条件来进行分析。

四、煤的快速热解

煤的快速热解是指煤在很短的时间内温度升到终点(升温速度为 500～10^5 ℃/min),然后进行恒温热分解、析出挥发物的过程。当加热速度高于10^6 ℃/s 时,又称为闪速热解,其优点是可以利用高挥发分、非(或弱)黏结性煤,生产能力大,热解总能量转换率高,可达 90%。

五、煤的加氢热解

煤加氢热解工艺是指煤在一定的温度和压力下,在 H_2 气氛下发生热解反应的过程。外来氢源提供的氢会饱和煤热解过程中产生的自由基碎片,从而减少热解过程中自由基之间的结合，能够显著提高热解转化率和焦油产率，改善焦油品质，得到高热值气体和清洁半焦。

煤加氢热解包括煤热分解、挥发分析出、二次反应以及脱氢加氢等反应过程，可以归纳为以下三个阶段。

（1）前期：煤热解挥发分快速析出，外来氢源扩散进入煤颗粒中，H 自由基与气相和凝聚相中的自由基发生反应，使得挥发分析出量增加。

（2）中期：煤颗粒外的焦油与 H 自由基发生反应，生成小分子的挥发分，避免了二次聚合反应的发生。

（3）后期：大量的焦油与气体析出后，H 自由基与残留在半焦中的活性组分反应生成甲烷，此反应与最初的快速反应相比，速度较慢。

六、煤的等离子体加热热解

煤的等离子体加热热解，是指在等离子体发生器中产生的高温、高速的热等离子体射流进入等离子体反应器，再将煤粉喷入等离子体反应器，与等离子体毫秒级混合，发生热解反应的过程。等离子体反应器主要包括等离子体发生器、混合区、反应室、淬火和分离 5 个单元。一般来说，煤的等离子体加热热解的主要产物是气、固相产物，气体产物产率达到原料的 70%～80%。根据自由能数据，C_2H_2在 1 500 K 以上时，比其他碳氢化合物更稳定，是气态 C—H 平衡体系的主要烃组分。当煤在毫秒内加热到 1 800 K 以上的温度时，挥发分被释放，并很快转化为最终产物，其中 C_2H_2为主要产物，H_2、C_2H_4、CO、CH_4为副产物。因此，等离子体热解是清洁利用煤炭直接生产 C_2H_2的一种方法，既不需要大量的水，也不直接排放 CO_2。

第二节　黏结性烟煤的黏结成焦性质及其评价方法

焦炭是炼铁的主要原料之一，焦炭在炼铁时的作用主要是还原剂、燃料和料层的骨架，特别是骨架作用最为关键。焦炭在高炉中下行移动过程中，会不断破损，粒度逐渐变小，骨架作用会逐渐削弱乃至消失。导致焦炭破损的原因主要有五个：料柱的静压力、炉料间的摩擦、高温热应力、CO_2对焦炭的熔损侵蚀及碱金属等杂质对焦炭与 CO_2反应的催化。传统的焦炭质量评价指标 M_{40}和 M_{10} 主要反映的是焦炭对于料层内静压力和冷态磨损的抵抗能力。从高炉解剖研究发现，焦炭在高炉中从炉喉到炉身下部焦炭块度并无多大变化，可见前两个因素并不是焦炭在高炉中严重破坏的根本因素。焦炭热转鼓研究表明，当温度 >1 300 ℃时焦炭强度才有明显下降，而高炉炉腰近炉墙部位焦炭的温度只有 1 000～1 100 ℃，因而热应力的作用不能使焦炭在高炉中严重损坏。通过对 CO_2与焦炭的熔损反应发现，CO_2对焦炭的反应熔损、碱金属对该反应的催化加速作用以及碱金属自身对焦炭的侵蚀，是焦炭在高炉中破损的根本原因。这几种因素的作用效果可以通过焦炭的反应后强度(CSR)和焦炭反应性指标(CRI)进行预测和评价。提高焦炭的反应后强度和降低反应性已经成为大型高炉用焦炭生产的主要目标。焦炭的反应性和反应后强度决定于原料煤（或配煤）的黏结成焦性质，煤的黏结成焦性质取决于煤的煤化程度和煤岩组成。

焦炭的另一类质量指标是灰分、硫分等杂质含量，为了得到高质量的生铁和提高炼铁效率，焦炭中灰分和硫分等杂质的含量越低越好。焦炭中的杂质全部源于原料煤，原料煤的灰分和硫分越低，焦炭中的杂质也就越低，但限于煤炭分选的成本，一般要求炼焦煤的灰分低于 10%，硫分低于 1%，在实际生产中要求更为严格，比如要求炼焦煤的灰分小于 8%，硫分小于 0.6%。

煤的炼焦性能需要从杂质含量和黏结成焦性质两个方面进行评价。煤中灰分、硫等杂质含量的测定和评价方法已在第五章阐述，本章主要介绍煤的黏结成焦性质及其评价方法。

一、黏结性烟煤的热解过程

黏结性烟煤的热解过程大致可分为三个阶段，如图 8-2 所示。

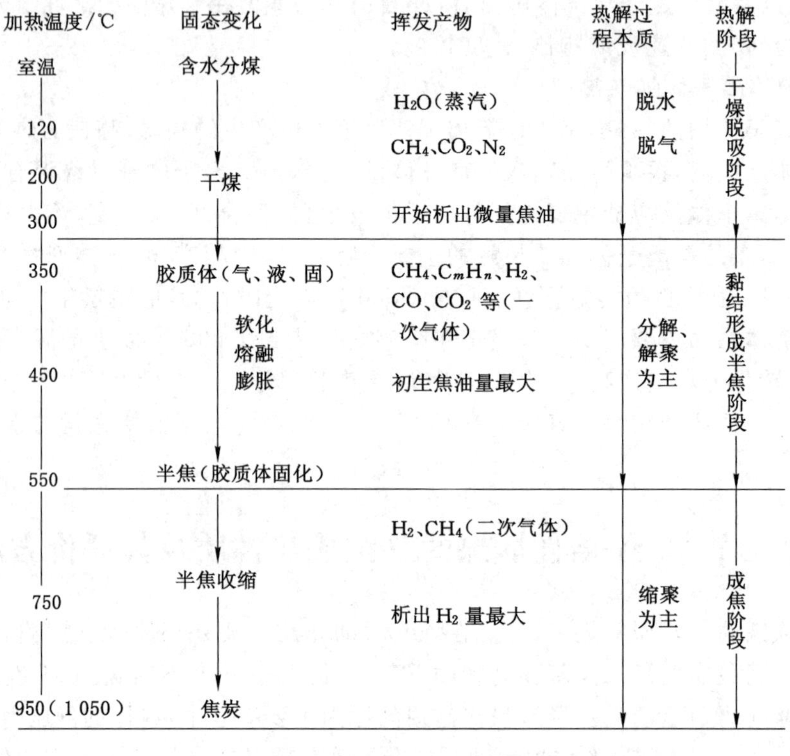

图 8-2　黏结性烟煤的热解过程

（一）干燥脱吸阶段（室温至 300 ℃）

从室温到 300 ℃，煤的基本性质不会发生变化，煤中吸附的水分和气体在此阶段脱除。室温至 120 ℃是煤的脱水干燥阶段；120～200 ℃是煤中吸附的 CH_4、CO_2、N_2等气体的脱吸阶段。

（二）胶质体的生成和固化阶段（300～550 ℃）

该阶段以煤的分解、解聚为主，黏结性烟煤形成以液体为主的胶质体，阶段末期，胶质体固化形成半焦。

(1) 300～450 ℃时，煤发生激烈的分解、解聚反应，生成了大量的相对分子质量较小的气相组分（主要是 CH_4、H_2、不饱和烃等气体和焦油蒸气，这些在低温段热解形成的气相组分称为热解的一次气体）和相对分子质量较大的黏稠似胶、具有黏性的液相组分。黏结性烟煤热解产生的焦油主要在该阶段析出，大约在 450 ℃时焦油的析出量最大。这一阶段中形成了气（气相组分）、液（液相组分）、固（尚未分解的煤粒）三相混合物，称为胶质体，胶质体的特性和数量将对煤的黏结、成焦具有决定性的影响。

(2) 450～550 ℃时，胶质体分解加速，开始缩聚，生成相对分子质量很大的物质，胶质体逐渐固化成为半焦。

(三) 半焦转化为焦炭的阶段(550～1 000 ℃)

该阶段以缩聚反应为主，由半焦转化为焦炭。

(1) 550～750 ℃，半焦缩聚析出大量的气体，主要是 H_2 和少量的 CH_4，称为热解的二次气体。半焦分解释放出大量气体后，体积收缩产生裂纹。在此阶段基本上不产生焦油。

(2) 750～1 000 ℃，半焦进一步缩聚，继续析出少量气体，主要是 H_2。半焦的缩聚，使芳香碳网不断增大，结构单元的排列有序化进一步增强，最后，半焦转化成为焦炭。

二、胶质体的来源和性质

黏结性烟煤从室温经过胶质体状态到生成半焦的过程称为黏结过程；从室温到最终形成焦炭的过程称为结焦过程。黏结性烟煤在 300～550 ℃范围内会软化熔融，在煤粒的表面形成液相膜，大量煤粒聚积时，液相相互融合在一起，形成气、液、固三相一体的黏稠的混合物，即所谓的胶质体。

胶质体具有黏结能力，称为煤的黏结性。黏结性是指黏结性烟煤在热解时形成的胶质体能够将自身或惰性物料黏结成块的能力。一般来说，胶质体的数量越多，煤的黏结性越强，但黏结性强不等于能够生产出强度符合要求的冶金焦。衡量煤能否生产出优质焦炭的能力，用结焦性描述。结焦性是指在工业炼焦条件下，单种煤或配合煤制备出一定块度和强度的焦炭的能力。黏结性是生产优质冶金焦的必要条件。

图 8-3 示意了煤粒受热形成胶质体及胶质体固化的过程。由于胶质体中液相物质的黏度大，透气性不好，热解形成的部分气体会在液相物质中形成气泡。煤热解形成的胶质体是黏结成焦的前提，胶质体液相的数量和质量是影响焦炭质量的关键。

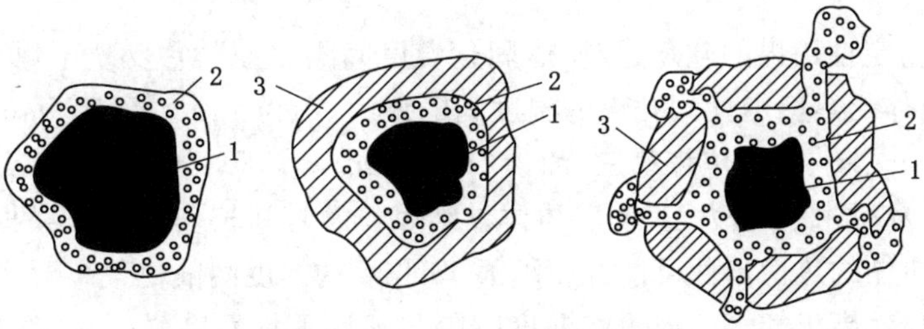

1—未软化的煤；2—含有气泡的液相胶质体；3—半焦。

图 8-3 煤粒受热软化熔融和再固化示意图

(一) 胶质体的来源

目前对于煤热解时的塑性与它的化学结构和反应性关系的研究有两种理论，一是 Y-化合物理论，另一个是氢转移理论。前者是由 Ouchi 等以喹啉和吡啶萃取日本煤的试验结果提出来的。煤被处理后，吡啶可以萃取出很多物质，该物质无供氢性、相对分子质量较小，作者把此种煤的塑性归于具有大量的可溶的小分子物质，即 Y-化合物；后一种理论认为煤中可转移的氢对于煤塑性的发展是非常重要的，它可以稳定煤受热裂解产生的自由基。Kidena 等用模型化合物测试了所用几种煤的供氢性和接受氢的能力。煤中供氢的活性位是环烷上的甲撑碳连接芳香基团之间的乙撑碳，在XRD和SEM观测热处理煤(半焦)的基础上，当煤达到软化温度时，芳香层的定向开始变得混乱，随着温度的升高，芳香层才开始发展。所以在塑性阶段，键断裂反应、氢转移反应及芳香层的重排同时发生，这些反应之间的平衡非常重要。可以肯定地说,胶质体主要来源于煤大分子裂解反应生成的中间产物。

胶质体的形成是煤热解过程中氢再分配的结果。一些产物被氢饱和后形成稳定的饱和分子,而另一些则缺氢成为自由基或不饱和物,自由基或不饱和物参与缩聚反应、加成反应等。由于氢的再分配及部分中间产物被氢所饱和,因而形成了胶质体。

上述理论或见解忽略一个重要的事实,就是热解时能形成大量胶质体的煤,都是碳含量在87%～91%之间的中等煤化程度的煤。此外,需要特别注意的是,胶质体的数量多,焦炭的质量不一定好,如气肥煤的胶质体量最大,但焦炭的强度远低于焦煤炼制的焦炭。这些事实表明,胶质体的质量非常关键,而胶质体的质量必然与母煤的分子结构相关。

结焦性好的煤种如焦煤和典型肥煤的分子结构及组成有以下特点:① 基本结构单元中缩合环数适量,相对分子质量中等;② 官能团和侧链较少;③ 氢含量较高,氧含量较低,H/O高。这样的结构特点,使煤在350～450 ℃热解时,连接基本结构单元的桥键断裂形成自由基,自由基捕获氢后得到稳定化成为液相,而且由于分子上侧链和官能团少,分子之间很少交联,也不容易进一步分解,存留时间也长,就很容易在静电力等作用下相互移动,形成取向度高、排列整齐的液晶相,从而能够在更高的温度下形成各向异性的焦炭。

(二) 胶质体的性质

黏结性烟煤在热解过程中,形成的胶质体液相也在不断分解、缩聚,最终固化形成半焦。影响煤黏结成焦性能的决定性因素是胶质体液相的数量和质量,可以采用胶质体的热稳定性、流动性、透气性及膨胀性等加以描述。

1. 热稳定性

胶质体的热稳定性用煤的软化、胶质体固化温度间隔表征。它反映了煤处在塑性状态的时间长短,即胶质体的热稳定性。肥煤的温度间隔最大,约为140 ℃(320～460 ℃);其次是气煤,约为90 ℃(350～440 ℃);焦煤第三,约为75 ℃(390～465 ℃);瘦煤较小,约为40 ℃(450～490 ℃)。一般认为,温度间隔大,表明胶质体黏结煤粒的时间长,有利于煤的黏结。但单纯用温度间隔表示胶质体的热稳定性可能并不可靠,如焦煤的温度间隔比气煤要小,但其胶质体的黏结性和结焦性显然高于气煤。似乎将温度间隔与塑性平均温度(软化温度与固化温度的平均值)结合起来考虑更为科学。就化学反应来说,温度越高,反应速度越快,但反应速度的提高与温度不成正比,往往呈几何级数的关系,煤受热软化熔融期间的反应也不例外。高温下的较短温度间隔,其表达的热稳定性可能比较低温度下的较大温度间隔还好。

2. 透气性

透气性指煤热解产生的气体物质从胶质体中析出的难易程度。胶质体中的液相数量多、液体的黏度大,则气体的析出难,透气性差;反之,气体析出易,透气性好。透气性差时,会在胶质体内产生较大的膨胀压,能促进煤粒之间的黏结,透气性好则有相反的结果。

3. 流动性

流动性反映了胶质体液相的数量多少和黏度的大小,胶质体液相的数量多、黏度小,则其流动性就大;反之,流动性就小。胶质体的流动性对煤的黏结成焦影响很大。胶质体的流动性差，不利于煤粒间的黏结，界面结合不好，焦炭熔融性差，焦炭的强度差，反应性高，不利于焦炭在高炉中骨架作用的提高。肥煤和焦煤胶质体的流动性好，而气煤和瘦煤胶质体的流动性很差。

4. 膨胀性

在胶质体状态下，若胶质体的数量多，且黏度大，则胶质体中的气体不易析出，往往使胶质体发生膨胀，产生膨胀压。膨胀压力大，有利于煤粒间的黏结，但膨胀压力过大，将对焦炉炭化室炉墙造成破坏。煤的膨胀性与其透气性有关，透气性好，则不易膨胀，透气性差，则较容易发生胶质体的膨胀。如果胶质体的膨胀不加限制，则发生自由膨胀。若膨胀受到限制，如煤在焦炉炭化室中的炭化，就会对炉墙产生一定的压力，称为膨胀压力。

三、黏结性烟煤黏结与成焦机理和中间相理论

（一）煤的黏结机理

煤热解形成胶质体，煤粒之间的黏结主要发生在煤粒的表面上。利用显微镜和放射线照相技术对半焦光片进行研究表明，热解后的煤粒沿着颗粒的接触表面产生界面结合。表面的黏结不仅发生在熔融颗粒与不熔颗粒之间，也发生在相邻颗粒产生的胶质体交界面上。无论对于胶质体数量较多的肥煤还是胶质体数量较少的气煤，煤粒间的黏结只发生在煤粒间的表面分子层上。有学者对流动性最大的肥煤胶质体的液相在塑性阶段的平均移动距离进行了计算，只有 1.9 μm，这与煤粒的大小相比是可以忽略的。因此，煤热解后不同煤粒生成的液相之间的相互渗透只限于煤粒的表面。这就是说，煤粒间的黏结过程，只在煤粒的接触表面上进行，煤的黏结是煤粒间的表面黏结。

在热解时，煤分子结构上的氢发生了再分配。对于黏结性烟煤，生成了富氢、相对分子质量较小的液相物质和呈气态的焦油蒸气、气体烃类等化合物。有人认为，热分解产物的相对分子质量在 400～1 500 范围内时呈液相并能使煤软化生成胶质体。胶质体中的液相不仅能软化煤粒，也能隔离热解中生成的大量自由基，阻止它们迅速结合成为更大的分子而固化。煤热解生成的胶质体是逐渐增加的，当液相的生成速度与液相的热解速度相等时，胶质体的流动性达到最大，此后，胶质体的分解速度超过了生成速度，胶质体的流动性则逐渐下降，直到全部固化成为半焦。胶质体的固化是液相分解产生的自由基缩聚的结果。胶质体的固化过程是胶质体中的化合物因脱氢、脱烷基和其他热解反应而引起的芳构化和炭化的过程。

综上所述，要使煤在热解中黏结得好，必须满足以下条件：

（1）胶质体应有足够数量的液相，能将固体煤粒表面润湿，并充满颗粒间的空隙；

（2）胶质体应有较好的流动性和较宽的温度间隔；

（3）胶质体应有一定黏度，有一定的气体生成量，能产生一定的膨胀压力，将软化的煤粒压紧；

（4）黏结性不同的煤粒应在空间均匀分布；

（5）液态产物与固体粒子之间应有较好的附着力；

（6）液相进一步分解缩聚所形成的固体产物和未转变为液相的固体粒子本身应具有足够的机械强度。

（二）煤的成焦机理

胶质体固化形成半焦后继续升高温度，半焦发生裂解和缩聚，析出以氢气为主的气体，几乎没有焦油产生。这时的裂解反应主要是芳香化合物脱氢，同时产生带电的自由基，自由

基相互缩聚而稳定化，温度进一步升高，缩聚反应进一步发展，自由基的缩聚使芳香碳网不断增大，碳网间的排列也趋于规则化。

从半焦的外形变化来看，由于缩聚反应，使半焦的体积发生收缩，由于半焦组成的不均匀性，体积收缩也是不均匀的，造成半焦内部产生应力，当应力大于半焦的强度时就产生了裂纹。温度继续升高到 1 000 ℃，半焦的裂解和缩聚反应趋缓，析出的气体量减少，半焦也变成了具有一定块度和强度的银灰色并具有金属光泽的焦炭。

（三）煤黏结成焦的中间相理论

1. 中间相的概念

黏结性烟煤在热解过程中，胶质体开始形成很微小的球体，这些小球体逐渐接触、融并、长大，最后聚集在一起，形成了类似于液晶的具有各向异性的流动相态，这就是中间相。中间相是由于胶质体芳香分子层片的定向排列形成的，在热的作用下，胶质体分子发生分解、缩聚而固化，最终形成各向异性炭。如果没有中间相的转变过程，只能形成各向同性炭。

中间相的特点是：

(1) 由煤热解形成的中间相是不可逆的；

(2) 中间相在形成过程中，因胶质体的热解反应，其相对分子质量是逐渐增大的；

(3) 中间相在形成过程中富氢的小分子形成挥发分逸出，残留物碳氢比逐渐增大；

(4) 中间相的形成是化学过程，中间相形成以后，内部发生连续的化学变化；

(5) 胶质体分子的排列是有序的，长程有序性决定了焦炭的各向异性程度和焦炭的光学结构。

中间相是介于固相和液相之间的一种特殊相态，它既部分保留了晶体的远程有序性，又有液体的某种性质如流动性。煤在热解时，在 400 ℃左右开始形成热塑相或液相（中间相），在进行分解、脱水、缩合反应的同时，挥发分逸出，黏度增加，在约 550 ℃时则开始固化，在这个过程中产生细气孔和龟裂，最后形成多孔固体物质。

2. 煤热解过程中中间相的形成

煤在热解时，煤中小分子物质首先脱离非共价键的束缚而逸出，与随后共价键裂解产生的其他小分子物一起组成塑性流动相，裂解后产生的大分子自由基发生缩合反应，形成缩合稠环芳烃，相对分子质量可达 1 500 左右，在各向同性的液相体系中形成新相——圆球状的塑性物质，这就是所谓的中间相小球体。初生的小球体仅百分之几微米，当长大到零点几微米时，用光学显微镜就可以分辨出来，如图 8-4 所示。

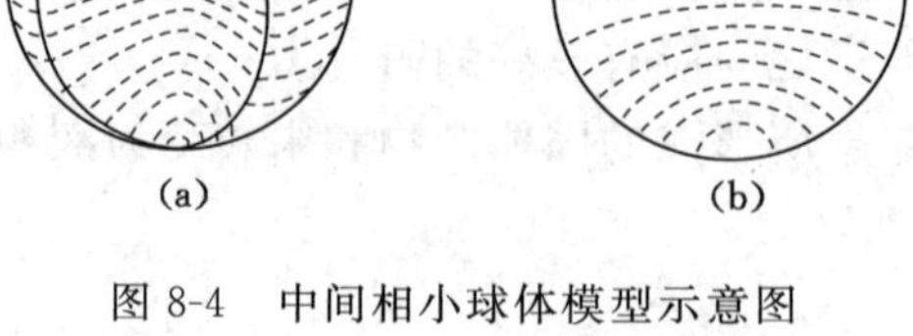

(a) (b)

图 8-4 中间相小球体模型示意图

小球体的结构模型是由 Taylor 提出来的。小球体由大致平行的分子层片堆砌而成，存在着一条极轴,各层分子层片在其中心处与极轴正交。所有的层片中,仅有"赤道"位置上的最大层片是完全平面的,其他层片在从中心伸向边缘时发生弯曲,成为曲面,越往"两极",弯曲得越强烈,在达到层片在边缘处与小球体表面正交。

中间相连续地在一个宽广升温带中形成,随着温度升高发生两种相对抗的过程:一种是连续在中间相内部的跨接,其结果降低了中间相的流动性;另一种是随着温度的提高,其流动性增加。如果流动性足够高,中间相小球体互相接触时,以极快的速度互相融合,变成了一个较大的单体,使这个过程继续进行,各向异性得以发展。如果流动性不够高,则中间相在互相接触时就不能互相结合,而各自保持其原状。因此焦炭的光学结构决定于热解过程中间相的结合程度,只有聚合的中间相保持高流动度(低黏度)才能使各向异性充分发展生成条形各向异性炭。如中间相没有能力融并,就生成细粒镶嵌结构,很小的中间相单元仅仅压缩成镶嵌结构。中间相的生成条件是严格的,其过程很复杂,并且影响因素也很多。首先进行热解物料的组成分子的化学活性不能太高,否则在热解早期温度很低时分子就会相互作用而聚合,使体系黏度增加而不利于中间相的生成。中间相生成阶段的温度和时间对中间相生成的影响是相辅相成的,在较低温度下停留较长时间和在较高温度下停留较短时间的效果是相似的。反应分子中有杂原子和官能团时,会阻碍中间相的形成和长大。这是因为在中间相发展早期分子间的交联使流动度过低而阻碍了分子的聚合。如果在形成中间相以前已发生了跨接,此过程最终将生成各向同性炭。在热解系统中高温分解颗粒阻碍中间相的发展,在原来所形成的中间相小球体周围的裂解炭将抑制甚至阻碍小球体的融并。

中间相的发展过程如图 8-5 所示,从小球体产生到胶质体固化、半焦形成这一个阶段为中间相阶段。具体发展过程如下:

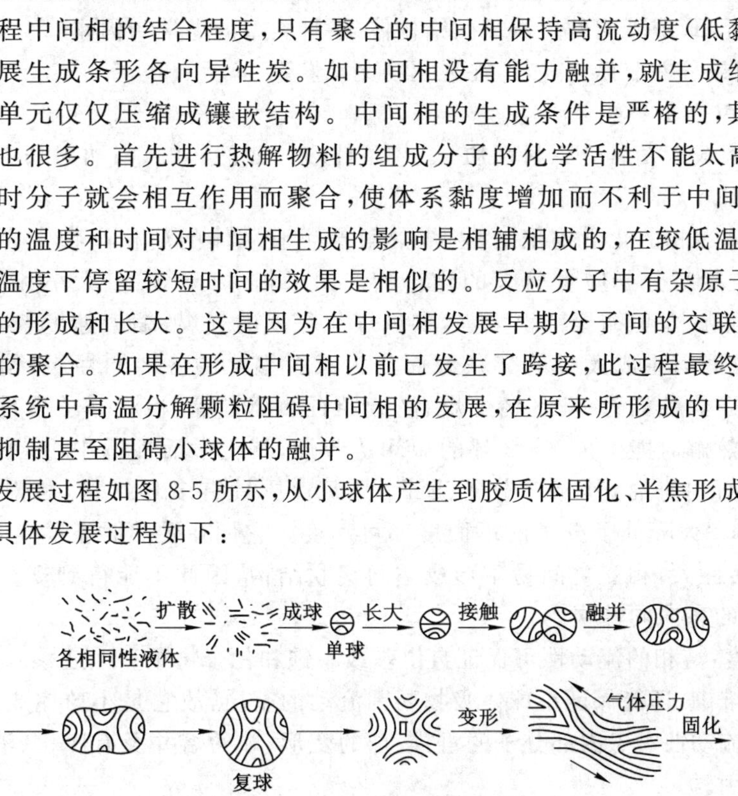

图 8-5 中间相发展示意图

(1) 裂解,煤受热分解的实质是氢在分解产物中的重新分配。煤大分子中不稳定部分,如桥键、侧链、活性键(离解能低的键)、官能团受热断裂,并接受氢原子而成为饱和中等相对分子质量的液相(1 100~1 600)和低相对分子质量的焦油蒸气和烃类气体。而另一些产物则缺氢,成为不饱和化合物和自由基。

(2) 缩聚,自由基或不饱和化合物缩聚成平面稠环大分子或大自由基层片。

(3) 成球,稠环大分子在流动相中因热扩散而相互平行堆砌,形成初生小球体。

(4) 长大,小球体作为新相不断地吸附、融合周围的流动相而发生体积的扩大。

(5) 接触,新球不断涌现,原来的小球不断地长大,使流动相中小球体的浓度增加,球间的距离缩小,直到球与球相接触。

(6) 融并,相邻的相互接触的两个小球合并在一起,成为一个复球。

(7) 重排,融并后的复球内部分子不断重排而规则化聚集,很多复球与单球结合在一起,成为中间相体。

(8) 增黏,中间相体进一步吸收周围的流动相而长大,基质消耗殆尽,系统的黏度迅速增加。

(9) 变形,由于流动相中逸出的气体压力和剪切力的作用,使高度聚集相弯曲的层片分子变形,排列更有序化。

(10) 固化,温度继续升高,层片相对分子质量迅速增大,胶质体固化成各种尺寸与形态的各向异性单元,形成不同的焦炭显微结构体(各种类型的光学结构体)。

当然,上述过程并非孤立进行,往往相互交叉发生。

3. 中间相发展的影响因素

中间相的形成和发展受原料性质、工艺条件多方面的影响,归纳起来主要有以下几个方面。

(1) 胶质体液相的化学缩聚活性:煤热解产生胶质体的液相产物中含有大量的自由基,易于聚合成相对分子质量较大的化合物。如果相对分子质量大小和平面度合适,有利于中间相的形成。但缩聚活性太强,如低煤化程度的气煤,缩聚速度快,相对分子质量增长太快,层片间易生成大量的交联键而成为难石墨化的各向同性炭,使中间相难以生成和长大。对于焦油沥青、溶剂精炼煤、高芳烃石油沥青等,相对分子质量适当,黏度小,它们含有或在热解时能生成2～3环的短侧链芳烃,其化学活性适中,是形成中间相的理想组分。对于石油渣油,其相对分子质量大,沥青质具有多环结构,相对分子质量高达2 000～4 000,大大降低了分子的平面度和可动度。它们在受热时不稳定,长侧链容易断裂,化学缩聚活性大,相互之间易于形成空间交联结构,因此不能得到规整的中间相小球体而形成杂乱的各向同性炭。

(2) 流动度:液相的流动性可保证自由基或不饱和化合物顺利地迁移到适当的位置,进行平行有序的堆砌,还能保证小球体吸收周围流动的基质,故它是小球体成长的边界条件。中间相内部的流动性对于内部分子的重排、球的变形、球的熔并及有序化、消除结构缺陷等均有重要的作用。

(3) 塑性温度间隔:塑性温度间隔大,中间相发展的时间长,有利于中间相的形成和发展。

(4) 沥青中的游离碳、煤中惰性组分:中间相物质的生成和发展是一个不可逆的化学过程,通常认为该反应是一级反应。反应速度常数随沥青中分散度很大的游离碳(性质类似炭黑,各向同性)的增加而增大。反应活化能一般在168 kJ/mol左右。沥青中游离碳增加,反应活化能降低,反应速度则有所增加。沥青中碳质微粒如超过5%(质量),小球就很难长大,一般直径仅几微米。煤中惰性组分的影响,与沥青中游离碳的影响有些类似。因此,手选纯净的肥煤镜煤热解才较易观察到小球体。

(5) 温度、加热速度、恒温时间:升温速率,尤其在塑性状态时,对中间相的影响极大。与慢速升温比较,快速升温可使煤分解速度加快,短时间内产生较多适合的自由基,并且气体析出速度和流动性增加,流动温度区间加大,对中间相生长有利,因此得到的各向异性单元尺寸大。干燥煤和预热煤炼焦都可增加升温速率。如热解最终温度高于胶质体固化温度，对中间相发展无影响，单元尺寸随终温改变不大，但反射率随终温的提高而增大。如在中间相状态恒温一段时间，可增大中间相尺寸；如在胶质体固化之后恒温一段时间，可增加反射率。

(6) 压力：在塑性状态下，适当增加压力可以增加中间相的尺寸，增大碳网直径 L_a 和单球尺寸。其机理可能是，在压力下氢不易析出，氢压增加，使产生的自由基很稳定，形成的中间相不易很快聚积，单球尺寸较大，固化后相应得到较大的 L_a。高压(2 000～3 000 bar)可以阻止小球体的融并，形成无数小球所组成的一种液态沥青。所以在高压下进行沥青的热解，可以制得所谓“葡萄碳”和“球簇碳”。这些碳球的本身是各向异性的，但就葡萄球的宏观性质来看，则是各向同性的，因为碳球的堆砌是随机的。2～50 bar 的压力，可使中间相的有序化稍有增加。

(7) 低共熔效应：在同一温度制度下，生成小球体的温度不相同的两种原料，以一定比例混合后，混合物的小球体生成温度，并不是按两种原料混合比例求出的合成平均温度(按加和性)，混合性小球体的实际生成温度略低于合成平均温度。

(8) 在沥青中加入硫黄，可促使中间相的迅速转化。加入硫黄的量如超过 7%，会使中间相层片之间产生广泛的交联键，以致最后生成的焦炭成为不能石墨化的玻璃碳。因此，可以推测，如氧化沥青、风化煤、高硫煤，它们含杂原子较多，对于形成可石墨化碳是有妨碍的。

(9) 煤的还原程度：还原性强的煤，热解产物中氢化芳烃含量高，它们作为供氢体，使自由基加氢，稳定性增强，缩聚活性适当，故中间相易于生成和发展。

四、煤的黏结性和结焦性的评定方法

煤的黏结性和结焦性的评定方法很多，国际上和我国常用的方法介绍如下。

(一) 罗加指数

罗加指数是由波兰学者 B. 罗加提出的一种测定煤黏结性的方法。方法要点是：将试验煤样粉碎到粒度小于 0.2 mm，称取 1 g 该煤样与 5 g 标准无烟煤(A_d<4%，V_{daf}<7%，粒度为 0.3～0.4 mm，我国规定采用宁夏汝箕沟矿产的无烟煤为标准煤)放入特制坩埚内搅拌均匀并铺平，放上钢质砝码，在 6 kg 负荷下压实 30 s，去掉负荷后加盖，连同砝码一起放入已预热至 850 ℃的马弗炉灼烧 15 min，取出，冷却后称量焦渣总质量为 m_0，用孔径为 1 mm 的圆孔筛筛分，称量筛上物质量为 m，然后进行每次 5 min 的转鼓转磨[转鼓转速为(50±2)r/min]，共 3 次，每次转磨结束后将焦渣用 1 mm 圆孔筛筛分，并称量筛上物质量，分别得到 m_1、m_2 和 m_3。罗加指数 R. I 用下式进行计算。

$$\mathrm{R.I}=\frac{0.5(m+m_3)+m_1+m_2}{3m_0}\times 100 \tag{8-1}$$

式中　R. I——罗加指数，%；

m_0——焦化后焦渣总质量，g；

m——转磨前大于 1 mm 焦渣的质量，g；

m_1——第一次转磨后大于 1 mm 焦渣的质量，g；

m_2——第二次转磨后大于 1 mm 焦渣的质量，g；

m_3——第三次转磨后大于 1 mm 焦渣的质量，g。

罗加指数用煤焦化后焦炭的耐磨强度表示煤黏结性的强弱，它反映了煤在胶质体阶段黏结自身和惰性物料并最终形成具有一定耐磨强度焦炭的能力。罗加指数法具有明显的优点，即设备简单、测定快速、所需试验煤样少，它不但能反映煤的黏结能力还能在一定程度上反映结焦性。但罗加指数法也有缺点，如加热速度远远高于工业炼焦的加热速度，使黏结性测值偏高，对强黏结性煤区分能力差，对弱黏结性煤的重现性差，标准无烟煤不同时导致测定结果的差异，使得各国间的测值不具可比性。

（二）黏结指数

黏结指数是我国科学工作者经过对煤黏结过程的深入分析和研究后，针对罗加指数的缺点改进而来的。其测定原理和仪器设备与罗加指数法完全相同，主要改进点有：① 将标准无烟煤的粒度降为 0.1～0.2 mm，一方面与试验煤样粒度接近，可防止发生煤样粒度偏析，造成两种煤样混合不均，影响测定结果；另一方面，降低无烟煤粒度，可增加其吸纳胶质体的能力，有利于提高对强黏结性煤的区分能力。② 根据煤样的黏结性强弱灵活改变配比，黏结性较强的煤用 1∶5 的比例，黏结性较弱的煤用 3∶3 的比例，可以提高强黏结性煤的区分能力和弱黏结性煤的测定准确性和重现性。③ 转鼓试验由 3 次改为 2 次，提高了测定效率。

黏结指数的测定方法与罗加指数基本相同，只是取消了转磨前的筛分和 1 次转磨。

煤的配比为 1∶5 时，黏结指数 G 按下式计算：

$$G = 10 + \frac{30m_1 + 70m_2}{m_0} \tag{8-2}$$

如果计算结果 $G<18$，则需将煤样的配比改为 3∶3，这时黏结指数 G 按下式计算：

$$G = \frac{30m_1 + 70m_2}{5m_0} \tag{8-3}$$

式中 G——黏结指数；

m_0——焦化后焦渣总质量，g；

m_1——第一次转磨后大于 1 mm 焦渣的质量，g；

m_2——第二次转磨后大于 1 mm 焦渣的质量，g。

实践表明，黏结指数在我国的应用是成功的，并已经作为我国煤炭分类的主要指标之一。

（三）胶质层指数

胶质层指数法是由苏联学者提出的测定煤黏结性的方法，它模拟工业焦炉的半个炭化室，单向加热，加热速率（3 ℃/min）与工业炼焦条件接近，主要测定煤在热解时形成胶质体的数量，即胶质层最大厚度 Y，此外还可得到辅助指标最终收缩度 X 和体积曲线。

胶质层指数法的测定要点：将煤样装入特制的煤杯中（见图 8-6），并在上面加一个活塞，活塞通过杠杆和重锤相连，使活塞对煤样产生 0.1 MPa 的压力。然后模拟煤样在焦炉中的受热过程，以 3 ℃/min 的升温速率从煤杯底部单侧加热，使煤杯中的煤样形成一系列温度不同的等温层，如图 8-7 所示。

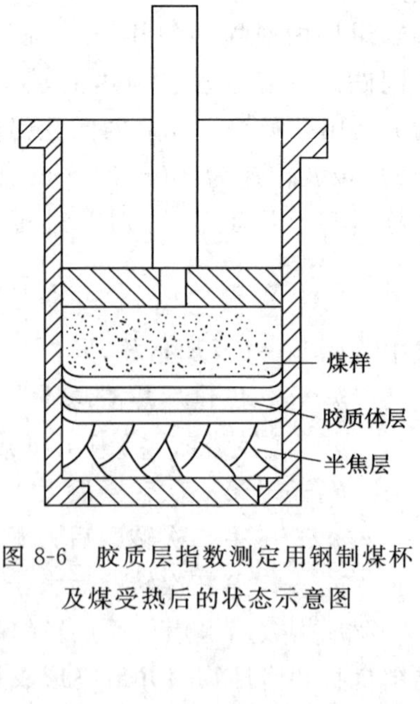

图 8-6 胶质层指数测定用钢制煤杯及煤受热后的状态示意图

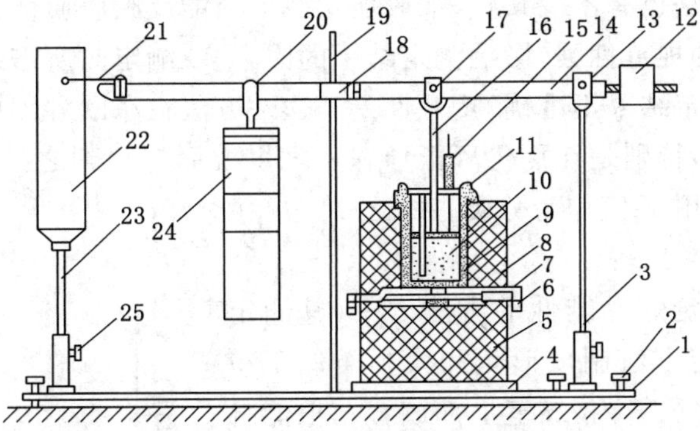

1—底座；2—水平螺丝；3—立柱；4—石棉板；5—下部砖垛；6—接线夹头；
7—硅碳棒；8—上部砖垛；9—煤杯；10—热电偶铁管；11—压板；12—平衡砣；
13,17—活轴；14—杠杆；15—探针；16—压力盘；18—方向控制板；19—方向柱；
20—砝码挂钩；21—记录笔；22—记录转筒；23—记录转筒支柱；24—砝码；25—固定螺丝。

图 8-7　胶质层指数测定装置示意图

等温层的温度从上到下依次递增。当温度上升到煤的软化点时，煤开始软化形成具有塑性的胶质体，当温度上升到固化温度时，胶质体开始固化形成半焦。煤杯底部的煤样首先软化形成胶质体并随后固化形成半焦，而后向上逐层依次转化为胶质体，这样，胶质体层逐渐上移，并不断加厚达到最大，此后胶质层厚度下降，直至煤杯中的煤样全部软化并固化成为半焦。在实验过程中要用特制的探针定时测量胶质层的厚度，以胶质层最大厚度作为主要指标。由于胶质层内有大量的热解气体，如果胶质体的透气性差，气体就在胶质体内大量积聚，造成体积膨胀带动活塞上移，一旦气体排出，体积就发生收缩，活塞又下降，这时连在杠杆上的记录笔即可记录活塞上下移动随时间变化的曲线，称为体积曲线，如图 8-8 所示。

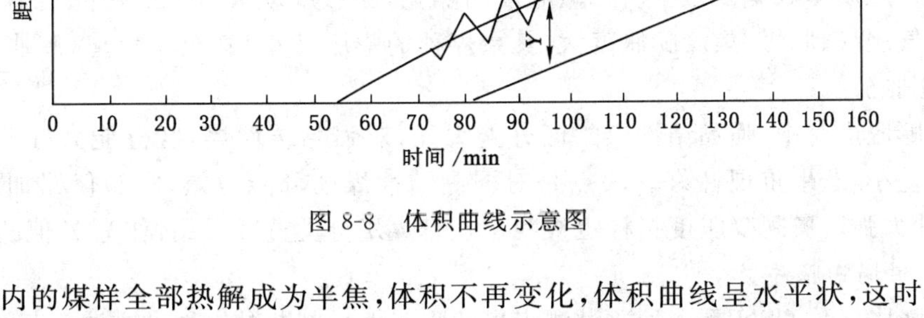

图 8-8　体积曲线示意图

若煤杯内的煤样全部热解成为半焦，体积不再变化，体积曲线呈水平状，这时体积曲线与基线之间的距离就是最终收缩度 X(mm)。

胶质层指数法较适合于评价中等黏结性的煤，其优点是 Y 值具有可加性，即混合煤的 Y 值可通过各单种煤 Y 值进行加权平均而得。因此，胶质层指数在配煤炼焦时具有重要的指导意义。胶质层指数法也有不少缺点，如胶质层厚度只能反映胶质体的数量，不能反映胶质体的质量；测定过程的规范性强，影响测定结果的因素多；测定时所需煤样量大；对弱黏结性煤和强黏结性煤的测定结果不准确，重现性差。这一方法在东欧各国中应用较为普遍，在我国的应用也十分广泛，特别是在焦化厂指导炼焦配煤方面有独到之处，因此，我国现行煤炭分类国家标准中也采用Y值作为分类指标之一。

（四）奥阿膨胀度

奥阿膨胀度是测定煤黏结性的方法之一，其测定要点是：将煤样按规定方法制成形状和大小类似于粉笔的煤笔，放入专用膨胀管内，煤笔上部放置一根能自由滑动的膨胀杆。将上述装置放入专用电炉后，在膨胀杆上端连接一支记录笔，记录笔与卷在匀速转动的转筒上的记录纸相接触，以 3 ℃/min 的升温速率加热，在记录纸上就记录下膨胀杆上下移动的位移曲线。测量并计算位移的最大距离占煤笔原始长度的百分数，作为煤样的膨胀度，即奥阿膨胀度指标 b。膨胀曲线如图 8-9 所示。

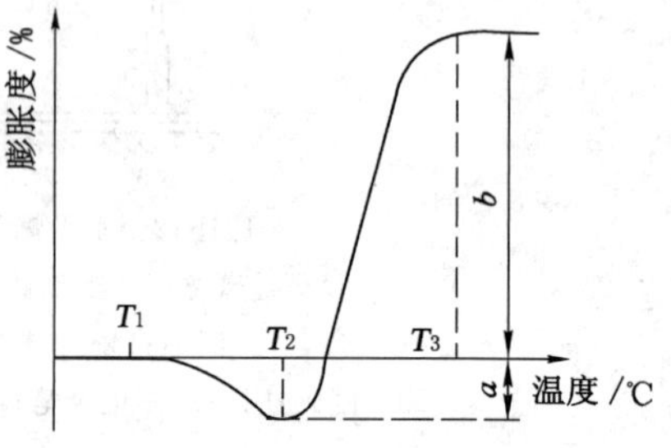

图 8-9 奥阿膨胀曲线示意图

通过试验可以测定下列指标：

T_1——软化温度，膨胀杆下降 0.5 mm 时的温度，℃；

T_2——开始膨胀温度，膨胀杆下降到最低点后开始上升时的温度，℃；

T_3——固化温度，膨胀杆停止移动时的温度，℃；

a——最大收缩度，膨胀杆下降的最大距离占煤笔长度的百分数，%；

b——最大膨胀度，膨胀杆上升的最大距离占煤笔长度的百分数，%。

利用上述测定的结果，可以按下式计算无因次结焦能力指数 CI。

$$\mathrm{CI}=\frac{T_1+T_3}{2}\cdot\frac{a+b}{aT_3+bT_1} \tag{8-4}$$

如果煤的结焦能力指数 CI 在 1.05～1.10 之间，焦炭的质量就好。

与胶质层指数法的成层依次软化熔融不同，奥阿膨胀度的煤笔几乎是同时全部软化熔融。奥阿膨胀度主要取决于煤的胶质体数量、胶质体的不透气性和胶质体期间气体析出的速度。如果胶质体数量多、透气性差、温度间隔宽，膨胀度就大，反之，膨胀度就小。中等煤化程度的气肥煤、肥煤、焦煤膨胀度大，其余煤种的膨胀度小，甚至是负值（膨胀曲线低于基线）或不膨胀。

奥阿膨胀度对中、强黏结性煤的区分能力强，对强黏结性煤，区分能力好于Y值，测定时人为误差小，结果重现性好。缺点是对弱黏结性煤区分能力差，实验仪器加工精度要求高，规范性太强。奥阿膨胀度指标也被我国现行煤炭分类方案采用，作为Y值的补充指标。

（五）坩埚膨胀序数

坩埚膨胀序数 CSN 是一种通过测定煤的膨胀性来判断黏结性的方法。其测定要点是：称取 1 g 粒度小于 0.2 mm 的煤样装入专用坩埚，放入电加热炉内，按规定的方法加热，将所得的焦块与一套带有序号的标准焦块侧面图形（见图 8-10）相比较，与焦块最为接近的一个图形的序号，便是该种煤的坩埚膨胀序数。膨胀序数共分为 17 种，序数越大，表示煤的膨胀性和黏结性越强。

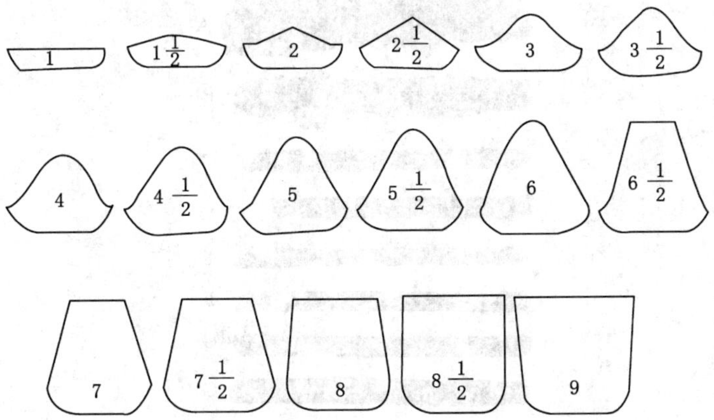

图 8-10　标准焦块侧面图形及其对应的坩埚膨胀序数

坩埚膨胀序数的大小取决于煤的熔融特性、胶质体生成期间析气情况与胶质体的不透气性。测定时加热速度很快，约为 530 ℃/min，使煤料塑性体突然固结成半焦而得到焦块，它主要取决于煤临近固化前的塑性体特性，有可能将黏结性较弱的煤判断为黏结性较强的煤。此外，这种方法是根据焦块外形来作判断，从而使判断带有较强的主观性，往往对膨胀序数 5 以上煤黏结性的区分能力较差。但该法快速简便，在英国等使用已久，在国际硬煤分类方案中用作黏结性的分类指标。

（六）格金焦型

格金焦型试验是由英国的 Grey 和 King 两人提出的一种低温干馏试验方法，也是测定煤炭结焦性的一种方法。其方法要点是：将 20 g 小于 0.2 mm 的煤样放入特制的水平干馏管中，从 325 ℃起以 5 ℃/min 升温速率加热，直至 600 ℃，并在此温度下保持 1 h。在试验过程中收集焦油、热解水、氨和煤气，并求出它们的产率。根据残留在干馏管中的半焦质量求出半焦产率，将所得半焦与一组标准焦型（见图 8-11）比较，并根据图 8-12 进行鉴定和分类，以判断煤的结焦性能。对于焦型大于 G 的煤样，在试验前应配入一些电极炭，使焦型恰好为 G 型，以 20 g 混合物中电极炭的配入量 x g 来表示 G_x，x 一般为 1～13 之间的任一数字。

各类煤的格金焦型如下：

褐煤及无烟煤基本为 A 型，少数如氢含量较高的年老褐煤和年轻无烟煤（$H_{daf}>3.5\%$时）均可能出现 B 型；长焰煤和贫煤多为 A～D 型；瘦煤为 D～G_2 型；焦煤为 G～G_6 型；肥煤和气肥煤为 G_5～G_{13} 型；气煤和 1/3 焦煤为从 C～D 型到 G_{10} 型的均有；不黏煤为 A～B 型，个别的有 C 型；弱黏煤有 C～F 型；1/2 中黏煤为 D～G 型；贫瘦煤以 C～E 型为主，少数为 F 型。

该法的优点是可以比较全面地了解煤炭热解产物的性状，还可以同时获得表征煤结焦性的格金焦型，但缺点是对焦型的判断常带有主观性，并且在测定强黏结性煤时需要逐次添加不同数量的电极炭，经多次探索才能测出，而实际上格金焦型 G_8 以上已无法进一步区分，且不易测准。格金焦型是硬煤国际分类中鉴别结焦性亚组的一个指标，但中国多以奥阿膨胀度 b 值代替格金焦型。

图 8-11　各种标准格金焦型

- 检查收缩与膨胀情况
  - 保持原有体积者可能是A、B、C或G型——检查强度
    - 不黏着A型
    - 刚好黏着B型
    - 黏结但易碎C型
    - 熔融、坚硬G型
  - 收缩者可能是D、E或F型——检查裂纹
    - 多于或等于5条明显的裂纹E型
    - 明显的裂纹少于5条可能为D型或F型——检查强度
      - 中等坚硬、易碎D型
      - 坚硬不易碎F型
  - 膨胀者一定大于G型——检查膨胀情况
    - 微膨胀G_1型
    - 中等膨胀G_2型
    - 膨胀到充满全管G_3或更高（参考自由膨胀序数配入电极炭制成标准焦型，鉴定G_x，x为1～13）

图 8-12　格金焦型的鉴定与分类

（七）吉氏流动度

此法首先由德国人吉泽勒于1934年提出，目前在美国、日本和波兰等国应用较多并作为国家标准。测定吉氏流动度的仪器称为吉氏塑性计，分为波兰型（标准为PN-62G-0536）和美国型（标准为ASTM-D1812）两种。我国多用波兰型，但20世纪80年代后有些研究所已研制或引进美国型自动操作的吉氏塑性计。该法的要点是：将煤样装入预先装有搅拌桨的钢甑中，对搅拌桨施加恒力矩。在盐浴中以3 ℃/min的加热速率加热煤样，随着温度的上升，煤料软化、熔融产生塑性变化。搅拌桨由开始的静止不动到缓慢转动，转动速度逐渐增至最大，而后又逐渐变慢，直至停止。根据恒力矩搅拌桨的转动速度，表征煤在塑性状态时的流动性。通过试验可测得如下5个特性指标，并绘制出吉氏流动度曲线，如图8-13所示。当刻度盘指针转动1°时（将刻度盘一周均匀划分为100°，称为圆盘度，用dd表示），对

应的温度为开始软化温度 T_s；当指针转动最大时，对应温度 T_{max} 为最大流动度时的温度，此时的流动度为最大流动度 α_{max}，用每分钟转动的角度(ddpm)表示；当指针停止转动时对应的温度为固化温度 T_r；固化温度与软化温度之差(T_r-T_s)为胶质体的温度间隔 ΔT。几种典型炼焦煤的吉氏流动度曲线如图 8-14 所示。

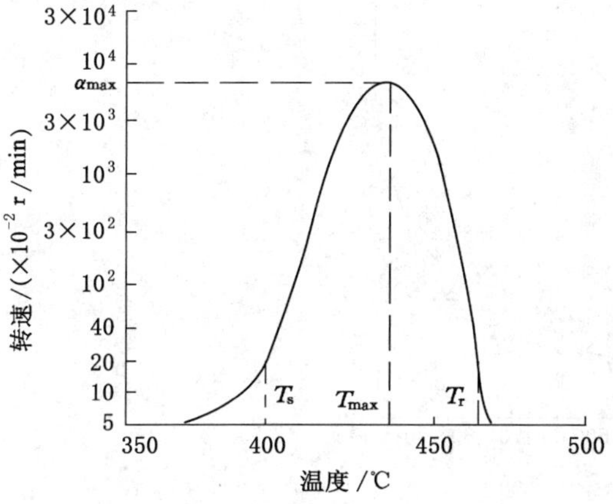

图 8-13　吉氏流动度曲线

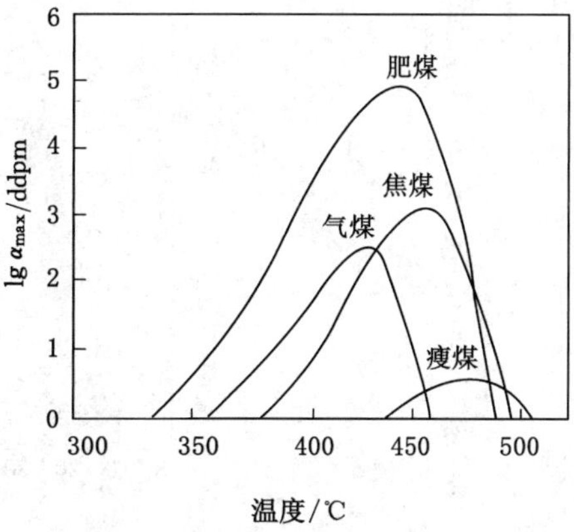

图 8-14　几种炼焦煤的吉氏流动度曲线

从图 8-14 可见，肥煤的流动度曲线比较高且宽，表明其胶质体数量多，且胶质体停留在较大流动性的时间较长(即 ΔT 较大)，适配性较强，可供配合的煤种较广。而有些气肥煤的 α_{max} 虽然很大，但曲线陡而尖(ΔT 较小)，表明其胶质体处于较大流动性时的时间较短，从而影响其相容性。

吉氏流动度指标能同时反映胶质体的数量和性质，具有突出的优点。吉氏流动度是研究煤的热流变性和热解动力学的有效手段，可用于指导炼焦配煤和预测焦炭强度。但该方法的规范性特别强，重现性较差。搅拌器的尺寸、形状、加工精度和磨损情况，煤样制备和装煤方式等对测定结果均有影响。此外，该方法的适用范围较窄，通常仅适合于测定 $\alpha_{max} \leqslant$ 2 000 ddpm 的非膨胀性煤，超出这个范围的煤不是难于测定就是煤胶质体膨胀溢出，根本无法进行测定。自动操作的吉氏塑性计，准确度有较大的提高。提高吉氏塑性计的加热速率，可测得快速加热下煤的塑性，对研究扩大炼焦用煤资源(尤其是高挥发分弱黏结性煤)和研究快速加热下煤转化过程有十分重要的意义。例如为热压成型制造型焦工艺选择较理想的操作参数。

五、各种黏结性、结焦性指标间的关系

(一) 黏结指数 G 与胶质层最大厚度 Y 之间的关系

黏结指数 G 和胶质层最大厚度 Y 值是我国煤炭分类的主要指标，因此了解它们的相互关系十分重要。由于黏结指数是测定煤黏结惰性物质的能力，而 Y 值是煤隔绝空气条件下等速升温时所产生的胶质体的厚度，因此两者之间将不可能具有很好的内在对应关系，不过总的趋势是 Y 值高的煤，其 G 指数也高，如图 8-15 所示。由图可见，Y 值与 G 之间呈二次曲线的正比关系变化，即 $G<80$ 时，G 随 Y 值的增大而增高，$G>80$ 后，Y 值仍可急剧增加，而 G 值的增加变得不很明显。此外，$10<G<75$ 时，Y 值的变化很小，一般在 4～15 mm；Y 值为零的煤，G 从 0～18 均有。由此表明，区分弱黏结性煤时，G 值比 Y 值灵敏度大。反

之，在强黏结性煤阶段，G 值变化较小，一般为 95～105，而 Y 值的变化相对较大，多在 25～50 mm，因此，目前我国煤炭分类中对肥煤和其他较强黏结性煤的区分仍以 Y 值为主要划分指标。

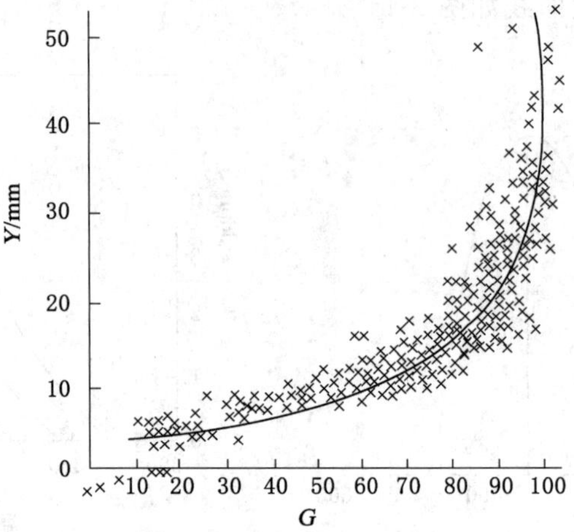

图 8-15　Y 值与 G 指数的关系

陈文敏等收集了国内 200 多个煤样的数据进行回归分析，得到了 G 值和 Y 值的关系式：

$$Y=0.216\times10^{-2}G^2+0.194A_d+3.32 \tag{8-5}$$

由式(8-5)算出的 Y 值与实测值之差，有 95%煤样误差在 5.65 mm 以内，有 99.7%煤样误差不超过 8.66 mm。即当实测值与计算值之差超过 8.66 mm 时，表明其实测值出错的可能性较大，需复查。

(二) 黏结指数 G 与罗加指数 R.I 之间的关系

G 指数是在 R.I 指数的基础上经过改进后用于表征煤黏结惰性物质(特定专用无烟煤)的能力的黏结性指标，测定原理一样，所用专用无烟煤矿点和试验转鼓都相同，因此它们之间具有很好的正比关系。

(1) $G>55$ 的中等及强黏结煤

$$\mathrm{R.I}=0.66G+22.5 \tag{8-6}$$

(2) $18<G\leqslant55$ 的中等偏弱烟煤

$$\mathrm{R.I}=0.976G+8 \tag{8-7}$$

(3) $G\leqslant18$ 的弱黏结煤

$$\mathrm{R.I}=0.5G+10 \tag{8-8}$$

陈文敏等根据国内 130 多个煤样的数据进行回归分析，得到下面的关系式：

$$G=1.02\mathrm{R.I}-3.64 \tag{8-9}$$

由式(8-9)计算出的 G 值有 95%的煤样误差低于 5.8，99.7%的煤样误差小于 8.8。

(三) 胶质层最大厚度 Y 值与奥阿膨胀度 b 值之间的关系

奥阿膨胀度 b 值也是我国煤炭分类中采用的区分强黏结煤的指标之一，由于其测定方法与 Y 值测定方法比较相似，即均不加惰性物质，同时均为等速加热升温，因此它们有较好的相关关系，如图 8-16 所示。由图可见，b 值随 Y 值的增大而增大，如 Y 值大于 25 mm 的煤，其 b 值均大于 100%，其中大部分在 140%以上；Y 值大于 30 mm 的强黏结煤，b 值就都达 200%以上；Y 值大于 35 mm 时，b 值更高至 250%以上；当 Y 值大于 45 mm 的特强黏结煤时，其 b 值可达 780%左右，但若为高挥发分的气肥煤，虽其 Y 值达 50 mm 以上，但因挥发分逸出太多，其 b 值反而降至 300%左右。Y 值小于 20 mm 的中强黏结煤，其 b 值均低于 190%，至 Y 值小于 10 mm 时，b 值多为负值。因此，b 值不适合作为弱黏结煤类的划分指标。

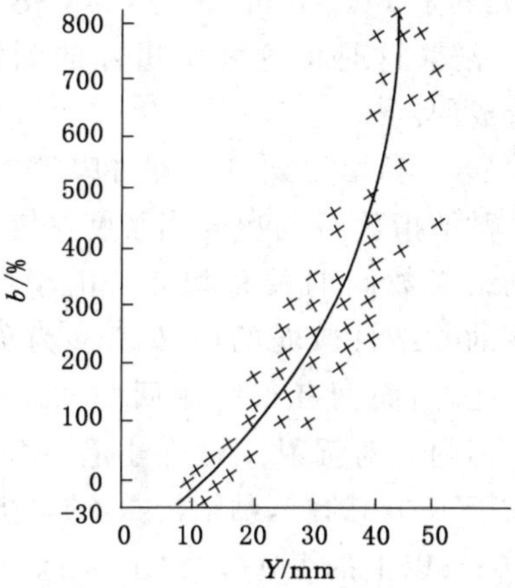

图 8-16 Y 值与 b 值的关系

陈文敏等收集了国内 190 多个煤样的数据进行回归分析，得到了 Y 值与 b 值的关系式：

$$Y=14.62+0.0644b \tag{8-10}$$

按式(8-10)计算得到的 Y 值有 95%的煤样误差在 6.5 mm 之内，99.7%的煤样误差小于 9.9 mm。

（四）胶质层最大厚度 Y 值与坩埚膨胀序数 CSN 之间的关系

坩埚膨胀序数 CSN 是国际煤分类指标之一，也是国际煤炭贸易中经常采用的指标，但由于 CSN 的区分范围小，不如 Y 值的区分范围大，因此 Y 值与 CSN 虽然成正比关系变化，即 Y 值随 CSN 的增大而增加，但其间的定量关系不很明显。尤其是坩埚膨胀序数 CSN 还受挥发分的影响而发生变化，如瘦煤和气煤，它们的 Y 值均为 10 mm 左右，但由于气煤的挥发分高，在测定 CSN 时因挥发分的大量逸出而会降低其测值，即气煤的黏结性与瘦煤相同时，其 CSN 值就会低于瘦煤。各种煤的 Y 值与 CSN 值的对应关系如表 8-7 所示。

表 8-7 Y 值与坩埚膨胀序数 CSN 的关系

煤类	长焰煤	气煤	1/3 焦煤	肥煤、气肥煤	焦煤
Y/mm	0～7	6～25	8～25	＞25～60	10～25
CSN	$0\sim2\frac{1}{2}$	$1\frac{1}{2}\sim8$	2～9	6～9	5～9
煤类	瘦煤、贫瘦煤	贫煤	不黏煤	弱黏煤	1/2 中黏煤
Y/mm	0～11	0	0	0～8	5～10
CSN	$1\sim7\frac{1}{2}$	0～1	0～2	$1\sim4\frac{1}{2}$	2～5

褐煤和无烟煤的 CSN 残渣为粉状，故都为零。因此，总的来讲，虽然煤的坩埚膨胀序数只能近似地表征煤的黏结性，但它的测定方法简单易行。

（五）胶质层最大厚度 Y 值与格金焦型之间的关系

格金焦型也是国际煤炭分类的指标之一，Y 值与格金焦型之间的关系如图 8-17 所示，总趋势是格金焦型（以 G-K 表示）随 Y 值的增加而增大。它们的相互关系是当 $Y=0$ 时，G-K 一般为 A～B 型，个别的可为 C 型；$Y>30$ mm 的强黏结煤，G-K 则多在 $G_8\sim G_{13}$ 型之间变化；$Y=20\sim30$ mm 的较强黏结煤，G-K 多在 $G_3\sim G_{11}$ 型之间变化。但从图 8-17 中可以看出，相同 G-K 值的煤，其 Y 值可相差很大。同样，相同 Y 值的煤，其 G-K 值也可相差很大，尤其是 $Y<15$ mm 的煤，其 G-K 值相差幅度更大。显然，这是由这两个指标的测定原理不一致所造成的。

（六）黏结指数 G 与奥阿膨胀度 b 的关系

黏结指数 G 与奥阿膨胀度 b 值的关系和 Y 值与黏结指数间的关系相似。由于黏结指数在 40 以下的黏结性较弱的煤，b 值多为负值，仅收缩和不软化，因而两者很难用回归式来相互计算和审核。但两者对强黏结性煤也有一定的关系。如 b 值大于 150％的煤，黏结指数 G 均在 80 以上；b 值在 300％以上的煤，G 均大于 85；而 G 在 75 以下的煤，b 值均低于 70％。对相同 b 值的煤，G 的变化幅度往往很大，如 G 为 90 左右的煤，b 值从最低的 10％左右到 500％以上均有。

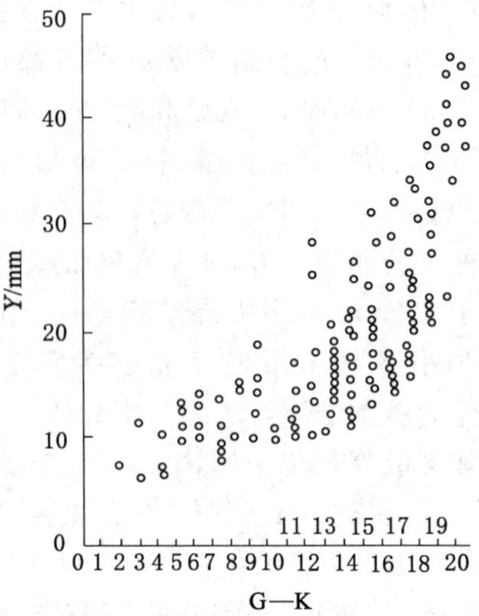

图 8-17　Y 值与格金焦型的关系

六、黏结性指标与单种煤焦炭质量的关系

煤的黏结性指标主要用于评价其炼焦适用性，表 8-8 是张代林研究了我国部分煤种的黏结性指标与其焦炭强度之间的关系后得到的试验数据。

从表 8-8 中可以看出，除了风华瘦煤之外，其他几种煤的黏结指数非常接近，但它们制成焦炭的强度却差别很大，而且 M_{40} 和 M_{25} 表现的规律并不一致。但总体上有一个趋势，就是肥煤和焦煤焦炭的强度普遍较大，1/3 焦煤制成的焦炭的强度相对较低。另外，同一个煤种牌号的煤，焦炭强度的差别主要是煤岩组成不同导致的。

表 8-8　单种煤黏结性指标与 20 kg 小焦炉焦炭强度的关系

煤种		煤质指标					机械强度/％		
		A_d/％	V_d/％	G	R^o_{max}/％	Y/mm	M_{40}	M_{25}	M_{10}
肥煤	煤化	8.94	27.17	89	0.965	24.0	66.4	86.4	9.3
	辛置	9.16	29.78	91	0.949	28.0	76.9	96.4	1.4
1/3 焦煤	洪焦	9.23	33.48	91	0.704	20.0	69.5	94.5	2.5
	圣佛	7.94	33.61	90	0.726	25.0	57.6	81.6	14.2
	白龙	9.17	31.64	85	0.755	17.5	61.4	81.7	11.8
	灵石	9.65	31.07	90	0.782	23.0	62.5	86.9	6.9
	辛置	7.14	30.60	92	0.815	20.0	64.5	84.6	10.7
焦煤	柳林	7.95	21.73	91	1.250	18.0	73.7	87.8	9.3
	永乐	8.38	19.99	92	1.258	17.0	69.2	87.6	7.7
	辛置	9.67	24.80	92	1.222	19.0	76.9	82.8	15.6
风华瘦煤		8.45	15.68	23	1.624	6.0	8.1	27.4	62.9

七、影响煤黏结性的因素

（一）升温速率的影响

实验表明，提高升温速率可以提高煤的塑性，表现为胶质体的流动度和膨胀性增大，塑性区间扩大，对于有些在较低升温速率下不软化的煤可能会在较高的升温速率下软化甚至膨胀。提高升温速率，还使膨胀压增大。总之，提高煤料的升温速率，可以增强煤的塑性，提高胶质体的生成量，有利于煤的黏结成焦。图 8-18 和图 8-19 是升温速率对胶质体性质影响的典型数据。

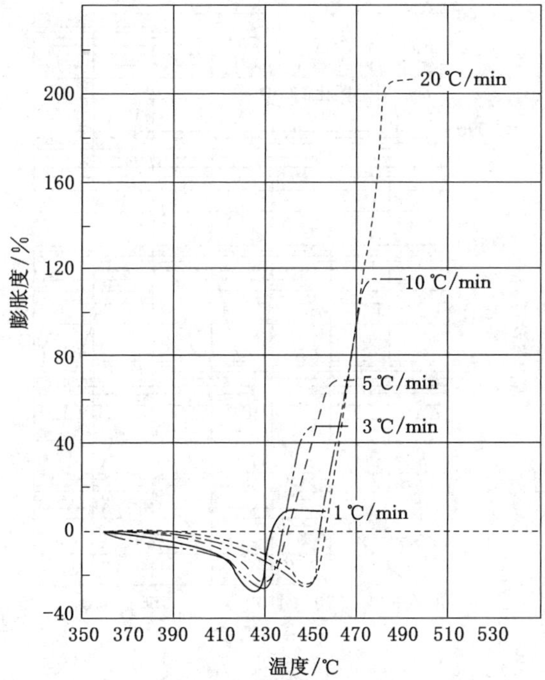

图 8-18　升温速率对煤奥阿膨胀度的影响

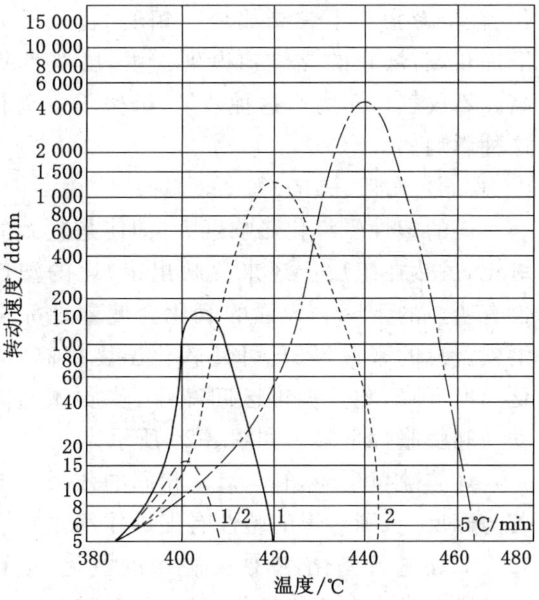

图 8-19　升温速率对煤吉氏流动度的影响

从两个图中可以看出，升温速率对煤胶质体的影响巨大。炼焦实践证明，预热煤炼焦、干燥煤炼焦、煤调湿技术等工艺均可提高煤料的升温速率，焦炭的质量可得到明显改善。

（二）煤料粒度的影响

煤料的粒度对胶质体有较大的影响。实验表明，随着粒度的减小，软化温度提高，再固化温度略降，胶质体的黏度增大，膨胀度减小，收缩度增大。更详细的研究表明，粒度的影响受煤种和煤岩组分制约。对于强黏结性煤，粒度减小不利于塑性，而对于弱黏结性煤，则有相反的结果；对于镜煤组分，粒度减小不利于塑性，对于暗煤组分则变化不大。

（三）煤化程度的影响

不同煤的塑性差别很大，这与煤的煤化程度密切相关。V_{daf}在 13%～35%之间的煤几乎都有塑性，随着挥发分的增大，塑性提高，在挥发分为 25%～30%之间达到最大值，此后则随挥发分提高而下降，直至消失。需要指出的是，挥发分相同的煤，塑性不一定相同，有时差别还很大。胶质体固化后煤的最大收缩度却与煤的挥发分有很好的规律性，挥发分越高，收缩度越大。

煤的塑性与C_{daf}有更好的规律性关系，C_{daf}在81%～92%之间的煤都有塑性，C_{daf}为89%时塑性达到最大。若同时考虑煤的氢含量和氧含量，可以得到更精确的关系。对于相同碳含量的煤，塑性随氢含量增大而提高，随氧含量的增大而下降。

有趣的是，煤的塑性与煤的孔隙率、发热量之间也有很好的相关性，孔隙率越小，塑性越好，发热量越高。事实上，塑性与这些性质之间的关系反映了塑性与煤化程度之间的关系，也就是与煤大分子结构之间的关系，煤的分子结构决定了煤有机质的一切性质。

（四）压力的影响

在常压下具有黏结性的煤在真空条件下加热时不能得到黏结成块的焦饼，煤虽然也软化、轻微膨胀却不黏结成块。相反，若在压力下加热煤，煤粒的黏结却得到加强，膨胀性提高。不仅气体压力有这种效果，机械压力也有这种影响。

（五）氧化、硫化、氢化的影响

煤的塑性受氧化影响巨大，即使是轻微的氧化，虽然在组成上还未反映出来，煤的塑性也有明显的下降。较强的氧化会使塑性完全消失。总的来说，氧化可使软化温度提高，固化温度下降，塑性温度区间减小，胶质体的流动性和膨胀性下降。如图8-20所示。

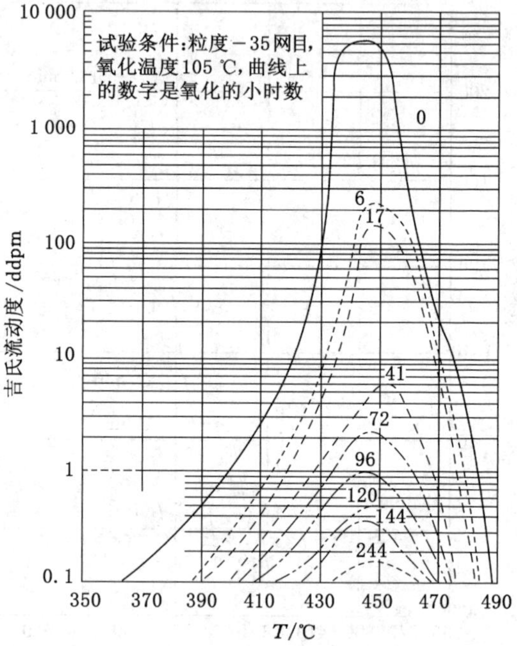

图8-20　氧化对煤吉氏流动度的影响

煤与硫黄反应，有与氧化相同的效果。但若与硼反应，则对煤的塑性有促进作用。

对煤进行氢化，即使是轻微的氢化，尽管在组成上尚未有任何变化，其塑性会受到很大的影响。膨胀性和流动度明显提高，并伴随软化点的明显降低和固化温度的略微提高，塑性区间明显扩大，非常有利于煤塑性的提高。

（六）煤岩组成的影响

镜质组能产生胶质体，表现出塑性，惰质组几乎不熔，壳质组的塑性较强，但因挥发分过高，其焦渣脆而易碎，没有强度。事实上，镜质组是煤中的主要煤岩组分，黏结性煤的胶质体主要来源于煤中的镜质组。

第三节　煤的燃烧和气化性质

煤中的有机质和无机矿物质对煤的燃烧或气化均有重大影响，煤的燃烧和气化性质是指煤中的有机质和无机矿物质在煤的燃烧或气化过程中表现出来的特性。煤的可燃烧性主要用煤的发热量、煤的着火性能、煤的硫含量、煤灰熔融性、煤的黏结性等指标进行评价；煤的可气化性主要用煤的气化反应性、煤灰熔融性、煤灰的黏-温特性、煤的黏结性、煤的硫含量、煤的结渣性等指标进行评价。

一、煤燃烧和气化的概念

煤的燃烧和气化既是化学反应过程，同时也是能量转化过程。煤的燃烧是指在高温条件下有适当过量空气(氧气)时，氧气与煤发生氧化反应并释放出光和热的过程。煤的气化是指在高温条件下，煤与水蒸气、O_2、CO_2等气化剂反应，生成以 H_2、CO 和 CH_4为主要成分的可燃气体的过程。

煤有机质主要由碳、氢、氧、氮和硫等元素构成，煤燃烧时能产生热量的主要是碳元素和氢元素，煤气化时能生成有效成分的也主要是碳元素和氢元素。

燃烧时，煤中元素发生的反应主要包括以下几种：

(1) 煤中碳元素的燃烧反应 $C+O_2 \longrightarrow CO_2$。

(2) 煤中氢元素的燃烧反应 $H+O_2 \longrightarrow H_2O$。

(3) 煤中氮元素的燃烧反应 $N+O_2 \longrightarrow N_2+N_xO$(少量)。

(4) 煤中硫元素的燃烧反应 $S+O_2 \longrightarrow SO_2+SO_3$(少量)。

由于煤中的元素均以化合态存在，并且其具体存在形式非常复杂，难以以确切化合物的形式表示，因此煤的燃烧热很难从化合物的热焓方面进行计算，只能进行直接测定。纯碳和氢气的燃烧热焓可以作为煤有机质中碳、氢元素燃烧热的参考，表示如下：

(1) 纯碳的燃烧反应 $C+O_2 \longrightarrow CO_2-393.8\ kJ/mol(-32.8\ kJ/g)$；

(2) 氢气的燃烧反应 $2H_2+O_2 \longrightarrow 2H_2O(l)-285.8\ kJ/mol(-142.9\ kJ/g)$。

煤气化时的化学反应远比燃烧时复杂，主要包括以下几种：

(1) 碳的氧化反应 $C+O_2 = CO_2-393.8\ kJ/mol$；

(2) 碳的部分氧化反应 $2C+O_2 = 2CO-231.4\ kJ/mol$；

(3) 二氧化碳还原反应 $C+CO_2 = 2CO+162.4\ kJ/mol$；

(4) 水蒸气分解反应 $C+H_2O(g) = CO+H_2+131.5\ kJ/mol$；

(5) 水蒸气分解反应 $C+2H_2O(g) = CO_2+2H_2+90.0\ kJ/mol$；

(6) 一氧化碳变换反应 $CO+H_2O(g) = CO_2+H_2-41.5\ kJ/mol$；

(7) 碳的加氢反应 $C+2H_2 = CH_4-74.9\ kJ/mol$；

(8) 甲烷化反应 $CO+3H_2 = CH_4+H_2O-206.4\ kJ/mol$；

(9) 甲烷化反应 $2CO+2H_2 = CH_4+CO_2-247.4\ kJ/mol$；

(10) 甲烷化反应 $CO_2+4H_2 = CH_4+2H_2O-165.4\ kJ/mol$。

需要指出的是，无论是煤的燃烧还是气化，主反应都是气固两相反应过程。在煤粒外表面通常进行固体的燃烧或气化反应，但煤粒内部首先会发生热解反应。热解产生的气体向外扩散时阻碍氧气或气化剂进入颗粒内部。随着热解的完成，没有热解气体向外扩散时，氧气或气化剂才能进入煤粒(这时煤粒已经转化为半焦或焦炭)内部进行反应。煤粒内部热解产生的挥发分扩散进入气相空间，在这里会与氧气或气化剂进一步反应，具体的反应取决干与挥发分接触的气体成分和温度、压力等条件。

二、煤的发热量

煤的发热量又称为煤的热值，是煤炭利用价值的主要评判指标，它可以用来计算用煤设备的热量平衡、耗煤量、热效率，还可估算锅炉燃烧时的理论空气量、烟气量以及理论燃烧温度等，是锅炉设计的重要依据，也是动力煤贸易计价的主要依据。煤的发热量还是煤分子结构和组成等信息的综合反映，在研究煤质和对煤炭分类中有重要价值。

（一）煤发热量的测定及煤在氧弹和大气中燃烧的区别

国家标准规定采用氧弹法测定煤的发热量，其方法要点是：称取 1 g 一般分析试验煤样，放置于悬挂在氧弹内的样品皿中，在氧弹中注入 10 mL 水，拧紧氧弹盖后向氧弹充入纯氧，使氧弹中氧的压力为 2.6～3.0 MPa，然后将氧弹放入充有定量水的内桶。利用电流将煤样点燃，煤样燃烧后产生的热量通过氧弹传给内桶中的水，使水的温度升高。根据内桶水的温升和氧弹系统的热容量（水温升高 1 ℃，系统所需要的热量）可以计算出煤在氧弹中燃烧后释放出的热量，此即弹筒发热量，用 $Q_{b,ad}$ 表示。

氧弹中注入 10 mL 水的主要目的是使煤燃烧后形成的 SO_3 和 NO_2 分别转化为稀硫酸和稀硝酸，另外也有减轻氧弹腐蚀的作用。但是，美国的发热量测定标准中不加水，而是采用少量水润湿氧弹的办法。高松进行对比研究发现，不加水测定结果的重复性远远超过加水时的测定结果。统计结果显示，以 116 J/g 为界，不加水时测定结果合格率为 92.9%，而氧弹内加水时测定结果的合格率仅为 78.6%。发热量测定时氧弹内不加水，不仅重复性远远优于氧弹内加 10 mL 水的情况，而且减少了返工及称量加水的麻烦（反应生成水随时倒出），并且很少崩样，极大地提高了工作效率。高松的研究中还发现，不加水时测得的结果总体高于加水时的情况，差值达 46.2 J/g。他将原因归结于加水时煤样燃烧得不够完全。无独有偶，陈文敏等对混煤发热量的测定结果表明，一般混煤实测发热量高于理论加权平均值，达 0.11～0.60 MJ/kg。混合后使煤的发热量增加了，理论上这是不可能的。据分析，可能因为混煤的挥发分适中，灰熔融性温度也相对稳定且较高。不像有的单种煤挥发分过低，且灰熔融性温度也低，因在弹筒中不能完全燃烧而导致煤的热值偏低。高挥发分的单种煤有的易产生爆燃现象，将煤样微粒崩入弹筒水中而使其不能充分燃烧，导致其热值偏低。高松认为，灰熔融温度低也会导致煤中焦炭与氧接触不充分而不易燃尽。

氧弹法测定煤的发热量时，氧弹加水使煤样燃烧不完全，可能还因为氧弹中煤样燃烧后会使氧弹中加入的水吸热蒸发，大大降低了氧弹中烟气的温度（10 mL 水完全蒸发需要吸收大约 24 000 J 的热量，这与氧弹中煤样燃烧释放的热量相当），低温导致煤样的燃烧不完全。另外，氧弹中若不加水，煤样燃烧后烟气的温度肯定明显高于加水时的温度，这还会导致硝酸的生成量高出很多，而这一部分热量的扣除并未在计算公式中充分体现出来。因此，导致测定结果偏高。

煤在氧弹中燃烧时，氧弹中的气氛是高压纯氧。在这一特殊条件下，煤的燃烧反应与大气条件下的燃烧有较大的区别。

（1）氮（包括煤样中含有的氮元素和氧弹中原有少量空气中的氮）在高压氧条件下，部分氮生成了高价氮氧化物，这些高价氮氧化物与水作用生成硝酸，表示如下：

在高温下，氮首先与氧反应生成一氧化氮：$N_2+O_2 \longrightarrow 2NO$；一氧化氮进一步与氧气反应生成二氧化氮：$2NO+O_2 \longrightarrow 2NO_2$；二氧化氮溶于水形成硝酸：$3NO_2+H_2O \longrightarrow 2HNO_3+NO$。

氧弹中氮氧化形成硝酸的过程是放热的，而煤在大气中燃烧时并不生成高价氮氧化物，更不会在锅炉内生成硝酸而放热。显然，煤在氧弹中燃烧时放出更多的热量。

（2）煤中的可燃硫（有机硫和硫化物硫）在氧弹中燃烧时，由于高压氧的存在，生成的 SO_2 又转化为 SO_3，并与水作用生成了 H_2SO_4，H_2SO_4 溶于水形成稀硫酸，这一系列过程都是放热的。而煤在大气中燃烧时绝大部分的可燃硫以 SO_2 形式放出。显然，煤中硫的存在，使煤在氧弹中燃烧释放出的热量大于煤在大气中燃烧释放的热量。

(3) 煤中的吸附水以及煤中的氢燃烧后生成的水在氧弹中均以液体形式存在，而煤在大气中燃烧时水以蒸汽的形式排放到大气中。由蒸汽变为液态的水要释放出大量的热。可见，水的存在形态不同，使得煤在氧弹中燃烧后释放出的热量大于在大气中燃烧所释放的热量。

(4) 煤在氧弹中燃烧是恒容燃烧，在大气中燃烧是恒压燃烧。在恒压条件下燃烧时因气体体积增大需向环境做功，从而使释放的热量减少。在氧弹中燃烧时则不存在向环境做功的问题，释放的热量就大。煤在恒压和恒容条件下燃烧释放的热量差别不大，一般不作校正，直接使用恒容条件下测得的结果。

(二) 弹筒发热量的校正

从上面的分析可知，由弹筒测得的弹筒发热量与煤在实际条件下燃烧释放的热量有较大的差别，为了得到接近实际的发热量值，需对弹筒发热量进行校正，但一般对恒容和恒压的影响不做校正，如无特别说明，发热量均是指恒容发热量。

1. 对稀硫酸、稀硝酸生成热效应的校正

从弹筒发热量中扣除稀硫酸和稀硝酸的生成热，得到的发热量值称为恒容高位发热量，简称高位发热量，用符号 $Q_{gr,v,ad}$ 表示：

$$Q_{gr,v,ad}=Q_{b,ad}-(94.1S_{b,ad}+\alpha\cdot Q_{b,ad}) \tag{8-11}$$

式中　$Q_{gr,v,ad}$——空气干燥基的恒容高位发热量，J/g；

$Q_{b,ad}$——空气干燥基的弹筒发热量，J/g；

$S_{b,ad}$——由弹筒洗液测得的硫含量，%，满足下列条件之一时，即可用全硫代替：

$Q_{b,ad}>14.6$ kJ/g，或 $S_{t,ad}<4\%$；

94.1——煤中每1%硫生成硫酸热效应的校正值，J；

α——硝酸生成热校正系数，试验证明，α 与 $Q_{b,ad}$ 有关，取值如下：

$Q_{b,ad}\leqslant16.7$ kJ/g 时，$\alpha=0.001\,0$；

16.7 kJ/g $<Q_{b,ad}\leqslant$ 25.10 kJ/g 时，$\alpha=0.001\,2$；

$Q_{b,ad}>25.10$ kJ/g 时，$\alpha=0.001\,6$。

硝酸生成热校正系数在不同的发热量区间取值不同，主要原因与硝酸生成量有关。煤在氧弹中燃烧产生瞬时高温，氧弹内原有空气中的氮和煤中的氮能与氧反应先生成一氧化氮，一氧化氮进一步与氧气反应生成二氧化氮，二氧化氮溶于水形成硝酸。由氮气到硝酸的三步反应热之和即为硝酸生成热。国内外的一些研究实验均表明，在氧弹燃烧条件下，无论是空气中的氮还是煤中的氮，都不能完全转化为硝酸。硝酸生成过程中最困难的反应是第一步反应，即NO生成的反应，这个反应只有在很高的温度下才能进行，第二步和第三步反应则很容易进行。因此，氧弹内硝酸生成量主要取决于第一步反应，即取决于氧弹内所能达到的瞬时温度的高低。由于氧弹的容积和充入氧气的压力都是一定的，且测定用的煤样量基本相同，因此，氧弹内气体的温度主要与煤的单位热值有关。煤在氧弹内释放的燃烧热越大，氧弹内产生的瞬时温度就越高，生成的硝酸量也就越多，但非正比关系，而是呈指数增长关系，因此硝酸生成热校正系数随弹筒发热量增大而提高。这也解释了氧弹中不加水时测得的发热量偏高的原因，可能是烟气温度高导致更多高价氮氧化物的生成使硝酸的生成量高于常规测定。

2. 对水不同状态热效应的校正——恒容低位发热量

从恒容高位发热量中扣除水(煤中的吸附水和氢燃烧生成的水)的汽化热，称为恒容低

位发热量,简称低位发热量,用符号 $Q_{net,v,ad}$ 表示,计算公式如下:

$$Q_{net,v,ad}=Q_{gr,v,ad}-206H_{ad}-23M_{ad} \tag{8-12}$$

式中 $Q_{net,v,ad}$——空气干燥基的恒容低位发热量,J/g;

H_{ad}——煤样的空气干燥基氢元素含量,%;

M_{ad}——煤样的空气干燥基水分,%;

206——0.01 g 氢生成的水的汽化热,J;

23——0.01 g 吸附水的汽化热,J。

(三) 发热量的基准换算

虽然测定煤的发热量时采用经过空气干燥的一般分析试验煤样,结果也用空气干燥基表示,但对于不同的应用目的,发热量需要用恰当的基准表示,如干燥基、干燥无灰基和收到基等,这些基准的数值不能直接得到,需由空气干燥基的数据进行换算而来。

1. 高位发热量的基准换算公式

由空气干燥基到干燥基的换算

$$Q_{gr,v,d}=Q_{gr,v,ad}\frac{100}{100-M_{ad}} \tag{8-13}$$

由空气干燥基到干燥无灰基的换算

$$Q_{gr,v,daf}=Q_{gr,v,ad}\frac{100}{100-M_{ad}-A_{ad}} \tag{8-14}$$

由空气干燥基到收到基的换算

$$Q_{gr,v,ar}=Q_{gr,v,ad}\frac{100-M_{ar}}{100-M_{ad}} \tag{8-15}$$

弹筒发热量的基准换算,与式(8-13)、式(8-14)和式(8-15)基本相同,只是将式中的高位发热量符号换为相应基准的弹筒发热量即可。

2. 低位发热量的基准换算公式

对于低位发热量而言,要进行换算的基准之间若存在吸附水分的变化,会引起发热量绝对值的变化。如空气干燥基到干燥基的低位发热量的换算,这两个基准之间出现了 M_{ad} 的变化,基准的改变不仅改变了基准物的量,同时,M_{ad} 的变化引起"$23M_{ad}$ 焦耳热值的变化",这时就不能采用高位发热量基准换算的公式和方法。但对于基准间不涉及吸附水分的变化时,就可以采用上述的基准换算公式,如干燥基低位发热量到干燥无灰基低位发热量的换算。

为谨慎起见,建议用下面的公式计算不同基准的低位发热量。

干燥基低位发热量的计算

$$Q_{net,v,d}=(Q_{gr,v,ad}-206H_{ad})\frac{100}{100-M_{ad}}=Q_{gr,v,d}-206H_{d} \tag{8-16}$$

干燥无灰基低位发热量的计算

$$Q_{net,v,daf}=(Q_{gr,v,ad}-206H_{ad})\frac{100}{100-M_{ad}-A_{ad}}=Q_{gr,v,daf}-206H_{daf} \tag{8-17}$$

收到基低位发热量的计算

$$Q_{net,v,ar}=(Q_{gr,v,ad}-206H_{ad})\frac{100-M_{ar}}{100-M_{ad}}-23M_{t}=Q_{gr,v,ar}-206H_{ar}-23M_{ar} \tag{8-18}$$

3. 恒湿无灰基高位发热量

恒湿无灰基是指煤样含有最高内在水分但不含灰分的一种假想状态，这时煤样中只含有可燃质和最高内在水分。煤的恒湿无灰基高位发热量不能直接测定，需要用空气干燥基的高位发热量进行换算，公式如下：

$$Q_{gr,maf}=Q_{gr,v,ad}\frac{100(100-\mathrm{MHC})}{100(100-M_{ad})-A_{ad}(100-\mathrm{MHC})} \tag{8-19}$$

式中　$Q_{gr,maf}$——恒湿无灰基高位发热量，J/g；

$Q_{gr,v,ad}$——空气干燥基恒容高位发热量，J/g；

M_{ad}——煤样的空气干燥基水分，%；

A_{ad}——煤样的空气干燥基灰分，%；

MHC——煤样的最高内在水分，%。

（四）影响煤发热量的因素

煤的发热量是煤质特性的综合反映，因此，煤的成因、煤化程度、煤岩组成、矿物质含量等对煤的发热量均有不同程度的影响。

1. 成因类型的影响

腐泥煤和残植煤的发热量较腐植煤高，主要原因是腐植煤的氧含量高、氢含量低。

2. 煤岩组成的影响

壳质组的发热量最高，镜质组次之，惰质组最低。这主要是因为壳质组的氢含量高，而氧含量却低，镜质组居于中间。对于低煤化程度煤，其惰质组的发热量可能高于镜质组，主要原因是惰质组的氧含量低于镜质组。随着煤化程度的提高，这种差别逐步减小，到无烟煤阶段，几乎没有差别了。

3. 矿物质的影响

煤在燃烧时，煤中绝大部分的矿物质将发生化学反应，如碳酸钙的分解、石膏的脱水等，这些反应一般是吸热反应，造成煤燃烧时释放出的热量减少，热值降低。但这种影响很有限。矿物质对煤发热量的影响主要体现在以干燥基或含水基计量的发热量上。事实上，因为矿物质和水不会对煤的热值有贡献，它们的存在意味着能产生热量的有机质减少。因此，水分和矿物质含量对煤发热量的影响都是线性的，对于每一种煤都可以得到确定的线性方程加以描述。如山西省平朔安家岭露天煤矿煤的发热量与灰分的关系可以用 $Q_{gr,d}=34\ 306-409.5A_d$(J/g，灰分数值不代入百分号)进行描述。

4. 煤化程度的影响

腐植煤的发热量与煤化程度有很好的相关关系。从低煤化程度的褐煤开始，随着煤化程度的提高，煤的发热量逐渐增加，到肥煤、焦煤阶段，发热量达到最大，最高可达 37 kJ/g。此后，随煤化程度提高，煤的发热量则呈下降趋势。这一规律与煤的元素组成的变化有关。

影响煤发热量的元素主要是 C、H、O 三种元素，其中 O 不产生热量，只有 C、H 可以燃烧产生热量。从低煤化程度的褐煤开始，随煤化程度的提高，氧元素含量迅速下降，碳含量则逐渐增加，氢元素含量变化不大，所以煤的发热量是增加的，到中等变质程度的肥煤和焦煤达到最高值。此后，煤中的氧含量的减少趋缓，而氢含量则明显下降，碳含量虽然明显增加，但它的发热量仅为氢的四分之一左右，因此，使煤的发热量呈下降趋势。煤的发热量随碳含量变化的规律如图 8-21 所示。

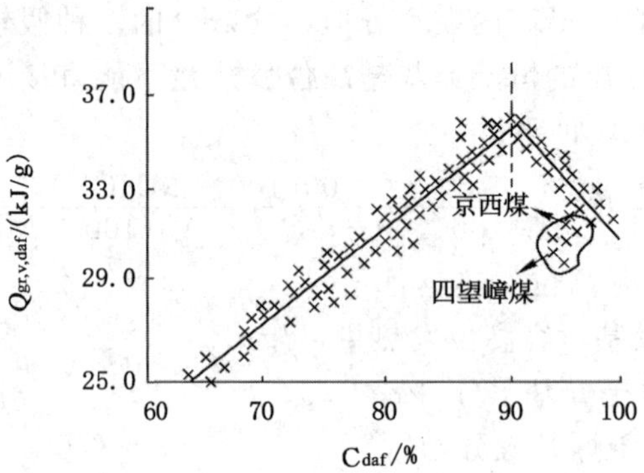

图 8-21 煤的高位发热量与碳含量的关系

三、煤的着火性能

煤的着火性能可以采用煤的着火温度、燃料比、着火特性指数等参数进行表征。

(一) 煤的着火温度

煤的着火温度又称为煤的着火点、燃点、临界温度等，它是指煤加热至开始燃烧的温度。以煤的着火温度可以判断煤在燃烧炉中的连续着火燃烧情况，亦可判断煤的氧化程度和发生自燃的倾向。

1. 煤着火温度的测定方法

测定煤着火温度的方法主要有气体氧化剂法和固体氧化剂法。气体氧化剂采用空气或氧气，固体氧化剂采用亚硝酸钠或硝酸银。固体氧化剂法比气体氧化剂法的重现性好，目前我国采用的是亚硝酸钠法。该法要点是：将煤样与亚硝酸钠按一定比例混合均匀，并按规定的方法加热，当达到一定温度时，煤样和氧化剂亚硝酸钠在瞬间内发生剧烈反应而爆燃，利用仪器或肉眼观察，确定爆燃时的温度即煤的着火温度。

从测定煤着火温度的原理来看，主要是利用亚硝酸钠在加热时分解释放的氧，对煤样氧化、燃烧的难易程度作为评判煤着火温度的依据。由于亚硝酸钠受热分解产生的氧与空气中分子态氧有很大区别，因此，亚硝酸钠法测定的着火温度并非煤样在实际条件下的真实着火温度，但可以反映煤样着火温度的相对高低和着火的难易程度。一般来说，亚硝酸钠法测得的结果低于煤样的实际着火温度。

利用热重分析仪测定煤在氧气流或空气流中的着火温度，比亚硝酸钠法测定的着火温度更能接近实际的煤着火温度。

2. 煤着火温度的影响因素

煤的着火温度随煤化程度的加深而升高，但煤化程度相同的煤往往着火温度也有较大的差异，这时，煤的内在水分越高则着火温度越低。煤受到轻微氧化后，其着火温度明显降低。

(二) 煤的燃料比

美国和日本等国家通常采用燃料比(固定碳与挥发分的比值)作为定性判断煤燃烧性能的指标，近年来在我国也得到广泛应用。烟煤燃料比一般为 1～4，贫煤为 4～9，无烟煤>9，褐煤仅0.6～1.5。燃料比小于2.0时，煤的燃烧性能好。

（三）煤的着火特性指数

傅维标在系统研究了煤的可燃烧性之后提出了一个 F_z 指数，用以评价煤的着火特性。F_z 指数定义如下：

$$F_z=(V_{ad}+M_{ad})^2\times C_{ad}\times 100 \tag{8-20}$$

根据煤的 F_z 指数大小，可以将煤的可燃性分为以下几类：

（1）极难燃煤 $F_z\leqslant 0.5$；

（2）难燃煤 $0.5<F_z\leqslant 1.0$；

（3）准难燃煤 $1.0<F_z\leqslant 1.5$；

（4）易燃煤 $1.5<F_z\leqslant 2.0$；

（5）极易燃煤 $F_z>2$。

F_z 值越大，着火温度越低，其着火特性越好。尽管煤质千变万化，但只要 F_z 指数相同，则它们的着火特性是相近的。这就给锅炉的设计者和运行人员提供了一个简便而实用的判别煤着火特性的准则。

煤着火特性指数 F_z 可改变长期以来只用干燥无灰基挥发分来判断煤着火特性的片面观点。因为煤着火温度与干燥无灰基挥发分之间不存在通用规律。例如广西合山煤的挥发分较高，但其着火温度也高，过去无法解释这一现象。从 F_z 指数可知，合山煤的 F_z 数值很小，所以其着火温度较高。再如福建陆加地煤、龙岩煤与加福煤的 V_{daf} 都在3%～4%，似乎它们都应该很难燃，但实际情况是前二者比较好烧，而加福煤极难烧。这是因为它们的 F_z 指数分别为0.75、0.6和0.15，因此，陆加地煤与龙岩煤确实比加福煤好烧。其主要原因是它们的内在水分含量很高，内在水分析出的结果使煤的孔隙率增加，即活性增大，所以容易着火。

四、煤的气化反应性

煤的气化性能是指煤炭在气化炉中进行气化作业时，煤的性质和组成对气化反应的速度、气化炉操作参数、气化作业的经济性等产生影响，有的影响是正面的，有的影响是负面的，煤对气化过程产生的这种影响称为煤的气化性能或气化特性。现代煤气化的主流技术是气流床气化，如水煤浆进料气化、干粉进料气化等，影响煤气化性能的因素主要是煤与气化剂的气化反应活性和煤灰的黏温特性。气化是现代煤化工的前导工序，煤的气化性能是影响气化装备的复杂程度、气化炉运行的可靠性和气化成本的关键因素。

（一）煤气化反应性的概念

煤的气化反应性旧称煤的反应活性。“煤的反应活性”这一名称不准确，现已遭弃。煤的气化反应性是指在一定温度条件下煤与气化介质（CO_2、O_2、水蒸气等）相互作用生成 CO、H_2 等可燃气体的反应能力。气化反应性好的煤在气化过程中反应速度快、效率高，特别是对采用流化床和气流床等高效的新型气化技术，煤的气化反应性的好坏直接影响到煤在气化炉中反应的速度、反应的完全程度、耗煤量、耗氧量及煤气的有效成分等。气化反应性好的煤可以在生产能力基本稳定的情况下，使气化炉在较低温度下操作，可以延长气化炉的寿命及检修周期，降低操作费用。

(二) 煤气化反应性的测定和表征

目前我国采用煤焦的 CO_2 还原率($\alpha\%$)表征煤的气化反应性。煤焦是将煤在 900 ℃下脱除挥发分后制成的。需要指出的是,该指标测定中制焦的方法步骤是固定不变的,与煤在实际气化炉条件下热解成焦的过程有很大的不同,特别是升温速率的不同,这会对煤焦的气化反应活性产生较大的影响。但总体来说,这一指标还是基本能够反映煤在高温条件下与各种气化剂反应的能力。

测定方法要点是:先将煤样在 900 ℃下保持 1 h 进行干馏,除去挥发物。然后筛分并选取 3~6 mm 粒级的焦炭装入反应管,加热到一定温度后(褐煤加热到 750 ℃,烟煤和无烟煤加热到 850 ℃),通入一定流速的 CO_2 气体与焦炭反应,每隔 50 ℃,测定反应后气体中 CO_2 的浓度,按下式计算被还原成 CO 的 CO_2 量占通入 CO_2 总量的百分数 $\alpha\%$ 作为煤对 CO_2 的化学反应性指标:

$$\alpha = \frac{100(100 - a - \gamma)}{(100 - a) \cdot (100 + \gamma)} \times 100 \tag{8-21}$$

式中 α——CO_2 还原率(气化反应性),%;

a——反应前 CO_2 气体中杂质气体含量,%;

γ——反应后气体中剩余的 CO_2 含量,%。

以各温度下的 α 值为纵坐标,对应的温度为横坐标绘制成气化反应性曲线,如图 8-22 所示。

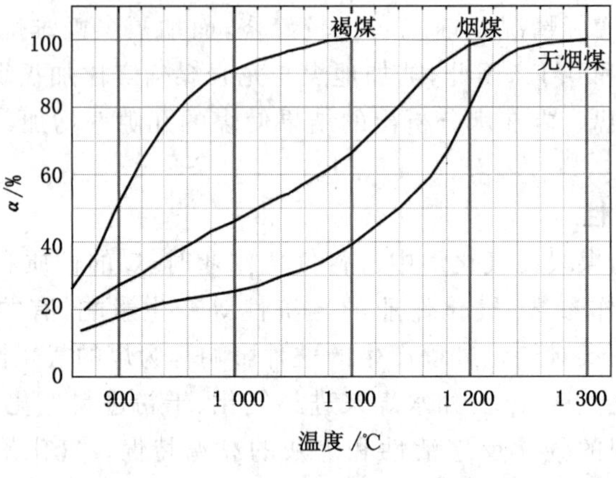

图 8-22 煤的气化反应性曲线

(三) 煤气化反应性的影响因素

很多学者已对煤焦与 CO_2、O_2 和水蒸气的气化反应进行了大量的研究,发现影响煤焦气化反应性的因素很多,其中主要包括煤化程度、气化反应温度、矿物质、显微组分、孔结构及其比表面积、热解条件和气化条件等。

1. 煤化程度的影响

不同煤化程度的煤,其煤焦的分子结构和物理结构有很大差异,导致煤的气化反应性不同。不同煤种煤焦的水蒸气气化反应速率相差很大。同样,煤焦与 CO_2 气化反应时不同煤焦的 CO_2 气化反应速率相差也很大。一般来说,无论是 CO_2 还是水蒸气气化的反应性,煤的煤化程度越高,其煤焦气化反应性就越差,如图 8-22 所示。

研究表明，强黏结性的肥煤和焦煤煤焦的气化反应性最低。这一规律的理论解释可以归结为煤焦大分子结构的芳香度。煤焦大分子的芳香度越高，分子排列的有序化程度就越高，分子内结合能也就越高，气化时，气化剂对煤焦分子的反应破坏就越难，表现出的气化反应性就越低。煤焦的制备条件和煤种特性决定了煤焦大分子的芳香度。若焦的形成过程中有中间相阶段，且有足够的时间使之有序化，那么制成的煤焦的大分子芳香度就高，气化反应性就很低。比如焦煤、肥煤等强黏结性煤种，其煤焦的气化反应性比无烟煤还低。事实上，常规炼焦得到的焦炭，其气化反应性比无烟煤低。Kasaoka 等人研究了 CO_2 反应活性随煤的燃料比的提高而迅速下降，当燃料比为 3 时，达极小值，然后逐渐增加，而某些肥煤、焦煤的燃料比正好处在 3 左右。另有研究表明，煤的气化反应性与煤的 $Q_{gr.v.daf}$ 呈负相关关系，即 $Q_{gr.v.daf}$ 越高，煤的气化反应性越低，而肥煤、焦煤的发热量最高，其煤焦的气化反应性也最低。因此，严格说来，煤的气化反应性随煤化程度提高而下降，到肥煤、焦煤阶段达最低，此后又有所升高。

2. 气化反应温度的影响

从图 8-22 可看出，气化反应性在低温段，煤化程度的影响很大，但随着气化反应温度的提高，这种影响逐渐变小。有研究表明，在 1 200 ℃以下气化时，煤化程度对气化反应性的影响大，随煤化程度提高，煤的反应性下降；高于 1 200 ℃甚至 1 300 ℃以上时，这种影响逐渐减小，甚至消失。因为气化反应在低温段和高温段的控制机制不同，气化温度较低时，气化反应速度受活化能控制，高温段时，气化反应受扩散控制。低温段时，低煤化程度的煤气化反应活化能小，有利于气化反应；煤化程度提高，气化反应活化能也提高，气化反应性就较低。温度较高时，反应速度逐渐由活化能控制转为扩散控制，因此，在高温段反应气体扩散不及时，致使不同煤化程度煤反应性的差异不能得到体现，表现出宏观的反应速度逐渐趋于一致，这从图 8-22 曲线的变化上可以看出这个趋势。

3. 矿物质的影响

煤或多或少都含有矿物质，主要的矿物质种类有黏土类矿物、碳酸盐类矿物、石英和硫铁矿等。大量的研究表明，矿物质对煤的热解、气化过程具有明显的影响，有的具有催化作用可以加速反应的进行，有的则具有反催化效果，抑制反应的进行。一般煤焦中金属对煤气化反应的催化活性顺序为：$K>Na>Ca>Mg>Fe$，Al 对气化具有反作用。一般煤中的 K、Na 含量很低，但 Ca 含量不小，Ca 对煤的气化反应有明显的催化作用。随 Ca 含量增加，煤焦的气化反应性也随之提高。

4. 显微组分的影响

煤中不同煤岩显微组分的煤焦内比表面积、活性中心密度都不同，而且其中的矿物质种类及含量也不同，因此各显微组分焦样之间的气化反应性差异很大。一般来说，煤化程度在气煤以下的煤种，壳质组的气化反应性最好，镜质组次之，惰质组最低。但对肥煤和焦煤来说，镜质组的反应性比惰质组还低。到无烟煤阶段，几种煤岩组分影响的差异几乎消失。

5. 孔结构及其比表面积的影响

煤的气化是气固两相反应过程，发生在煤焦的孔隙表面上。煤焦孔隙结构对煤焦气化过程的传质行为影响较大，孔隙表面的活性位又与比表面积大小有关。研究表明：比表面积越大，气化活性越高。但许多学者认为，纯粹的比表面积并不是评价煤焦气化反应性的理想参数，因为参与气化反应的气体首先是在碳表面离解后被化学吸附，而吸附发生于微晶结构边缘的活性位上，微晶的基面活性却很小。所以在考虑比表面的影响时，就有必要把表面分成活性和非活性，只有微晶结构边缘的表面才被认为是对气化反应有活性的。通过对比表面在气化过程中所起作用的研究，人们认识到半焦表面的碳氧复合物才是气化反应的活性中心。

6. 热解成焦条件的影响

煤的气化一般分成两个阶段：第一阶段是煤的热解生成煤焦，第二阶段是煤焦的气化。热解阶段条件的不同，所得煤焦的性质不同，气化反应性也有差异。一般认为，热解温度越高、热解的时间越长、热解升温速度越小，煤焦的反应性越低。在快速升温和加压热解条件下，随热解停留时间的增加，煤焦的比表面积先增加后下降，而液相炭化焦（炭化时有液相物质生成）的比表面积一直呈下降的趋势。热解温度越高，慢速和快速热解煤焦的碳微晶结构都向有序化方向发展，但慢速热解比快速热解更有利于煤焦的碳网结构向有序化方向发展；液相炭化焦的碳微晶结构也向有序化方向发展，其碳微晶结构有序化程度明显快于其他煤焦，特别是温度高于 1 200 ℃时，碳微晶结构有序化程度明显增加。实际上，无论温度、升温速率还是停留时间，对煤焦的影响无非两个方面，一是比表面积，二是煤焦的分子结构特性，而后者是最重要的。制焦时温度越高、升温速率越慢、停留时间越长，越有利于煤焦的分子结构向有序化方向发展，这样的结果就是比表面积下降和活性位的减少，这才是煤焦气化反应性下降的根本原因。

（四）煤的着火温度与气化反应性的关系

煤的着火温度实际上与煤的反应活性密切相关，这两个指标反映的问题的实质是相同的，即与煤大分子的结构密切相关。煤着火温度的测定类似于用氧气作气化剂测定煤的气化反应性一样。吴恕等人研究了两者之间的关系，他们首先将 800～1 100 ℃范围内的二氧化碳还原率按 50 ℃的间隔作平均化处理，得到平均的二氧化碳还原率 $\bar{\alpha}\%$，$\bar{\alpha}\%$与着火温度之间的关系（见图 8-23）可用下面的公式表示：

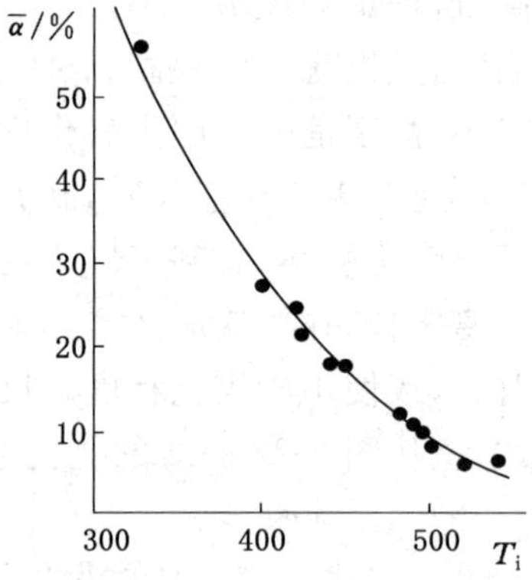

图 8-23 煤的着火温度与平均二氧化碳还原率的关系

$$\bar{\alpha}\%=266.48-0.9T_i+7.73\times10^{-4}T_i^2 \tag{8-22}$$

五、煤灰熔融性

（一）煤灰熔融性的表征

煤中的矿物质在煤的燃烧或气化时，在高温的作用下会发生复杂的化学反应，有原矿物质的分解，也有转化产物之间的重新化合，最终成为灰渣。因为不同煤矿煤中的矿物质在矿物组成上差别巨大，形成的灰的组成也十分复杂，其含量变化范围很大。灰成分中各组分含量、比例以及晶型结构决定了煤灰的熔融特性。煤灰中的成分以硅铝酸盐、硫酸盐以及各种金属氧化物等的混合物形式存在，当加热到一定温度时，这些混合物中的某些组分首先熔化，随着温度的升高，熔化的成分就逐渐增多，最终全部熔融成为液体。因此，煤灰不像一般纯物质那样具有确定的熔融温度点，而是一个温度范围。在技术上采用煤灰熔融性测定中的四个特征温度表示。

变形温度（deforming temperature，DT）——煤灰锥体尖端开始弯曲或变圆时的温度。

软化温度(softening temperature,ST)——煤灰锥体弯曲至锥尖触及底板变成球形时的温度。

半球温度(hemispheric temperature,HT)——煤灰锥体形变至近似半球形,即高等于底长的一半时的温度。

流动温度(flowing temperature,FT)——煤灰锥体完全熔化展开成高度小于 1.5 mm 薄层时的温度。

通常以煤灰锥软化的温度 ST 作为衡量煤灰熔融性的指标,俗称灰熔点。如图 8-24 所示。

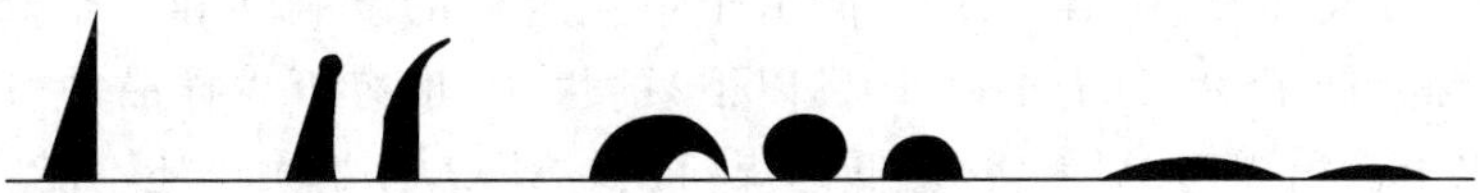

图 8-24　煤灰灰锥变形和熔融温度

根据 ST 的高低,把煤灰分为易熔(ST<1 160 ℃)、中等易熔 (ST 为 1 160～1 350 ℃)、难熔(ST 为 1 350～1 500 ℃)和不熔(ST 在 1 500 ℃以上)四种类型。

实践证明,煤灰熔融性特征温度只能反映一些初步的现象和趋势,不能反映煤灰渣在具体设备运行中的实际表现。现代气流床煤炭气化炉均采用液态排渣,液态灰渣黏-温特性更能反映灰渣对于气化炉运行的影响。对于移动床的气化和燃烧设备来说,煤的结渣性更能反映煤灰对设备运行的影响。

(二) 煤灰熔融性的影响因素

煤灰的熔融流动性主要与煤灰的化学组成、灰渣气氛、温度等有关,其中最重要的是煤灰的化学组成。

1. 煤灰成分对煤灰熔融性的影响

(1) SiO_2的影响

煤灰中 SiO_2的含量较多,主要以非晶体的状态存在,有时起提高煤灰熔融温度作用,有时则起助熔作用。研究表明,SiO_2含量在 45%～60%时,随着 SiO_2含量的增加,煤灰熔融性温度降低。这是因为在高温下,SiO_2很容易与其他一些金属和非金属氧化物形成一种易熔的玻璃体物质。同时,玻璃体物质具有无定形的结构,没有固定的熔点,随着温度的升高而变软,并开始流动,随后完全变成液体。SiO_2含量越高,形成的玻璃体成分越多,所以煤灰的 FT 与 ST 之差也随着 SiO_2含量的增加而增加。SiO_2含量超过 60%时,SiO_2含量对煤灰熔融性温度的影响无一定规律,这主要是由于 SiO_2是网络形成体氧化物,而煤灰中还有许多其他氧化物,这些氧化物可分为修饰中间氧化物和网络氧化物,这 3 类氧化物间的相互作用使得 SiO_2表现出助熔的不确定性。而当 SiO_2含量超过 70%时,其灰熔融性温度均比较高,ST 最低也在 1 300 ℃。原因是此时已无适量的金属氧化物与 SiO_2结合,有较多游离的 SiO_2存在,致使熔融性温度增高。郝丽芬等人认为,SiO_2在 30%～60%的煤灰,其 ST 既有低至 1 100 ℃以下的,也有高达 1 500 ℃以上的。这一现象说明,SiO_2在这样的范围以内时,煤灰 ST 的高低主要取决于 Al_2O_3和 Fe_2O_3、CaO 等其他成分的多少。姚星一在 1965 年发表的研究结果表明,煤灰中 SiO_2含量在 45%～60%时,增加 SiO_2含量,灰熔点降低,含量超过 60%时，其含量的变化对熔点的影响无一定规律。这些研究表明，SiO_2含量对煤灰熔融性的影响十分复杂，它的作用很难单独产生影响，与煤灰中的其他组分之间有复杂的协同作用。因此，单独研究 SiO_2含量的影响没有意义。

(2) Al_2O_3对煤灰熔融性温度的影响

煤灰中 Al_2O_3的含量变化较大，有的在 3%～4%，有的高达 50%以上。普遍认为，煤灰中 Al_2O_3的含量对灰熔融性温度的影响较为单一，含量越高，熔点越高。这是由于 Al_2O_3具有牢固的晶体结构，熔点高达 2 050 ℃，在煤灰熔化过程中起“骨架”作用，Al_2O_3含量越高，灰熔点就越高。研究表明，Al_2O_3含量在 35%以上时，其 ST 最低也在 1 350 ℃；Al_2O_3含量超过 40%时，ST 一般都大于 1 400 ℃。但由于煤灰组分的复杂性和各组分的变化幅度很大，即使 Al_2O_3含量低于 30%(有的在 10%以下)的煤灰，也有不少样品的 ST 在 1 400 ℃，甚至 1 500 ℃以上。所以对 Al_2O_3含量低的煤，仅以 Al_2O_3含量大小还不能完全确定 ST 的高低，而是需要对各个成分的综合判断才能确定煤灰 ST 的高低。此外，由于 Al_2O_3晶体具有固定熔点，当温度达到相关铝酸盐类物质的熔点时，该晶体即开始熔化并很快呈流体状，因此，当煤灰中 Al_2O_3含量高于 25%时，FT 和 ST 之间的温差随煤灰中 Al_2O_3含量的增加而越来越小。

(3) CaO 对煤灰熔融性温度的影响

我国煤灰中 CaO 的含量大部分都在 10%以下，少部分在 10%～30%。CaO 含量大于 30%的仅占极少数。ST>1 500 ℃的煤灰，其 CaO 含量均不超过 10%；CaO 含量大于 15%的煤灰，其 ST 均在 1 400 ℃以下；CaO 含量大于 20%的煤灰，其 ST 更低，在 1 350 ℃以下。极少数 CaO 含量大于 40%的煤灰，ST 有增高的趋势。

CaO 本身是一种高熔点氧化物(熔点 2 610 ℃)，同时也是一种碱性氧化物，所以，它对煤灰熔点的作用比较复杂，既能降低灰熔融性温度，也能升高灰熔融性温度，具体起哪种作用，与煤灰中 CaO 的含量和煤灰中的其他组分有关。随着煤灰中 CaO 含量的增加，煤灰熔融性温度呈先降后升的趋势。CaO 含量小于 30%时，煤灰熔融性温度随 CaO 的增高而降低。原因是在高温下，CaO 易与其他矿物质形成钙长石($CaO \cdot Al_2O_3 \cdot 2SiO_2$)、钙黄长石($2CaO \cdot Al_2O_3 \cdot 2SiO_2$，熔点 1 553 ℃)、铝酸钙($CaO \cdot Al_2O_3$，熔点 1 370 ℃)及硅钙石($3CaO \cdot SiO_2$，熔点 2 130 ℃)等矿物质，这几种矿物质在一起会发生低温共熔现象，从而使煤灰熔融性温度下降。如钙长石和钙黄长石两种钙化合物就容易形成 1 170 ℃和 1 265 ℃的低温共熔化合物。其主要反应如下：

$$3Al_2O_3 \cdot 2SiO_2 + CaO \longrightarrow CaO \cdot Al_2O_3 \cdot 2SiO_2$$

$$CaO \cdot Al_2O_3 \cdot 2SiO_2 + CaO \longrightarrow 2CaO \cdot Al_2O_3 \cdot 2SiO_2$$

$$SiO_2 + CaO \longrightarrow CaO \cdot SiO_2\text{(假钙灰石)}$$

$$CaO \cdot SiO_2 + CaO \longrightarrow 3CaO \cdot SiO_2$$

煤灰中 CaO 含量大于 40%时，ST 有显著升高的趋势。这是由于煤灰中 CaO 含量过高时，一方面 CaO 多以单体形态存在，会有熔点 2 570 ℃的方钙石(CaO)产生，煤灰的 ST 自然升高；另一方面 CaO 作为氧化物，在破坏硅聚合物的同时，又形成了高熔点的正硅酸钙($CaSiO_3$，熔点 2 130 ℃)，致使体系熔融性温度上升。

(4) Fe_2O_3对煤灰熔融性温度的影响

煤灰中 Fe_2O_3的含量在 5%～15%的居多，个别煤灰中高达 50%以上。煤灰中 Fe_2O_3系助熔组分，易和其他成分反应生成易熔化合物，总的趋势是煤灰的 ST 随 Fe_2O_3 含量的增高而降低。灰中 Fe_2O_3 含量大于 25%，煤灰的 ST 最大也不超过 1 400 ℃。Fe_2O_3 含量大于 35%，ST 最大为 1 250 ℃。Fe_2O_3 含量大于 16%时，ST 均达不到 1 500 ℃。但 Fe_2O_3 含量低于 15%的煤灰，其 ST 从最低的 1 100 ℃以下到最高的大于 1 500 ℃均有，这是由于 Fe_2O_3 含量低的煤灰，其熔融性温度的高低主要取决于 SiO_2、Al_2O_3、CaO 等其他主要成分含量的多少。Fe_2O_3 的助熔效果与煤灰所处的气氛有关，无论在还原性气氛还是弱还原性气氛中，煤灰中的 Fe_2O_3 均起降低灰熔融性温度的作用，在弱还原性气氛下助熔效果最显著。这是由于在高温弱还原性气氛下，部分 Fe^{3+} 离子被还原成为 Fe^{2+}，Fe^{2+} 易和熔体网络中未达到键饱和的 O^{2-} 相连接而破坏网络结构，降低煤灰熔融性温度。同时，FeO 极易和 CaO、SiO_2、Al_2O_3 等形成低温共熔体，如 $4FeO \cdot SiO_2$，$2FeO \cdot SiO_2$ 和 $FeO \cdot SiO_2$ 等，它们的熔融范围均在 1 138～1 180 ℃之间。相反，Fe^{3+} 离子的极性很高，是聚合物的构成者，能提高煤灰熔融性温度。

(5) MgO 对煤灰熔融性温度的影响

我国煤灰中 MgO 的含量大部分都在 3%以下，一般不超过 13%(极个别的样品也有可能大于 13%，但很少有大于 20%的)。MgO 含量低于 3%的煤灰，ST 在 1 100～1 500 ℃中均有；而 MgO 含量大于 4%的煤灰，其 ST 则又随 MgO 含量的增大而呈增高的趋势。如 ST<1 200 ℃的煤灰，其 MgO 含量几乎都在 8%以下，而 MgO 含量大于 8%的煤灰，ST 又增高至 1 200 ℃以上。但因在煤灰中 MgO 含量很少，实际上可以认为它在煤灰中只起降低灰熔融性温度的作用。MgO 含量每增加 1%，熔融性温度降低 22～31 ℃。试验表明，MgO 含量增加时，灰熔融性温度逐渐降低，至 MgO 含量为 13%～17%时，灰熔融性温度最低，超过这个含量时，温度开始升高。

(6) Na_2O 和 K_2O 对煤灰熔融性温度的影响

煤灰中的 Na_2O 和 K_2O 含量一般较低，但它们若以游离形式存在于煤灰中时，由于 Na^+ 和 K^+ 的离子势较低，能破坏煤灰中的多聚物，因此，它们均能显著降低煤灰熔融性温度。实际上，绝大多数煤灰中 Na_2O 含量不超过 1.5%，K_2O 含量不超过 2.5%，这些煤灰中的 K_2O 一般不是以游离形式存在，而是作为黏土矿物伊利石的组成成分而存在的。试验证明，伊利石受热直到熔化，仍未有 K_2O 析出。因此，非游离状态的 K_2O 对煤灰熔融性温度的降低作用就大大减小了。Na_2O 和 K_2O 熔点低，容易与煤灰中的其他氧化物生成低熔点共熔体。如在煤灰中添加 K_2O，从 900 ℃左右开始，K_2O 与 Al_2O_3、石英形成白榴石 $K_2O \cdot Al_2O_3 \cdot 4SiO_2$，纯白榴石在 1 686 ℃熔融，白榴石与煤灰中碱性氧化物可以进一步反应，生成低温钠长石和钾长石的固溶体。同样，在煤灰中添加 Na_2O，从 800 ℃开始，Na_2O 与 Al_2O_3、石英形成霞石 $Na_2O \cdot Al_2O_3 \cdot 2SiO_2$，霞石为典型的碱性矿物，具有比钾长石 $K_2O \cdot Al_2O_3 \cdot 6SiO_2$ 更强的助熔性，在 1 060 ℃开始烧结，随着碱含量增减，在 1 150～1 200 ℃范围内熔融。对一般煤种而言，Na_2O 和 K_2O 含量总是很少，但其影响应引起充分重视。它们是造成锅炉烟气侧高温玷污和腐蚀的主要因素，也对炉膛结渣起不良作用。这是因为 Na_2O 在高温下与 SO_3 化合成 Na_2SO_4，其熔点仅有 884 ℃，对锅炉结焦来说，起着“打底”的作用。所以，Na_2O 含量虽少，但不能忽视其危害。

(7) TiO_2 对煤灰熔融性温度的影响

TiO_2 的熔点高达 1 850 ℃，在煤灰中主要以类质同象替代存在于高岭石的晶格中，它的含量与煤灰中高岭石的多少及晶格好坏有关，含量不超过5%，多在1%以下。在煤灰中，TiO_2始终起到提高灰熔融性温度的作用，其含量增减对灰熔融性温度的升降影响非常大，TiO_2含量每增加1%，灰熔融性温度增加36～46 ℃。

2. 气氛对煤灰熔融性的影响

煤灰熔融性温度测定主要有3种气氛：弱还原性气氛、强还原性气氛和氧化性气氛。不同气氛下的煤灰熔融性变化规律不同。在弱还原性气氛下，测定DT、ST、FT均小于氧化性气氛下的测定值，且随煤灰化学成分不同，两种气氛之间的特征温度差值也不同，在10～130 ℃。氧化、弱还原和强还原气氛下，Fe元素分别以Fe_2O_3、FeO和Fe的形式存在，其熔点也各不同。Fe_2O_3的熔点是1 560 ℃，FeO是1 420 ℃，Fe是1 535 ℃。在弱还原性气氛下，FeO能与SiO_2、Al_2O_3、$3Al_2O_3 \cdot 2SiO_2$（莫来石，熔点2 550 ℃）、$CaO \cdot Al_2O_3 \cdot 2SiO_2$（钙长石，熔点1 553 ℃）等结合形成铁橄榄石（$2FeO \cdot SiO_2$，熔点1 205 ℃）、铁尖晶石（$FeO \cdot Al_2O_3$，熔点1 780 ℃）、铁铝榴石（$3FeO \cdot Al_2O_3 \cdot 3SiO_2$，熔点1 240～1 300 ℃）等矿物，这些矿物质之间会产生低熔点的共熔物，因而使煤灰熔融性温度降低。当煤灰中Fe_2O_3含量较高时，会降低灰熔融性温度，且在弱还原性气氛下更为显著。弱还原气氛下的反应为：

$$Fe_2O_3 \longrightarrow FeO$$

$$3Al_2O_3 \cdot 2SiO_2 + FeO \longrightarrow 2FeO \cdot SiO_2 + FeO \cdot Al_2O_3$$

$$CaO \cdot Al_2O_3 \cdot 2SiO_2 + FeO \longrightarrow 3FeO \cdot Al_2O_3 \cdot 3SiO_2 + 2FeO \cdot SiO_2 + FeO \cdot Al_2O_3$$

$$SiO_2 + FeO \longrightarrow FeO \cdot SiO_2$$

$$FeO \cdot SiO_2 + FeO \longrightarrow 2FeO \cdot SiO_2$$

在强还原性气氛下，煤灰在熔融过程中的氧元素被大量还原，氧化物被转化为金属或非金属单质，其单质的熔融温度要高出其氧化物许多，这些在强还原性气氛下被还原出来的金属单质导致了煤灰熔融性温度的升高。因此，强还原性气氛下的煤灰熔融性温度均比氧化气氛下高50～200 ℃。

综上所述，煤灰成分是决定煤灰熔融性温度的关键因素，气氛的影响也是对特定的成分有效。因此，完全可以利用这些规律，在实践中采取配煤、添加矿物质或化学试剂等技术手段，实现煤灰熔融性温度的调整，以适应用煤设备对煤灰熔融性的要求。

（三）通过煤灰成分计算煤灰熔融性温度

如前所述，除了个别成分以外，煤灰中的成分对于煤灰熔融性的影响不是独立的，相互之间有很强的耦合作用，因此，应该考虑所有成分的综合影响。在其中的化学机理尚未明确的情况下，采用回归的方法推导出煤灰成分与煤灰熔融性温度之间的数学关系就有重要的意义。下面介绍几种回归方程。

1. 以煤灰成分为变量的煤灰熔融性计算公式

陈文敏等人在统计了大量的样品后，推导出下面的回归公式。

（1）当$SiO_2 \leqslant 60\%$，且$Al_2O_3 > 30\%$时：

$$ST = 69.64SiO_2 + 71.01Al_2O_3 + 65.23Fe_2O_3 + 12.16CaO + 68.31MgO + 67.1\alpha - 5\,485.7 \tag{8-23}$$

$$FT = 5\,911 - 44.29SiO_2 - 43.07Al_2O_3 - 47.11Fe_2O_3 - 49.7CaO - 41.52MgO - 45.41\alpha \tag{8-24}$$

(2) 当 $SiO_2 \leqslant 60\%$，$Al_2O_3 \leqslant 30\%$，且 $Fe_2O_3 \leqslant 15\%$时：

$$ST=92.55SiO_2+97.83Al_2O_3+84.52Fe_2O_3+83.67CaO+81.04MgO+91.92\alpha-7\,891 \quad (8\text{-}25)$$

$$FT=5\,464-40.82SiO_2-36.21Al_2O_3-46.31Fe_2O_3-48.92CaO-52.65MgO-40.70\alpha \quad (8\text{-}26)$$

(3) 当 $SiO_2 \leqslant 60\%$，$Al_2O_3 \leqslant 30\%$，且 $Fe_2O_3 > 15\%$时：

$$ST=1\,531-3.01SiO_2+5.08Al_2O_3-8.02Fe_2O_3-9.69CaO-5.86MgO-3.99\alpha \quad (8\text{-}27)$$

$$FT=1\,429-1.73SiO_2+5.49Al_2O_3-4.88Fe_2O_3-7.96CaO-9.14MgO-0.46\alpha \quad (8\text{-}28)$$

(4) 当 $SiO_2 > 60\%$时：

$$ST=10.75SiO_2+13.03Al_2O_3-5.28Fe_2O_3-5.88CaO-10.28MgO+3.75\alpha+453 \quad (8\text{-}29)$$

$$FT=6.09SiO_2+6.98Al_2O_3-6.51Fe_2O_3-2.47CaO-4.77MgO+3.27\alpha+943 \quad (8\text{-}30)$$

以上各式中：$\alpha=100-(SiO_2+Al_2O_3+Fe_2O_3+CaO+MgO)$

上述公式的可靠性很高，计算结果与实测值的差值接近试验允许的误差。

2. 以熔融指数为变量的煤灰熔融性计算公式

张德祥等对煤灰成分进行分组，先计算出熔融指数 FI，再根据 FI 与煤灰熔融特性温度的关系回归出了煤灰熔融性计算公式。为此，在分析对比现有各种关系式的基础上，引入了熔融指数 FI(Fusion Index)的概念，定义熔融指数 FI 为：

$$FI=SO_3+Fe_2O_3+CaO+MgO+K_2O+Na_2O \quad (8\text{-}31)$$

FI 与煤灰熔融特性温度的关系如图 8-25 所示。

从图中可以看到，相关性非常好，数据点基本落在曲线上，分散性很小。据此，作者回归出了煤灰熔融指数与煤灰熔融性温度的计算公式：

$$DT=2\,749FI^2-2\,520.4FI+1\,743.1 \quad (8\text{-}32)$$

$(r=0.777\,2)$

$$ST=5\,120FI^2-4\,815.4FI+2\,309.8 \quad (8\text{-}33)$$

$(r=0.894\,8)$

$$FT=5\,793FI^2-5\,551.5FI+2\,528.3 \quad (8\text{-}34)$$

$(r=0.944\,5)$

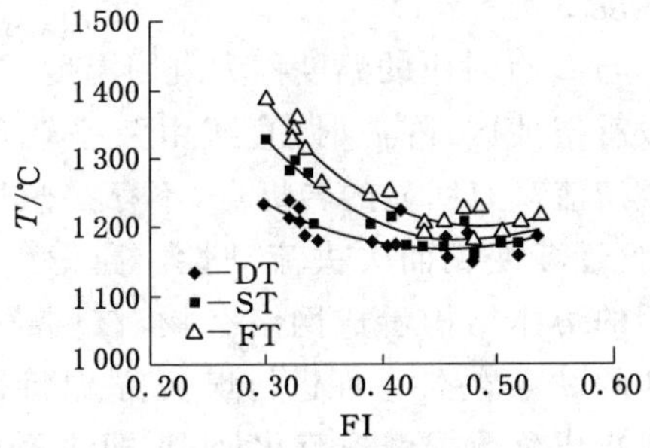

图 8-25　煤灰熔融指数与煤灰熔融性温度的关系

该公式计算精度很高，一般小于试验测定值的允许误差。

类似这样的计算公式还有很多，限于篇幅，不再赘述。

六、煤灰的黏度

(一) 概述

煤灰黏度是指煤灰在熔融状态下的内摩擦系数。煤灰黏度是动力用煤和气化用煤的重要指标。对于液态排渣炉来说，仅靠煤灰熔融特性温度不能准确判断煤灰渣在液态时的流动特性，而需要测定煤灰在熔融态时的黏-温特性曲线。近年来，世界上液态排渣的大型现代化锅炉和气化炉有了快速发展，特别是现代煤气化工艺中，很多工艺对煤灰黏度提出了苛刻的要求，因为这些煤气化工艺均是在高于煤灰熔点的温度下操作的，采用液态排渣，一般希望煤灰黏度小一点为好，这样可以在较低温度下操作，以延长设备的使用寿命，有利于降低操作费用，提高经济效益。例如，在固定床液态排渣煤气炉中，操作温度下的排渣黏度应小于5.0 Pa·s；煤粉气化过程中，其排渣黏度应小于 25.0 Pa·s；而在液态排渣锅炉中，顺利排渣的黏度范围是 5.0～10.0 Pa·s。试验表明，由于煤灰组成不同，虽然两种煤灰的熔融特性温度可能相近，但其黏-温特性曲线可能有很大的差别。

正常液态排渣的黏度一般为 5～10 Pa·s，最多不超过 25 Pa·s。同一煤灰的黏度随温度升高而降低，相同温度下，煤灰的黏-温特性曲线也取决于煤灰的化学组成。一般情况下，SiO_2 和 Al_2O_3 含量高，则煤灰黏度大；CaO、MgO、Fe_2O_3、K_2O、Na_2O 等碱性成分高，则可以降低煤灰黏度。当煤灰的碱酸比由小变大时，指定黏度下的温度会降低。所以，在生产中可以根据工艺需要，采用添加助熔剂或配煤的方法达到改变煤灰成分及煤灰黏度的目的。

（二）灰渣的流动特性分类

根据灰渣的流动特性可将渣分为三类，即玻璃体渣 A、塑性渣 B 和结晶渣 C，其对应的黏-温特性曲线如图 8-26 所示。其中 B 类灰渣在 O 点右下方为液相区，曲线平直，O—L 之间由于温度降低，熔体中开始析出固相微粒而转化为塑性状态，此时晶体与液体共存。在温度低于 O 点时，熔体的黏度上升很快。与 O 点对应的温度称为临界黏度温度 T_{cr}。

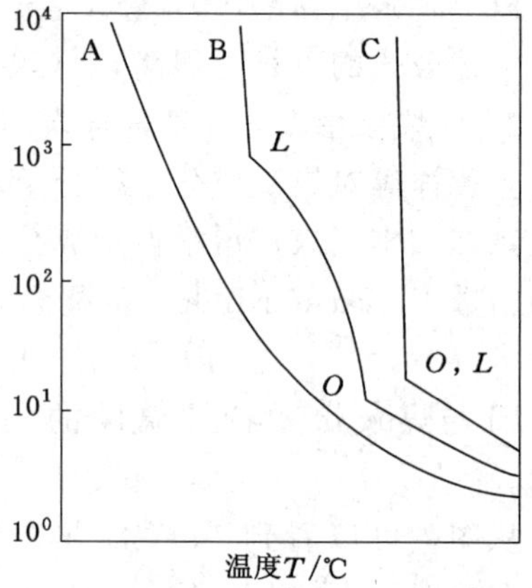

A—玻璃体渣　　O—临界黏度点
B—塑性渣　　L—凝固点
C—结晶渣

图 8-26　各类渣的黏-温特性曲线

与 L 点对应的温度称为凝固温度 T_f。C 类灰渣没有塑性区，降温时，直接由液态转化为固态。A 类灰渣没有明显的转折点，不存在塑性区，在降温时，逐渐变稠而失去流动性。龚德生将煤灰熔融后的熔体结构看成网络结构，该网络结构影响熔体的黏-温特性。在进行煤灰黏-温特性研究时，将煤灰成分数据做规范化处理，即将 Fe_2O_3、CaO、MgO、SiO_2、Al_2O_3 五项之和作为 100%，并定义碱性氧化物总和 $\sum J = Fe_2O_3 + CaO + MgO$。

当 $\sum J < 30\%$，$Al_2O_3 < 24\%$ 时，熔渣呈玻璃体，其分辨率为 87%；

当 $\sum J < 30\%$，$Al_2O_3 < 24\% \sim 30\%$ 时，熔渣呈塑性体，其分辨率为 84%；

当 $Al_2O_3 > 30\%$，或 $\sum J > 30\%$ 时，熔渣为结晶渣，其分辨率为 86%。

（三）灰成分对煤灰黏度的影响

影响煤灰黏度的关键因素是煤灰成分，特别是二氧化硅、氧化铝、氧化铁、氧化钙以及氧化镁。其中 SiO_2 和 Al_2O_3 能提高灰的黏度；Fe_2O_3、CaO 和 MgO 能降低灰的黏度；三价铁百分率增加时，灰黏度增加，临界黏度温度升高。但当 Fe_2O_3 含量高、SiO_2 含量低时，增加 SiO_2 含量反而会降低黏度。此外，Na_2O 也能降低黏度。

灰渣的流动性不仅取决于它的化学成分，其矿物质组成也有不可忽略的影响。化学成分相同但矿物组成不同的灰渣，完全可能有不同的流动性。只有在真溶液范围内灰渣的黏度才完全取决于它的化学成分，而与各成分的来源(即矿物质组成)无关。

在一般情况下，煤灰中一价、二价金属离子如 K^+、Na^+、Ca^{2+}、Mg^{2+}、Fe^{2+} 等多以简单离子形式存在，而一些三价、四价的阳离子如 Si^{4+}、Al^{3+} 则随熔体组成和温度的不同形成各种形式的阴离子团。例如在改变熔体的组成和温度时，硅氧阴离子团有如下变化：

$$2[SiO_4]^{4-} \longrightarrow [Si_2O_7]^{6-} + O^{2-}$$

$$3[Si_2O_7]^{6-} \longrightarrow 2[Si_3O_9]^{6-} + 3O^{2-}$$

$$[SiO_3]_{2n}^{2-} + nO^{2-} \longrightarrow n[Si_2O_7]^{6-}$$

当熔体中含有 SiO_2 和碱土金属氧化物时，部分 Al_2O_3 也可形成类似于$[SiO_4]^{4-}$四面体的$[AlO_4]^{5-}$四面体而进入由$[SiO_4]^{4-}$四面体所形成的网络结构中，使这种网络结构进一步紧密，黏度增大。因此，可以假定煤灰熔体的结构是由$[SiO_4]^{4-}$、$[AlO_4]^{5-}$两种四面体形成的网状结构，而简单阳离子 K^+、Na^+、Ca^{2+}、Mg^{2+}、Fe^{2+} 处于这些网络之间。

按照煤灰熔体的网络结构理论，可以推论煤灰中主要化学成分对灰黏度的影响。

(1) SiO_2，是形成熔体网络的主要氧化物，其含量越高，煤灰熔体中形成的网络越大，熔体流动时内部质点运动的内摩擦力越大，因此，SiO_2 起着增高熔体黏度的作用。

(2) Al_2O_3，在纯刚玉结构中，Al^{3+} 的配位数为 6，即形成$[AlO_6]^{9-}$，致使 Al_2O_3 本身不能形成网络，当有 SiO_2 存在，并同时有键强较大的氧化物(如 CaO、MgO、FeO)存在时，$[AlO_6]^{9-}$可以转化成$[AlO_4]^{5-}$四面体而进入$[SiO_4]^{4-}$的网络中，而煤灰熔体正好具备上述条件，即 Al_2O_3 含量增高，熔体黏度也会增大。

(3) 碱性氧化物，在弱还原性气氛下，熔体中的 Fe_2O_3 被还原为 FeO，因此，熔体中的碱性氧化物包括 FeO、CaO、MgO，二价阳离子 Fe^{2+}、Ca^{2+}、Mg^{2+} 与熔体网络中未达到键饱和的 O^{2-} 相连接，随着碱性氧化物的增加，熔体网络结构中将得到更多的 O^{2-}，致使网络遭到破坏而变小，如：

$$[Si_2O_7]^{6-} + O^{2-} \rightleftharpoons 2[SiO_4]^{4-}$$

$$2[Si_3O_9]^{6-} + 3O^{2-} \rightleftharpoons 3[Si_2O_7]^{6-}$$

即 O^{2-} 的浓度增高，上述化学平衡向正反应方向移动，阴离子团的数目较多，但其相对分子质量变小，熔体流动时质点间的内摩擦力也变小，黏度降低。

对于具有结晶过程的塑性渣和结晶渣来说，由于灰中 Al_2O_3 含量较高 (> 24%)，或碱性氧化物含量($\sum J$)较高(> 30%)，将使$(AlO_6)^{9}$ 转化为 $(AlO_4)^{5-}$ 的条件减弱，因而有一部分 Al_2O_3 不能形成网络，从而成为网络破坏体，在煤灰熔体的冷却过程中，玻璃体渣熔体内部的质点因摩擦力大，不可能进行有序排列，从而形成亚稳态的玻璃体结构，即冷却过程中，熔体内部不会产生晶体，但是对于塑性渣和结晶渣，由于熔体中网络较小，内部质点间摩擦力小，从而能进行有序排列，产生结晶。

塑性渣与结晶渣的主要区别在于熔体的主要组成上，塑性渣中 Al_2O_3 的含量没有结晶渣(高温型的结晶渣)高,或者 $\sum J$ 没有结晶渣(低温型的结晶渣)高,因此,结晶渣中网络的破坏体比塑性渣更多,网络更小。塑性渣的网络大小介于玻璃体渣与结晶渣之间。当温度达到临界黏度温度时,结晶渣熔体中的质点很快重排成为有序结构,形成晶体,黏度很快增高;而塑性渣熔体中的质点由于网络稍大,从而只能逐渐排列成为近程有序的结晶微粒。当温度进一步降低时,质点进一步进行排列,已结晶的微粒进一步长大成为远程有序的晶体,当温度达到凝固温度 T_f 时,熔体内的质点全部排列成为晶体,黏度很快增高。

(四) 气氛对煤灰黏度的影响

在不同气氛下,煤灰表现出不同的流变特性。煤灰黏度随气氛变化的一般规律为:氧化性气氛 > 弱还原性气氛 > 还原性气氛。研究表明,当气氛从还原性转变为氧化性时,煤灰黏度可能会增加数倍。对于全液相熔渣,气氛通过影响铁的价态分布来影响熔渣黏度,在氧化气氛下,三价铁氧化物参与了灰渣四面体结构的连接,增强了煤灰熔体的三维立体连通性,从而使煤灰黏度增加。而二价铁则破坏了玻璃体网络的连通性,因此降低了煤灰黏度。在强还原性气氛下,需要关注熔渣中是否有单质铁析出,因为单质铁的析出会使煤灰黏度迅速增加。

(五) 熔渣的临界黏度温度预测方法

熔渣的临界黏度温度 T_{cr} 标志着熔渣中随温度降低出现的固相对熔渣黏度的影响已不可忽视,导致熔渣的表观黏度急剧上升。目前预测 T_{cr} 的经验方法主要有 3 种。

1. 基于灰熔融温度的模型

比如,
$$T_{cr} = HT + 111 \qquad T_{cr} = ST$$
式中,HT 为半球温度;ST 为软化温度。

2. 基于灰/渣的化学成分的模型

比如,龚德生导出的计算临界黏度温度(℃)和预测熔体在不同温度下黏度 η 的公式如下:

$$T_{cr} = -287.56 \times \frac{SiO_2}{Al_2O_3} + 50.24 \times \left(\frac{SiO_2}{Al_2O_3}\right)^2 - 18.54 \times \sum J + 0.136 \times \left(\sum J\right)^2 + 2\,148.7 \tag{8-35}$$

其中,$SiO_2 + Al_2O_3 + Fe_2O_3 + CaO + MgO = 100$。

$$\ln \eta = \frac{10^7 \times B}{T^2} + A \tag{8-36}$$

其中,$B = -0.385\,2SiO_2 + 0.003\,620(SiO_2)^2 - 0.486\,2Al_2O_3 + 0.014\,76(Al_2O_3)^2 + 16.366\,0$

$A = 1.254\,1SiO_2 - 0.001\,003(SiO_2)^2 + 1.363\,1Al_2O_3 - 0.040\,62(Al_2O_3)^2 - 52.024\,5$

许世森等在研究了国内外预测煤灰黏-温特性公式的基础上,提出了下面的计算式:

$$\lg[\eta/(T - T_s)] = A/(T - T_s) + B \tag{8-37}$$

其中,$A = -2.77\,7 + 0.133r(Fe,Si) - 55.38m(Al_2O_3) - 5.839m(CaO)_{equ} + 176.516(Na_2O)$

$B = 1\,626.30 - 5.16r(Fe,Si) + 1\,558.71m(Al_2O_3) - 2\,290.74m(CaO)_{equ} - 28\,441.57m(Na_2O)$

$T_s = 903.73 - 5.31r(Fe,Si) + 4\,364.41m(Al_2O_3) + 311.56m(CaO)_{equ} - 5738.27m(Na_2O)$

$m(XO_n)$ 是 XO_n 所有组分物质的量之和的比,$m(CaO)_{equ} = m(CaO) + m(MgO)$,$r(Fe,Si) = m(Fe_2O_3)/m(SiO_2)$。

3. 基于液相线温度或固相含量的模型

$$T_{cr}=a+b\times T_{liq}$$

式中，a、b为常数；T_{liq}为完全液相温度。

利用灰熔融温度预测T_{cr}的优势在于灰熔融温度易于获得。灰/渣化学成分决定了熔渣中固相的类型和析出规律，但是目前化学组成与熔渣结晶规律之间的关系尚缺乏充足的理论依据，因此利用组成预测T_{cr}本质上仍是基于经验拟合。利用液相线温度或固相形成速率最大温度计算T_{cr}的方法基于一个潜在假设："熔渣在高温下的固液相共存状态与该体系热力学平衡态时的状态趋于接近。"此外临界黏度温度的获得受实验条件影响较大，因此这类模型的准确性虽具备热力学理论依据，但是适用范围和准确性仍有待考验。这些公式都有一定的实用价值，可以预测煤灰的黏-温特性，在配煤法或外加添加剂法调变煤灰黏度上有重要的指导意义。

（六）煤灰黏-温特性对液态排渣气化炉的影响

煤灰的黏-温特性对液态排渣炉的运行和经济性有重要影响，现以德士古气化炉为例加以说明。

1. 对炉砖的影响

由于德士古煤气化炉采用液态排渣，如果达到顺利排渣需要的温度过高，会影响价格昂贵的耐火砖寿命。温度越高，液态渣对炉砖的熔蚀速度越快。实践表明，在最佳操作温度以上每增加 44 ℃，熔蚀速率增加一倍。因此选择煤灰黏-温特性合适的煤种，可有效地降低操作温度、延长炉砖的使用寿命。渭河化肥厂气化炉原设计运行时间为 9 000 h，但黄陵煤灰黏-温特性不佳，导致操作温度升高，3 台气化炉运行 4 000 h 后就需要更换炉砖。每台气化炉的炉砖价格高达500 万元人民币，且筑炉、养护、干燥时间长，影响经济运行甚至严重影响满负荷运行。

2. 对氧耗的影响

如果煤灰的黏-温特性合适，操作温度相应低一些，氧耗也会下降，相应的煤耗亦低，且有效气产率高。如渭河化肥厂原用黄陵煤每吨氨耗氧 873 m^3（ST 约 1 380 ℃），现用华亭煤耗氧 812 m^3（ST 约 1 280 ℃）。

3. 对助熔剂用量的影响

如果煤灰的黏-温特性不好，需加入助熔剂，提高灰渣中 $CaO+Fe_2O_3+MgO$ 的量，使 $(SiO_2+Al_2O_3)/(CaO+Fe_2O_3+MgO)$ 减小，以降低灰渣的黏度。如果煤灰黏-温特性合适，所用的助熔剂可大大减少，甚至不用。这样不仅降低了助熔剂的消耗，节省了助熔剂费用，同时由于惰性物质助熔剂的减少，灰渣量减少，灰渣的运输费用减少，更重要的是相同固含量的煤浆所含有效成分增加，气化效率提高，产气量增大，降低了成本。

4. 对后段工序的影响

后工序为变换工段（$CO+H_2O\longrightarrow CO_2+H_2$），合理的水汽比有利于变换，水汽比高，理论上有利于 CO 的转化。但是，过量水蒸气要吸热，从而使反应温度降低，不能达到高负荷运行。因此，稍低的水汽比才能维持良好的反应温度。煤灰黏-温特性不佳时，操作温度必须提高，这样系统热负荷就高，导致出洗涤塔工艺气温度高、水汽比高。如渭河化肥厂原用黄陵煤操作温度为 1 380 ℃，碳洗涤塔出口工艺气温度为 242 ℃，变换工段只能 70%～80%负荷运行。现用华亭煤操作温度为 1 200 ℃，碳洗涤塔出口工艺气温度为 236 ℃，变换工段负荷可达 80%～95%。

七、煤的结渣性

(一) 煤结渣性的概念

在煤的气化、燃烧过程中，煤中的碳与氧反应，放出热量产生高温使煤中的灰分熔融成渣。对于固态排渣气化炉，渣的形成一方面使气流分布不均匀，易产生风洞，造成局部过热，给操作带来一定的困难，结渣严重时还会导致停产；另一方面由于结渣后煤块被熔渣包裹，煤中碳未完全反应就排出炉外，增加了碳的损失。煤的结渣性是反映煤灰在气化或燃烧过程中成渣的特性。煤的结渣性测定方法是模拟工业发生炉的氧化层反应条件。实验室以大于 6 mm 的渣块占总灰渣质量的百分数来评价煤的结渣性强弱的。

影响结渣性的因素主要是煤中矿物质的含量及组成。一般矿物质含量高的煤容易结渣，矿物质中钙、铁含量高容易结渣，而 Al_2O_3 含量高则不易结渣。此外，结渣性还随鼓风强度的提高而增强。

灰的碱酸比 J（$J=\dfrac{B}{A}=\dfrac{Fe_2O_3+CaO+MgO+Na_2O+K_2O}{SiO_2+Al_2O_3+TiO_2}$）对煤灰的结渣性影响很大。

B/A 比值若小于 0.25，灰熔点较高，不易结渣。若比值为 0.4～0.7，则灰熔点可能较低。

硅铝比 $\left(\dfrac{SiO_2}{Al_2O_3}\right)$ 一般在 0.8～4.0 范围内，此比值越大，表示灰的流动温度 FT 越低，越容易结渣。

(二) 结渣性与煤灰熔融特征温度的关系

煤的结渣性与煤灰熔融特征温度有一定关系，一般来说，灰熔点低的煤容易结渣，灰熔点高的煤不容易结渣。通常 ST＞1 350 ℃不容易结渣，但有时有例外，特别是煤灰产率高时更是如此。

煤灰熔融性的测定是将煤完全灰化后制成一定形状的试块，在外加热源的作用下根据试块的形状变化，测定其 4 个特征熔融温度，煤灰熔融性主要与煤灰的化学成分及炉内的气氛有关。煤结渣性的测定则是在煤的有机质存在时，由煤中碳和氧反应产生的反应热作用下煤灰发生形态变化的特性，它受煤灰成分及煤灰含量双重因素的影响。结渣性测定的操作条件更接近于煤气化或燃烧的实际，因此它比灰熔点能更好地反映灰的结渣特性。如阳泉煤灰的变形温度 DT 大于 1 500 ℃，大同煤灰的软化温度 ST 为 1 270 ℃，大同煤的灰熔点比阳泉煤低得多。一般说灰熔点高的煤结渣率低，而实际这两种煤的结渣率却彼此相近，其原因是阳泉煤的灰含量高于大同煤。大同煤的灰熔点虽然较低，但是其灰分也低，所以结渣率并不高。

八、煤的热稳定性

(一) 煤热稳定性的概念

煤的热稳定性是块煤从室温升到高温过程中保持原来粒度的能力，用 TS 表示。

热稳定性的大小反映了块煤在固定床燃烧或固定床气化设备中保持足够的粒度、不形成过多粉末的能力。粒度的保持对于固定床内煤层中气流的通畅和设备的安全稳定运行十分关键，对于形成的烟气或煤气中的粉尘量和燃煤经济性举足轻重。

(二) 热稳定性的测定要点

取 6～13 mm 的煤样在 850 ℃下隔绝空气加热并恒温 15 min，将焦渣取出冷却后称量并用 6 mm 的筛子筛分，计算筛上物质量占焦渣总质量的百分数，用 TS_{+6} 表示，TS_{+6} 值越大，则煤的热稳定性越好。

一般褐煤的热稳定性最差，其次是长焰煤、不黏煤，这些低阶煤因为质地疏松，水分、挥发分又高，热解时容易碎裂。年老无烟煤因为质地坚硬，受热时因为内外温度差导致膨胀不一致，容易产生热爆裂。中等煤化程度的烟煤因为有一定的黏结性，受热时有胶质体形成，能黏结自身，就不易破碎，其热稳定性较好。

第四节　煤的机械加工性质

煤炭在应用中会经历许多的机械加工过程，如破碎、磨碎、筛分、成型等，这些加工过程的难易和特性与煤的很多性质有关，如破碎和磨碎与煤的硬度、强度、可磨性有关，筛分与煤的粒度特性有关，成型与煤的塑性和弹性有关等。将这些性质归并为"煤的机械加工性质"。

一、煤的落下强度

煤的落下强度是指块煤在撞击力作用下抵抗破碎的能力。

使用块煤做燃料或原料的设备，如固定床煤气发生炉、链条锅炉、煅烧炉及部分高温窑炉，对煤的块度都有一定要求。煤在运输、装卸以及加工过程中既有颗粒间的摩擦，又有堆积中的挤压，还有提升落下后的碰撞等，常使原来的大块煤破碎成小块，甚至产生较多的粉末。为了正确地估计块煤用量及确定在使用前是否需要筛分，使用块煤的用户必须了解煤的落下强度。

(一) 煤的落下强度测定方法要点

1. 铁箱落下试验法

该法是用 60～100 mm 的块煤 25 kg，放在特制的活底铁箱中，在离地面 2 m 高处打开铁箱活底，让煤样自由落到地面的钢板上，用 25 mm 的方孔筛筛分，将大于 25 mm 的煤样再进行落下和筛分，重复三次后称出大于 25 mm 块煤的质量 G_1。以 G_1 占原来煤样质量 G 的百分率作为煤炭的落下强度。

2. 10 块试验法

该法是选用 60～100 mm 块煤 10 块，将块煤煤样逐一从 2 m 高处自由落下到 15 mm 厚的钢板上。落下后将煤筛分，大于 25 mm 的煤再做落下试验，重复落下三次，称出大于 25 mm 的煤样的质量 G_1。以 G_1 占原来煤样质量 G 的百分率作为煤炭的落下强度，即机械强度。GB/T 15459—2006 采用 10 块法。

采用落下试验法测定煤的落下强度的分级标准如表 8-9 所示。

表 8-9　煤的落下强度分级标准

级别	煤的落下强度	>25 mm 粒度所占比例/%
一级	高强度煤	>65
二级	中强度煤	>50～65
三级	低强度煤	>30～50
四级	特低强度煤	≤30

（二）煤的落下强度与煤质的关系

煤的落下强度与煤化程度、煤岩组成、矿物质含量和风化、氧化等因素有关。高煤化程度和低煤化程度煤的落下强度较大，中等煤化程度的肥煤、焦煤落下强度最小。宏观煤岩组分中丝炭的落下强度最小，镜煤次之，暗煤最坚韧。矿物质含量高的煤落下强度大。煤经风化和氧化后落下强度将降低。

我国大多数无烟煤的落下强度较大，一般为60%～92%；但也有少数的煤成片状、粒状，煤质松软，落下强度差，一般为40%～20%，甚至低于20%。

二、煤的可磨性

煤的可磨性是指煤磨碎成粉的难易程度。在有关的工业实践中，测定煤的可磨性具有重要的意义。火力发电厂与水泥厂，在设计与改进制粉系统并估计磨煤机的产量和耗电量时，常需测定煤的可磨性；在型焦工业中，为了决定粉碎系统的级数及粉碎机的类型，也要预先测定煤的可磨性。

（一）可磨性的测定要点

国际上普遍采用哈德格罗夫法评定煤的可磨性，其基本依据是研磨煤粉所消耗的功与新产生的表面积成正比。测定要点是：将美国某矿区的烟煤作为标准煤，其可磨性指数定为100。测定时，先将四个一组可磨性指数各不相同的标准煤样，在哈氏可磨仪上研磨，该标准煤样在规定条件下，经过一定破碎功的研磨，以标准煤的200网目筛下物质量为纵坐标，相应的可磨性指数为横坐标得一直线，此直线就是该哈氏可磨仪的校准图。被测煤样在哈氏可磨仪上研磨后，根据200网目筛下物的质量在校准图上即可查出相应的可磨性指数，用HGI表示。HGI越大，表示煤的可磨性越好，煤越容易被磨碎。

目前，我国已研制成功了可磨性标准物质，用以替代国际哈氏可磨性标准物质，该套标准煤样的研制成功，提高了我国哈氏可磨性测定的准确度，使各实验室的结果达到量值统一，并与国际接轨，保证了量值的溯源性。用哈氏可磨性标准物质校准哈氏仪时，除了出校准图外，可以对校准图上的校准曲线回归出校准公式（一元线性回归方程）。方法如下：以标准煤样的筛下物质量的平均值（m_2）为自变量，以标准煤样的哈氏可磨性指数（HGI）为因变量，用最小二乘法对4个标准煤样的校准数据进行一元线性回归，所得的校准公式表示为：

$$\mathrm{HGI}=km_2+b \tag{8-38}$$

有了校准公式，测定样品时就可以将筛下物质量带入校准公式来计算HGI，比查图法精确。

（二）影响可磨性的因素

煤的可磨性指数HGI反映的是煤的综合物理特性，它不仅受化学组成的影响，同时受煤岩形态、显微组分分布、矿物质颗粒大小和赋存状态等因素控制。

1. 可磨性与煤的工业分析指标之间的关系

从统计规律来看，水分和挥发分越高，可磨性指数越低；相反，灰分和固定碳含量越高，可磨性指数越高。但是任何一个变量对可磨性指数的影响都不是很显著。可磨性指数与煤质工业分析结果间的非线性较大，仅从煤的工业分析等化学组分出发，将其看作一种均匀的物质，不能科学地反映煤的可磨性。煤的显微组分、矿物质类型、颗粒大小和分布以及煤种的显微构造等物理因素是决定煤的可磨性能的重要因素。同时，矿物组分在煤颗粒中的分散状况、含量和组成均影响煤的可磨性。

2. 煤岩形态和显微组分分布的影响

煤是一种经过沉积并经历复杂地质构造运动后形成的特殊岩体，在煤块中仍然保留了煤在经历了拉伸、挤压、剪切等运动后出现的裂缝和节理。这些显微构造（“内伤”）的存在可能引起粉碎性能的变化，这可能是一些产于平整地层煤种可磨性差，但产自于褶皱、断层等地质构造复杂的煤种容易粉碎的内在原因。

由煤岩学研究可知，煤中镜质组、壳质组和惰质组等在煤中的分布和含量各不相同，使得其强度、载荷变形和弹性率等方面表现出不同的特征。煤物理结构参数如表面积、孔隙率、孔径和孔径分布等的差异直接影响煤颗粒的可磨性能。此外，在进行煤的宏观煤岩类型分类过程中可以发现，镜煤和亮煤往往表现为裂隙明显，容易破碎。因此，煤的显微构造是煤的可磨性差异的另一内在因素。

3. 煤的可磨性随煤化程度呈现规律性的变化

在低煤化程度阶段，随煤化程度的增加，煤的可磨性缓慢增加，在碳含量为87%～90%时，可磨性迅速增大，在碳含量为90%左右达到最大值，此后随煤化程度的进一步提高而迅速下降。哈氏可磨性指数与煤化程度的关系如图8-27所示。

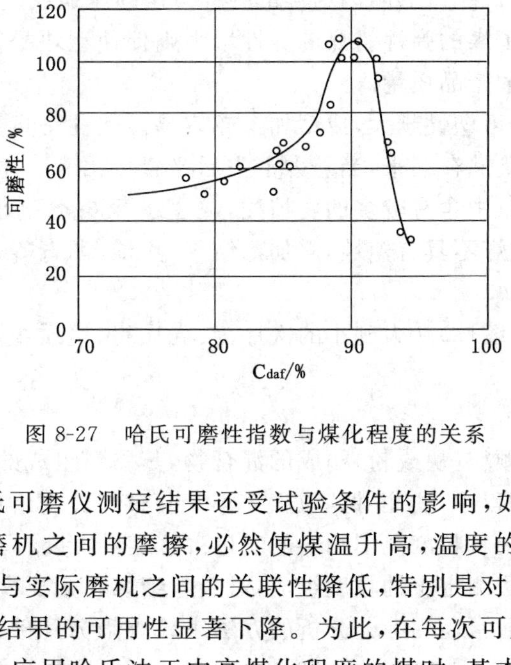

图8-27　哈氏可磨性指数与煤化程度的关系

需要指出的是，哈氏可磨仪测定结果还受试验条件的影响，如温度、水分含量等。在实际磨煤过程中，煤与磨机之间的摩擦，必然使煤温升高，温度的升高还使水分析出，导致哈氏可磨性数据有时与实际磨机之间的关联性降低，特别是对于低煤化程度的高水分煤种如褐煤、长焰煤，其结果的可用性显著下降。为此，在每次可磨性测定时必须进行水分的测定。有资料显示，应用哈氏法于中高煤化程度的煤时，基本吻合；用于煤化程度较低的煤种时，则会过高估计煤的可磨性。例如某电厂褐煤试验测HGI为48，但在制粉设备上视为28。

刘志平的研究结果表明，温度升高，有利于提高煤的可磨性，水分含量增大则有相反的结果。

三、煤的脆度

煤的脆度是表征煤被粉碎的难易程度即机械坚固性的一个指标。煤的脆度与煤的岩相组成及煤化程度有关。随脆度的降低煤岩组分按下列次序排列：丝炭最脆，镜煤、亮煤居中，而暗煤最硬。由于丝炭易碎，故煤粉中丝炭甚多。可见，研究煤不同岩相类型的脆度能为煤岩选择性破碎提供理论依据。

煤的脆度有如下两种试验方法：抗压强度法和抗碎强度法。抗压强度是与脆度相反的一种性质。因此，暗煤的抗压强度最大，丝炭的抗压强度最小，而镜煤和亮煤的抗压强度居中。纯的镜煤有生成裂纹的趋向，因而比较容易破裂。亮煤中的壳质组愈多则强度愈大。

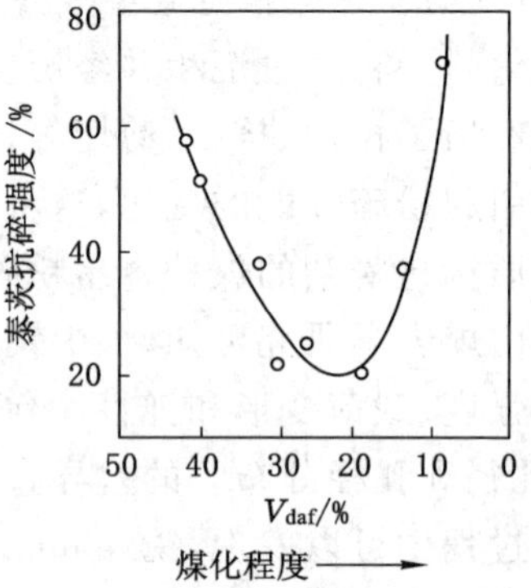

图 8-28　抗碎强度和煤化程度的关系

抗碎强度和煤化程度的关系可见图 8-28。曲线在焦煤和肥煤位置出现最低点即脆性最大，而年轻煤和年老煤则由于各自不同的结构，脆度均小于中等变质程度烟煤。

四、煤的弹性和塑性

由于物质的弹性与其结构有关，特别是与构成它的分子间的结合力的大小有着密切的关系，因此测定煤的弹性对于研究煤的结构也是很重要的。煤的弹性模量可以显示出煤的结构单元间的化学键的特性。此外，因为煤的弹性与煤的压缩成型性关系密切，型块成型脱模后的相对膨胀率表征了煤的弹性。煤的弹性增大则促使型块松散，因此研究煤的弹性也有助于提高型煤与型焦的产品质量。

可塑性与弹性相反，可塑性越大，成型加工越容易。塑性是将压缩的能量吸收起来，使颗粒靠近。弹性是把能量储存起来，当外力消失后又释放出来。塑性增加，弹性降低，使型块的质量提高。年轻褐煤中含有较多的腐植酸，塑性好，无黏合剂也可以高压成型。典型褐煤、年老褐煤、烟煤、无烟煤不具有塑性，需加黏结剂（焦油、沥青等）或黏合剂（黄泥、纸浆废液等）混捏，才能压成型块。

煤岩组分的塑性（压缩性）从大到小的次序为：壳质组、镜质组、惰质组。随变质程度的增加，其差别渐小。

五、煤的粒度组成

煤是由粒径不同的颗粒（块或粉）构成的混合物，其物料组成的粒度大小并不均一，在煤的加工利用过程中，往往对其粒度大小及分布即粒度组成有一定要求。煤的粒度组成是指煤料中各粒度范围物料的质量占总煤料质量的百分比。

一般采用筛分的办法测定煤的粒度组成，对于超细煤粉则要使用显微镜或激光粒度分析仪等设备。煤炭企业通常使用筛分分析的方法来检查筛分和破碎过程的物料粒度组成，并使用尺寸为 100 mm、50 mm、25 mm、13 mm、6 mm、3 mm 和 0.5 mm 等的筛子。根据煤炭加工利用的需要，可增加（或减少）某一或某些级别，或以生产中实际的筛分级代替其中相近的筛分级。上述煤炭粒度的筛分可在实验室振动筛和手筛上进行。粒度小于 0.5 mm 的煤粉或煤泥需在实验室用的套筛上进行筛分，即不同筛孔的筛网，装在直径为 200 mm、高为 50 mm 的圆形筛框上，组成套筛筛面的排列是筛孔孔径从上到下依次减小。表 8-10 为常见标准筛制尺寸。

表 8-10 常见标准筛制尺寸

国际制	泰勒制		上海制		苏联制		英国制		德国制	
孔径/mm	网目(孔/英寸)	孔径/mm	网目(孔/英寸)	孔径/mm	筛孔尺寸/mm	筛丝直径/mm	网目(孔/英寸)	孔径/mm	网目(孔/英寸)	孔径/mm
8	2.5	7.925								
6.3	3	6.68								
	3.5	5.691								
5	4	4.699	4	5						
4	5	3.962	5	4			5	3.34		
3.35	6	3.327	6	3.52			6	2.81		
2.8	7	2.794					7	2.41		
2.36	8	2.262	8	2.616	2.5	0.5	8	2.05		
2	9	1.981			2.0	0.5				
1.6	10	1.651	10	1.98	1.6	0.45	10	1.67	4	1.5
1.4	12	1.397	12	1.66	1.25	0.40	12	1.40	5	1.2
1.18	14	1.168	14	1.43	1.00	0.35	14	1.20	6	1.02
1	16	0.991	16	1.27	0.900	0.35	16	1.00		
0.8	20	0.833	20	0.995	0.800	0.30	18	0.85		
0.71	24	0.701	24	0.823	0.700	0.30	22	0.70	8	0.75
0.6	28	0.589	28	0.674	0.630	0.25	25	0.60	10	0.6
0.5	32	0.495	32	0.56	0.560	0.23	30	0.50	11	0.54
0.4	35	0.417	34	0.533	0.500	0.22	36	0.42	12	0.49
0.355	42	0.351	42	0.452	0.450	0.18	44	0.35	14	0.43
0.3	48	0.295	48	0.376	0.355	0.15	52	0.30	16	0.385
0.25	60	0.246	60	0.295	0.250	0.13	60	0.252	20	0.30
0.2	65	0.208	70	0.251	0.200	0.13	72	0.211	24	0.25
0.18	80	0.175	80	0.20	0.180	0.13	85	0.177	30	0.20
0.15	100	0.147	110	0.139	0.140	0.09	100	0.152	40	0.15
0.125	115	0.124	120	0.13	0.125	0.09	120	0.125	50	0.12
0.1	150	0.104	160	0.097	0.100	0.07	150	0.105	60	0.10
0.09	170	0.083	180	0.09	0.090	0.07	170	0.088	70	0.088
0.075	200	0.074	200	0.077	0.071	0.055	200	0.075	80	0.075
0.063	230	0.062	230	0.065	0.063	0.045	240	0.065	100	0.06
0.053	270	0.053	280	0.056	0.056	0.04				
0.043	325	0.043	320	0.05	0.040	0.03	300	0.53		
0.038	400	0.038								

小于 0.5 mm 的煤样可以采用干法和湿法筛分，这应取决于物料粒度和筛分分析所要求的准确程度。如果要求的准确程度并不特别高，而物料也不会互相黏结，可以采用干法筛

分，反之则采用湿法筛分。

六、煤的可选性

煤的可选性是指从原煤中分选出符合质量要求的精煤的难易程度。工业上重选是利用精煤、中煤及矸石的密度差进行分选的。这是确定选煤工艺和设计选煤厂的主要依据。研究煤的可选性，可以估计各密度级产品的灰分和产率。

煤中矿物质的成分、数量、颗粒大小以及它们在有机质中的分布状况，对煤的可选性起着决定性的作用。若矿物质成分的密度大、数量多、颗粒大，在有机质中呈单体状分布，该煤易分选；反之，若矿物质成分的密度小、数量多、颗粒小，且在有机质中呈浸染状和与有机质连生在一起，则该煤难分选。

宏观煤岩组分也影响煤的可选性。暗煤、丝炭与镜煤、亮煤相比，不但密度大，而且硬度也大，因而破碎的块度也较大，它们多富集于中煤（浮沉试验中密度为 1.40～1.80 g/cm^3 之间的煤），因此镜煤、亮煤含量高的煤可选性好，反之可选性差。

复习思考题

1. 什么是煤的工艺性质？一般包括哪些性质？
2. 什么是煤的热解？按热解温度热解分为哪几类？
3. 煤热解过程中发生哪些反应？
4. 什么是煤的快速热解？快速热解有何特点？
5. 黏结性烟煤热解过程可分为哪几个阶段？各阶段变化的特点及主要产物是什么？
6. 什么是煤的黏结性和结焦性？
7. 胶质体是如何形成的？
8. 胶质体有哪些性质？
9. 煤的黏结机理和成焦机理是什么？
10. 中间相理论的基本观点是什么？
11. 影响中间相的形成和发展有哪些因素？
12. 焦炭在高炉中的主要作用是什么？
13. 煤炭黏结性有哪些评定方法？各有何特点？其适用范围各是什么？
14. 黏结指数对罗加指数做了哪些改进？有何优点？
15. 煤的各种黏结性、结焦性指标之间有何关系？
16. 升温速率对煤的黏结性有何影响规律？
17. 煤料粒度对煤的黏结性有何影响规律？
18. 煤化程度对煤的黏结性有何影响规律？
19. 压力对煤的黏结性有何影响规律？
20. 氧化、硫化、氢化对煤的黏结性有何影响规律？
21. 煤岩组成对煤的黏结性有何影响规律？
22. 评价煤的可炼焦性一般要用哪些指标？
23. 什么是煤的燃烧？什么是煤的气化？煤气化的主要产物是什么？
24. 什么是煤的发热量？氧弹法测定发热量的原理是什么？

25. 煤在氧弹中的燃烧与在大气中的燃烧有何区别？对煤的实际发热量有何影响？

26. 什么是高位发热量、低位发热量、恒湿无灰基高位发热量？

27. 校正硝酸生成热时，为什么校正系数 α 随弹筒发热量增大而提高？

28. 为什么对低位发热量进行基准换算时，若基准间涉及水分变化就不能直接采用基准换算公式计算？

29. 影响煤炭发热量的因素有哪些？

30. 煤的发热量随煤化程度有何变化规律？为什么？

31. 什么是煤的着火温度？其测定要点是什么？

32. 什么是燃料比？燃料比的数值如何反映煤的可燃烧性？

33. 什么是煤的着火特性指数？它与挥发分相比，在判断煤的可燃烧性时有何优点？

34. 评价煤的可燃烧性一般要用哪些指标？

35. 什么是煤的气化反应性？常用哪个指标进行表征？

36. 影响煤气化反应性的因素有哪些？各自是如何影响的？

37. 反应性随煤化程度有何变化规律？为什么？为什么强黏结性煤的反应性不符合上述规律？

38. 煤的气化反应性与煤的着火温度有何关系？

39. 什么是煤灰熔融性？一般用哪几个特性指标反映煤灰熔融性？

40. 煤灰熔融性一般与哪些因素有关？

41. 在表征煤灰熔融性时碱性组分和酸性组分分别指哪些成分？

42. 气氛对煤灰熔融性有何影响？为什么？

43. 为什么说煤灰熔融性温度不能完全反映煤灰在熔融状态下的黏度特性？

44. 灰黏度与哪些因素有关系？如何调节煤灰渣的黏度？

45. 根据灰渣的流动特性可将渣分为哪几类？不同类型的渣熔融流动时各自有何特点？

46. 煤灰黏-温特性对液态排渣气化炉及其运行有何影响？

47. 什么是煤的结渣性？影响结渣性的因素有哪些？

48. 煤的结渣性与煤灰熔融性有何区别与联系？

49. 评价煤的可气化性一般要用哪些指标？

50. 什么是煤的机械强度？与煤质有何关系？

51. 煤的可磨性与煤化程度有怎样的关系？为什么？

52. 什么是煤的粒度组成？如何测定煤的粒度组成？

53. 什么是煤的可选性？影响煤可选性的因素有哪些？

第八章学习指南

第九章 煤的分类

第一节 煤炭分类意义和分类指标

一、煤炭分类的意义

煤的分类不仅具有科学意义，而且还有其重要的经济意义。煤是重要的能源和化工原料，它的种类繁多，其组成、性质又各不相同，而各种工业用煤对煤的质量又有特定的要求，所以为了保证合理地利用煤炭资源和指导生产，必须将煤炭进行分类。只有不断完善煤炭分类方案，才能搞清各种煤的工艺性质和经济价值，才能有计划地开采和利用，所以煤的分类是煤炭勘探、开采规划、分配和合理使用的共同依据。

二、煤炭分类的方法和原则

人们对各种自然界物质进行分类时，需要遵循两个共同原则：第一是根据物质各种特性的异同，划分出自然类别（分类学）；第二是对划分出的类别加以命名表述。这是分类系统学的通常程序。对煤炭进行分类时，根据分类目的的不同，有实用分类（技术分类和商业编码）和科学/成因分类（即使是纯科学分类，通常也有实际用途）两大类。这两大类构成了煤炭分类的完整体系。

煤炭的科学分类包括下列几项原则：

(1) 要全面地包括各产地的全部煤种；

(2) 能包括各种煤的全部性质，如物理性质、化学性质、物理化学性质和工艺性质；

(3) 能确定各种煤的现代工业用途，炼焦、气化、低温干馏、加氢、动力以及其他综合利用。

三、煤炭分类的指标

煤的牌号反映着煤的有机质特性，因此，以煤化程度和煤的黏结性作为煤的工业分类两个指标。目前，世界各国分类指标不统一，各主要工业国家和国际上煤分类方案的选用指标见表 9-1。

表 9-1 各国和国际煤分类选用指标

国 名	煤化程度指标	黏结性指数	备 注
英 国	挥发分	格金焦型	国家煤炭局(NCB)
美 国	挥发分，固定碳，发热量	坩埚焦特征	ASTMD 388-66
法 国	挥发分	坩埚膨胀序数	
德 国	挥发分	坩埚焦特征	商业分类（以国际分类作为国家标本）
意大利	挥发分	坩埚膨胀序数	
荷 兰	挥发分	坩埚焦特征	

表 9-1(续)

国　名	煤化程度指标	黏结性指数	备　　注
波　兰	挥发分	罗加指数(奥阿膨胀度为辅助)	PN68/G-97002
日　本	发热量,燃料比,反射率	坩埚焦特征最大流动度	JISM1002 新日铁公司(NSC)
俄罗斯	挥发分,镜质组反射率	胶质层指数,自由膨胀序数	ГОСТ 25543—2012
澳大利亚	挥发分,镜质组反射率	自由膨胀序数	AS 2096—R2013
国际分类	挥发分(发热量)	坩埚膨胀序数或罗加指数,奥阿膨胀度或格金焦型	

(一) 煤化程度

从表 9-1 可知,各国用来反映煤化程度的指标是干燥无灰基挥发分(V_{daf}),这是因为它能较好地反映煤化程度,并与煤的工艺性质有关,而且其区分能力强,测定方法简单,易于标准化。但是煤的挥发分不仅与煤的变质程度有关,而且还受煤的岩相组成的影响。同一种煤的不同岩相组成其挥发分有很大差别。变质程度相同的煤田,由于岩相组成的不同而有不同的挥发分值;而不同变质程度的煤,在岩相组成不同的情况下,也可能得到相同的挥发分值。因此,煤的挥发分有时也不能十分准确地反映煤的变质程度。尤其对于挥发分较高的煤,其误差更大。

因此,有的国家采用煤的发热量或镜质组反射率作为烟煤和无烟煤变质程度的主要指标。煤的发热量适合于低变质程度的煤和动力煤,一般以干燥无灰基(恒湿无灰基)的高位发热量代表煤的变质程度。镜质组反射率对高变质阶段的烟煤和无烟煤能较好地反映煤化程度的规律,并综合反映了变质过程中镜质组分子结构变化,其组成又在煤中占优势,因此,该指标可排除岩相差异的影响,比挥发分产率更能确切地反映煤的变质规律。

此外,煤中氢碳元素的原子比在一定程度上也能代表煤的变质程度。氢对高变质程度的煤,尤其无烟煤,能很好地反映变质程度规律。我国现行无烟煤分类以煤中氢作为分类指标之一。

(二) 煤的黏结性

煤的黏结性是煤在热加工过程中重要的工艺性质,是煤炭分类中又一个重要指标。表示煤的黏结性的指标很多,如胶质层最大厚度、罗加指数、坩埚膨胀序数、奥阿膨胀度和格金焦型等。

坩埚膨胀序数指标在法国、意大利、德国等国普遍采用。它在一定程度上反映煤的黏结性,而且方法简单,对于煤质变化不太大时,较为可靠。但其测定结果是根据焦饼的外形,故常有主观性,且过于粗略。

格金焦型在英国使用,它与挥发分较为接近,但黏结性不同的煤都能加以区分。但其测定方法较为复杂,并且人为因素较大。

罗加指数对弱黏结煤和中等黏结煤的区分能力强,且测定方法简单,操作快速,所需煤样少,易于推广。

奥阿膨胀度对强黏结煤的区分能力较好,测试结果的重现性好,但对黏结性弱的煤区分能力差,设备加工较困难。

吉氏流动度是反映煤产生胶质体最稀薄状态的黏度。它对弱或中等黏结煤有一定区分能力，该法灵敏度高，测值十分敏感，但存在许多人为和仪器的因素，使得在不同实验室测得结果不能一致。

我国目前采用胶质层最大厚度 Y 值和黏结性指数 G 来表示煤的黏结性。用胶质层最大厚度表征中等或强黏结煤的黏结性，而用黏结性指数表征弱黏结煤的黏结性，这就充分利用了它们各自的优点。

第二节　中国煤的分类

一、我国原有煤的分类方案

我国煤原有的分类方案是以炼焦煤为主的工业分类方案。它是由中国科学院、原煤炭部、原冶金部等单位共同研究，于 1956 年 12 月提出的方案，1958 年 4 月经原国家技术委员会正式颁布。

该分类方案的分类指标是煤的干燥无灰基挥发分（V_{daf}）和胶质层最大厚度（Y 值）。从褐煤到无烟煤之间的所有煤种，共分为 10 大类，24 小类，见表 9-2。

表 9-2　原中国煤炭分类（以炼焦用煤为主）方案

大类别	小类别	分类指标	
名　称	名　称	V_{daf}/%	Y/mm
无烟煤		0～10	
贫　煤		＞10～20	0（粉状）
瘦　煤	1 号瘦煤	＞14～20	0（成块）～8
	2 号瘦煤	＞14～20	＞8～12
焦　煤	瘦焦煤	＞14～18	＞12～25
	主焦煤	＞18～26	＞12～25
	焦瘦煤	＞20～26	＞8～12
	1 号肥焦煤	＞26～30	＞9～14
	2 号肥焦煤	＞26～30	＞14～25
肥　煤	1 号肥煤	＞26～37	＞25～30
	2 号肥煤	＞26～37	＞30
	1 号焦肥煤	≤26	＞25～30
	2 号焦肥煤	≤26	＞30
	气肥煤	＞37	＞25
气　煤	1 号肥气煤	＞30～37	＞9～14
	2 号肥气煤	＞30～37	＞14～25
	1 号气煤	＞37	＞5～9
	2 号气煤	＞37	＞9～14
	3 号气煤	＞37	＞14～25
弱黏煤	1 号弱黏煤	＞20～26	0（成块）～8
	2 号弱黏煤	＞26～37	0（成块）～9
不黏煤		＞20～37	0（粉状）
长焰煤		＞37	0～5
褐　煤		＞40	—

10大类主要用于地质部门的资源勘探，煤炭部门的矿井建设和开采，管理部门的煤炭计划和调拨。24小类用于各种煤的合理利用和科学研究。

原有的煤炭分类方案，无论是在指导我国国民经济各部门正确而合理地使用我国的煤炭资源，还是在煤田地质勘探工作中正确地划分煤炭类别（牌号）和合理地计算煤田的储量等方面都起到了积极的作用。但该分类方案也存在着一些明显的缺点。

(1) 对长焰煤和褐煤没有提出明确的划分指标和界线。即挥发分 V_{daf} 大于40%，Y 值等于0 mm（粉状）的年轻煤，既可划分为褐煤，又可划分为长焰煤。这对煤矿和用户来说，划分为不同的煤类，意味着有不同的经济效益。如褐煤的煤种比价为83%，而长焰煤的比价为100%。

(2) 大类别过少，小类别过多，导致每一大类煤的范围过宽，在同一类煤中的性质相差很大。如同属气煤大类的1号气煤因结焦性不好而多适用于作化工及气化用煤，不宜大量地用于配煤炼焦，而气煤中的2号肥气煤，却是结焦性较好的炼焦基础煤，把这两种性质差异较大的煤划分成同一大类煤显然是不合适的。

(3) 以胶质层最大厚度 Y 值(mm)作为煤炭分类主要指标的缺点之一是对煤田地质勘探部门来说，由于煤样用量大，不仅不利于小口径钻管的普遍推广，而且对一些厚度在0.6 m以下的薄煤层因分选减灰后的浮煤量不足以测定胶质层，因此无法确定其煤的类别。此外，对强黏结性的肥煤来说，Y 值的测定误差大；对黏结性弱的煤来说，则 Y 值测不准确。

(4) 对贫煤和瘦煤的划分界线以 Y 值等于0时的焦渣成块和粉状来确定，这是含混不清的。对焦渣为“凝结”时又如何划分没有明确规定，而贫煤和瘦煤的煤种比价又相差5%，这就给煤矿和用户之间带来了矛盾。

(5) 对于 V_{daf} 不大于14%的煤，如其 Y 值大于0，则既不能划分为贫煤，又不能划分为瘦煤，这就无法确定这种煤的类别。

(6) 对低煤化程度的褐煤和高变质的无烟煤类不再细分为小类，这就不能充分表征这些煤类的特征及其工艺利用途径。而我国无烟煤和褐煤资源却是相当丰富的。

二、现行中国煤炭分类的国家标准

（一）中国煤炭分类的完整体系

中国煤分类的完整体系，由技术分类、商业编码和煤层煤分类三个国家标准组成。前二者属于实用分类，后者属于科学/成因分类。它们之间就其应用范围、对象和目的而言，都不尽一致。表9-3比较了它们的主要差别。明确区分科学/成因分类与煤的技术/商业两大分类系统的异同非常重要，可以促进学科与各种煤炭应用领域的发展与进步。技术分类、商业编码和煤层煤分类三者形成一个完整体系，互为补充，同时执行。需要说明的是，制订中国煤层煤分类的主要目的是提供一个与国际接轨的统一的尺度，用来评价和计算煤炭资源量与储量；煤层煤（科学/成因）分类并不是一种纯学科、理论式的分类，而是将煤层煤看作原生地质岩体的一种按自然属性的分类。由上可见，煤炭分类将根据实际需要在应用中不断加以扩展补充和修改，使分类更简捷、有效而实用，有利于推广应用。

（二）现行中国煤炭分类方案

1974年我国有关部门开始对煤炭进行新的分类，经有关部委、科研机关和高等院校的专家、教授多次会议论证，并对全国主要煤矿、煤产地煤质资料进行了全面分析研究，基本上取得了一致意见。于1985年1月19日通过了煤炭分类国家标准，正式颁布了《中国煤炭分类》

表 9-3 中国煤炭分类的完整体系

项 目	技术分类/商业编码	科学/成因分类
国家标准	＊技术分类:GB/T 5751—2009 《中国煤炭分类》 ＊商业编码:GB/T 16772—1997 《中国煤炭编码系统》	＊GB/T 17607—1998 《中国煤层煤分类》
应用范围	1. 加工煤(筛分煤、分选煤、各粒级煤) 2. 非单一煤层煤或配煤 3. 商品煤 4. 指导煤炭利用	1. 煤视为有机沉积岩(显微组分和矿物质) 2. 煤层煤 3. 国际、国内煤炭资源储量统一计算基础
目 的	1. 技术分类:以利用为目的(燃烧、转化) 2. 商业编码:国内贸易与进出口贸易 3. 煤利用过程较详细的性质与行为特征 4. 对商品煤给出质量评价或类别	1. 科学/成因为目的 2. 计算资源量与储量的统一基础 3. 统一不同国家资源量、储量的统计与可靠计算 4. 对煤层煤质量评价
方 法	1. 人为制订分类编码系统 2. 数码或商业类别(牌号) 3. 有限的参数,有时是不分类界 4. 基于煤的化学性质或部分煤岩特征	1. 自然系统 2. 定性描述类别 3. 有类别界限 4. 分类参数主要基于煤岩特征

(GB 5751—86)。2009 年 6 月 1 日,国家又发布了最新的中国煤炭分类标准(GB/T 5751—2009),并于 2010 年 1 月 1 日起实施。其所使用的主要分类指标有两种:一是表示煤化程度的干燥无灰基挥发分 V_{daf},用于区分无烟煤、烟煤和褐煤;二是表示煤的工艺性能的黏结性指标。根据黏结性大小的不同,分别选用黏结指数 G、胶质层最大厚度 Y 和奥阿膨胀度 b 作为指标。同时,该标准对煤炭进行了定义。煤炭是主要由植物遗体经煤化作用转化而成的富含碳的固体可燃有机沉积岩,含有一定量的矿物质,相应的灰分产量小于或等于 50%(干基质量分数)。

1. 无烟煤、烟煤和褐煤的主要区分指标

无烟煤、烟煤和褐煤的主要区分指标是表征煤化程度的干燥无灰基挥发分 V_{daf}。当 V_{daf} >37%和 $G\leqslant 5$ 时,利用透光率 P_M 来区分烟煤与褐煤,见表 9-4。

表 9-4 煤炭分类总表

类 别	代号	编 码	分类指标	
			V_{daf}/%	P_M/%
无烟煤	WY	01,02,03	≤10.0	—
烟 煤	YM	11,12,13,14,15,16	>10.0～20.0	—
		21,22,23,24,25,26	>20.0～28.0	
		31,32,33,34,35,36	>28.0～37.0	
		41,42,43,44,45,46	>37.0	
褐 煤	HM	51,52	>37.0①	≤50②

注:① 凡 V_{daf}>37.0%,$G\leqslant 5$,再用透光率 P_M 来区分烟煤和褐煤(在地质勘探中,V_{daf}>37.0%,在不压饼的条件下测定的焦渣特征为 1～2 号的煤,再用 P_M 来区分烟煤和褐煤);

② 凡 V_{daf}>37.0%,P_M>50%者为烟煤,P_M>30%～50%的煤,如恒湿无灰基高位发热量 $Q_{gr,maf}$>24 MJ/kg,划为长焰煤,否则为褐煤。

2. 无烟煤亚类的划分

无烟煤采用 V_{daf} 和 H_{daf} 作为指标，将无烟煤分为1号～3号3个亚类，见表9-5。

表 9-5　无烟煤亚类的划分

类　别	代　号	编　码	分类指标	
			V_{daf}/%	H_{daf}/%①
无烟煤一号	WY1	01	≤3.5	≤2.0
无烟煤二号	WY2	02	>3.5～6.5	>2.0～3.0
无烟煤三号	WY3	03	>6.5～10.0	>3.0

注：① 在已确定无烟煤亚类的生产矿、厂的日常工作中，可以只按 V_{daf} 分类；在地质勘探工作中，为新区确定亚类或生产矿、厂和其他单位需要重新核定亚类时，应同时测定 V_{daf} 和 H_{daf}，按上表分亚类。如两种结果有矛盾，以按 H_{daf} 划亚类结果为准。

3. 烟煤的分类

烟煤采用干燥无灰基挥发分、黏结指数、胶质层最大厚度和奥阿膨胀度作为指标把烟煤分为12大类，见表9-6。

4. 褐煤亚类的划分

褐煤采用透光率 P_M(%)作为指标，表示煤化程度参数，用以区分褐煤和烟煤，并将褐煤划分亚类。采用恒湿无灰基高位发热量作为辅助指标区分烟煤和褐煤。将褐煤分为2个亚类，见表9-7。

为使煤田地质勘探部门和生产矿井能够简易快速地确定煤的大类别，还可将表9-5、表9-6和表9-7合并，并简化成表9-8，即中国煤炭分类简表。

表 9-6　烟煤的分类

类　别	代　号	编　码	分类指标			
			V_{daf}/%	G	Y/mm	b②/%
贫　煤	PM	11	>10.0～20.0	≤5		
贫瘦煤	PS	12	>10.0～20.0	>5～20		
瘦　煤	SM	13	>10.0～20.0	>20～50		
		14	>10.0～20.0	>50～65		
焦　煤	JM	15	>10.0～20.0	>65①	≤25.0	≤150
		24	>20.0～28.0	>50～65		
		25	>20.0～28.0	>65①	≤25.0	≤150
肥　煤	FM	16	>10.0～20.0	(>85)①	>25.0	>150
		26	>20.0～28.0	(>85)①	>25.0	>150
		36	>28.0～37.0	(>85)①	>25.0	>220
1/3焦煤	1/3 JM	35	>28.0～37.0	>65①	≤25.0	≤220
气肥煤	QF	46	>37.0	(>85)①	>25.0	>220
气　煤	QM	34	>28.0～37.0	>50～65	≤25.0	≤220
		43	>37.0	>35～50		
		44	>37.0	>50～65		
		45	>37.0	>65①		

表 9-6(续)

类 别	代 号	编 码	分类指标			
			V_{daf}/%	G	Y/mm	b②/%
1/2 中黏煤	1/2ZN	23 33	>20.0～28.0 >28.0～37.0	>30～50 >30～50		
弱黏煤	RN	22 32	>20.0～28.0 >28.0～37.0	>5～30 >5～30		
不黏煤	BN	21 31	>20.0～28.0 >28.0～37.0	≤5 ≤5		
长焰煤	CY	41 42	>37.0 >37.0	≤5 >5～35		

注:① 当烟煤的黏结指数测值 $G \leqslant 85$ 时,用干燥无灰基挥发分 V_{daf} 和黏结指数 G 来划分煤类;当黏结指数测值 $G>85$ 时,则用干燥无灰基挥发分 V_{daf} 和胶质层最大厚度 Y,或用干燥无灰基挥发分 V_{daf} 和奥阿膨胀度 b 来划分煤类。在 $G>85$ 的情况下,当 $Y>25.00$ mm 时,根据 V_{daf} 的大小可划分为肥煤或气肥煤;当 $Y \leqslant 25.0$ mm 时,则根据 V_{daf} 的大小可划分为焦煤、1/3 焦煤或气煤。

② 当 $G>85$ 时,用 Y 和 b 并列作为分类指标。当 $V_{daf} \leqslant 28.0\%$ 时,$b>150\%$ 的为肥煤;当 $V_{daf}>28.0\%$ 时,$b>220\%$ 的为肥煤或气肥煤。当按 b 值和 Y 值划分的类别有矛盾时,以 Y 值划分的类别为准。

表 9-7 褐煤亚类的划分

类 别	代 号	编 码	分类指标	
			P_M/%	$Q_{gr,maf}$/(MJ/kg)①
褐煤一号	HM1	51	≤30	—
褐煤二号	HM2	52	>30～50	≤24

注:① 凡 $V_{daf}>37.0\%$,$P_M>30\%\sim50\%$ 的煤,如恒湿无灰基高位发热量 $Q_{gr,maf}>24$ MJ/kg,则划为长焰煤。

表 9-8 中国煤炭分类简表

类 别	代 号	编 码	分类指标					
			V_{daf}/%	G	Y/mm	b/%	P_M②/%	$Q_{gr,maf}$③/(MJ/kg)
无烟煤	WY	01,02,03	≤10.0					
贫 煤	PM	11	>10.0～20.0	≤5				
贫瘦煤	PS	12	>10.0～20.0	>5～20				
瘦 煤	SM	13,14	>10.0～20.0	>20～65				
焦 煤	JM	24 15,25	>20.0～28.0 >10.0～28.0	>50～65 >65①	≤25.0	≤150		
肥 煤	FM	16,26,36	>10.0～37.0	(>85)①	>25.0			
1/3 焦煤	1/3 JM	35	>28.0～37.0	>65①	≤25.0	≤220		
气肥煤	QF	46	>37.0	(>85)①	>25.0	>220		
气 煤	QM	34 43,44,45	>28.0～37.0 >37.0	>50～65 >35	≤25.0	≤220		
1/2 中黏煤	1/2 ZN	23,33	>20.0～37.0	>30～50				
弱黏煤	RN	22,32	>20.0～37.0	>5～30				
不黏煤	BN	21,31	>20.0～37.0	≤5				

表 9-8(续)

类　别	代　号	编　码	分类指标					
			V_{daf}/%	G	Y/mm	b/%	P_M②/%	$Q_{gr,maf}$③ /(MJ/kg)
长焰煤	CY	41,42	>37.0	≤35			>50	
褐　煤	HM	51 52	>37.0 >37.0				≤30 >30～50	≤24

注：① 当 $G>85$ 时，再用 Y 值或 b 值来区分肥煤、气煤与其他煤类，当 $Y>25.0$ mm 时，根据 V_{daf} 的大小可划分为肥煤或气肥煤；当 $Y\leqslant 25.0$ mm 时，则根据 V_{daf} 的大小而划分为焦煤、1/3 焦煤或气煤。按 b 值划分类别时，当 $V_{daf}\leqslant 28.0\%$ 时，$b>150\%$ 的为肥煤；当 $V_{daf}>28.0\%$ 时，$b>220\%$ 的为肥煤或气肥煤。如按 b 值和 Y 值划分的类别有矛盾时，以 Y 值划分的类别为准。

② 对 $V_{daf}>37.0\%$，$G\leqslant 5$ 的煤，再以透光率 P_M 来区分其为长焰煤或褐煤。

③ 对 $V_{daf}>37\%$ 时，$P_M>30\%\sim 50\%$ 的煤，再测 $Q_{gr,maf}$，如其值大于 24 MJ/kg，则应划分为长焰煤，否则为褐煤。

在新的煤炭分类中，将我国的各种煤(从褐煤、烟煤到无烟煤)共划分成 14 个大类和 17 个小类，如图 9-1 所示。其中无烟煤 3 个小类，主要是按照各小类工艺利用特性的不同而划分。如 01 号年老无烟煤最适于作碳素原料，02 号典型无烟煤最适于作为化肥造气原料，03 号年轻无烟煤因热值高，可磨性好很适于作高炉喷吹用煤。褐煤的 2 个小类(51 号及 52 号)也是根据其性质和利用特征的不同而划分的。如褐煤蜡高的多是年轻的 51 号褐煤，其成煤时代多属古近纪和新近纪；而 52 号年老褐煤，多生成于晚侏罗世，普遍适用于作电厂燃料。

在烟煤大类中由老到新共划分为贫煤、贫瘦煤、瘦煤、焦煤、肥煤、1/3 焦煤、气肥煤、气煤、1/2 中黏煤、弱黏煤、不黏煤和长焰煤等 12 个类别。其中除不黏煤、弱黏煤、长焰煤和贫煤为非炼焦煤以外，其他 8 个煤类均属炼焦用煤牌号。

在煤炭分类中，对每一类煤均可用汉语拼音代号表示，如图 9-1 及表 9-8 所示，每一个煤类均用两个汉语拼音大写字母表示，如气肥煤的汉语拼音代号为 QF，瘦煤的代号为 SM 等。其来源是取其汉语拼音中的第一个字母表示。如 J 代表焦(Jiao)，M 代表煤(Mei)。

在煤炭分类标准中，还采用了两位数的编码表示不同的煤类。如气煤的数字编码有 34、43、44 和 45 共四个，瘦煤的编码有 13、14 两个，而贫煤的数码只有 11 一个。数码越多的煤类，表示其分类指标的变化范围越宽。

在各类煤的数码编号中，十位数字代表挥发分的高低。如无烟煤的挥发分最低，十位数字为 0；褐煤的挥发分最高，十位数字为 5；烟煤类的十位数字介于 1～4 之间。个位数字对烟煤类来说，表征其黏结性或结焦性好坏，如个位数字越大，则其黏结性越强。如个位数字为 6 的烟煤类，都是胶质层最大厚度 Y 值大于 25 mm 的肥煤或气肥煤类。个位数字为 1 的烟煤类，都是一些没有黏结性的煤，如贫煤、不黏煤和长焰煤。个位数字为 2～5 的烟煤，它们的黏结性随着数码的增大而增强。对褐煤和无烟煤来说，每个数码编号代表一个小类别煤，如 01～03 分别代表 1～3 号无烟煤，51 号及 52 号各代表 1 号及 2 号褐煤。但在烟煤阶段，每一数码编号并不代表一个小类煤。如瘦煤中的 13 号和 14 号，并不代表 1 号瘦煤和 2 号瘦煤，但也可以看出，瘦煤中的 14 号的黏结性则要比 13 号的高。总之，同一烟煤类中的不同数码编号部分的性质是有所不同的。如焦煤类中的 24 号，其黏结性就低于 25 号，而焦煤中的 15 号，其挥发分就比 25 号和 24 号低。但对煤矿来说，由于焦煤中的 15、24 和

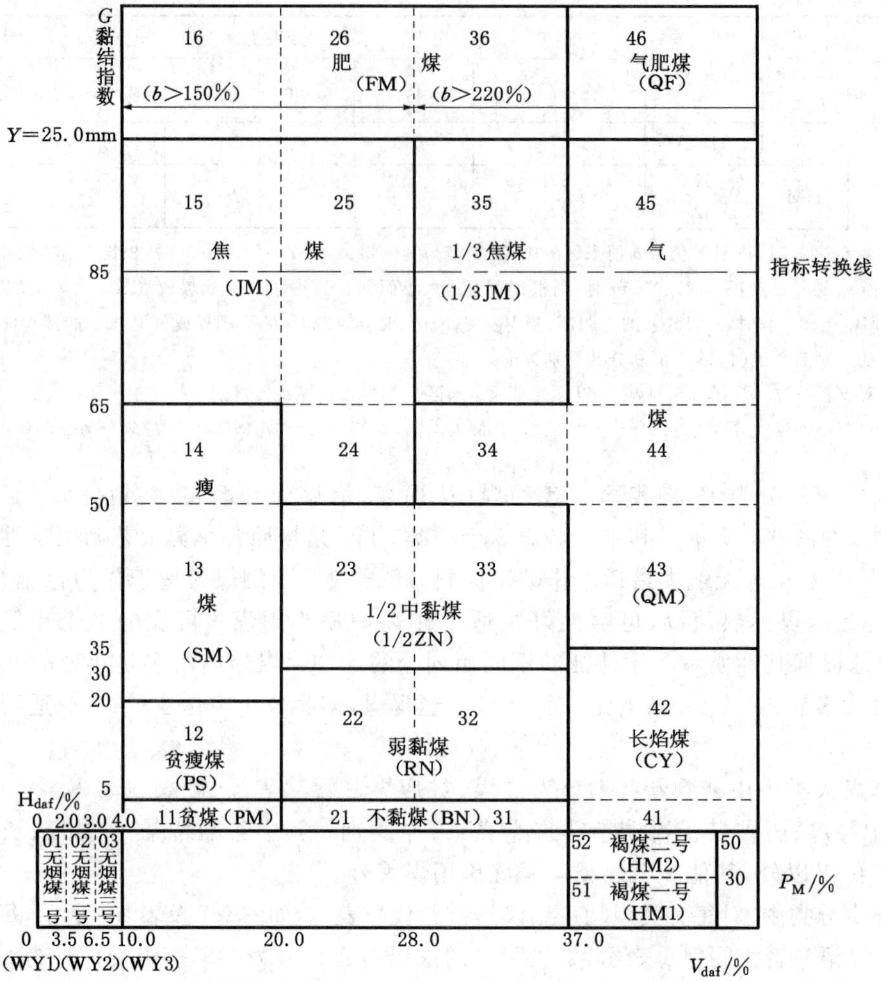

注 1:分类用煤样的干燥基灰分产率应小于或等于 10%,干燥基灰分产率大于 10%的煤样应采用重液方法进行减灰后再分类;对易泥化的低煤化程度褐煤,可采用灰分尽可能低的原煤。

注 2:$G=85$ 为指标转换线。当 $G>85$ 时,用 Y 值与 b 值并列作为分类指标,以划分肥煤或气肥煤与其他煤类的指标。$Y>25.00$ mm 者,划分为肥煤或气肥煤;当 $V_{daf}\leqslant 28.0\%$ 时,$b>150\%$ 的为肥煤;当 $V_{daf}>28.0\%$ 时,$b>220\%$的为肥煤或气肥煤。如按 b 值和 Y 值划分的类别有矛盾时,以 Y 值划分的类别为准。

注 3:无烟煤划分亚类按 V_{daf} 和 H_{daf} 划分结果有矛盾时,以 H_{daf} 划分的亚类为准。

注 4:当 $V_{daf}>37.0\%$时,$P_M>50\%$者为烟煤,$P_M\leqslant 30\%$者为褐煤;$P_M>30\%\sim 50\%$时,以 $Q_{gr,maf}$值>24 MJ/kg 者为长焰煤,否则为褐煤。

图 9-1 中国煤炭分类图

25 号煤均执行同一比价,因而也就没有必要按其数码编号来细分其结焦性的好坏或挥发分的大小了。但对配煤炼焦、气化、液化和燃烧等用煤部门,采用数码编号对指导生产和选择合适的煤源仍有一定的实用意义。

三、我国新煤炭分类的优缺点

新的煤炭分类国家标准贯彻了拉开档次、按质论价和优质优价的原则,具有严密的科学性和广泛的实用性，为煤炭的合理利用及不同煤种比价的合理调整提供了技术依据。它的主要优点是：

(1) 代表烟煤黏结性的主要分类指标——黏结指数 G 值的测定煤样用量少，测定方法简易可靠，测试效率大大高于胶质层指数 X、Y 值。它的全面使用将有利于煤田地质勘探工作的顺利开展，有利于对煤炭结焦性的正确评价和指导煤炭资源的合理利用。

(2) 对褐煤和长焰煤类的正确划分，采用了透光率 P_M 为主要指标，这就解决了原分类中没有解决的问题。该指标测定简易可靠，测试效率高，结果重现性好，且测值受煤样氧化的影响远远低于发热量、碳、氧和恒湿无灰基煤的高位发热量 $Q_{gr,maf}$，便于推广使用。

(3) 新分类中减少了烟煤的小类别，适当增加了大类别，对某些过渡煤(如 1/3 焦煤、1/2 中黏煤和贫瘦煤等)单独划分出了类别。对无烟煤和褐煤类，又根据它们的特性和利用途径的不同而分别增加了小类别。这样使同一煤类之间的性质差异缩小，有利于我国煤炭资源的合理利用和合理分配调运。

(4) 新的煤炭分类中对每一类煤都列出了汉语拼音的代号，这将有利于输入煤炭资源数据库和检索输出。

(5) 分类方案中还列出了各类煤的数码编号，人们根据各类煤的数码编号即可大致判断各类煤以及同一类煤之间的挥发分大小和黏结性强弱，有利于向国际煤分类靠拢和国际交流。

但是新的煤炭分类亦有如下不足之处：

(1) 对黏结指数 G 值大于 85 的强黏结性烟煤，还需采用胶质层最大厚度 Y 值(或奥阿膨胀度 b 值)来进一步确认。因而在烟煤阶段实际上采用了三个黏结性指标，从而增加了区分强黏结性煤的工作量。

(2) 黏结指数 G 值的测定结果受煤样氧化的影响比胶质层测定中的 Y 值所受影响要大，因此煤样采出后在包装运输等各个环节都应采取措施以防止氧化。同时化验室收到煤样后亦应尽快制样、化验，以保证测值的准确性，否则会降低牌号而损害煤矿的经济效益。所以，如试验煤样不及时测定 G 值时，应在大于 0 ℃到 5 ℃的低温下保存，但时间不得超过一周。

(3) 奥阿膨胀度试验的 b 值受煤样氧化的灵敏度最大，因而在整个采、制、化过程中更要严格采取措施防止氧化。其分析煤样制出后也应在大于 0 ℃到 5 ℃的低温下保存。

(4) 胶质层 Y 值的测试方法规范性很强，不但在不同实验室之间的测定误差较大，而且同一实验室的不同操作者之间，对 Y 值的测定结果也常会产生一定的系统偏差，尤其是对 Y 值大于 25 mm 的强黏结性煤的误差更大。因此，胶质层测定中所用仪器的材质和制造厂家应尽量一致，并严格执行国标规定。

(5) 在区分长焰煤和褐煤时，对透光率 P_M 大于 30%到 50%之间的煤，还需要采用恒湿无灰基高位发热量 $Q_{gr,maf}$ 来进一步区分出褐煤或长焰煤。但该指标的换算公式复杂，最高内在水分(MHC)的测定方法也很费时，且年轻煤发热量的测定误差也大。因此该指标的精确度相对较差，对某些边界区的煤有划错的可能。

(6) 某些煤类名称(如 1/3 焦煤和 1/2 中黏煤等名称)的含义不清，使人不能一目了然。

(7) 方案中的文字注释太多。对有些煤类仅按照分类图表还不能正确加以划分，而必须详细了解方案下面的各条注释才能确切地划分出不同的煤类。如焦煤、1/3 焦煤和气煤中都有 $G>65$ 的情况，一般以为 G 值达到 65 以上时就需要再测 Y 值或 b 值来进一步判断其煤种，而实际上只有 $G>85$ 的煤才需要进一步用 Y 值或 b 值来判断其确切的煤种。这样使人很难理解，应做进一步改进。

(8) 划分无烟煤小类时，用 H_{daf} 和 V_{daf} 两个指标是没有必要的，由于 H_{daf} 能很好地反映无烟煤的变质程度，因此，采用 H_{daf} 指标即可。

四、各类煤的特性与主要用途

(一) 无烟煤(WY)

无烟煤的特点是固定碳高、挥发分低、纯煤真相对密度高达 1.35～1.90，无黏结性，燃点高，一般达 360～420 ℃，燃烧时不冒烟。这类煤又分为 01 号(年老)、02 号(典型)和 03 号(年轻)三个小类。其中北京、晋城和阳泉三矿区的无烟煤分别为 01 号、02 号和 03 号无烟煤的代表。

无烟煤主要作民用燃料和合成氨造气原料；低灰、低硫且质软易磨的无烟煤不仅是理想的高炉喷吹和烧结铁矿石用的还原剂与燃料，而且还可作为制造各种碳素材料(如炭电极、炭块、阳极糊和活性炭、滤料等)的原料；某些无烟煤制成的航空用型煤还可作飞机发动机和车辆马达的保温材料。

(二) 贫煤(PM)

贫煤是烟煤中变质程度最高的一小类煤，呈不黏结或微弱的黏结，在层状炼焦炉中不结焦。发热量比无烟煤高，燃烧时火焰短，耐烧，但燃点也较高，仅次于无烟煤，一般在 350～360 ℃。主要作为电厂燃料，尤其与高挥发分煤配合燃烧更能充分发挥其热值高而又耐烧的优点。

(三) 贫瘦煤(PS)

贫瘦煤是炼焦煤中变质程度最高的一种，其特点是挥发分较低，黏结性仅次于典型瘦煤。单独炼焦时，生成的粉焦多；在配煤炼焦时配入较少的比例就能起到瘦煤的瘦化作用，以提高焦炭的块度。这类煤也是发电、机车、民用及其他工业炉窑的燃料。

(四) 瘦煤(SM)

瘦煤是具有中等黏结性的低挥发分炼焦煤。炼焦过程中能产生相当数量的胶质体，Y 值一般在 6～10 mm。单独炼焦时能得到块度大、裂纹小、抗碎强度较好的焦炭，但其耐磨强度较差，主要用作炼焦配料。高硫、高灰的瘦煤一般只作为电厂及锅炉的燃料。

(五) 焦煤(JM)

焦煤是一种结焦性较好的炼焦煤，挥发分(V_{daf})一般在 16%～28%之间。加热时能产生热稳定性很高的胶质体。单独炼焦时能得到块度大、裂纹少、抗碎强度和耐磨强度都很高的焦炭。但单独炼焦时膨胀压力大，有时易产生推焦困难。一般作为配煤炼焦使用效果较好。

(六) 肥煤(FM)

肥煤是中等挥发分及中高挥发分的强黏结性炼焦煤，其挥发分多在 25%～35%。加热时能产生大量的胶质体。单独炼焦时能生成熔融性好、强度高的焦炭，耐磨强度比相同挥发分的焦煤炼出的焦炭还好。但单独炼焦时焦炭有较多的横裂纹，焦根部分常有蜂焦。它是配煤炼焦中的基础煤。

(七) 1/3 焦煤(1/3JM)

1/3 焦煤是中等偏高挥发分的较强黏结性炼焦煤，相当于原煤炭分类中的 2 号肥气煤及部分 2 号肥焦煤，也有少量黏结性较好的 1 号肥气煤和 1 号肥焦煤。它是一种介于焦煤、肥煤和气煤之间的过渡煤。单独炼焦时能生成熔融性良好、强度较高的焦炭，焦炭的抗碎强度接近肥煤，耐磨强度则又明显地高于气肥煤和气煤。因此它既能单煤炼焦供中型高炉使用，也是良好的配煤炼焦的基础煤，且其配入量可在较宽范围内波动而能获得高强度的焦炭。我国山西、安徽等地多产 1/3 焦煤。

（八）气肥煤（QF）

气肥煤是一种挥发分和胶质体厚度都很高的强黏结性炼焦煤（也称液肥煤）。其结焦性优于气煤而低于肥煤，胶质体虽多但较稀（即胶质体的黏稠度小）。单独炼焦时能产生大量的煤气和液体化学产品。它最适合于高温干馏制造城市煤气，也可用于配煤炼焦以增加化学产品的产率。这类煤的成因特殊，煤岩成分中以树皮质等壳质组分较多，且多形成于晚二叠世乐平统。江西乐平煤田和浙江长广煤田是我国产典型气肥煤的矿区。

（九）气煤（QM）

气煤是一种变质程度较低、挥发分较高的炼焦煤。气煤结焦性较弱，加热时能产生较高的煤气和较多的焦油；胶质体的热稳定性较差，能单独结焦，但焦炭的抗碎强度和耐磨强度低于其他炼焦用煤牌号；焦炭多呈细长条而易碎，并有较多的纵裂纹。配煤炼焦时多配入气煤可增加煤气和化学产品的产率。有的气煤也可通过单独高温干馏来制造城市煤气。

（十）1/2 中黏煤（1/2ZN）

1/2 中黏煤相当于原分类中一部分 1 号肥焦煤和 1 号肥气煤以及黏结性较好的一些弱黏煤，因而它也是一种过渡煤，但这类煤的储量和产量都不多。它是一种挥发分变化范围较宽、中等结焦性的炼焦煤。其中有一部分煤在单独炼焦时能结成一定强度的焦炭，可作为配煤炼焦的原料。单独炼焦时的焦炭强度差，粉焦率高，主要作为气化或动力用煤。我国目前尚未发现单独生产 1/2 中黏煤的矿井。

（十一）弱黏煤（RN）

弱黏煤是一种黏结性较弱的从低变质到中等变质程度的非炼焦用烟煤。隔绝空气加热时产生的胶质体少，炼焦时有的能结成强度差的小块焦，有的只有少部分能凝结成碎屑焦，粉焦率很高。这种煤的成因也较特殊，在煤岩组分中有较高的丝质组及半丝质组成分，且多形成于中生代的早、中侏罗世时期。一般适用于气化及动力燃料。我国山西大同矿区是典型的弱黏煤产地。

（十二）不黏煤（BN）

不黏煤是一种在成煤初期就已经受到相当程度氧化作用的低变质到中等变质程度的非炼焦用烟煤，焦化时不产生胶质体。煤的水分大，纯煤发热量仅高于一般褐煤而低于所有烟煤，有的还含有一定数量的再生腐植酸。煤中含氧量大多在 10%～15%。主要可作为发电和气化用煤，也可作为动力及民用燃料，但由于这类煤的煤灰软化温度较低，最好与其他煤类配合燃烧，可充分利用其低灰、低硫、收到基低位发热量较高的优点。我国西北地区许多矿区（如靖远、神府、哈密等矿区）都是典型的不黏煤产地。

（十三）长焰煤（CY）

长焰煤是变质程度最低的高挥发分非炼焦烟煤，其煤化程度稍高于褐煤而低于其他各类烟煤。煤的燃点低，纯煤热值也不高。从无黏结性到弱黏结性的均有，有的还含有一定数量的腐植酸。贮存时易风化碎裂。有的长焰煤加热时能产生一定数量的胶质体，也能结成细小的长条形焦炭，但焦炭强度差，粉焦率高。所以长焰煤一般不用于炼焦，多作为电厂、机车燃料以及工业炉窑燃料，也可作气化用煤。辽宁阜新矿区是我国最大的长焰煤矿区。

（十四）褐煤(HM)

褐煤是煤化程度最低的矿产煤，其特点是水分大，孔隙率大，挥发分高，不黏结，热值低，含有不同数量的腐植酸，氧含量高达15%～30%，化学反应性强，热稳定性差。块煤加热时破碎严重，存放在空气中很易风化变质，碎裂成小块甚至粉末状，使热值更加降低；煤灰软化温度也普遍较低，煤灰中常含有较多的钙盐，其中有的来自腐植酸钙（金属有机化合物），有的来自碳酸钙和硅酸钙。目前分为目视比色透光率 P_M 大于30%至50%的2号年老褐煤和 $P_M \leqslant 30\%$ 的1号年轻褐煤。我国霍林河和小龙潭等都是有名的褐煤矿区。

褐煤主要用作发电燃料，粒度6～50 mm的混块煤可用于加压气化生产燃料气和合成气。新近纪褐煤中有不少可作为提取褐煤蜡的原料，但侏罗纪褐煤蜡低而只可作为燃料或加氢液化原料。年轻褐煤也适于做腐植酸铵等有机肥料，用于农田和果园，能起增产作用。

五、中国煤炭分类编码系统

随着国内外煤炭贸易量和信息交流的增加，使用中国煤炭的技术分类方案出现的问题与困难较多。为了便于煤炭生产、商贸和应用单位准确无误地交流煤炭质量信息，促进经济发展，并便于和正在制定的新的国际煤炭分类接轨，煤炭科学研究总院北京煤化所经多年研究，于1997年提出了一个新的中国煤炭分类编码系统。该编码系统于1997年以推荐性国家标准GB/T 16772—1997予以公布实施。

中国煤炭分类编码系统是等效采用了ISO 2950：1974国际褐煤分类与AS2096—1987澳大利亚煤炭编码系统，并参照采用1988年联合国欧洲经济委员会(ECE)提出的“中、高煤阶煤国际编码系统”和1992年ECE提出的“煤层煤分类”的主要技术内容，并结合我国国情制定的。

中国煤炭分类编码系统适用于各煤阶的腐植煤（以煤的恒湿无灰基煤的高位发热量 $Q_{gr,maf} < 24$ MJ/kg的煤定为低阶煤，$Q_{gr,maf} \geqslant 24$ MJ/kg的煤称为中、高煤阶煤），不包括腐泥煤、泥炭、碳质页岩和石墨。编码系统按煤阶、煤的主要工艺性质以及煤对环境影响因素的各项参数进行编码。遴选的参数与编码方法贯穿“实用、简明与可行”的原则，取消了一些学科性参数与分类辅助指标，不分类别，不与煤种比价挂钩。

在确定煤阶参数时，既考虑了分类的科学性，又注重实际用煤的实用性，还兼顾与国际标准接轨的需要。为此确定了4个煤阶参数：镜质组平均随机反射率 $\overline{R}_{ran}$；全水分 M_t（对低阶煤）；挥发分 V_{daf}；发热量 $Q_{gr,daf}$（对低阶煤为 $Q_{gr,maf}$）。4个工艺指标中，V 和 Q 既可作为煤阶参数又是重要的工艺参数；另两个工艺指标是黏结指数 G（对中、高阶煤）和焦油产率 Tar_{daf}（低阶煤）；两个环境因素是灰分 A_d 和全硫 $S_{t,d}$。

煤的镜质组反射率是表征煤化程度的重要指标。镜质组反射率不受煤岩显微组分的影响，是度量煤阶较好的参数。尤其在烟煤阶段，$V_{daf} \leqslant 30\%$ 时，R 是最理想的煤阶参数。对高挥发分煤，使用该指标也较好。

考虑到 $\overline{R}_{ran}$ 本身并没有反映出其中各种镜质煤类型的反射率分布，而镜质体本身就有富氢镜质体与正常镜质体的差异；尽管 $\overline{R}_{ran}$ 相同，但如果类型、分布不同，煤质差异会很大；加之中国煤岩相不均一，惰性组分高且高挥发分煤很多，随着煤岩不均一性的增加，镜质组比例相对减少，由 $\overline{R}_{ran}$ 所表征的煤阶的代表性随之降低；镜质体本身也复杂不均一，由此加大煤质的差异，因此，本编码系统采用 $\overline{R}_{ran}$ 和 V_{daf} 两个指标，互为补充。

煤的发热量是表征高挥发分煤的煤阶指标，也是评价动力煤及销售计价的重要指标和依据。对于低煤阶煤，参照 ISO 2952：1974，改用全水分和焦油产率来表征其煤阶与工艺指标，这与低阶煤的经济价值和实用意义更为密切。

为了使煤炭生产、销售与用户根据各种煤利用工艺的技术要求能明确无误地交流煤炭质量信息，保证各煤阶煤分类编码系统能适用于不同成因、成煤时代以及既适用于单一煤层，又适用于多煤层混煤或洗煤，同时考虑灰分与硫分对环境的不良影响和现实环境的要求，依次用下列参数进行编码：

(1) 镜质组平均随机反射率 $\overline{R}_{ran}$，%，两位数。

(2) 干燥无灰基高位发热量：$Q_{gr,daf}$，MJ/kg，两位数；对于低煤阶煤采用恒湿无灰基高位发热量：$Q_{gr,maf}$，MJ/kg，两位数。

(3) 干燥无灰基挥发分：V_{daf}，%，两位数。

(4) 黏结指数：$G_{R.I.}$，简记 G，两位数(对中、高阶煤)。

(5) 全水分：M_t，%，一位数(对低阶煤)。

(6) 焦油产率：Tar_{daf}，%，一位数(对低煤阶煤)。

(7) 干燥基灰分：A_d，%，两位数。

(8) 干燥基全硫：$S_{t,d}$，%，两位数。

各煤阶煤的编码规定及顺序如下：

(1) 第一位及第二位数码表示 0.1% 范围的镜质组平均随机反射率下限值乘以 10 后取整。

(2) 第三位及第四位数码表示 1 MJ/kg 范围干燥无灰基高位发热量下限值，取整；对低煤阶煤，采用恒湿无灰基高位发热量 $Q_{gr,maf}$，两位数，表示 1 MJ/kg 范围内下限值，取整。

(3) 第五位及第六位数码表示干燥无灰基挥发分以 1% 范围的下限值，取整。

(4) 第七位及第八位数码表示黏结指数；用 $G_{R.I.}$ 值除 10 的下限值取整，如从 0 到小于 10，记作 00；10 以上到小于 20，记作 01；20 以上到小于 30，记作 02；90 以上到小于 100，记作 09；余类推；100 以上记作 10。

(5) 对于低煤阶煤，第七位表示全水分，从 0 到小于 20%(质量百分数)时，记作 1；20% 以上除以 10 的 M_t 的下限值，取整。

(6) 对于低煤阶煤，第八位表示焦油产率 Tar_{daf}，%，一位数；当 Tar_{daf} 小于 10% 时，记作 1；大于 10% 到小于 15%，记作 2；大于 15% 到小于 20%，记作 3。即以 5% 为间隔，依次类推。

(7) 第九位及第十位数码表示 1% 范围取整后干燥基灰分的下限值。

(8) 第十一位及第十二位数码表示 0.1% 范围干燥基全硫含量乘以 10 后下限值取整。

分类指标顺序按煤阶、工艺性质参数和环境因素指标编排。对中高煤阶煤，其顺序是 RQVGAS；对低煤阶煤，其顺序按 RQVMTAS。在确定编码位数与指标间隔时，如前述已考虑到指标的测值范围与工艺实践对测值间隔的要求，并无须对位码进行解码与破译(但焦油产率的码需解码)。表中各参数必须按规定顺序排列，如其中某参数没有测值，则应在编码的相应位置注以“×”或“××”。中国煤炭分类编码系统总表如表 9-9 所示。

表 9-9 中国煤炭分类编码总表

镜质组	编码	02	03	04	19		50	
反射率	%	0.2～0.29	0.3～0.39	0.4～0.49	1.9～1.99		≥5.0	
高位发热量	编码	21	22	23	35		39	
（中高煤阶煤）	MJ/kg	＜22	22～＜23	23～＜24	35～＜36		≥39	
高位发热量	编码	11	12	13	22	23		
（低煤阶煤）	MJ/kg	11～＜12	12～＜13	13～＜14	22～＜23	23～＜24		
挥发分	编码	01	02	03	09		49	50
	%	1～＜2	2～＜3	3～＜4	9～＜10		49～＜50	50～＜51
黏结指数	编码	00	01	02		09	10	
（中高煤阶煤）	G 值	0～9	10～19	20～29		90～99	≥100	
全水分	编码	1	2	3	4	5	6	
（低煤阶煤）	%	＜20	20～＜30	30～＜40	40～＜50	50～＜60	60～＜70	
灰分	编码	00	01	02		29	30	
	%	0＜1	1～＜2	2～＜3		29～＜30	30～＜31	
硫分	编码	00	01	02		31	32	
	%	0～＜0.1	0.1～＜0.2	0.2～＜0.3		3.1～＜3.2	3.2～＜3.3	

表 9-9 的分类编码示例如下：

（1）山东黄县煤(低煤阶煤)

	编码
$\overline{R}_{ran}=0.53\%$	05
$Q_{gr,maf}=22.3$ MJ/kg	22
$V_{daf}=47.51\%$	47
$M_t=24.58\%$	2
$Tar_{daf}=11.80\%$	2
$A_d=9.32\%$	09
$S_{t,d}=0.64\%$	06

黄县煤的编码为:05　22　47　2　2　09　06

（2）河北峰峰二矿焦煤

	编码
$\overline{R}_{ran}=1.24\%$	12
$Q_{gr,daf}=36.0$ MJ/kg	36
$V_{daf}=24.46\%$	24
$G=88$	08
$A_d=14.49\%$	14
$S_{t,d}=0.59\%$	05

峰峰二矿煤编码为:12　36　24　08　14　05

（3)京西门头沟无烟煤

	编码
$\overline{R}_{ran}=7.93\%$	50
$Q_{gr,daf}=33.1$ MJ/kg	33
$V_{daf}=3.47\%$	03

G 未测　　××

$A_d=5.55\%$　　05

$S_{t,d}=0.25\%$　　02

门头沟煤的编码为：50　33　03　××　05　02

六、中国煤层煤的科学成因分类

为便于与国际上煤炭资源、储量统计与质量评价系统接轨，有利于国际交流煤炭资源、储量信息及统一统计口径，煤炭科学研究总院北京煤化所于1998年提出中国煤层煤的分类方案。该标准与“中国煤炭分类”（技术分类方案）、“中国煤炭编码系统”（商业分类）共同构成中国煤炭技术/商业分类与科学/成因分类的完整体系，互为补充，同时执行。

中国煤层煤的分类标准（GB/T 17607—1998）是非等效地采用联合国欧洲经济委员会“煤层煤分类”（1995）的主要技术内容，结合我国现实国情而制定的。该标准以煤层煤为对象，适用于各煤阶的腐植煤，并按煤阶、煤的显微组分组成及品位的有关参数进行分类与命名。在参数的遴选和命名表述上贯彻了“科学、简明和可行”的原则，是考虑煤质、成因因素的分类系统，它便于在国际与国内对腐植煤资源的质量与储量交流信息和进行评价。

中国煤层煤分类如图9-2所示。煤层煤的煤阶划分是用恒湿无灰基高位发热量（$Q_{gr,maf}$，MJ/kg）作为划分低煤阶煤的指标，将低煤阶煤分为低阶褐煤、高阶褐煤和次烟煤三小类；再以镜质组平均随机反射率 $\bar{R}_{ran}$（%）作为区分中煤阶烟煤和高煤阶无烟煤的指标，将烟煤分为低阶、中阶、高阶和超高阶四小类，将无烟煤分为低阶、中阶和高阶三小类。

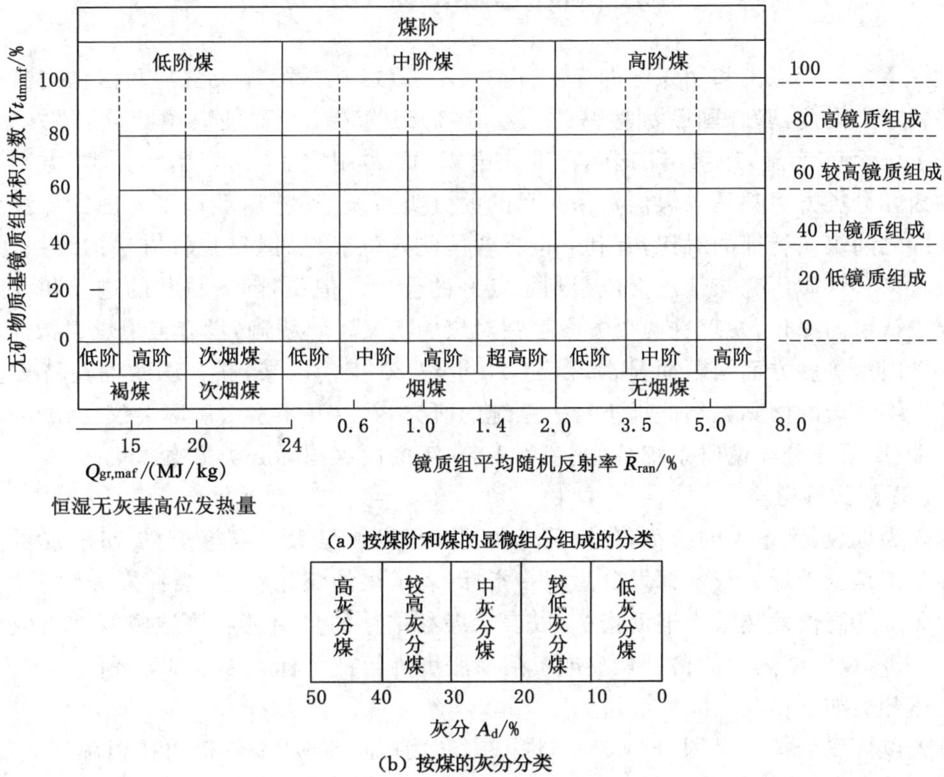

图9-2　中国煤层煤分类

以无矿物质基镜质组含量 Vt_{dmmf}(体积百分数)表示煤岩显微组分组成:将 $Vt_{dmmf}<40\%$ 的煤称为低镜质组煤;将 $40\%\leqslant Vt_{dmmf}<60\%$ 的煤称为中镜质组煤;将 $60\%\leqslant Vt_{dmmf}<80\%$ 的煤称为较高镜质组煤;将 $Vt_{dmmf}\geqslant 80\%$ 的煤称为高镜质组煤。

以干燥基灰分表征煤的品位:$A_d<10\%$ 称为低灰分煤;$10\%\leqslant A_d<20\%$ 的煤称为较低灰分煤;$20\%\leqslant A_d<30\%$ 的煤称为中灰分煤;$30\%\leqslant A_d<40\%$ 的煤称为较高灰分煤;$40\%\leqslant A_d\leqslant 50\%$ 的煤称为高灰分煤。

煤类名称的冠名顺序依次为品位、显微组分组成、煤阶。命名的示例如表 9-10 所示。

表 9-10　命名示例

A_d /%	Vt_{dmmf} /%①	$\bar{R}_{ran}$ /%	$Q_{gr,maf}$ /(MJ/kg)	命名表述
16.71	82	0.30	16.8	较低灰分、高镜质组、高阶褐煤
8.50	65	0.58	23.8	低灰分、较高镜质组、次烟煤
22.00	50	0.70		中灰分、中镜质组、中阶烟煤
10.01	60	1.04		较低灰分、较高镜质组、高阶烟煤
3.00	95	2.70		低灰分、高镜质组、低阶无烟煤

注:① 此数值表示体积百分数。

第三节　国际煤炭分类

世界上主要产煤国和用煤国的煤炭分类很不一致,在国际煤炭贸易和信息交流中造成了许多困难。因此,联合国欧洲经济委员会于 1955 年提出了"硬煤国际分类"方案,并于 1956 年正式颁布实施;1974 年,国际标准化组织(ISO)制定了"褐煤国际分类"方案。这两个煤的国际分类方案都是以煤炭贸易为目的的分类系统,实施后促进了各国的煤炭分类和各产煤国之间煤质特征的对比,有利于世界各国测定煤黏结性、结焦性方法的统一,并对国际煤炭贸易和煤质研究与信息交流起到了良好的作用。但是,随着科技的进步和实践中人们对煤质认识的深化,发现这两个方案存在对煤的定义不够明确,没有考虑煤岩指标和煤利用的环境因素等多方面问题而显得落后。20 世纪 80 年代以来,联合国欧洲经济委员会等国际性组织为新的国际煤炭分类进行了系统的研究,并召开了多次国际会议。1988 年 ECE 提出了中、高阶煤分类编码系统,以此替代 1956 年的硬煤国际分类方案。

一、硬煤国际分类

硬煤为烟煤、无烟煤的统称,指恒湿无灰基高位发热量大于或等于 24 MJ/kg 的煤。硬煤国际分类是以干燥无灰基挥发分为第一指标,表示煤的煤化程度,当挥发分大于 33%,则以恒湿无灰基高位发热量为辅助指标,以表示煤黏结性的自由膨胀序数或罗加指数为第二指标,以表示煤的结焦性的格金焦型或奥阿膨胀度为第三指标。如表 9-11 所示。

具体分类如下:

首先以挥发分把硬煤划分为 0～9 共 10 个类别,而 6～9 类煤需再按恒湿(30 ℃,相对湿度 96%时)无灰基煤的高位发热量的大小来划分类别。在 1 类煤中,又按挥发分划分为 A、B 两个小组。A 组煤的 $V_{daf}>3\%\sim6.5\%$,B 组煤的 $V_{daf}>6.5\%\sim10\%$。

表 9-11　硬煤国际分类(于 1956 年 3 月日内瓦国际煤炭分类会议中修订)

组别(根据黏结性确定的)			类型代号										亚组别(根据结焦性确定的)		
组别号数	确定组别的指数(任选一种)		第一个数字表示根据挥发分(煤中挥发分<33%)或发热量(煤中挥发分>33%)确定煤的类别；第二个数字表示根据煤的黏结性确定煤的组别；第三个数字表示根据煤的炼焦性确定煤的亚组别										亚组别号数	确定亚组别的指数(任选一种)	
	自由膨胀序数	罗加指数												膨胀性试验	格金试验
3	$4\frac{1}{2}\sim9$	>45					435	535 V_C	635				5	>140	$>G_8$
						334 V_A	434 V_B	534	634				4	50～140	$G_5\sim G_8$
						333	433	533	633 V_D	733			3	0～50	$G_1\sim G_4$
						332a　332b	432	532	632	732	832		2	⩽0	E～G
2	$2\frac{1}{2}\sim4$	20～45				323	423	523	623 $Ⅵ_A$	723	823		3	0～50	$G_1\sim G_4$
						322 Ⅳ	422	522	622	722	822		2	⩽0	E～G
						321	421	521	621 $Ⅵ_B$	721	821		1	仅收缩	B～D
1	1～2	5～20				312	412	512	612	712	812		2	⩽0	E～G
						311 Ⅲ	411	511	611 Ⅶ	711	811		1	仅收缩	B～D
0	$0\sim\frac{1}{2}$	0～5		Ⅰ 100 (A　B)	Ⅱ 200	300	400	500	600	700	800	900	0	无黏结性	A
类别号数			0	1	2	3	4	5	6	7	8	9			
确定类别的指数	挥发分 V_{daf}/%(干燥无灰基)		0～3	3～10 (3～6.5；6.5～10)	10～14	14～20 (14～16；16～20)	20～28	28～33	>33	>33	>33	>33			
	发热量/(kJ/kg)(恒湿无灰基)(30 ℃，相对湿度 96%)		—	—	—	—	—	—	>32 400	>30 100～32 400	>25 500～30 100	>23 900～25 500			
			类别 以挥发分指数(煤中挥发分<33%)或发热量指数(煤中挥发分>33%)确定												

各类煤挥发分大致范围

类别 6：>33%～41%

7：>33%～44%

8：35%～50%

9：42%～50%

注：(1) 如果煤中灰分过高，为了使分类更好，在实验前应用密度液方法(或用其他方法)进行脱灰，密度液的选择应能够得到最高的回收率和使煤中灰分含量达到 5%～10%。

(2) 332a 的 V_{daf}>14%～16%；332b 的 V_{daf}>16%～20%。

然后在上述0～9类硬煤中，再按煤的黏结性指标（自由膨胀序数或罗加指数）划分成0～3共4个组别。各组煤的黏结性如表9-12所示。

表9-12 硬煤国际分类组别指标

组 别	自由膨胀序数	罗加指数	黏结程度
0	$0\sim\frac{1}{2}$	0～5	不黏结到微黏结
1	1～2	>5～20	弱黏结
2	$2\frac{1}{2}\sim4$	>20～45	中等黏结
3	>4	>45	中强黏结至强黏结

最后，每一组再按硬煤的结焦性指数（奥阿膨胀度试验或格金试验）划分成0～5共6个亚组别，见表9-13。

表9-13 硬煤国际分类亚组别指标

亚组别	奥阿膨胀度 b/%	格金试验焦型	结焦特性
0	不软化	A	不结焦
1	只收缩	B～D	极弱结焦
2	<0～0	E～G	弱结焦
3	>0～50	$G_1\sim G_4$	中等结焦
4	>50～140	$G_5\sim G_8$	强结焦
5	>140	$>G_8(\leqslant G_{15})$	特强结焦

从表9-11可以看出，国际硬煤分类均由三位阿拉伯数字表示煤的种类，其中百位数字代表煤的类别，十位数字表示煤的黏结性，个位数字表示煤的结焦性。凡百位数字（即第一个数字）越大的煤，其挥发分越高，十位数字和个位数字越大的煤，其黏结性和结焦性越强。

从表9-11还可以看出，在国际硬煤分类中把烟煤和无烟煤（两者统称硬煤）划分成62个煤种，其中烟煤59种，无烟煤3种。此外，它还把煤质特征相接近的几个煤种合并成Ⅰ～Ⅳ、V_A、V_B、V_C、V_D、$Ⅵ_A$、$Ⅵ_B$及Ⅶ共11个统计组。各统计组大致相当于我国新煤分类GB/T 5751—2009中的大类煤。两者的相互对照关系如表9-14所示。

表9-14 中国煤分类与硬煤国际分类对照关系

统计组别	Ⅰ	Ⅱ	Ⅲ	Ⅳ	V_A	V_B
相当于中国煤分类的大类别	无烟类	贫煤	贫煤、贫瘦煤、不黏煤	瘦煤、焦煤、贫瘦煤	焦煤、瘦煤	焦煤、肥煤

统计组别	V_C	V_D	$Ⅵ_A$	$Ⅵ_B$	Ⅶ
相当于中国煤分类的大类别	肥煤、气肥煤、1/3焦煤	1/3焦煤、气煤	气煤、弱黏煤、1/2中黏煤	气煤、弱黏煤	长焰煤、不黏煤、弱黏煤

国际硬煤分类的制定，满足了当时评价煤主要用于燃烧和焦化的目的。按当前的标准

看,这个分类存在诸多不足:① 未能对所有煤阶煤进行分类;② 分类指标没有考虑煤的气化和液化性能;③ 没有煤对环境影响的参数;④ 没有煤炭品位的参数;⑤ 需要对两种指标体系进行折算或互换,容易发生分组、亚组的矛盾。

二、褐煤国际分类

褐煤国际分类是作为硬煤国际分类的补充,褐煤是指恒湿无灰基高位热量小于 24 MJ/kg 的煤。分类指标采用无灰基煤的全水分含量($M_{t,af}$)将褐煤划分成 6 类,再采用干燥无灰基的焦油产率(Tar_{daf})划分成 5 组,共 30 个组别,各组都以两位阿拉伯数字表示。十位数表示类号,个位数表示组号,褐煤国际分类见表 9-15。

表 9-15 褐煤国际分类表(ISO 2950:1974)

组别指标,Tar_{daf}/%	组号	代号					
>25	4	14	24	34	44	54	64
>20~25	3	13	23	33	43	53	63
>15~20	2	12	22	32	42	52	62
>10~15	1	11	21	31	41	51	61
≤10	0	10	20	30	40	50	60
类号		1	2	3	4	5	6
类别指标	$M_{t,af}$/% (原煤)	≤20	>20~30	>30~40	>40~50	>50~60	>60~70

三、国际中、高煤阶煤编码系统

该编码系统于 1988 年由 ECE 提出,以代替 1956 年的硬煤国际分类方案。低煤阶煤和较高煤阶煤的划分界限是这样的,恒湿无灰基高位发热量小于 24 MJ/kg,且镜质组平均随机反射率($\overline{R}_{ran}$)小于 0.6%的煤为低煤阶煤。恒湿无灰基高位发热量等于或大于 24 MJ/kg 以及恒湿无灰基高位发热量小于 24 MJ/kg 而镜质组平均随机反射率等于或大于 0.6%的煤为较高煤阶煤,即所有中等煤阶煤和高煤阶煤。

低煤阶煤(low-rank coals)相当于褐煤,中等煤阶煤(medium-rank coals)相当于烟煤,高煤阶煤(high-rank coals)相当于无烟煤,较高煤阶煤(higher-rank coals)相当于硬煤,即烟煤和无烟煤。

该编码分类适用于单一煤层的和多煤层混合的原煤和分选煤。该系统选定 8 个参数的 14 位编码表征煤的不同性质,即:

(1) 镜质组平均随机反射率 $\overline{R}_{ran}$/% 两位数
(2) 镜质组反射率分布特征 S 一位数
(3) 显微组分指数 两位数
(4) 坩埚膨胀序数 一位数
(5) 挥发分产率 V_{daf}/% 两位数
(6) 灰分产率 A_d/% 两位数
(7) 全硫含量 $S_{t,d}$/% 两位数
(8) 高位发热量 $Q_{gr,daf}$/(MJ/kg) 两位数

将以上参数按如下顺序编码,即:

(1) 第一个两位数编码表示 0.1%范围平均随机反射率下限值乘以 10 的镜质组反射率。

(2) 第三位数是对镜质组反射率分布特征图描述的规定。

(3) 第四位数和第五位数表示显微组分指数，即第四位数编码表示 10%范围（取绝对值）惰性组含量（无矿物质基）除以 10 的下限值，第五位数编码表示 5%范围（取绝对值）壳质组含量除以 5 的上限值。

(4) 第六位数表示间隔为 1/2 两个序数下限值的坩埚膨胀序数。

(5) 第七位和第八位数编码表示挥发分低到 10%（质量百分数，干燥无灰基）时，2%范围（取绝对值）的上限值以及挥发分 10%以下时，1%范围（取绝对值）的上限值。

(6) 第九位和第十位数编码表示 1%范围（取绝对值）灰分（质量百分数，干基）的下限值。

(7) 第十一位和第十二位数编码表示 0.1%范围（取绝对值）全硫含量（质量百分数，干基）乘以 10 的下限值。

(8) 第十三位和第十四位数编码表示 1 MJ/kg 范围高位发热量（MJ/kg；干燥无灰基）的下限值。

根据以上 8 个参数及给定的数码位数制定出国际中、高煤阶煤的编码系统，见表 9-16。

8 个主要参数值必须按规定的方法和顺序标明。如果其中一个参数没有，例如对无烟煤不需标明膨胀序数，就在编码中适当的位置相应地写入“×”字样；当以两位数表示的参数不存在时，就写入“××”。如果不完整分析数据组要存入数据存储器中，同样的方法也适用。

表 9-16 国际中、高煤阶煤编码系统

项目	镜质组平均随机反射率 $\overline{R}_{ran}$/%		镜质组反射率分布特征图		显微组分参数（无矿物质基）/%（体积）4＝惰质组，5＝壳质组				坩埚膨胀序数	
位数	1;2		3		4		5		6	
编码号数	02	0.20～0.29	0	≤0.1，无凹口	0	0～<10	0	—	0	0～1/2
	03	0.30～0.39	1	>0.1～<0.2，无凹口	1	10～<20	1	0～<5	1	$1\sim1\frac{1}{2}$
	04	0.40～0.49	2	>0.2，无凹口	2	20～<30	2	5～<10	2	$2\sim2\frac{1}{2}$
		↑	3	1 个凹口	3	30～<40	3	10～<15	3	$3\sim3\frac{1}{2}$
			4	2 个凹口	4	40～<50	4	15～<20	4	$4\sim4\frac{1}{2}$
			5	2 个以上凹口	5	50～<60	5	20～<25	5	$5\sim5\frac{1}{2}$
					6	60～<70	6	25～<30	6	$6\sim6\frac{1}{2}$
					7	70～<80	7	30～<35	7	$7\sim7\frac{1}{2}$
					8	80～<90	8	35～<40	8	$8\sim8\frac{1}{2}$
	⋮	$\overline{R}_{ran}$ 每间隔 0.1% 为一个编码（两位数）			9	≥90	9	≥40	9	9
	⋮	↓								
	48	4.80～4.89								
	49	4.90～4.99								
	50	≥5.00								

表 9-16(续)

项目	挥发分 $V_{daf}/\%$		灰分 $A_d/\%$		全硫 $S_{t,d}/\%$		高位发热量 $Q_{gr,daf}/(MJ/kg)$	
位数	7;8		9;10		11;12		13;14	
编码号数	48	>48	00	0～<1	00	0.0～<0.1	21	<22
	46	46～<48	01	1～<2	01	0.1～<0.2	22	22～<23
	44	44～<46	02	2～<3	02	0.2～<0.3	23	23～<24
							24	24～<25
							25	25～<26
	⋮						26	26～<27
		V_{daf}每间隔2%为一个编码(两位数)					27	27～<28
	⋮						28	28～<29
			⋮	A_d每间隔1%为一个编码(两位数)	⋮	$S_{t,d}$每间隔0.1%为一个编码(两位数)	29	29～<30
							30	30～<31
	10	10～<12	⋮		⋮		31	31～<32
	09	9～<10					32	32～<33
							33	33～<34
	⋮						34	34～<35
		V_{daf}每间隔1%为一个编码(两位数)					35	35～<36
	⋮						36	36～<37
			18	18～<19	28	2.8～<2.9	37	37～<38
	03	3～<4	19	19～<20	29	2.9～<3.0	38	38～<39
	02	2～<3	20	20～<21	30	3.0～<3.1	39	>39
	01	1～<2						
			灰分大于21%后编码依次类推,如编码24即表示灰分为24%～25%		全硫大于3.1%后,编码依次类推,如编码为46即表示全硫为4.6%～4.7%			

第四节 煤质评价

煤质评价是指评定煤炭质量及其在工业上利用的价值。正确评价煤质,可以了解煤的成分和性质,为矿井建设、煤炭开采、运输和加工利用提供依据,从而使国家工业合理布局和有关工业部门能充分合理地利用煤炭资源。

一、煤质评价的阶段与任务

从煤田普查、勘探到开采以及加工利用的过程,对煤质评价分为三个不同的阶段,而各阶段煤质评价的任务是不同的。

(一)煤质初步评价

煤质初步评价阶段相当于煤田普查时期对煤质的研究和评价。该阶段研究成煤的原始物质、煤岩组成和煤的成因类型,比较全面地分析煤的各项物理、化学性质。其测定的指标包括:煤的工业分析、煤中全水分、最高内在水分、全硫及各种形态硫的测定、发热量、元素分析、灰成分、煤灰熔融温度、黏结指数、胶质层指数、奥阿膨胀度、自由膨胀序数、吉氏流动度、抗碎强度、有害元素及微量元素、碳酸盐二氧化碳含量、苯抽出物、腐植酸含量、透光率、真相对密度和视相对密度等。通过对上述测定指标的综合分析和研究,了解可采煤层的煤质特征,初步确定煤的种类,对煤的加工利用方向提出初步评价。

（二）煤质详细评价

煤质详细评价阶段相当于煤田勘探时期对煤质的研究和评价。该阶段煤质化验的项目更加全面，除了煤质初步评价阶段所测定的上述指标外，还需测定煤的热稳定性、煤的反应性、可磨性、低温干馏试验和 200 kg 焦炉试验等工艺性质。煤质工作的重点是全面研究勘探区内可采煤层的煤质特征及变化规律，研究煤的变质因素和煤类分布规律，了解可采煤层各种工艺性质和煤的可选性，并对煤作出加工利用的评价，了解沉矸的质量及其变化情况，确定沉矸、煤灰渣的综合利用方向。

（三）煤质最终评价

煤质最终评价相当于煤田开采和加工利用阶段对煤质的研究和评价。该阶段煤的加工利用方向已经确定，加工利用流程有了明确规定，所以煤质研究工作是定期或随机取样分析，根据开采和加工利用的需要，对某些指标进行测定，检查并控制煤的质量。

二、煤质评价的内容

煤质评价的内容包括地质方面、工艺技术方面和经济方面。

（一）地质评价

地质工作者在煤田普查和勘探时期，通过取样对煤质进行分析研究，阐明煤质变化规律，并了解影响变化规律的地质因素，如成煤的原始物质、沼泽水介质的性质、植物遗体的聚积环境、煤化作用、风化作用以及氧化作用等。

（二）工艺技术评价

工艺技术评价，一是通过分析煤的工艺性质，以确定煤的加工利用方向；二是在已知煤质特性和加工利用方式的条件下，研究如何通过工艺技术途径，如煤的预热、配煤、分选、成型、制水煤浆或改变工艺操作条件（改变炉型、加工方式）等来改善煤的性质，使其达到最好的利用效果，以提高煤炭的使用价值。

（三）经济评价

经济评价是从经济的角度来分析研究如何最合理地利用煤炭，包括煤炭开采方面的经济评价，如研究开采方法、开采机械、矿井运输等以保证矿井生产煤炭质量的稳定；产销平衡和避免长距离运输方面的研究；研究煤炭加工利用方式是否经济、合理；煤炭综合利用的研究，如煤灰利用以及稀有元素锗、镓、铀、钒等提取的可能性，高硫煤中硫的回收等；环境保护方面的研究，如因开采导致地面的下沉，劣质煤燃烧时对大气污染，必要时限量开采或不准开采；研究技术政策，如何贯彻国家对煤炭开发、加工利用的方针政策，有序开发，保证合理有效地利用煤炭资源。

三、煤质评价的方法

由于煤本身的复杂性，因此评价煤质的方法较多。常用的评价方法有以下几种。

（一）化学方法

从化学角度出发研究煤的组成、化学性质和工艺性质，即用工业分析和元素分析的方法对煤质进行评价，它是最常用的评价方法。但此法以煤的平均煤样作为分析基础，没有考虑煤岩成分的影响。

（二）煤岩方法

通过对煤岩组成和性质的分析及显微煤岩定量的统计，来评定煤的化学性质和工艺性质。这种评定方法不破坏煤的原始结构，可以弥补化学评定方法的不足。

（三）工艺方法

通过对煤进行工艺加工的研究，来确定煤的利用方向，模拟工业加工利用的条件，如煤的粒度、加热方式、加热最终温度、加热速度等。

（四）物理及物理化学方法

根据煤的电性质、磁性质、密度、硬度、脆度、裂隙等物理性质和孔隙率、表面积、润湿性、吸附性等物理化学性质来研究煤质。

煤质的评价，往往是综合地采用上述各种方法，进行全面的分析。若要正确评价煤质，一般要掌握基础的煤质化验资料，如工业分析、发热量测定、全硫及各种形态硫的测定、元素分析、煤的各种工艺性质分析（煤的黏结性、结焦性、机械强度、热稳定性、反应性、煤灰熔融性、结渣性、焦油产率等）、煤的可选性以及煤岩分析资料（有机显微煤岩成分和含量，煤中矿物成分和分布状态）。根据这些数据资料并结合地质情况，确定煤的种类，然后再分析煤质特性及其变化规律，提出煤的加工利用方向。同时还必须了解各种工业部门对煤质的要求，这样才能对煤质作出正确合理的评价。

第五节　各种工业用煤对煤质的要求

煤炭既是燃料，也是工业原料，广泛地用于冶金、电力、化工、城市煤气、铁路、建材等国民经济各部门。不同的行业、不同的用煤设备对煤质都有不同的要求。掌握各种工业用煤对煤炭质量的要求，可以指导我国煤炭的合理利用及综合利用，实现煤炭产品的“对路供应”。

一、炼焦用煤的质量要求

对炼焦用煤而言，结焦性和黏结性是最重要的指标，也就是炼焦用煤首先要有较好的结焦性和黏结性。在我国新的煤炭分类《中国煤炭分类》（GB/T 5751—2009）中，1/2 中黏煤、气煤、气肥煤、1/3 焦煤、肥煤、焦煤、瘦煤、贫瘦煤均属炼焦煤范畴，可作为炼焦（配）煤来使用。

我国煤炭资源虽很丰富，但煤种分布在各地区却很不均衡，炼焦煤类只占我国煤炭总储量的 30%左右，而结焦性和黏结性均很好的肥煤和焦煤中又有很大一部分属于高灰、高硫、难选煤。因此，充分合理地利用我国现有的炼焦煤资源十分必要。

（一）冶金焦用煤质量要求

炼焦精煤的灰分 A_d 应尽可能低，一般应控制在 10.00%以下，最高不应超过 11.50%；全硫 $S_{t,d}$ 一般应在 1.50%以下，个别稀缺煤种（如肥煤）最高也不应超过 2.50%；全水分 M_t 应低于 12.00%；挥发分 V_{daf} 控制在 28.00%～32.00%；黏结指数 G 控制在 58～72（或胶质层最大厚度 Y=17～22 mm）。请参考 GB/T 397—2022。

（二）铸造焦用煤质量要求

铸造焦用煤的灰分 A_d 应尽可能低，控制在 10.00%以下；硫含量 $S_{t,d}$ 一般控制在 1.00%以下，最高也不应超过 1.50%；全水分亦不应高于 12.00%。

在实际生产中，大多采取配煤炼焦。在保证焦炭质量的前提下，对配煤中的单煤，特别是结焦性和黏结性均较好的焦煤和肥煤的要求可适当放宽些，以解决炼焦煤源不足的问题。由于气化焦和电石焦的用量不大，且对煤的要求较低，此处不再赘述。

二、发电用煤的质量要求

我国的发电用煤以大型火力发电厂为主，用煤量很大，是煤炭的第一大工业用户。一般大型电厂多采用煤粉锅炉，这种炉型对燃煤质量的适应性很强，从褐煤到无烟煤都能燃烧。但对于挥发分 V_{daf} 低于 6.5％的年老无烟煤，由于其不易燃烧，一般不作电厂燃料，但可以掺入一定量的高挥发分煤制成配煤来使用。不是各种煤粉锅炉都能燃烧任何质量的煤炭，每一种型号的锅炉对煤的质量都有一定的适应范围。因此要求供煤的质量要稳定，最好能做到定点供应。即使目前做不到定点供应，也应确定供应每个电厂的煤炭质量指标的范围，以便电厂采取配煤或其他措施，使锅炉能正常、高效地运行。

对发电用煤而言，挥发分和发热量是两个十分重要的指标。为了在单位时间内提供足够的热量，不仅要求燃煤具有足够的发热量，而且还要有较好的燃烧性能。通常，挥发分高的煤，其燃烧性能及在锅炉内的传热效果均较好。所以不同挥发分的煤对发热量有不同的要求。挥发分在 6.5％～10.0％之间的无烟煤，其发热量 $Q_{net,ar}$ 应在 21 MJ/kg 以上。而对于挥发分 V_{daf}＞40.0％的年轻煤类，其发热量只要求在 12 MJ/kg 以上即可。

发电用煤的灰分和硫分亦不应太高。一般以灰分 A_d 不大于 24.00％为宜。为了充分利用劣质煤，A_d 可放宽到 40.00％，硫分一般应在 1.00％以下，最高不应超过 3.00％。硫分高既会造成严重的环境污染，又会腐蚀燃煤设备。对于固态除渣的锅炉，为了能顺利出渣，对煤灰熔融性 ST(℃)也有一定的要求，ST 应在 1 350 ℃以上。请参考 GB/T 7562—2018。

三、气化用煤的质量要求

目前气化炉种类虽然很多，但主要是移动床、流化床和气流床三种类型。气化炉型不同，对煤质的要求也就不同。

（一）常压移动床煤气发生炉对煤质的要求

常压移动床煤气发生炉的应用比较广泛，对煤的适应性也较强，可采用的煤种有长焰煤、不黏煤、弱黏煤、1/2 中黏煤、气煤、1/3 焦煤、贫瘦煤、贫煤和无烟煤。煤的品种以各粒级的块煤为宜，软化温度 ST 大于 1 250 ℃，灰分 A_d 不大于 24.00％，对于灰分 A_d 不大于 18.00％的煤，其 ST 只要在 1 150 ℃以上即可，全硫 $S_{t,d}$ 小于 2.00％，抗碎强度应大于 60％，热稳定性 TS_{+6} 大于 60.0％。对于无搅拌装置的发生炉，要求原料煤的胶质层最大厚度 Y 小于 12.0 mm；有搅拌装置的发生炉，则要求 Y 小于 16.0 mm。

为保证移动床煤气发生炉用煤的质量，我国已制定出了《商品煤质量 固定床气化用煤》(GB/T 9143—2021)。

（二）合成氨用煤对煤质的要求

目前国内普遍采用以无烟块煤为原料生产合成氨的原料气，要求原料煤有较好的热稳定性和较高的抗碎强度。一般说来，要求其热稳定性 TS_{+6} 在 70％以上，抗碎强度在 65％以上。灰分以小于 16％为佳，最高也不应超过 24％。硫含量应尽可能低些，一般不应超过 2.00％。固定碳 FC 也是个很重要的指标，合成氨用煤的固定碳含量应在 65％以上。为使气化炉能顺利运行，煤灰熔融性 ST 在 1 250 ℃以上为宜。

应该说明的是，各种气化用煤应尽量就地取材，即使某些指标差一些，但若从生产的总成本来看合算，最好不要舍近求远去寻找其他煤源。

（三）流化床气化炉用煤对煤质的要求

我国也用流化床气化炉来生产合成氨原料气。这种气化炉在常压下操作，以空气或氧气作气化剂，对原料煤的要求是活性越高越好（一般在 950 ℃时 CO_2 还原率大于 60%的煤即可）。可以用褐煤（一般 M_t 应小于 12.0%，A_d 小于 25.00%），也可用长焰煤或不黏煤，要求粒度小于 8 mm，但 0～1 mm 的煤粉越少越好，否则飞灰会带出大量碳而降低煤的气化率，煤的煤灰软化温度 ST 应大于 1 200 ℃，全硫小于 2.00%。国家标准《商品煤质量 流化床气化用煤》(GB/T 29721—2023)规定了流化床气化用煤质量的一般要求。

（四）德士古气化炉对煤质的要求

一般认为在选择原料用煤时其重点放在煤的成浆性能上，同时兼顾煤的气化性能，而对于高灰熔点、高灰黏度的煤，简单地考虑煤的成浆性能就确定其能否适用于水煤浆加压气化工艺，是较为片面的。生产实践证明，水煤浆加压气化工艺原料选择的原则应以煤的"气化性能及稳定运行性能"为主，同时兼顾煤的成浆性能。煤的气化性能包括其反应活性及在一定工艺条件下可以达到的各种技术指标，而稳定运行性能主要表现在其能否实现气化炉的顺利排渣，设备、阀门的故障率及连续运行的时间。因此，在选择煤种时，应考虑以下因素。

1. 煤的灰分

灰分是煤中的无用成分，无论对于何种用户，均希望其含量越低越好，德士古气化过程也不例外，但为了使其能顺利地以液态排出气化炉，必须将温度升至其灰熔点温度以上，而气化反应过程本身并不需要在如此高的温度之下操作，这样就无谓地增加了氧耗，并使部分 C 燃烧成 CO_2，以保持足够的反应温度。有资料研究表明，在同样的气化反应条件下，灰分每增加 1%，氧耗增加 0.7%～0.8%，煤耗增大 1.3%～1.5%；其次灰分的增加，不仅降低了煤浆的有效成分含量，而且加剧了对耐火砖的磨损，使其寿命大为缩短，同时也使灰、黑水中的固含量升高，系统管道、阀门、设备的磨损率大大加剧，设备故障率提高。

另外，灰分含量高对成浆性能也有一定影响，除使煤浆的有效成分降低之外，灰分的增加还使煤质的均匀性变差，削弱煤浆分散剂的分散性能，在相同煤种前提下，对提高煤浆浓度不利。综上分析，煤的灰分应该越低越好，一般认为煤的灰分含量应≤13%，最高不能超过 20%。

2. 煤的最高内在水分

煤的内在水分对气化过程的影响主要表现在对成浆性能的影响，一般认为煤的内在水分含量越高、煤中 O/C 比越高、含氧官能团和亲水官能团越多、孔隙率越发达，煤的制浆难度越大。严格来讲，煤质对成浆性能的影响是多方面的，而且各个影响因素之间又是密切相关的。对此，已有多方面的研究成果，目前较为通用的是评价成浆难易程度的难度系数数学模型：

$$D=7.5+0.5\mathrm{MHC}-0.05\mathrm{HGI} \tag{9-1}$$

式中　MHC——煤的最高内在水分；

HGI——煤的哈氏可磨性指数；

D——成浆难度系数。

根据成浆难度指数，可以大概推算理论上可制得的最高的煤浆浓度 C，即

$$C=77-1.2D \tag{9-2}$$

由上式可以看出，煤的内在水含量越高，制得的煤浆浓度越低。煤浆浓度降低，不仅使生产装置达不到额定的负荷，而且使添加剂的消耗、煤耗、氧耗均有一定增加。综合技术和经济考虑，水煤浆加压气原料用煤的最高内在水分以 MHC≤8%为宜。

3. 煤灰的熔融特性

德士古水煤浆气化工艺原则上在高于煤的灰熔点 100 ℃以上的温度下操作,以便 于液态顺利排渣。煤的灰熔点越高,气化炉的操作温度就随之提高,这样气化炉耐火砖的寿命相应缩短(气化炉操作温度每提高 100 ℃,耐火砖的磨蚀速率增加两倍),氧的消耗也增加。为了降低操作温度就需加入助熔剂以降低灰的熔点,但助熔剂的加入又增加了煤中的惰性物质含量,使耐火砖磨损加剧,固体灰渣处理量增加,还增加了整个制浆过程的成本,减少了煤浆的有效成分。在缺少煤灰渣黏度特性的数据前提下,煤灰的熔融特性是以前用于判断和确定气化炉操作温度的粗略指标,根据同类厂运行的生产经验,煤的熔融特性以 FT≤1 300 ℃为宜。

4. 煤灰的黏-温特性及灰成分的影响

通过煤的灰熔点来确定气化炉的操作温度有极大的局限性,而较为科学与可靠的指标是煤灰在一定温度下的黏度。事实上煤灰的黏-温曲线有一定的指导意义。黏度是衡量流体流动性能的主要指标,要实现气化温度下灰渣以液态顺利排出气化炉,就应使其黏度在合适的范围之内,既要保证在耐火砖表面形成有效的灰渣保护层,又要保持一定的流动性。国内外液态排渣锅炉的研究指出,灰渣的黏度在 25～40 Pa・s 之间方可保证液态锅炉的顺利排渣。德士古气化炉操作温度下的灰渣黏度以控制在 20～30 Pa・s 为宜。

影响灰渣黏度的主要因素是煤灰的组成,即灰成分。煤灰的主要化学成分是 Al_2O_3、SiO_2、Fe_2O_3、MgO 等。通常 Al_2O_3 是灰渣熔点升高、黏度增大的主要成分。SiO_2 是煤灰成分中含量最高的组分,一般而言它使煤的灰熔融特性变差,黏度升高,但由于它与其他组分(CaO)可以形成低熔点的物质因而其含量在一定的范围之内可以依据添加 CaO 使其对灰黏度的影响削弱。CaO 是降低灰熔点的成分,它可以与 SiO_2 形成低熔点的硅酸盐,但其含量过高析出 CaO 单体反而使灰熔点升高,黏度增大。因而 CaO 是最常采用的助熔剂组分,但其添加量应控制在一定的范围之内,一般应控制 CaO 量与灰分之比在 20%左右。Fe_2O_3 也是降低灰熔点及灰渣黏度的组分。

(五) 粉煤气化炉对煤质的要求

粉煤气化温度高达 1 400～1 500 ℃,对煤质的要求不严,几乎可以气化任何煤。例如高硫、低熔点、易碎、黏结、加热膨胀的各种烟煤、无烟煤和褐煤均可使用。但从运行的可靠性和经济性来说,对煤灰特性有一定的要求。

1. 煤的灰分

煤的灰分影响排渣口、渣处理系统的运转性能,也在一定程度上影响气化的操作性能。因为熔融的灰分在气化炉壁上形成渣,在气化反应期间形成“绝缘”的地方阻止过度的热损失。实际运行表明,灰分在 8%～15%为最佳。原料煤灰分过低,会减小膜式壁渣层厚度,因而增大“热损失”(产生较多中压蒸汽,冷煤气效率较低)。更为重要的是黏附在膜式壁上的渣层保证平稳操作和保护膜式壁的“缓冲能力”减小了。若原料煤灰分过高,因膜式壁渣层增厚而“热损失”减小,所提高的效率超过了因熔融灰分和在渣池(仅产生低位热)冷却液态渣导致的热损失。对于低灰(<8%)煤,采用飞灰循环以保持进气化炉煤的灰分质量分数在 8%～12%。气化过程自始至终产生渣和灰,而煤的灰分决定性地影响渣与灰的分布。渣和灰的特性有显著不同。

2. 煤灰成分

煤灰成分直接影响灰的熔点和熔渣黏度。灰熔点可作为判定是否需要“助熔”的初步指标。对于灰熔点高的煤，液态排渣气化可能需要加助熔剂改变熔渣性能，这将或多或少地增加成本。

3. 煤的灰熔点（ST）

干粉煤气化属熔渣、气流床气化，为保证气化炉能顺利排渣，气化操作温度要高于灰熔点 FT（流动温度）100～150 ℃。如灰熔点过高，势必要求提高气化操作温度，从而影响气化炉运行的经济性。因此 FT 温度低对气化排渣有利。对高灰熔点煤，一般可以通过添加助熔剂来改变煤灰的熔融特性，以保证气化炉的正常运转。

4. 煤的挥发分和气化反应性

挥发分是煤加热后挥发的有机质（如焦油）及其分解产物，它是反映煤的变质程度的重要标志，能够大致地代表煤的变质程度。一般而言，挥发分越高，煤化程度越浅，煤质越年轻，反应性越好，对气化反应越有利。由于干粉气化炉采用的是高温气化，气体在炉内的停留时间比较短，这时气固之间的扩散反应是控制碳转化的重要因素，因此对煤粉粒度要求比较细，而对挥发分及反应性的要求不像固定床那样严格。

5. 粒度和水分

由于气化反应在不到 1 s 内就完成，因此，煤粉的粒度越细越好，一般要求小于 200 网目的粉煤占 90%左右（褐煤可降到 80%左右）。由于煤粉粒度的粗细直接影响了制粉的电耗和成本，因此在保证碳转化率的前提下，对挥发分含量高、反应性好的煤可适当放宽煤粉粒度，对于低挥发分、反应性差的煤（如：无烟煤）煤粉粒度应越细越好。

入炉煤的全水分应在 1%～5%。如用褐煤，则必须先进行干燥使水分降到 5%～10%，烟煤和无烟煤的水分应降到 1%左右。

国家标准《商品煤质量 气流床气化用煤》（GB/T 29722—2021）规定了水煤浆气化和干煤粉气化用煤质量的一般要求。

四、直接液化用煤的质量要求

由于煤直接液化尚未大规模推广应用，因此世界各国对液化用煤的要求标准还不一致。如日本和俄罗斯的一些学者主张采用低灰分煤；欧美有些学者则认为高灰高硫煤的价格低廉，有利于降低液化的成本。但高灰煤在磨碎过程中能耗大，尤其是含黄铁矿高的煤能耗更大，同时对液化工厂的生产效率和固液分离都不利，但黄铁矿高的煤有利于液化反应。在多数情况下，原煤的液化效果比精煤要好，所以液化以采用原煤为宜。原料煤的灰分要求不超过 25%。液化用煤的质量要求如表 9-17 所示。

表 9-17 液化用煤质量要求

煤种	V_{daf}/%	A_d/%	H/C	$\bar{R}^o_{max}$/%	惰质组含量（去矿物基）
褐煤、长焰煤、不黏煤、弱黏煤、气煤	>35	<12	>0.75	<0.65	≤45

一般宜采用挥发分较高的年轻煤（如褐煤、长焰煤和 V_{daf} 大于 35%的气煤等）做液化用煤。通常，容易液化的煤岩组分的顺序是：壳质组、镜质组，惰质组几乎不能液化。研究表明，液化用煤的惰质组含量最好低于 10%，最高也不要超过 15%。镜煤平均最大反射率 $\bar{R}^o_{max}$ 小于 0.7%的煤大多适于液化，但也有某些 $\bar{R}^o_{max}$ 达到 0.9%的煤也颇适于液化。从煤的化学成分来看，一般以含碳量小于 85%、碳氢质量比小于 16 的煤较为适宜。氧含量高的

煤，液化加氢时会消耗大量的氢变成水，会使氢耗无谓地增加。高硫分煤在液化时也会消耗大量的氢生成硫化氢析出。含氮量高的煤在液化时变成氨，因而也使氢耗量增大。如采用含氧量较低的年轻烟煤进行液化，尽管氢的消耗量较小，但反应速度要比含氧量高的褐煤慢。综上，在液化用煤的一系列煤质要求中，有许多是互相矛盾的，也许液化用煤应采用配煤的方法较为合适。

五、蒸汽机车用煤的质量要求

蒸汽机车锅炉的构造比较特殊，对煤质要求较高。一般应使用 $V_{daf}>20\%$ 的长焰煤、弱黏煤、气煤、1/3 焦煤和不适于炼焦的肥煤，以便于点燃。这些煤的火焰长，能使锅炉在短时间内达到额定产汽量，保证行驶速度和牵引力。蒸汽机车用煤的灰分 A_d 应小于24.00%，$Q_{net,ar}$ 应大于 20.91 MJ/kg。由于蒸汽机车锅炉的通风力强，煤粉易被吹跑或从炉条间隙漏掉，因此必须使用大于 6～50 mm 的块煤。此外，软化温度 ST 要大于 1 200 ℃，略有黏结性，隧道群运行时硫分 $S_{t,d}$ 以不超过 1%为宜。

六、水泥回转窑用煤的质量要求

水泥生产方法不同，对煤炭品种和质量要求也不同。回转窑要求灰分 A_d 小于 20%、发热量 $Q_{net,ar}$ 大于 23 MJ/kg 的挥发分较高的烟煤煤粉作燃料；而立窑则要求 $Q_{net,ar}$ 大于 25 MJ/kg 的无烟块煤作燃料。为减轻对水泥配方的影响，水泥用煤的质量应保持稳定。立窑水泥生产技术将逐渐被回转窑取代，水泥回转窑用煤对煤炭质量的要求详见《商品煤质量 水泥回转窑用煤》(GB/T 7563—2018)。

七、高炉喷吹用煤的质量要求

近年来，为了降低焦炭消耗，增加生铁产量，改善生铁质量，将无烟煤粉从风口随热风喷入高炉的喷吹技术得到了大力发展，已达到国际先进水平。

高炉喷吹用煤对煤的质量要求较高，煤质的好坏对喷吹的经济效益和高炉的正常操作都有直接的影响。一般认为，高炉喷吹用煤的质量应满足下列要求：灰分一般应低于 12%，最高不应高于 14%；硫含量应低于 0.5%，最高不应超过 1.0%；水分应低于 8%，最高不应高于 12%；挥发分产率应合适。一般说来，挥发分的高低对于高炉喷吹的影响不是很大，但当 V_{daf} 较高时，在制粉及喷吹过程中容易引起爆炸。我国目前基本上是以无烟煤作为喷吹的原料煤，挥发分均在 10%以下。烟煤也可以作为喷吹的原料煤，但由于其爆炸的危险性较大，喷吹需在惰性气体（一般为氮气）中进行，设备相对复杂些，成本也略有增高。此外，高炉喷吹用煤的固定碳含量应高些，一般以大于 75%为宜。哈氏可磨性指数 HGI 也应高些，虽然 HGI 的大小对高炉喷吹的效果没有直接影响，但 HGI 过小，会给制粉工艺带来一定的困难，增加动力消耗，同时减少喷吹设备的寿命（特别是喷枪）。HGI 一般应大于 50%，最低要大于 40%。煤灰成分对高炉喷吹也有一定的影响，钒和钛的含量越低越好，因为这两种元素会增加炼铁过程中灰渣的黏度，导致铁水和炉渣分离困难。煤灰中二氧化硅与氧化钙之比（SiO_2/CaO）越小越好，因为 CaO 含量的增高有助于降低酸性炉渣的黏度。另外，如煤灰中的氧化铁含量高，等于在高炉中增加了矿石中铁的成分。请参考 GB/T 18512—2022。

八、其他工业用煤的质量要求

（一）烧结铁矿用无烟煤的质量要求

我国的铁矿石有许多是贫矿。如果将贫矿直接作为高炉冶炼的原料，不仅使高炉的利用系数降低，生产能力下降，而且炼铁时的焦比也会大幅度上升，所以这种贫矿通常都要进行精选。但选后精铁矿粉不能直接送入高炉冶炼,必须将其在高温下烧结(熔融)成块。烧结时,过去多用焦粉作燃料,因此对烧结燃料的要求也是低灰、低硫和高发热量。为了节约焦炭,目前已多用无烟煤粉来代替。烧结用无烟煤的灰分应小于15%,硫分小于0.7%(最高也不应超过1%),小于0.5 mm的煤粉量要少。

(二)电石炉用无烟煤的质量要求

电石炉可以用焦炭,也可以用无烟煤作原料。开启式电石炉可全部使用无烟煤,但在密闭式电石炉中需要焦炭和无烟煤掺混使用。这两种电石炉对无烟煤的质量要求见表9-18。

表9-18 电石炉用无烟煤质量要求

煤质指标	开启式炉	密闭式炉
A_d/%	<7	<6
V_{daf}/%	<8	<10
M_t/%	<5	<2
P_d/%	<0.04	<0.04
$S_{t,d}$/%	<1.5	<1.5
真相对密度TRD	>1.45	>1.6
粒度/mm	>3~40	>3~40

(三)生产电极糊用无烟煤的质量要求(见表9-19)

表9-19 生产电极糊用无烟煤质量要求

质量指标	一级	二级
A_d/%	<10	<12
$S_{t,d}$/%	<2	<2
M_t/%	<3	<3
抗磨试验/%(>40 mm残留量)	<35	<25

(四)生产避雷器用碳化硅时对无烟煤煤质的要求(见表9-20)

表9-20 生产避雷器用碳化硅时对无烟煤质量要求

煤质指标	FC_d/%	A_d/%	粒度/mm
质 量	>80	<13	>13(或>25)

(五)生产人造刚玉时对无烟煤煤质的要求(见表9-21)

表9-21 生产人造刚玉时对无烟煤质量要求

煤质指标	FC_d/%	A_d/%	粒度/mm
质 量	>77	<15	>13(或>25)

（六）竖窑烧石灰时对无烟煤煤质的要求（见表 9-22）

表 9-22　竖窑烧石灰时对无烟煤质量要求

煤质指标	FC_d/%	A_d/%	粒度/mm
质　量	＞60	＜25	＞13～100

（七）对碳粒砂用无烟煤的质量要求

碳粒砂是送话器的主要原料。制造碳粒砂的无烟煤主要是物理性质要好（如硬度高、质地均一、块状、光亮、致密、贝壳状断口），煤灰中的 Fe_2O_3 含量要低，煤的灰分应小于 2%，挥发分也应较低，纯煤真相对密度不宜过高。但仅凭上述物理和化学性质还不能肯定这种无烟煤就一定适于制造碳粒砂，而只能作为选择时的参考。只有通过生产性的试验，才能真正确定该种煤是否可用于制造碳粒砂。

（八）制造活性炭用煤的质量要求

对于制造活性炭用的煤，灰分 A_d 低于 8%为宜，对于制造优质活性炭，原料煤的灰分应低于 5%甚至更低。煤的反应性要好，硫含量要低。此外，用于制造活性炭煤的黏结性要低，通常宜用低挥发分的无烟煤、贫煤和高挥发分的弱黏煤、不黏煤及褐煤作生产活性炭的原料煤。符合这些条件的煤主要集中在宁夏、山西、新疆、贵州、河南等地。

复习思考题

1. 煤炭分类有哪几种方法？分类时应遵循什么原则？

2. 中国煤炭分类采用哪些指标？它们是如何划分煤炭的？请详细叙述无烟煤、烟煤和褐煤的分类情况。

3. 中国煤炭分类的优缺点是什么？

4. 各类煤有何特性？它们的主要用途是什么？

5. 中国煤炭分类编码系统采用哪些参数编码？怎样编码？请举例说明。

6. 请叙述中国煤层煤的科学成因分类过程。

7. 硬煤国际分类采用哪些分类指标？它们是如何分类的？有什么缺点？

8. 褐煤国际分类是如何划分褐煤的？

9. 国际上中、高煤阶煤的编码系统采用哪些参数编码？

10. 煤质评价分哪几个阶段？它们各自的任务是什么？

11. 煤质评价的主要内容是什么？有哪些评价方法？

12. 各种工业用煤对煤炭质量有何要求？

第九章学习指南

第十章　煤炭转化概论

煤炭转化又可称为煤化工，煤化工技术的发展始于18世纪后半叶，19世纪形成了完整的工业体系。进入20世纪，煤化工成为化学工业的重要组成部分。第二次世界大战以后，由于石油化工发展迅速，很多化学品的生产从以煤为原料转变为以石油、天然气为原料，从而削弱了煤化工在化学工业中的地位。进入21世纪之后，由于中国的煤炭资源丰富和经济快速发展对煤化工产品的巨大需求，煤化工产业在中国已经发展成为一个庞大的工业体系，这包括煤炭焦化、煤制合成氨、煤制甲醇、煤制油、煤制烯烃、煤制天然气等，其中仅焦化工业每年转化的原料煤就超过6亿t。

我国传统的煤化工产业主要是炼焦工业和煤基合成氨工业，近10多年来发展起来的煤制甲醇、煤制油和煤制烯烃等技术推动了我国煤化工产业的快速发展和科技进步，形成了以洁净能源产品为主的新型煤化工工业，与此同时，以煤炭干馏、气化等为核心的热、电、燃料、化学品多联产技术也得到快速发展。这些技术将会根据原料煤资源特点、产品市场定位和工业生产特点，在我国的不同地区建成多样化的煤化工生产体系。

本教材不是煤化工工艺的专门教材，不全面介绍煤化工工艺，仅简要介绍煤的直接转化工艺和方法，如煤炭炼焦、煤炭气化、煤的直接液化、煤的低温干馏等。通过对煤炭直接转化工艺的学习，使学生能更好地理解煤化学知识在煤炭转化过程中的指导作用。

第一节　煤炭炼焦

一、焦炭的用途

（一）冶金焦

用于高炉炼铁的焦炭称为冶金焦，用于铸造生产的焦炭称为铸造焦，用于气化的焦炭称为气化焦或化工用焦。冶金焦是高炉炼铁的重要原料。高炉是中空的竖炉，由上至下分为炉喉、炉身、炉腰、炉腹和炉缸五段，高炉的炉身上口小、下口大形成倒锥状。炉料由铁矿石、熔剂和焦炭组成，生产中炉料从炉顶依次分批装入炉内，预热的高温空气（热风）由风口鼓入，焦炭在风口前激烈燃烧，释放出的热量为高炉冶炼过程提供热源。燃烧反应后生成的CO是高炉冶炼过程的还原剂。燃烧和还原反应生成的高温煤气穿过料层上升，对下降的炉料进行加热。炉料在下降过程中，矿石中的铁氧化物被还原成金属铁，在炉腹下部的高温区内，铁矿石和熔剂都将熔化、熔融，只有焦炭还以固态存在，固态焦炭的存在使炉内下部维持良好的透气性，因此在高炉内焦炭还起到高温填料的作用。

归结起来，焦炭在高炉内有三方面的作用：① 高温热源作用；② 提供还原剂的作用；③ 疏松骨架填料作用。在现代大型高炉中，骨架作用最为关键。

高炉内整个料柱的透气性是高炉操作的重要条件，在高炉炉料中，焦炭约占高炉有效容积的50%，因此焦炭在炉内的块度、强度以及焦块在高炉下部的停留时间，对高炉的透气性有直接的影响。随着高炉冶炼技术的不断提高,高炉向大型化方向发展,同时高炉采用喷吹技术,使得焦炭在高炉内用量逐渐减少,但所起的骨架作用却更显重要。

目前我国冶金企业入炉焦比在400～550 kg(焦)/t(铁),技术先进的高炉喷煤比达到230 kg(煤)/t(铁),入炉焦比已降至300 kg(焦)/t(铁)以下。

(二) 铸造焦

铸造焦用于冲天炉(也称化铁炉)作燃料。冲天炉的作用是将生铁熔化,并尽可能提高铁水温度,进而提高铸件的质量。焦炭的主要作用就是提供热量,并对铁水进行渗碳。因为冲天炉内不易脱硫,故要求铸造焦的硫分含量低。为了提高铁水温度,延长焦炭在冲天炉内高温过热区的停留时间,要求铸造焦的气孔率小、反应性低、块度大。

铸造焦在冲天炉内要经受下落的铁块的冲击,并承受重力和摩擦力的作用,因此对铸造焦的强度要求较高。铸造焦的块度以大于80 mm为佳。因此生产铸造焦一般都选用主焦煤为骨架煤料,生产工艺以捣固炼焦为主。为了降低铸造焦的气孔率和反应性、增大块度,炼焦煤料中常添加无烟煤或焦粉,有时还添加石油沥青焦,以降低铸造焦的灰分和硫分。

除了上述两类焦炭外,还有用于发生炉或水煤气生产的焦炭,称为气化焦。气化过程要求焦炭具有良好的反应性,而对焦炭的强度并无特殊要求。因此气化焦可选用气孔率大、强度低、块度小的焦炭。

二、焦炭的化学反应性能及反应后强度

焦炭在使用过程中会与O_2、CO_2或水蒸气之间发生化学反应,焦炭在与这些气体之间的反应过程中所表现出的反应性能的高低,对不同的生产过程有不同的影响。对于冶金焦或铸造焦,要求反应性要低,而对于气化焦则希望反应性要高。若焦炭的反应性高,则在炉内快速消耗,很快降低焦炭的强度,使冶金过程趋于恶化;若焦炭的反应性低,则在炉内消耗慢,焦炭的强度保持得就好,就有利于冶金过程的稳定进行。反应性和反应后强度是反映焦炭在高炉中粒度稳定性的两个指标,可用焦炭反应性指数CRI和反应后强度CSR表征,这两个指标在同一个试验中完成,方法要点是:

将一定量的焦炭放在反应炉中通氮气升温,当料层中心温度达1 100 ℃并稳定10 min,切断氮气,改通二氧化碳,记录开始反应时间。通二氧化碳反应2 h,停止加热。切断二氧化碳气路,改通氮气冷却到100 ℃以下,倒出焦炭,称量、记录。将反应后的焦炭全部装入特制转鼓内,以20 r/min的转速共转30 min,然后取出,用10 mm圆孔筛筛分,称量筛上物质量并记录。

焦炭反应性指标以损失的焦炭质量占反应前焦样总质量的百分数表示。反应后强度指标以转鼓后大于10 mm粒级焦炭占反应后残余焦炭的质量分数表示。

三、常规炼焦的原理

常规炼焦一般是指以几种黏结性烟煤为原料,按一定比例混合,在焦炉中隔绝空气加热到1 000 ℃左右,煤依次经过干燥脱水、软化熔融、黏结成块、固化成焦等过程,转化为具有较高强度和一定块度的、适合高炉冶炼使用的焦炭的过程。

(一) 煤在焦炉炭化室内的结焦过程

焦炉的炭化室是带一定锥度的窄长空间,炭化室内的煤料被两侧炉墙传递的热量加热,结焦过程从炭化室的两侧炉墙向炭化室中心逐渐推移,形成一个动态的炼焦过程。

因为焦炉炭化室的侧向供热，且炉料导热系数低，因此在整个成焦过程的大部分时间内，炭化室内与炉墙垂直方向上炉料的温度梯度较大，离炭化室墙面不同距离的各层炉料，所受到的温度不同而处于热解过程的不同阶段，整个炭化室内炉料的状态随时间而变化(图 10-1 右)。靠近炉墙附近的煤先形成焦炭，而后焦炭层逐渐向炭化室中心推移，这就是所谓的“成层结焦”。炭化室中心面上的炉料温度始终最低，因此以结焦末期炭化室中心面的温度(焦饼中心温度)作为焦饼成熟度的标志，称为炼焦最终温度。

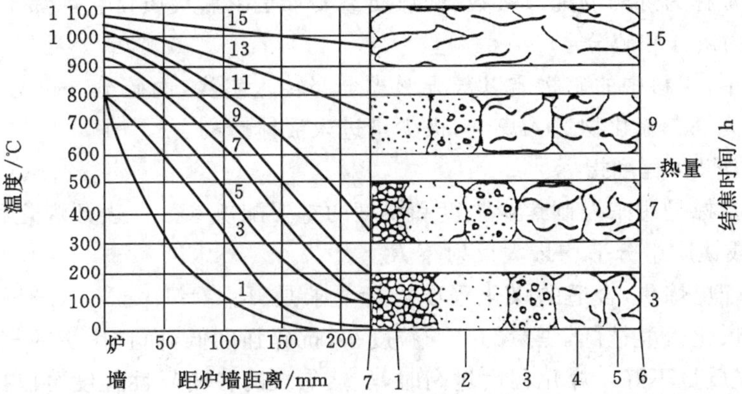

1—湿煤；2—干煤层；3—塑性层；4—半焦层；5—焦炭层；6—炉墙；7—炭化室中心。

图 10-1　不同结焦时间下炭化室内各层炉料的温度与状态

由于各层炉料距炉墙的距离不同，传热条件各不相同，最靠近炉墙的煤料升温速率最快，约 5 ℃/min，而位于炭化室中心部位的炉料升温速率最慢，约 2 ℃/min，这种温度变化的差别必然导致焦炭质量的差异。常规炼焦采用湿煤装炉，结焦过程中湿煤层被夹在塑性层之间，这样湿煤层内的水汽不易透过塑性层向两侧方向导出，致使大部水汽窜入内层湿煤中，并因内层温度低而冷凝下来，这样内层湿煤水分增加，加之煤的导热系数小，使得炭化室内中心煤料长时间停留在水的蒸发温度以下，煤料水分愈多，结焦时间就愈长，炼焦的耗热量也就愈大。

(二) 配煤的意义与配煤质量要求

1. 配煤的目的

配煤的目的在于使各种煤之间性质上取长补短，符合焦炉的生产要求，生产出满足质量要求的优质焦炭，并副产炼焦化学产品，实现煤炭资源的合理利用。

冶金焦的质量要求是：灰分低、硫分少、强度高、各向异性程度大。这种要求在常规炼焦方法条件下，用单种煤炼焦是很难实现的。此外，由于煤种的相对储量、分布和开采能力的制约，不可能进行大规模的单种煤炼焦生产，特别是优质炼焦煤资源有限，工业上必须采用配煤炼焦以确保焦炭质量和合理利用煤炭资源。

2. 配煤的原则

为了生产质量合格的焦炭，首先要确保配煤的质量，并综合考虑炼焦工业的长远发展，炼焦配煤应遵循如下一般原则：

(1) 配煤质量应与煤料的预处理工艺及炼焦条件相适应，使焦炭的质量达到规定的指标，满足用户的质量要求，同时控制配煤的成本，提高经济效益。

(2) 煤源的数量可靠、质量稳定,符合本区域内煤炭资源的组成,有利于扩大炼焦煤源,同时缩短平均运距。

(3) 在保证焦炭质量的前提下,尽量多配用高挥发分煤,既有利于降低生产成本又有利于增加化学产品和煤气产量。

3. 配煤的质量要求

配煤的质量要求主要包括配煤的灰分、硫分、煤化程度和黏结性指标等,其中煤化程度和黏结性指标被称为炼焦的配煤参数,配煤质量要求是由焦炭质量和炼焦条件共同确定的。

(1) 配煤的灰分和硫分

成焦过程中,煤料中的矿物质以灰分形式全部转入焦炭,而硫分一部分残留在焦炭中,另一部分转化为气态硫化物进入煤气,极少量进入液体产物。

(2) 配煤的煤化程度指标

煤化程度指标是用来控制焦炭强度和块度的重要配煤参数。表征煤化程度的指标一般用挥发分 V_{daf} 或镜质组分平均最大反射率 $\bar{R}^{o}_{max}$。

对于常规配煤炼焦,合适的煤化程度指标要求是:$\bar{R}^{o}_{max}=1.2\%\sim1.3\%$,相当于 $V_{daf}=26\%\sim28\%$。煤化程度过低,焦炭的平均粒度小,抗碎强度低,而且焦炭的气孔率高,各向异性程度低,焦炭质量不好。煤化程度过高时,虽然焦炭的各向异性程度可以提高,但是,由于煤料的黏结性变差,成焦过程中熔融不好,焦炭的耐磨强度降低,另外还可能导致焦炉出炉操作时推焦困难。

针对我国炼焦煤资源的特点,同时为了尽量提高化学产品产率,我国煤炭科学研究总院北京煤化所提出煤化程度指标的合适范围为 $V_{daf}=28\%\sim32\%$。

(3) 配煤的黏结性指标

煤的黏结性决定了煤的结焦性,煤黏结性指标较多,国际煤分类的黏结性指标采用坩埚膨胀序数、罗加指数和格金指数等。我国过去一直采用胶质层最大厚度 Y 作为黏结性指标,其合适的范围是:$Y=17\sim22$ mm。1975 年以后,北京煤化所提出了黏结指数 G 指标,推荐采用该指标指导配煤,其合适范围是:$G=58\sim72$ 。

(4) 配煤的膨胀压力

煤在炭化室内膨胀压力是由多种因素决定的,膨胀压力的大小没有理论计算的方法,只能用试验的方法加以测定。可以采用试验焦炉测定膨胀压力大小。对于新建炼焦厂,在进行炼焦煤种的选择时,可在实际生产焦炉上对配煤方案做单孔试验,以便得到更加可靠的试验数据。

4. 备煤炼焦工艺条件

备煤炼焦工艺条件是指煤料粉碎的细度、装炉煤的水分和堆密度、炼焦速度和炼焦温度等,这些炼焦条件对焦炭的质量有较大的影响。

(1) 煤料细度

炼焦配煤的细度是指煤料粉碎后小于 3 mm 的煤料质量占总质量的百分比。常规炼焦条件下要求细度在 80%左右,捣固炼焦细度一般大于 95%。

(2) 装炉煤堆密度和水分

提高装炉煤的堆密度,有利于提高焦炭的质量,同时还可以提高焦炉的生产能力。采用煤捣固、煤干燥预热、配型煤等炼焦工艺,都在不同程度上实现了提高堆密度、增加焦炭强度的目的。在常规炼焦条件下，装炉煤的堆密度主要受煤料水分、细度以及加煤方法的影响。

(3) 炼焦速度

现代焦炉炭化室的宽度有多种规格，不同宽度炭化室的焦炉，因燃烧室的加热条件以及传热条件大致相同，则宽炭化室内煤料的总体升温速度必然低于窄炭化室内的煤料升温速度，这种差别可用炭化室内平均宽度与其对应的结焦时间的比值来进行衡量，该比值称为炼焦速度。

(4) 炼焦温度

焦炉生产中提高炼焦最终温度，可以提高煤的干馏程度，使焦炭的结构更加致密，焦炭结构中氢含量减少、石墨化程度增加、各向异性程度加大，焦炭的耐磨强度和反应后强度均得到相应提高，但抗碎强度稍有下降。一般炼焦生产中炭化室的最高温度控制在(1 000±50)℃。

(三) 备煤工艺

在焦化厂配煤过程称之为备煤，备煤工序主要包括来煤接收、贮存、倒运、配合混匀、粉碎等生产环节，在炼焦生产中属于煤的准备部分。

1. 煤的接收和贮存

焦化厂无论大小，都必须设置贮煤场或贮煤塔，并贮存一定的煤量，以保证焦炉的连续生产，不致因煤短期中断导致焦炉被迫停产保温，同时也是为了稳定装炉煤料的质量。另外煤料在堆放过程中的沥水作用，可使装炉煤的水分稳定。

2. 煤的配合、粉碎和输送

焦化厂备煤粉碎加工环节分为先配合后粉碎和先粉碎后配合两种方式，配合和粉碎工艺有多种流程和设备，两者组合形成各种具体流程。

(1) 先配后粉流程

将单种煤先按配煤比例的要求配合，然后对配合煤进行粉碎。该工艺流程简单、设备少、操作方便，粉碎过程兼作混匀操作，在焦化厂得到广泛采用。

(2) 分组粉碎(先粉后配)流程

该工艺是将单种煤先粉碎，然后按比例配合均匀。该流程可按单种煤的性质和粉碎细度要求分别控制不同的粉碎程度，有助于提高焦炭质量。为简化工艺，当炼焦煤中只有1～2 种煤的硬度或岩相组成相差较大时，可采用部分煤预粉碎，然后再按配煤比与其他煤料配合，再集中粉碎。这样可使分组粉碎的流程简化，流程中同样可以不设专门的混匀设备。

四、焦炉的结构和焦炉炉型

炼焦工业经历一百多年的发展历史，这期间炼焦炉的发展大体可分为四个阶段，即成堆干馏与砖窑、倒焰炉、废热式焦炉和现代焦炉。现代焦炉几乎全部是水平室式焦炉。

现代焦炉的特征是炭化室呈窄条状(水平室式焦炉)，两侧的燃烧室分成多个立火道，利用废气蓄热原理工作。除捣固焦炉采用炭化室侧面装煤外，绝大多数焦炉采用炭化室顶部加煤、侧面出焦的操作方式。

现代焦炉的发展方向是大型化，具有高效、低耗、低污染、高度自动控制和机械化生产以及长寿命的特征。

（一）焦炉炉体构造

1. 焦炉的结构

炼焦炉的结构可划分为炭化室、燃烧室、蓄热室、斜道区和炉顶区等几部分，蓄热室以下的部位为焦炉的基础（见图 10-2）。

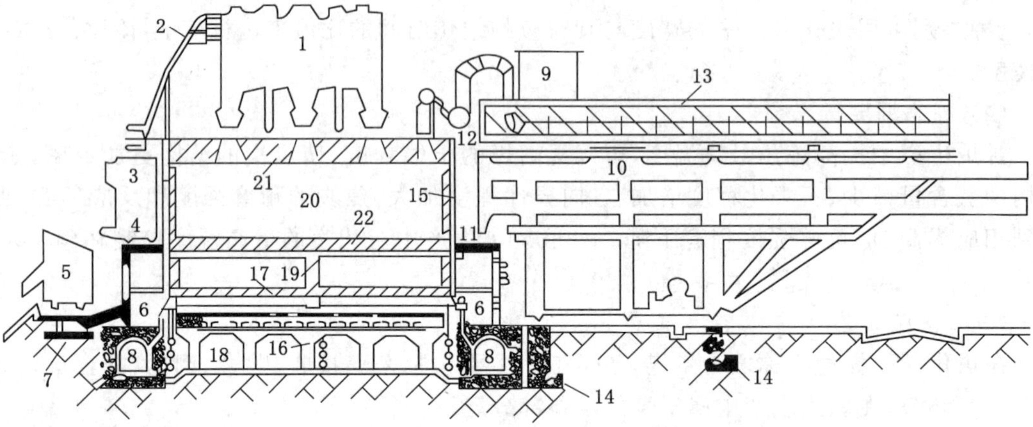

1—装煤车；2—磨电架线；3—拦焦车；4—焦侧操作台；5—熄焦车；6—废气开闭器；
7—熄焦车轨道基础；8—分烟道；9—仪表小房；10—推焦车；11—机侧操作台；12—集气管；
13—吸气管；14—推焦车轨道基础；15—炉柱；16—基础构架；17—小烟道；18—基础顶板；
19—蓄热室；20—炭化室；21—炉顶区；22—斜道区。

图 10-2 JN 型焦炉及其基础断面示意图

（1）炭化室和燃烧室

常规顶装焦炉的炭化室是一个带锥度的长方形空间。炭化室的顶部有加煤孔和荒煤气出口，炭化室的两端装有可打开的炉门。为了减少推焦的阻力，防止损坏炉墙，炭化室的焦侧（出焦时焦炭出口侧）比机侧（推焦机所在一侧）略宽，此宽度差称为炭化室的锥度。为便于荒煤气顺利导出，炭化室内的装煤高度低于炭化室的总高，装煤高度称为炭化室的有效高度。

炭化室在长度方向上，由于炉门衬砖伸入炉内，使实际装煤空间的长度（即有效长度）比炭化室的全长略小。炭化室的有效容积为有效长、平均宽和有效高度三者的乘积。

焦炉的炭化室与燃烧室相间排列，燃烧室长度与炭化室相同，在宽度上具有与炭化室锥度大小相同、方向相反的锥度，这样机焦两侧炭化室的中心距是相同的。

现代焦炉的燃烧室由若干垂直的立火道组成，立火道底部有供煤气或空气的入口（或废气出口）。立火道之间的相互连接方式有多种类型。燃烧室立火道分成两大组，当一组立火道供煤气和空气燃烧时，另一组立火道则排出燃烧产生的废气，每隔一定的时间，两组立火道的气流进行交换以维持加热的均匀，同时也满足焦炉设置蓄热室的要求。

燃烧室与炭化室之间的隔墙称为炉墙，焦炉在生产时，炉墙燃烧室侧的平均温度约 1 300 ℃，炭化室侧的墙面可达 1 100 ℃以上。在此高温下，墙体还要承受一定的侧向推力和上部的重力，要求墙体结构上要防止干馏煤气泄漏、导热性能要好、整体结构强度要高，为此现代焦炉的炉墙普遍采用带舌槽的异型硅砖砌筑。

（2）蓄热室

蓄热室的作用是回收燃烧室产生的高温废气的废热，预热燃烧所用的空气或煤气。蓄热室位于焦炉炉体的下部，现代焦炉采用横蓄热室。

蓄热室主要靠格子砖交替地吸热和放热起到回收热量的作用。当蓄热室内通入下降的高温废气时，格子砖被废气加热；下一个周期，改变蓄热室内的气流方向，变成上升气流，通入空气或煤气，这时被加热了的格子砖又对空气或煤气进行加热，使其温度达 1 000 ℃以上。

蓄热室的底部是小烟道，其作用是将上升气流的空气或煤气均匀分配进入蓄热室，将下降气流的废气从蓄热室下部汇集并通过小烟道排出。

（3）斜道区

斜道区结构是焦炉最复杂的部位，斜道区位于蓄热室和燃烧室之间，斜道是连接燃烧室立火道和蓄热室的通道，不同结构类型的焦炉斜道区结构差异很大。燃烧室的每个立火道都与两个斜道和一个煤气通道相连。

（4）炉顶区

炭化室盖顶砖以上部位为炉顶区，该区砌有装煤孔、上升管孔、看火孔、烘炉孔以及拉条沟等。为减少炉顶散热，炉顶不受压部位砌有隔热砖。为防止雨水对焦炉表面的侵蚀，炉顶表面用耐磨性好的缸砖砌筑。

（5）焦炉基础和烟道

焦炉的基础位于炉体的底部，支撑整个炉体、炉体设备和焦炉机械的重量。焦炉基础的结构形式随炉型和加热煤气供入方式而不同，下喷式焦炉的基础有地下室（见图 10-2），它由底板、顶板和支柱组成，整个焦炉砌在焦炉顶板平台上。

2. 焦炉设备

（1）焦炉护炉设备

焦炉的护炉设备是指保证焦炉砌体坚固、完整和严密的设备，它包括保护板、炉门框、炉柱、纵拉条、横拉条、大小弹簧和炉门等。护炉设备的作用是向焦炉砌体施加大小足够、分布合理的保护性压力，使砌体在自身膨胀和收缩以及外力作用下仍能完整、严密，从而确保焦炉正常生产和长寿命。

（2）焦炉煤气设备

焦炉的煤气设备包括加热煤气供给设备和干馏煤气的导出设备。

焦炉炭化室导出的煤气称为荒煤气，因此干馏煤气的导出设备又称为荒煤气导出设备，它由以下几部分组成：上升管、桥管、水封阀、集气管、焦油盒和吸气管以及附属管道（氨水管、蒸汽管、工业水管）等，其配置参见图 10-3 和图 10-4。

从炭化室来的荒煤气，其温度在 700 ℃以上，在桥管内被 70 ℃左右的循环氨水喷洒，氨水蒸发吸热使煤气温度冷却到 80 ℃左右，与此同时，荒煤气中 70%的焦油冷凝下来。冷却后的煤气进入集气管。集气管中的氨水、焦油、焦油渣等经焦油盒沿吸气管流走。

（3）废气设备

焦炉的废气设备是将焦炉燃烧的废气导出并将加热煤气和空气导入的设备，包括废气开闭器、分烟道翻板和总烟道翻板等。开闭器是导入煤气、空气和排出废气的设备。废气开闭器由焦炉交换系统的交换拉条带动，实现空气、煤气和废气的定期交换。

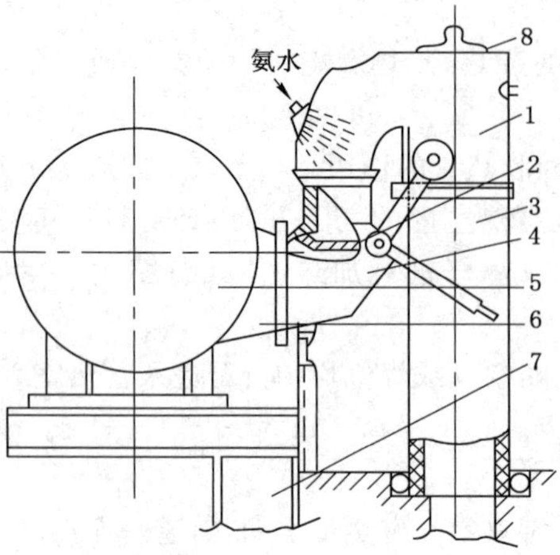

1—桥管；2—水封阀翻板；3—上升管；
4—阀体；5—集气管；6—水封阀连接短管；
7—炉柱；8—上升管盖。

图 10-3 荒煤气导出设备

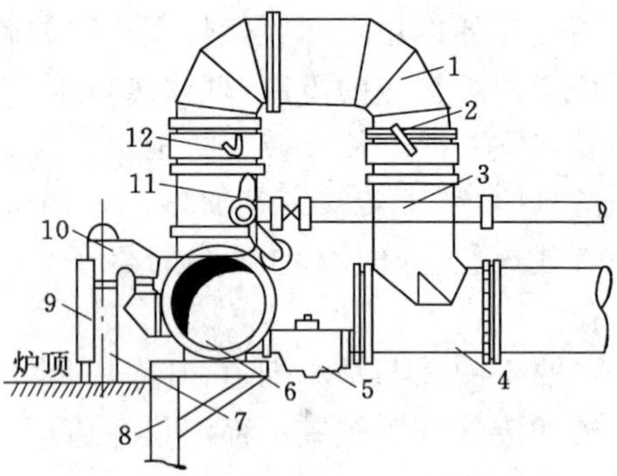

1—“Π”型管；2—自动调节翻板；3—氨水总管；
4—吸气管；5—焦油盒；6—集气管；7—上升管；
8—炉柱；9—隔热板；10—弯头与桥管；
11—氨水管；12—手动调节翻板。

图 10-4 荒煤气导出系统

(4) 交换设备

焦炉在生产过程中，一般每隔 20～30 min 要进行一次气体流动方向的交换，以交替实现焦炉蓄热室的蓄热和预热功能。交换设备包括交换传动系统和交换机。交换设备是改变焦炉加热系统气体流动方向的动力设备和传动机构，交换机是带动各传动拉条的动力机械。

(二) 主要焦炉炉型

代表焦炉发展水平的现代焦炉炉型有奥托(Otto)式焦炉、卡尔·斯梯尔(Karl Still)型焦炉、克虏伯-考伯斯(Krupp-Koppers)型焦炉等。除此之外，日本和中国也都设计建造本国的炉型，如日本新日铁式焦炉和我国的 JN 型焦炉。

中国自主设计建造焦炉的历史始于 1958 年，原鞍山焦化耐火材料设计研究院成立后，新中国开始发展国产焦炉。1959 年，我国首座自行设计的 58 型焦炉在北京焦化厂建成投产；1967 年，我国自行设计的 3 孔 6.1 m 试验焦炉在鞍钢试验成功；1971 年，我国首座 5.5 m 焦炉在攀钢建成投产；1984 年，我国自行设计的单孔 8 m 试验焦炉在鞍钢试验成功；1985 年，我国首座从日本引进的 6 m 焦炉(M 型焦炉)在宝钢建成投产；1987 年，我国自行设计的首座 6 m 焦炉(JN60 型)在北京焦化厂建成投产；2006 年，我国首座从德国引进的 7.63 m 焦炉在山东兖矿集团有限公司焦化厂建成投产；2008 年，我国自行设计的首座 6.98 m 焦炉在鞍钢鲅鱼圈建成投产。

有关焦炉的基本参数见表 10-1。

1. 66 型焦炉

66 型焦炉是我国原鞍山焦化耐火材料设计研究院为年产 10 万 t 焦化厂设计的炉型，由 2 座 25 孔焦炉组成，是两分火道结构的焦炉，该型焦炉具有加热系统结构简单的特点。经多年的生产应用，对原设计的 66 型焦炉进行了多次修改，改进的炉型有 66-2 型、66-3 型和 66-4 型三种。前两种炉型为焦炉煤气侧入，每个燃烧室有 14 个立火道，机焦侧各 7 个火道，火道中心距为 470 mm；而 66-4 型焦炉为下喷式，并且每个燃烧室有 15 个火道，分别为机侧

表 10-1 有关焦炉的基本参数

炉型		炭化室有效容积/m³	炭化室尺寸/mm						燃烧室		设计结焦时间/h	炉组孔数	生产规模/(万 t/a)
			全长	有效长	全高	有效高	平均宽	锥度	加热水平/mm	火道个数			
两分式	66-Ⅳ	5.25	7 170	6 470	2 520	2 320	350	20	523	14	12	2×25	10
	两分下喷复热	11.3	11 200	10 520	2 800	2 500	420	40	500	12+10	16	2×32	20
	卡尔·斯梯尔	52.5	17 000		7 650		450	76		19+16	19.8	124	
双联式	JN 58 型(407)	21.6	14 080	13 280	4 300	4 000	407	50	800	28	15	2×65	90
	JN 80 型(450)	23.6	14 080	13 280	4 300	4 000	450	50	800	28	17	2×42	60
	JNK43-98D	26.6	14 080	13 280	4 300	4 000	500	50	700	28	20	2×38	50
	JNK43-98F	26.6	14 080	13 280	4 300	4 000	500	50	700	28	20	2×45	50
	TJL5550D	39.36	15 980	15 140	5 500	5 200	500	20		32	22.5	2×50	100
	JND625-06	51.4	17 000		6 170		530		850		24.5	4×46	220
	JN60-82 型	38.5	15 980	15 140	6 000	5 650	450	60	900	32	19	2×50	100
	JNX60-87 型(宝钢)	38.5	15980	15140	6 000	5 650	450	60	900	32	19	4×50	200
	新日铁 M 型(宝钢)	37.6	15 700	14 800	6 000	5 650	450	60	755	30	20.7	4×50	200
	奥托(法国)	49.96	15 600		7 500		450	76		30	17.3		
	考伯斯(胡金根)	70	18 000		7 850		550	70			22.4	70	
	JN70	55.6	17 640		6 980	6 630	500	50	1100	34	21	2×60	150
	7.63m 焦炉(A)①	78.84	18 560	17 760	7 540	7 090	623	50	1210	36	25	2×60	190
	7.63m 焦炉(B)②	78.84	18 560	17 770	7 540	7 090	603	50	1210	36	25.2	2×70	220
	Schwelgern 焦炉	93	20 800		8 340	8 320	590	50		40	25	2×70	264

注:① 山东兖矿集团国际焦化厂引进德国的炉型。

② 太钢/武钢/马钢/首钢/沙钢建设炉型,加热水平分别为 1 110/1 210/1 440/1 500 mm。

7个,焦侧8个。由于两分火道结构不利于大型焦炉燃烧室火道温度的控制,因此国内近年来新建的高大焦炉均未采用此类焦炉的结构设计。

2. JN型焦炉

1958年,在总结多年炼焦生产实践经验的基础上,吸取国外炉型优点,我国自行设计了58型大型焦炉,经长期的实践,目前已发展成一系列炉型,如JN60、JN80、JNX70和JND55等炉型。

58型焦炉的结构特征为:双联火道、焦炉煤气下喷、废气循环、复热式焦炉。焦炉的宽度有两种规格,即平均宽407 mm和平均宽450 mm,对应焦炉的炉组分别为2×65孔和2×42孔,相应焦炭产量分别为90万t/a和60万t/a。

该焦炉燃烧室由28个立火道组成,分成14组形成双联结构。在双联火道的底部隔墙上设有废气循环孔,利用下降气流火道的部分废气循环进入上升火道,拉长燃烧火焰,改善高向加热的均匀性。焦炉煤气采用下喷设计,调节方便、准确。

该炉型具有结构严密、炉头不易开裂、高向加热均匀、调节方便、热工效率高、砖型少(407 mm宽271种,450 mm宽266种)等优点。

80型焦炉是20世纪80年代初鞍山焦化耐火材料设计研究院在原58型焦炉的基础上改进设计的炉型,结构特征与58型焦炉基本相同,属双联火道、煤气下喷、废气循环、复热式焦炉。在炉体结构等方面进行了多项改进,使得焦炉的结构更加合理,热工效率提高。

JN60型焦炉为双联火道、煤气下喷、废气循环、复热式顶装焦炉。其炉体结构特点是:蓄热室主墙宽度为290 mm,采用三沟舌结构;单墙宽度为230 mm,采用单沟舌结构。斜道宽度为120 mm。边斜道出口宽度为120 mm,中部斜道出口宽度为96 mm。这样,既可大量减少砖型,又可提高边火道温度。有些焦炉采用高低灯头结构。

JNX60-87型是1987年专为宝钢二期焦炉而设计的焦炉。它的外形和基本尺寸与JN60型焦炉基本相同,亦为双联火道、煤气下喷、废气循环、复热式顶装焦炉。其不同之处是蓄热室分格。其优点是气流分布均匀,热工效率高;火道温度调节是在地下室通过蓄热室箅子砖上的可调节孔调节,因此调节简便、准确、容易。其缺点是蓄热室结构复杂、砌筑困难,如格子砖堵塞,则不易更换,因此未推广使用。

目前国内炭化室容积最大的焦炉是炭化室高7.63 m焦炉,分别在兖矿集团国际焦化、太钢、武钢、马钢和首钢等多家焦化厂得到应用,使我国的焦炉大型化进程得到快速发展。

3. JNX70和JNX3-70型焦炉

为适应我国钢铁企业建设大型焦炉的需要和炼焦煤的资源情况,中冶焦耐工程技术有限公司在总结国内JN系列焦炉经验及8 m试验炉试验数据的基础上,借鉴国外大型先进焦炉的长处,于2005年自行开发设计了炭化室高6.98 m、宽450 mm的JNX70-2型焦炉。该焦炉结构与7.63 m焦炉结构类似。

4. 7.63 m焦炉

2003年,山东兖矿集团首次引进德国7.63 m超大容积焦炉(二手设备),于2006年建成投产,其后又有太钢、马钢、武钢、首钢、沙钢等相继建设了7.63 m焦炉。7.63 m焦炉的引进掀起了中国焦炉大型化的热潮,至今我国已建成投产的7.63 m焦炉有15座。

7.63 m焦炉是目前国内炭化室高度最高、单孔炭化室容积最大的焦炉,该焦炉是国内首次从德国TKEC公司引进的先进炉型,该焦炉具有焦炭质量高、环保水平高及自动化程度高等优势，但国内早期 7.63 m 焦炉存在炉顶空间温度高导致炉顶空间和上升管根部结石墨严重、炼焦耗热量高、化产品质量不稳定、焦炉加热调节手段不畅、操作维护费用高等问题。

7.63 m 焦炉炉型为双联火道，分段加热，废气循环，焦炉煤气下喷，高炉煤气、空气侧入，蓄热室分格的复热式大型焦炉。该焦炉具有以下结构优势：蓄热室采用分格蓄热室，每个立火道单独对应两格蓄热室，且构成一个加热单元；水平烟道（格子砖底部）设有喷嘴板，喷嘴板调节方便、准确，并使得加热煤气和空气在蓄热室长向上分布合理均匀。蓄热室主墙和隔墙结构严密，用异型砖错缝砌筑，保证了各部分砌体之间不互相串漏。由于蓄热室高向温度不同（由蓄热室底的 100 ℃到蓄热室顶的 800 ℃），因此蓄热室下部采用半硅砖砌筑，而蓄热室上部（接近蓄热室高度的 65%）采用硅砖砌筑。从而保证了主、单墙和各分隔墙之间的紧密接合。

该焦炉与传统焦炉相比，具有以下的综合优势：

(1) 同等产能的情况下，7.63 m 焦炉、7 m 焦炉占地面积小，建设周期明显短于 6 m 焦炉；同等产量情况下，7.63 m 焦炉与 6 m、7 m 焦炉相比，装煤、推焦次数少，炉门、上升管、装煤孔少，炉门密封长度小，具有内在环保优势。

(2) 燃烧室立火道采用 3 段加热方式，保证了高向加热均匀，而且炭化室墙厚度为 95 mm，耗热量低节能；

(3) 同样生产能力，6 m 焦炉和 7 m 焦炉比 7.63 m 焦炉机械投入增加一倍。同时人力配置也增加一套；焦炉出炉采用 2-1 串序，对焦炉加热工艺最优，机械设备使用率高，节约电能。

(4) 从环保设施配置上看，7.63 m 焦炉通过采用集气管压力调节技术，实现了对单孔炭化室压力调节，保证每个炭化室从装煤到炭化末期都为微正压，既节能又很好地解决了焦炉环保问题。

5. 8.4 m 焦炉

该焦炉建于 2003 年，位于德国杜伊斯堡的 Schwelgern 港，属于德国 TKEC 公司所有，焦炉主体由德国伍德公司设计，是当今世界上运行的传统顶装焦炉中炭化室有效容积最大的焦炉，炭化室有效容积达 93 m^3，炭化室单孔装煤 79 t。该焦炉的结构特征与 7.63 m 焦炉大体相同，为双联火道，分段加热，废气循环，焦炉煤气、高炉煤气、空气侧入，蓄热室分格的复热式超大型焦炉。由于焦炉尺寸大，承重要求高，与 7.63 m 焦炉有所不同，该焦炉的焦炉煤气导入方式采用侧入方式，而不采用下喷结构，这样可以取消焦炉的地下室，焦炉下部结构仅在焦侧下方紧邻烟道处建设沿焦炉长向布置的地下通道，用于布置高炉煤气管道。

该焦炉在装备和操作等方面，是目前世界上应用新技术最多、自动化控制程度最高、污染物排放控制水平最先进的焦炉。

6. 捣固焦炉

捣固焦炉的加热系统与传统的顶装焦炉相同，与顶装焦炉不同的是加煤方式，捣固焦炉加煤是利用捣固机械在炭化室外将煤料捣固成尺寸小于炭化室的煤饼，再由炭化室的机侧一端推入炭化室炼焦。JND 捣固焦炉是我国设计的捣固焦炉，炭化室高有 3.2 m、3.8 m、4.3 m、5.5 m 和 6.25 m 等。国内新建捣固焦炉均采用双联火道、废气循环、下喷式结构。

捣固焦炉炉顶设上升管孔供排出荒煤气用，炉顶还设有排气孔供与消烟车对接以排出装煤烟气或供补充加煤用。

国内 5.5 m 的捣固炼焦炉的主要技术参数和指标如下：

炭化室全长：	16 090 mm(冷态)
	16 302 mm(热态)
炭化室全高：	5 550 mm(冷态)
	5 623 mm(热态)
炭化室平均宽：	490 mm
炭化室锥度：	20 mm
炭化室中心距：	1 300 mm(冷态)
煤饼长度(顶/底)	15 080/15 290 mm
煤饼宽度：	450 mm
煤饼高度：	5 300 mm
煤饼体积：	36.22 m^3
立火道个数：	32 个
炭化室墙厚：	100 mm
焦炉孔数：	2×55 孔
煤饼质量：	38.01 t
焦炉周转时间：	22 h

2006 年，中冶焦耐工程技术有限公司开发设计了国内最高的 6.25 m 捣固焦炉，并已于 2009 年 3 月 3 日在河北唐山佳华工程成功投产。使我国捣固炼焦大型化技术达到了世界先进水平。该工程建设规模为 4×46 孔，年产干全焦 220 万 t。

JND625-06 型复热式捣固焦炉为双联火道、废气循环、焦炉煤气下喷、高炉煤气侧入。其主要工艺特点为：捣固、装煤、推焦三位一体，由皮带输送机向 SCP 车送煤；采用带双 U 形导烟管的装煤烟气转换 CGT 车，并将装煤烟气导至 $n+2$ 号和 $n-1$ 号炭化室(采用 5-2 串序)；机侧操作台设刮板机，操作台外侧设胶带机以运送塌饼煤料；单侧上升管、单集气管、双吸气管均设置于焦侧；推焦除尘采用地面站，同时用于处理机焦侧炉门冒出的烟尘。

根据我国颁布的《焦化行业准入条件》(2014 年修订)的规定要求，新建和改扩建焦化生产企业应满足节能、环保和资源综合利用的要求，实现合理规模经济。常规机焦炉：新建顶装焦炉炭化室高度必须≥6.0 m、容积≥38.5 m^3；新建捣固焦炉炭化室高度必须≥5.5 m、捣固煤饼体积≥35 m^3，企业生产能力 100 万 t/a 及以上。我国《产业结构调整指导目录》(2021 年修订)将捣固炼焦划归鼓励类。

(三) 焦炉的出炉操作

焦炉的出炉操作包括装煤、推焦和熄焦三个环节。装煤操作是由加煤车进行的，加煤车从焦炉的煤塔受煤，然后将煤加入炭化室。焦炉加煤操作的要求是：装满、装平、定量、均衡、减少烟尘排放。

焦炉出炉按推焦计划进行，推焦计划是焦炉出炉操作遵循的时间表。推焦计划由周转时间和推焦串序确定。周转时间是指某一孔炭化室相邻两次推焦或装煤的时间间隔。在一个周转时间内，除完成一组焦炉所有炭化室的推焦和加煤操作外，还必须留有一定的时间进行设备检修。

周转时间＝全炉操作时间＋检修时间

对于一孔炭化室，

周转时间＝结焦时间＋炭化室的操作时间

推焦串序是焦炉各孔炭化室出炉操作的次序安排，焦炉炭化室的出炉操作是按照特定的顺序进行的，工业上常用的推焦串序有 9-2 串序、5-2 串序和 2-1 串序。出炉操作采用一定的推焦串序，其主要目的让每两个相邻的炭化室在结焦周期上相差一半，这样既平衡焦炉燃烧室对两侧炭化室的供热需求，同时也有利于推焦过程对焦炉炭化室炉墙的侧向保护。从原理上讲，2-1 串序是最理想的推焦串序，因为相邻的炭化室结焦周期相差一半，且焦炉移动机械空行程最少。

加煤和出焦过程中控制烟尘的排放，是新建焦炉时必须考虑的一项重要内容。

熄焦过程是将焦炭温度由 1 000 ℃冷却至常温的操作，焦炉熄焦分为干法和湿法两种。传统湿法熄焦的方法简单，操作方便，建设投资少。

干法熄焦的原理是利用惰性气体（主要是 N_2）将灼热的焦炭冷却，被加热后的惰性气体经废热锅炉生产蒸气回收热量，惰性气体降温后再循环使用。废热锅炉产生的蒸气可以用来发电和向焦化厂供热。

干法熄焦除可以回收高温焦炭携带的热量（占炼焦耗热量的 40%左右）、改善熄焦的操作环境外，还有利于提高焦炭强度、降低反应性以及提高块度的均匀化。但是干法熄焦的设备及基建投资较大，故影响了其发展和应用。截至 2006 年，我国已累计建设干法熄焦装置 44 套，总处理能力达到 4 500 t/h。干熄焦炭的能力位居世界第一。《焦化行业准入条件》规定要求，钢铁企业新建焦炉要同步配套建设干法熄焦装置并配套建设相应除尘装置。由此可见，干法熄焦将成为今后新建大型焦炉的配套工艺。

五、非常规炼焦技术

为了提高焦炭强度，扩大炼焦煤源，国内外对各种非常规炼焦技术和工艺开展了深入的研究和广泛的实践。已经工业化或正在进行研究开发的非常规炼焦技术大致有以下几种：① 配型煤炼焦；② 捣固炼焦；③ 煤干燥、预热炼焦；④ 欧洲“巨型炼焦器”方法；⑤ 连续层状炼焦法；⑥ 型焦生产方法。

（一）配型煤炼焦

配型煤炼焦是在炼焦装炉煤料中按一定比例配入成型煤进行炼焦的技术。其基本原理是：配入成型煤块后，提高了装炉煤料的密度。这样可降低炭化过程中半焦的收缩，从而减少焦炭的裂纹，提高焦炭的强度；型煤块中配有一定量黏结剂，从而改善煤料的黏结性能，对提高焦炭质量有利；成型煤中煤粒相互接触远比粉煤紧密，从而显著地提高了型块煤料的结焦性能。高密度型块与粉煤配合炼焦时，在软化熔融阶段，型块本体产生的膨胀对周围煤料施加压紧作用，促进了煤料颗粒间的胶结，使焦炭结构更加致密。20 世纪 80 年代，我国的宝钢从日本引进了配型煤炼焦技术，并应用至今。

（二）捣固炼焦

捣固炼焦是在炉外将煤粉捣实成饼后推入炭化室的侧装炉的炼焦工艺。由于装炉煤饼被捣实，捣固炼焦装炉煤料的堆密度是常规顶装炉煤料堆密度的 1.4 倍左右，这样使得捣固炼焦具有以下优点：

(1) 在使用同样的配煤比之下，捣固炼焦的焦炭质量比常规顶装煤炼焦有所提高，M_{40}可提高2%～4%，M_{10}可提高3%～5%；

(2) 扩大炼焦煤源，可以多配入高挥发分煤和弱黏结煤，生产高炉用焦，也可掺入焦粉和石油焦粉生产优质高炉用焦和铸造用焦，还可全部采用高挥发分煤生产气化焦；

(3) 焦炭产量提高，捣固炼焦的装炉煤堆密度增加的倍数大于结焦时间延长的倍数，故焦炭产量增加。

由于捣固焦炉具有显著的使用高挥发分弱黏结煤的优势，近年来捣固炼焦在我国得到快速发展，为我国炼焦工业扩大炼焦煤源、增加焦炭产量作出了重要的贡献。但是捣固炼焦有其自身的特点，捣固炼焦的技术关键是煤饼捣固的稳定性和加煤过程中烟尘控制问题。捣固煤饼的稳定性直接影响生产的正常进行，也是制约捣固焦炉向高大炭化室发展的重要因素。煤饼的稳定性与煤饼的高宽比、煤料的水分、煤料的粒度组成及捣固机的捣固强度有关。

煤料细度一般要求95%以上，水分控制在9%～11%。水分低时煤饼不易捣实，水分过高对捣固和炭化都不利。煤饼的高宽比数值越大，对煤饼的稳定性要求越高。

捣固炼焦由于煤饼在机侧炉门打开的条件下推入炭化室，因而装煤时冒烟冒火严重，必须要有消烟除尘的措施，控制烟尘排放。

（三）煤干燥炼焦和预热炼焦

1. 煤干燥炼焦

煤干燥后炼焦，是将装炉煤干燥至水分为4%～5%后，再装炉炼焦。由于水分降低，降低了煤料间水分表面张力和煤料颗粒之间的滑动阻力，可以提高装炉煤的堆密度。水分降低，又可以缩短结焦时间，提高炼焦速度，改善了煤料的黏结性，从而提高了焦炭的质量和产量，降低了炼焦耗热量，而且也可以降低火道温度以减少 NO_x 排放量，同时也减少了焦化厂的剩余氨水量和污水处理量。

2. 煤预热炼焦

煤预热炼焦，是指炼焦煤料在炉外预热到200 ℃左右，然后装入炭化室内的炼焦。煤预热后炼焦，由于煤料软化前的加热速度和堆密度的增加，故在炭化室内所形成的塑性层都比较厚，煤料在460～560 ℃软化温度区间内温度梯度小，同时胶质体的停留时间较长，这些均有利于改善煤料的黏结性和提高焦炭质量。

煤预热炼焦的优点是：可以增加黏结性较差的气煤的用量，改善焦炭质量；可以缩短结焦时间，提高焦炉的生产能力，煤料预热到250 ℃装炉，可以使焦炉的生产能力增加35%以上；煤料中无水分蒸发吸热，炼焦耗热量可以节约293 kJ/kg，约降低10%；煤料预热后不含水分，这样可大大减少焦化厂剩余氨水量和外排废水处理量。

影响煤预热炼焦焦炭质量的主要因素是煤料的预热温度和热煤的贮存时间，预热温度既影响堆密度，又影响黏结性能的改善和煤料的氧化。煤的温度愈高，则愈容易氧化。虽然在煤预热及热煤贮运和装炉过程中要采取措施防止煤与空气接触，但还是不可能完全避免煤的氧化，因此煤的预热温度不宜过高，一般为200～250 ℃为宜。

（四）型焦生产

型焦生产主要是利用非黏结性煤，通过不同的工艺成型后，再进一步炭化制成型焦，用以代替普通冶金焦。型焦成型工艺按成型时煤料状态可分为冷压成型和热压成型。前者煤料在远低于塑性状态温度下成型，后者煤料在塑性状态温度下成型。

(五) 热回收焦炉

热回收焦炉属于内热式焦炉，焦炉产生的荒煤气在炭化室内全部燃烧。荒煤气燃烧释放的热量一部分用于干馏，一部分用于生产蒸汽和发电，实现热能回收。美国太阳焦炭公司在蜂窝式焦炉的基础上开展研究，设计开发了卧式热回收焦炉炼焦技术并成功应用于工业实践。结合卧式热回收焦炉和化产焦炉的优点，我国研发了具有自主知识产权的 LRJ-2000 和 LRJ-2005 清洁型立式热回收焦炉。2003 年第一座 LRJ-2000 清洁型立式热回收焦炉投产。

六、煤炭焦化过程中各产物的产率和煤气组成

炼焦时煤在炭化室内发生十分复杂的热解反应，既有煤的直接热解反应，也有热解产物的进一步反应。煤(配合煤)经过焦化，生成了固体的焦炭和气态、液态产物，其中焦炭通过出焦操作从炭化室推出，经熄焦、筛分等处理形成焦炭产品，其余的产物均以气态的荒煤气从上升管逸出，再经冷凝冷却、气液分离后，可得到气态和液态两类产物，液态产物主要是煤焦油和氨水，气态产物主要是以氢气和甲烷为主的煤气。经过初步冷却后的煤气中还含有氨、硫化氢、苯等成分，可以进一步分离回收，得到硫铵、硫黄和粗苯等产品，这些产品也称为炼焦化学产品，以区别于焦炭产品。经分离化学产品后的煤气称为净焦炉煤气。

(一) 煤炭焦化产品的组成和产率

煤炭焦化形成焦炭、煤气及化学产品，炼焦化学产品的组成和数量随干馏温度及原煤性质变化而变化，见表 10-2。

表 10-2 煤炭焦化产品的产率 单位：%

产品	焦炭	净焦炉煤气	焦油	化合水	粗苯	氨	其他
产率/对干煤质量百分比	70～78	15～19	3～4.5	2～4	0.8～1.4	0.25～0.35	0.9～1.1

荒煤气中除净焦煤气外的主要组成(g/m^3)

水蒸气	250～450
焦油气	80～120
粗苯	30～45
氨	8～16
硫化氢	6～30
其他硫化物(二硫化碳、噻吩等)	2～2.5
氰化物	1.0～2.5
萘	8～12
吡啶盐基	0.4～0.6

经回收化学产品和净化后的净焦炉煤气组分及含量见表 10-3。

表 10-3　净焦炉煤气的组分及含量

组分	H_2	CH_4	CO	N_2	CO_2	C_mH_n	O_2
含量/%	54～59	24～28	5.5～7	3～5	1～3	2～3	0.3～0.7

（二）影响炼焦化学产品产率的因素

炼焦配煤的性质和炼焦过程的操作条件决定着炼焦化学产品的产率。

1. 炼焦配煤性质的影响

焦油的产率取决于配煤的挥发分高低和煤的变质程度。焦油气是在煤开始软化后逸出的，软化开始温度越低，煤的胶质状态温度间隔越长，焦油产率越大。

在配煤的挥发分 $V_{daf}=20\%\sim30\%$ 的范围内，可由下式相当精确地求得焦油的产率 $X(\%)$：

$$X=-18.36+1.53V-0.026V^2 \tag{10-1}$$

在一定范围内，苯族烃的产率随煤料中碳氢比(C/H)及挥发分的增加而增加。

当配煤的挥发分 $V_{daf}=20\%\sim30\%$时，可由下式求得粗苯的产率 $Y(\%)$：

$$Y=-1.6+0.144V-0.0016V^2 \tag{10-2}$$

氨来源于煤中的氮。一般配煤约含氮 2%，其中约 60%的氮存在于焦炭中，15%～20%的氮与氢化合生成氨，其余部分生成氰化氢、吡啶盐基或其他含氮化合物，这些产物存在于煤气和焦油中。对于不同质量的配煤，氨的产率显然是不一样的，一般为干煤的 0.25%～0.30%(质量)。

煤气中硫化物的产率主要取决于配煤中的硫含量。一般干煤含全硫 0.5%～1.2%，其中 20%～45%转入荒煤气中。配煤挥发分和炉温愈高，则转入煤气中的硫就愈多。

化合水的产率同配煤的含氧量有关。配煤中的氧有 55%～60%在炼焦时转变为水，且此值随配煤挥发分的减少而增加。经过氧化的煤料能生成较大量的化合水。由于配煤中的氢与氧化合成水，将使贵重的化学产品产率减少。

煤气的成分和产率与煤的变质程度有关。低变质程度的煤在干馏时，所产生煤气中的 CO、CH_4 和 C_nH_m 含量高，而氢气的含量低。随着变质程度的增加，前三者的含量相对减少，而氢的含量增加。因此配煤成分对煤气的组成有很大影响。煤气的产率 $G(\%)$与配煤的挥发分有关，可由下式估算：

$$G=\alpha\sqrt{V_{daf}} \tag{10-3}$$

式中　α——与煤种有关的系数(气煤 $\alpha=3$，焦煤 $\alpha=3.3$)；

　　V_{daf}——配煤的干燥无灰基挥发分，%。

2. 炼焦过程操作条件的影响

炼焦化学产品的组成会受到焦炉操作温度、压力和挥发物在反应空间停留时间的影响，也受到焦炉内生成的石墨、焦炭或焦炭灰分中某些成分的催化作用的影响，而最主要的影响因素是炉墙温度和炭化室顶部空间温度。

提高炉墙温度将使焦油中的苯族芳烃含量减少，而高温产物——萘、蒽、沥青和游离碳的含量增加，密度变大，酚类及中性油类含量降低。

炭化室顶部空间温度在整个炼焦过程中是有变化的。该温度的高低是炼焦温度、炭化室顶部空间尺寸、煤气在其中停留的时间以及煤气流动方向等相互复杂作用的结果。为了防止单核芳烃产率降低，特别是防止甲苯分解，炭化室顶部空间温度不宜超过 800 ℃。炭化室顶部空间温度过高，则由于热解作用，焦油和粗苯的产率均将降低，高温化合水的产率将增加；氨在高温作用下由于进行逆反应而部分分解，并和赤热的焦炭作用生成氰化氢，氨的产率也将降低。

高温同样影响煤气的质量。煤气中甲烷及不饱和碳氢化合物含量将减少，氢的含量将增加，因而使煤气的体积产量增加，而热值降低。

第二节　煤炭气化

一、概述

煤炭气化是煤与水蒸气、O_2 等气化剂在一定温度和压力下经过化学反应转化为以 CO、H_2 等为主要成分的气体的过程。在这个过程中，影响因素很多，如煤的种类、煤的组成、煤的粒度、气化剂的种类、温度的高低、压力的大小等，每个因素或条件发生改变，气化反应的进程就会受到影响，煤气的组成就会不同。根据入炉煤料粒度的不同，煤的气化方式可分为移动床气化（使用块煤，一般煤的粒度在 13 mm 以上）、流化床气化（使用末煤，一般煤的粒度在 10 mm 以下）和气流床气化（使用粉煤，一般煤的粒度在 0.1 mm 以下）；根据气化剂的不同，煤的气化可分为空气气化（也称不完全燃烧，早已被淘汰）、空气-水蒸气气化、纯氧-水蒸气气化；根据气化压力的不同，煤的气化可分为常压气化和加压气化（2～6 MPa）；根据气化温度的不同，煤的气化可分为低温气化（气化温度 900 ℃左右，适合于流化床气化炉）、中温气化（气化温度 1 100 ℃左右，适合于移动床气化炉）和高温气化（气化温度 1 400 ℃左右，适合于气流床气化炉）；根据排渣方式的不同，煤的气化可分为固态排渣气化（适合于中低温气化炉）和液态排渣气化（适合于高温气化炉）。

煤气化后煤气的有效成分是 CO 和 H_2，有时也包含 CH_4，气化原料和气化过程的不同，其产品气的组成有很大差别。一般来说，以褐煤和烟煤为原料，采用中低温气化，煤气的有效成分主要是 CO、H_2 和部分 CH_4，另外还有少量焦油生成；无论以何种煤为原料，采用高温气化时，煤气的主要成分是 CO、H_2，几乎不含 CH_4，也没有焦油生成；以无烟煤为原料时，无论什么气化工艺，煤气的有效成分主要是 CO、H_2，CH_4 含量极少。

二、移动床气化

移动床气化的原料煤从上到下缓慢移动，故名之。由于料层移动速度慢，似乎固定不动，因此有时还称为固定床气化。移动床气化主要特点包括：原料粒度较大，一般在 13 mm 以上；操作温度在 1 100 ℃左右，取决于原料煤灰熔融性；采用固态排渣。

（一）混合发生炉煤气

混合发生炉以非黏结性的块煤为原料，采用移动床、常压、中温气化条件，以空气和水蒸气的混合气体为气化剂连续气化。由于气化剂中含有大量的 N_2 并最终进入煤气，混合发生炉煤气热值很低，在 4.6～7.5 MJ/m^3 之间，一般只用作工业燃料气。该气化工艺较为落后，但工艺、设备和操作均较为简单，在我国仍有一定的生存空间。

1. 气化过程

气化炉为圆筒形，外壳由钢板制造。气化炉由炉体、加煤装置、炉箅、气化剂入口和煤气出口等部分组成。其示意图如图 10-5 所示。

煤气发生炉内燃料层由下至上大致可分为五层。

(1) 灰渣层:在灰渣层中,气化剂不发生化学反应,只与灰渣进行热交换,气化剂吸收灰渣的热量而升温预热,灰渣则被冷却。

(2) 氧化层:主要进行碳的燃烧反应,放出大量的热量,在氧化层末端,气化剂中的 O_2 被全部耗尽,同时上升气流温度达到最高。

(3) 还原层:从氧化层上行的气化剂与下行的煤料接触,发生二氧化碳的还原反应和水蒸气的分解反应,反应所需的热量由从氧化层上行的气流提供。随着还原反应的进行,上行气流温度不断下降,还原反应逐渐停止。

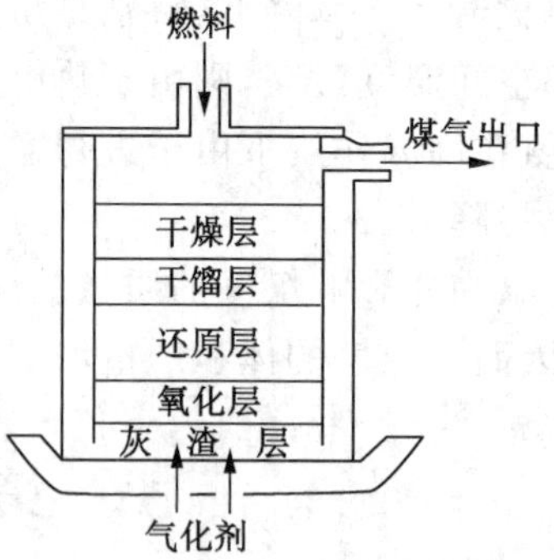

图 10-5 煤气发生炉示意图

(4) 干馏干燥层:由还原层上来的煤气温度仍然很高,在上行的过程中足以将煤干馏,生成半焦、焦油蒸气和烃类气体,干馏析出的挥发分与气化煤气继续上升将原料煤干燥。

(5) 气相空间:料层上部的气相空间也有化学反应发生,主要是 CO 的变换反应,该反应是放热反应。CO 和 $H_2O(g)$的含量在减少,CO_2 和 H_2 的含量在增加,反应进行的程度影响粗煤气的组成和煤气出口温度。

2. 影响气化过程的工艺条件

气化温度、水蒸气加入量和鼓风速度直接影响气化炉运行状况和煤气的组成。

(1) 气化温度

气化温度即炉膛内料层温度,它是影响煤气质量、气化强度和气化热效率最重要的因素。煤气中有效成分含量的多少主要取决于 CO_2 的还原反应和水蒸气的分解反应,料层温度的升高,有利于这两个反应的进行,既可提高煤气产量又可改善煤气质量。但料层温度过高,灰分将会熔融结渣,影响气化炉的正常操作,因此操作温度的选定应结合原料中灰分产率和灰熔点的高低而定,一般在 1 000 ℃左右。对于反应性好的煤料,可以适当降低气化温度。

(2) 水蒸气加入量

混合发生炉煤气气化剂中的水蒸气加入量对煤气质量、产率和气化过程的正常进行有重要的影响。水蒸气主要影响气化炉的操作温度,水蒸气量大,炉温会降低,反之炉温升高,根据原料煤的煤灰熔融性及煤气质量的需要,调整水蒸气的加入量,以气化炉内灰不结渣为最低限度。

(3) 鼓风速度

鼓风速度决定着气化强度,鼓风速度愈大,气化强度愈高。提高鼓风速度后,可以提高受扩散控制的碳燃烧反应的速度,增加单位时间内放出的热量,给还原反应和分解反应提供了充足的热量,有利于气化反应,提高了气化强度,增加了气化炉的生产能力。但受动力区或过渡区控制的 CO_2 还原反应和水蒸气分解反应需要一定的反应时间,因此随着鼓风速度的提高,气化剂与料层的接触时间缩短,不利于碳的充分转化,而且料层阻力相对增大,出炉煤气中的带出物数量也相应增多。鼓风速度过低,将降低发生炉的生产能力。所以,鼓风速度必须控制在合适的范围内，气流速度按气化炉空横截面计算，一般在 0.10～0.20 m/s 之间。在实际生产中，煤气产量是通过控制发生炉的空气供应量来调节的，调节范围为 30%～110%。

3. 气化指标和影响因素

气化指标包括煤气质量、煤气产率、气化强度、原料损失、冷煤气效率、气化热效率和各项消耗指标。影响气化指标的因素很多，主要取决于三个方面：气化原料的理化性质、气化过程的操作条件和煤气发生炉的构造。

气化原料的理化性质是主要因素，它既影响气化指标，同时也决定了气化过程操作条件和发生炉的构造的选择。

(1) 煤气的热值和组成

煤气热值的高低与煤气中可燃成分的含量有关。其含量的多少既取决于气化原料中的挥发分产率和组成，又取决于气化反应生成的 CO 和 H_2 的量。CO 和 H_2 主要来自 CO_2 的还原反应和水蒸气的分解反应。适当减小原料粒度以增加反应表面积，控制适当低的饱和温度、维持较高的料层温度及增加料层厚度以延长反应时间，均有利于气化反应的充分进行，提高煤气的质量，并且气固之间有充分的热量交换，使煤气出口温度降低，气化热效率提高。

气化原料的反应活性与结渣性对 CO 和 H_2 的含量也有影响。在炉温一定的情况下，反应性好的原料有利于气化反应；结渣性弱的原料可以适当提高炉温，同样有利于气化反应的进行，从而可以提高煤气中的有效成分。

(2) 煤气产率

煤气产率是指气化单位质量的原料所得到煤气的体积数(在标准状态下)。煤气产率决定于原料煤中的水分、灰分、挥发分和固定碳的含量，也与气化方法的转化率有关。

对于同一类型的煤而言，煤中的无机质(水分和灰分)越低，煤气产率就越高。当煤中灰分增加时，不仅降低了煤中可燃组分的含量，而且增加了炉渣中可燃物的绝对损失量，这两者都导致煤气产率的下降。

煤气产率还与原料煤的挥发分有关。挥发分愈高，煤气产率就愈低。

(3) 原料煤的损失

气化过程中原料煤的损失包括随离开气化炉的煤气带出损失和灰渣残碳排出损失。

当气化原料煤中小颗粒含量增多、气流速度加大时，煤气带出物的数量多。所以，原料煤机械强度愈低、热稳定性愈差，气化过程中产生愈多的小颗粒和粉末，造成带出损失增大。

排出损失是由熔融的灰分将未反应的煤包裹，使之成为不能继续与气化剂接触的碳核，并随灰渣一起排出炉外所造成的。它与原料煤灰分含量、灰分性质、操作条件及发生炉结构有关。原料煤灰软化温度低、灰分含量高、气化过程中水蒸气用量大以及操作过程中料层移动过快都将导致排出损失增加。

(4) 气化效率和气化热效率

气化效率是指生成物的发热量与所使用原料煤发热量之比，只利用冷煤气的潜热时称冷煤气效率，同时利用热煤气显热时称热煤气效率。

当不包括焦油时：

$$\eta_{气}=\frac{Q_g \cdot V}{Q}\times 100 \tag{10-4}$$

式中 $\eta_{气}$——气化效率，%；

Q_g——生成煤气的热值，kJ/m^3；

V——煤气产率，m^3/kg；

Q——原料煤发热量，kJ/kg。

当包括焦油时：

$$\eta_{气}=\frac{Q_g \cdot V+Q_{tar}}{Q}\times 100 \tag{10-5}$$

式中 Q_{tar}——单位原料气化生成焦油的热量，kJ/kg。

气化热效率是指生成物的发热量与可回收热量之和占所供给总热量的百分率，表示所有直接加入到气化过程中热量的利用程度。

当不回收废热时，气化热效率低于气化效率。在实际生产中，由于存在各种热损失，实际气化效率只有70%～80%。

气化过程的热损失主要包括热产物带走的热量和发生炉对周围环境的热损失。热产物带走的热量包括煤气的显热、未分解水蒸气的热焓以及带出物、焦油、灰渣排出物的化学热、潜热和显热等。

(5) 气化强度

气化强度是指发生炉炉体单位截面上的生产强度，气化强度可以有三种不同的表示方法：

① 以消耗的原料量表示，单位为 $kg/(m^2 \cdot h)$；

② 以生成的煤气量表示，单位为 $m^3/(m^2 \cdot h)$；

③ 以产生的热量表示，单位为 $kJ/(m^2 \cdot h)$。

煤气发生炉的生产能力取决于炉体的截面积和气化强度，气化强度与气化方法、气化原料的特性以及煤气发生炉的构造等因素有关。

在实际生产过程中，煤种和发生炉的截面积都是固定的，只有适当提高气化强度，才能提高生产能力，同时改善煤气质量。

4. 气化过程的强化途径

强化气化过程的实质就是提高炉内气化反应的速率。根据气化过程中各层的反应特点，强化气化过程的主要途径是提高气化剂中氧气的浓度、提高气化温度和鼓风速度。

(1) 提高气化剂中氧气的浓度

提高气化剂中氧气的浓度，即气化剂采用富氧空气与蒸汽的混合物或采用氧气和蒸汽的混合物。气化剂中氧气含量增加，使碳的氧化反应加速，料层温度随之上升，可使煤气中有效成分 CO 和 H_2 的含量大大增加，从而使煤气热值也大大提高。

但是为了满足氧化层冷却的要求、控制适宜的料层温度，水蒸气消耗量的增加幅度远远高于氧浓度的增加幅度，从而导致水蒸气的分解率降低，污水量增大。

(2) 提高气化温度

提高气化温度，有利于提高各气化反应的速度，是提高煤气质量和发生炉生产能力最有效的手段。可通过改变鼓风气的饱和温度来调节控制气化温度，亦可通过提高气化剂中氧气浓度或预热鼓风气来提高气化温度。然而气化温度的提高受原料结渣性的限制，实际生产中，炉内氧化层温度一般控制在 1 100～1 200 ℃之间，根据原料的结渣特性和活性，可做适当调整。

在实际的生产中，提高鼓风速度是强化操作简便易行的方法。但是，鼓风速度的提高受以下因素的限制：① CO_2 还原反应和水蒸气分解反应进行的程度；② 料层的稳定性和带出损失。

5．混合发生炉气化对煤质的要求

混合发生炉气化用煤的要求是具有较高的机械强度、热稳定性和灰熔融性。对煤种要求是选用无烟煤、焦炭、挥发分适中的不黏结和弱黏结烟煤，可根据用户对煤气热值的要求确定，并选择与煤种匹配的煤气发生炉。对煤质的具体要求如下：

(1) 粒度

烟煤：13～25 mm，25～50 mm，50～100 mm；

无烟煤：6～13 mm，13～25 mm，25～50 mm。

原料的反应性好，粒度可适当增大。每种粒级必须单独使用，不能混用。

(2) 灰分 $A_d \leqslant 24\%$；

(3) 含矸率≤2%；

(4) 软化温度 ST>1 250 ℃；

(5) 胶质层最大厚度 $Y<12$ mm(无搅拌装置)，$Y<16$ mm(有搅拌装置)；

(6) 落下强度>60%；

(7) 热稳定性 $TS_{+6}>60\%$；

(8) 全硫 $S_{t,d}<2\%$。

6．煤气生产工艺流程

混合发生炉煤气由于其用途不同，在工艺上可以分为冷煤气工艺和热煤气工艺两种流程。

冷煤气工艺流程是将制得的发生炉煤气经过冷却、净化处理后，成为常温净煤气送往用户。由于采用的原料不同，冷煤气工艺流程又可分为烟煤冷煤气和无烟煤冷煤气两种。图 10-6 是烟煤冷煤气工艺流程。

无烟煤冷煤气工艺流程与烟煤冷煤气工艺流程相比，主要区别是在无烟煤冷煤气生产工艺流程中不设专门的除焦油设备，无烟煤冷煤气热值比烟煤冷煤气低。

冷煤气工艺的优点是：可以长距离输送，使用方便；缺点是：附属设备较多，煤气显热未得到利用。

与冷煤气工艺相比，热煤气工艺具有的优点是：工艺系统简单，附属设备少，节省投资，煤气显热和焦油雾的热量得以利用，环境污染低，运行费用少，煤气成本低。缺点是输送距离短，调节不便，煤气管道内需定期清理。

(二) 水煤气

水煤气的生产是间歇式过程，以空气和水蒸气为气化剂交替入炉，分别完成燃烧蓄热和水蒸气分解的工序，燃烧烟气和气化煤气交替离开气化炉，因此，与混合发生炉煤气的主要不同在于煤气与烟气不混合，因此煤气中的 N_2 含量很低，另外，水煤气生产一般以低挥发分的无烟煤或焦炭为原料，因此水煤气主要成分是 CO 和 H_2，目前主要用作合成氨的原料气。水煤气的热值远高于混合发生炉煤气，一般在 11.0 kJ/m^3 左右。

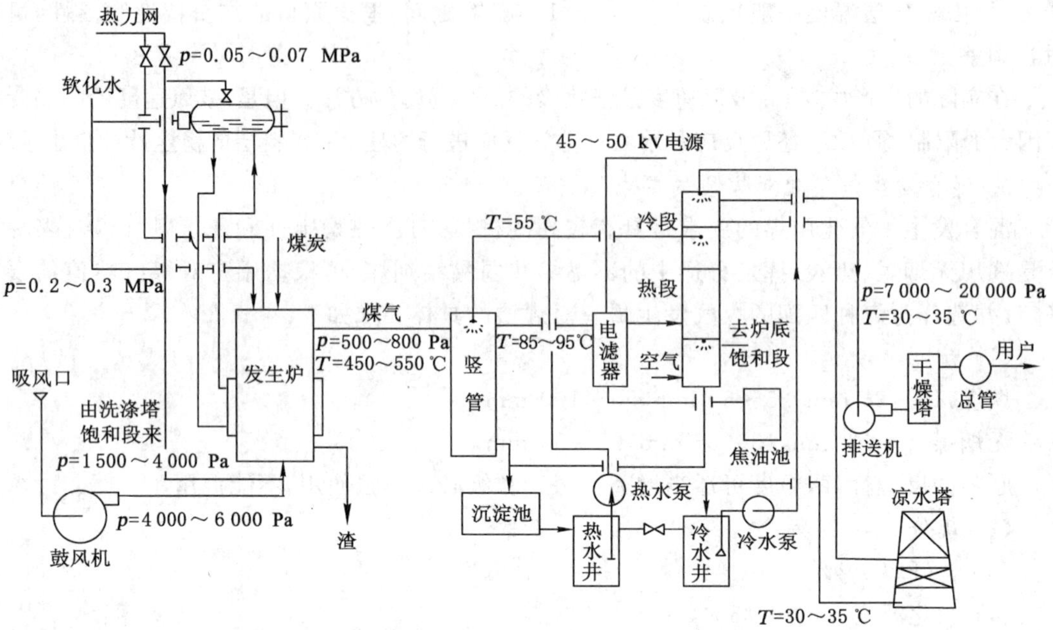

图 10-6　烟煤冷煤气生产工艺流程图

1. 水煤气生产原理

水煤气生产的主要反应是水蒸气的分解反应。

$$C+H_2O(g)=CO+H_2+131.5\ kJ/mol$$

$$C+2H_2O(g)=CO_2+2H_2+90.0\ kJ/mol$$

这两个反应都是吸热反应。为确保水蒸气分解能顺利进行，必须提供足够的热量，可采用氧气和水蒸气为气化剂进行连续气化或用空气和水蒸气为气化剂进行间歇式气化。

工业上主要采用间歇送风蓄热气化法。间歇送风蓄热气化法把水煤气生产过程分成两个阶段。第一阶段是吹风阶段，向发生炉吹入空气，使空气中的氧与煤发生燃烧反应（反应热以 ΔH 表示）：

$$C+O_2=CO_2-393.8\ kJ/mol$$

$$2C+O_2=2CO-231.4\ kJ/mol$$

反应放出的热量积蓄在料层内，使料层温度升高。生成的吹风气的主要成分是 N_2 和 CO_2，经废热回收后放空。第二阶段是制气阶段，向高温料层内送入水蒸气，使水蒸气与炽热的碳进行反应，生成以 CO 和 H_2 为主要成分的水煤气。经一定时间后，料层温度下降，蒸汽分解率下降或不再分解，停止送入蒸汽，制气阶段结束。再向发生炉吹入空气，如此循环反复。

在实际生产过程中，吹风阶段燃烧的碳不可能完全生成 CO_2，一部分是生成 CO，放出的热量较理想过程少；制气阶段，水蒸气也不能完全分解成 CO 和 H_2，并且在吹风和制气阶段总存在热量损失，用于水蒸气分解的热量比理想过程要少。考虑到煤气炉的安全运行和热能回收，实际的水煤气生产的循环过程要复杂得多，包括吹风蓄热、蒸气吹净、一次上吹制气、下吹制气、二次上吹制气和空气吹净等几个阶段。

2. 水煤气生产对原料要求

间歇法生产水煤气的原料，必须具有较低的挥发分，若采用高挥发分的烟煤和褐煤作为制造水煤气的原料，尽管制得的水煤气热值较高，但气化效率却低于无烟煤或焦炭。主要的原因是在吹风阶段造成了大量的热量损失。一方面，烟煤或褐煤在干馏时会析出大量的高热值气体如甲烷等烃类，使有效的CO和H_2减少；另一方面这些原料的反应活性较高，吹风气中会生成大量的CO导致煤的利用率降低。另外，在实际生产中，阀门的开闭非常频繁，焦油等污染物在液压阀门座上的沉积会导致阀门关闭不严，给生产造成极大的危险性。所以，间歇法生产水煤气作为合成气使用时，只能选用无烟煤或焦炭作为气化原料。

作为水煤气生产的原料，通常有以下的具体要求：

FC_d $\geqslant$70%；

M_{ar} $<$7%；

A_d $<$20%；

V_{daf} $<$8%；

$S_{t,d}$ $\leqslant$1%；

TS $\geqslant$60%；

机械强度(落下试验) $\geqslant$70%；

ST $>$1 250 ℃；

粒度 25～75 mm。

(三) 移动床加压气化

1. 加压气化的基本过程

加压气化是指气化炉内的压力高于常压的气化方法，与常压气化相比，加压气化炉内进行的气化反应更加有利于体积减小的反应。因此，加压气化过程中甲烷生成增多，一方面是由于较厚干馏层挥发分热解产生甲烷，另一方面是由于碳的加氢生成甲烷，而且以后者为主，因此，目前我国正在大力发展的煤制甲烷工程均以加压移动床气化炉为主要设备。

气化压力对气化指标的影响有以下几方面。

(1) 压力对煤气成分的影响

加压气化时，煤气中的甲烷和二氧化碳含量增加，一氧化碳和氢气含量下降。在加压情况下，有利于碳加氢生成甲烷的反应，不利于水蒸气的分解反应和二氧化碳的还原反应，造成二氧化碳和水蒸气的含量偏高，一氧化碳和氢气的含量偏低。但是，为了向碳加氢反应提供足够的氢气和维持固态排渣顺利进行的气化温度，只能采用过量水蒸气的方法，从而造成水蒸气的分解率降低，煤气中未分解的水蒸气含量增多，同时，水蒸气量的增多又造成了一氧化碳的变换反应的加剧，更增加了粗煤气中二氧化碳的含量。

(2) 压力对氧气消耗量的影响

很明显，加压气化有利于生成甲烷反应的进行，而该反应是放热反应，可以作为气化炉中的第二热源，减少碳与氧燃烧反应中原料和氧气的消耗。并且，气化压力的升高，对生成甲烷的反应有利，放出的热量增多，氧气的消耗减少。

(3) 压力对水蒸气消耗量的影响

加压气化时，压力升高，水蒸气耗量也增大，但是，加压却不利于水蒸气的分解，即水蒸气分解率下降。而且，在实际生产中，还需用蒸汽量来控制炉温以保证固态排渣能顺利进行。因此,总的蒸汽消耗量加压时比常压高 2.5～3 倍,最终转化为含酚废水,这也是目前我国加压移动床气化工艺发展中必须解决的严重问题,是固态排渣加压气化工艺的一大缺陷。

2. 典型的移动床加压气化——鲁奇气化工艺

1936 年,在德国 Hirschfelde 建立直径为 1.1 m 的试验装置,做了许多试验工作,在此基础上设计了第一代鲁奇加压固定床气化炉,1939 年投入生产。第一代气化炉只能气化非黏结性煤,而且气化强度低,炉径 ϕ2 600 mm,生产能力为 5 000～8 000 m^3/h。1954—1969 年,为了气化弱黏结性烟煤和提高单炉的生产能力,德国鲁尔煤气公司和鲁奇公司合作,在试验炉上进行了各种不同变质程度的煤种试验,并在此基础上建设了一大批工厂,所用气化炉内径 ϕ2 600/3 700 mm,设搅拌装置,后者生产能力达 32 000～45 000 m^3/h。1969 年以后,为了生产合成天然气的需要,在美国西田和南非萨索尔进行了美国东部和西部煤的试验,获得成功,并对鲁奇炉的搅拌装置作了进一步的改进,使之可气化一般黏结性的烟煤,扩大了煤种使用范围。此种第三代鲁奇炉,内径为 ϕ3 800 mm(MarkIV 型),生产能力达 35 000～50 000 m^3/h,从 1980 年起,在南非萨索尔一厂又建立了 ϕ5 000 mm 的 MarkV 型原型气化炉,其煤气产量达到 100 000 m^3/h。

在鲁奇炉的基础上,又开发了两种新技术:① 鲁尔-100 气化炉。开发的目的主要是通过提高操作压力,提高气化强度,同时扩大煤种范围,以更经济地生产天然气等。② 液态排渣鲁奇炉(BG/L)。固态排渣鲁奇炉气化时,必须考虑煤的灰熔点和反应性。为了克服这些缺点同时减少蒸汽耗量和提高生产能力,开发了液态排渣鲁奇炉气化技术。

经过几十年的发展,鲁奇加压气化炉由第一代发展到了第四代,见表 10-4。目前,鲁奇加压气化法已属于世界上应用最多的煤气化工艺之一。

表 10-4 鲁奇炉开发历程

发展阶段	第一代	第二代		第三代	第四代
年　代	1936—1954	1952—1965		1969	1978—
炉　型	DN2600, 侧面除灰炉型	DN2600, 中间除灰炉型		DN3800, (MARK-Ⅳ型)	DN5000, (SASOL-Ⅲ型)
煤　种	褐煤	弱黏煤	不黏煤	所有煤种	所有煤种
生产能力/(m^3/h)	8 000	14 000～17 000	32 000～45 000	36 000～55 000	75 000～100 000
气化强度/[m^3/(m^2 · h)]	1 500	2 600～3 200	3 500～4 500	3 500～4 500	3 800～5 000

典型的鲁奇气化工艺如图 10-7 所示。

在鲁奇炉的气化过程中,料层分布与混合发生炉类似,但由于是加压操作,炉内多了一个甲烷层,自上而下依次可分为干燥层、干馏层、甲烷层、第二反应层(还原层)、第一反应层(氧化层)和灰渣层,共 6 层。图 10-8 表示了炉内各料层的高度及所对应的温度。

由图 10-8 可知,在同一料层中,气固两相的温度并不相同。在灰渣层和第一反应层中,是固相向气相传热,而在其他各层中,则是气相向固相传热。

3. 加压气化对原料煤的选择

煤种不同,加压气化后煤气的组成不同,在相同的操作条件下,煤化程度越低的煤气化时,所得煤气的热值越高。年轻煤煤气中甲烷含量较高,这是由于煤的挥发分愈高,干

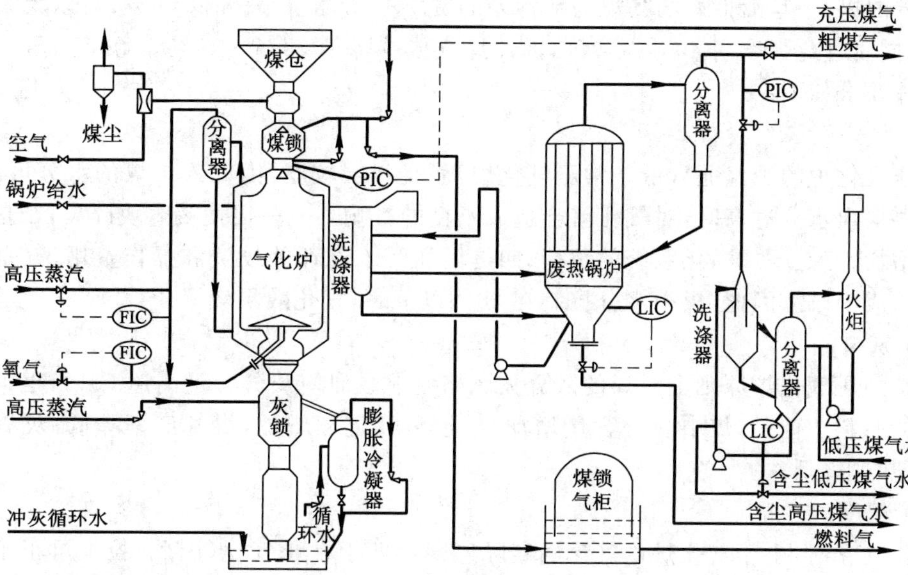

图 10-7 典型的鲁奇气化工艺

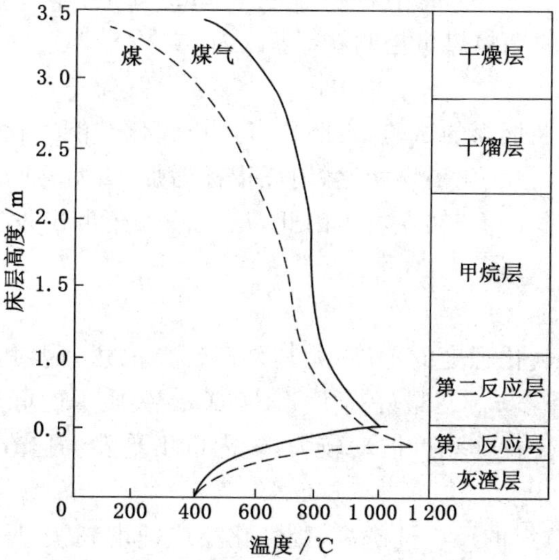

图 10-8 加压气化炉内床层高度与温度之间的关系

馏气愈多，而干馏气中甲烷含量比纯气化煤气高得多，可达 65%以上，而纯气化煤气中的甲烷含量仅 5%左右。同时，年轻煤活性高，气化温度的适当降低，有利于甲烷生成反应的进行。

煤种对煤气产率也有很大的影响。煤化程度愈低，则煤气产率愈低，这是因为煤化程度愈低，固定碳含量愈低，进入气化区的碳量就愈少，从而造成煤气产率较低。但煤气中干馏煤气占的比例较高，且甲烷含量也较高。

同一种煤，如果煤的品质不同，那么鲁奇加压气化的效果也不相同。通常主要是考虑经济上的合理性，而并非技术上的限制。鲁奇加压气化时，既可以选用活性好的煤，也可以选用活性差的煤，但是活性好的褐煤与活性差的贫煤相比，前者氧耗低 60%，可以大大降低运行费用，同时气化强度高 40%～60%，因此煤气成本降低 35%～40%。鲁奇加压气化对煤质的具体要求如下：

(1) 水分

加压气化炉的炉温通常低于常压气化炉，而且料层较厚，因此入炉煤的水分可以较高，但当有些褐煤水分过高时，对气化就会造成不良的影响。一是促使褐煤块碎裂；二是造成氧耗显著增加；三是增加净化系统的负荷；四是增加污水处理的投资和操作费用；五是给原料预处理造成困难。因此，煤中水分控制在 20%以下时，气化效果较好。

(2) 灰分

鲁奇加压气化炉原则上对煤的灰分无严格要求。即使灰分含量高达 55%，也可用作加压气化的原料。但是，煤中灰分含量增加，导致消耗定额增加，煤气产率降低，灰渣含碳增加，煤气热值降低。

(3) 粒度

加压气化时，由于气化炉内气流的实际速度远低于常压气化，因此，粒度可小于常压气化，并且与煤的机械强度、热稳定性和活性有关。通常，加压气化炉中采用的原料粒度为：褐煤 6～40 mm、烟煤 6～25 mm、焦炭和无烟煤 6～20 mm。同时，要求原料颗粒组成均匀，最大粒径与最小粒径比为 5～8。最小粒径宜在 6 mm 以上，小于 2 mm 的粉煤量控制在 1.5%以内，小于 6 mm 的细粒煤量控制在 5%以内。

(4) 黏结性

通过对美国强黏结性烟煤的试验，表明鲁奇加压气化炉能气化自由膨胀序数(FSI)7 以下的强黏结性煤。但是，与气化褐煤相比，消耗指标增加 10%～15%，气化炉的处理能力降低 15%～20%，气化效率下降 5%左右。因此，从经济性角度出发，气化煤的黏结性还是以不黏结或弱黏结为好。

(5) 灰熔点与结渣性

这是影响汽氧比和气化强度的关键，尤其是活性差的煤，因对炉温要求高，对灰熔点要求也高，通常要求 ST>1 200 ℃，最好高于 1 400 ℃。灰质量的好坏，会影响操作温度的波动范围，品位好的灰，即使操作温度波动较大，炉内也不易发生挂渣结块现象。

(6) 反应性

在气化温度相同时，煤的反应性越高，则气化反应速度越快，反应接近平衡的时间越短。因此，反应性高的煤种气化炉的生产能力较大，与反应性差的煤相比，有时竟相差 40%～50%。

原料煤活性好，有利于改善煤气质量，有利于提高气化强度，有利于降低消耗指标。尤其在加压气化炉中，由于气化温度低于常压气化，原料反应活性的好坏就显得更为重要。

4. 鲁奇固态排渣加压气化的主要优缺点和发展方向

(1) 主要优点

① 操作稳定可靠，原料煤和气化剂逆流接触，有利于热量交换和反应的充分进行。正常运行时，煤能充分气化，操作指标稳定。炉内设置的煤分布器，能储存一定的煤量以适应输煤系统的波动，也可在加料装置发生故障时，提供一定的检修时间，而不必停炉，从而保证了生产的连续稳定。

② 能耗低。加压气化减少了压缩煤气的动力消耗，充分利用了甲烷化反应放出的热量，减少了氧的消耗。

③ 煤气用途广，采用不同组分的气化剂可生产各种用途的煤气。

④ 生产能力大，设备结构紧凑，占地面积小。

(2) 主要缺点

① 水蒸气分解率较低，约为 40%，因此蒸汽消耗量高。

② 粗煤气中含有一定数量的焦油和酚，对三废的处理和排放造成一定的困难。

③ 气化剂需用纯氧，制氧成本高。

④ 加压气化炉的材质机械制造工艺要求较高，造成建设投资较大，煤气成本增加。

(3) 移动床加压气化的发展方向

① 发展液态排渣气化炉

液态排渣气化炉可以大大提高气化温度和气化强度，降低蒸汽消耗，扩大制气煤种。最终使设备投资、制气成本和占地面积都得到降低。

② 气化炉的进一步大型化

鲁奇公司与萨索尔公司合作制造的第四代气化炉，直径达 5 m，生产能力可达 7 000～10 000 m^3/h 粗煤气。

③ 提高操作压力

由鲁奇公司与鲁尔公司联合开发的 Ruhr100 气化炉，操作压力增至 10 MPa。

④ 简化煤气水处理流程

鲁奇公司开发成功的全焚烧法和半焚烧法，可彻底清除有害物质，大大简化煤气水处理系统。

三、流化床气化

流化床气化又称沸腾床气化，气化剂（蒸汽和富氧空气或氧气）由炉底进入炉内，使煤颗粒在炉内上下翻滚呈沸腾状态进行气化反应。

在移动床气化方法中，单炉的生产能力还不够高，且无法使用小颗粒的煤，而流化床气化可以克服上述两大缺陷。常压下操作的流化床气化炉，早已在工业生产中推广使用，是成熟的煤炭气化技术之一。

（一）流化床气化的基本原理

当气体以较低的速度自下而上通过固体颗粒床层时，固体颗粒静止不动，气体在颗粒之间的空隙中穿过，这种颗粒床层称为固定床。随着气流速度的增加，固体颗粒床层开始膨胀松动，变得不稳定，少量的颗粒开始在一定的区间内运动。当气流速度增加到使全部颗粒恰好悬浮在向上流动的气体中时，颗粒与流体之间的摩擦阻力与其重量相平衡，即气体通过床层的压降等于该截面上颗粒和流体的重量，这时床层开始流化。气体流速继续提高，达到极限沉降速度，固体颗粒在气体中借自身重力作用往下沉降，极限沉降速度是固体颗粒在气体中能达到的最大相对速度。当气体速度超过极限沉降时，颗粒将被气体夹带，处于这种状况时，流化床转变为气流床。

（二）常压流化床的气化过程

流化床气化使用小于 8 mm 的小颗粒煤作气化原料。气化剂同时作为流化介质，通过流化床的布风板（炉栅）自下而上经过床层。根据原料的粒度分布和颗粒特性，控制气化剂的流速，使床层内的原料煤都处于流化状态，在剧烈的搅动和返混中，煤粒与气化剂充分接触，同时进行着化学反应和热量传递。利用碳燃烧放出的热量，对煤进行干燥、干馏和气化。生成的煤气在离开流化床床层时，会带着包括70%的灰粒和部分来不及完全气化的碳粒由炉顶离开气化炉。部分密度增重后的渣粒则由炉底排灰机构排出。

在流化床气化炉内，主要进行的反应是：碳的燃烧反应、二氧化碳的还原反应、水蒸气的分解反应及一氧化碳的变换反应。

1. 床内反应层的分布

流化床气化过程与固定床相似，尽管料层呈流化状态，但仍分为氧化层和还原层。氧化层高度为80～100 mm，且其高度与原料颗粒直径无关。氧化层上面为还原层，还原层一直延伸至整个料层的上部界线。

尽管流化床的成气过程与固定床的成气过程非常相似，但两者之间仍存在着不同之处：

(1) 随着气流速度的增加，氧化层的高度增加。

(2) 流化床中的氧化层高度与原料颗粒的大小无关。

2. 床内温度的分布

在流化床气化过程中，温度的变化比固定床要平稳得多。由于固体颗粒与气化剂充分接触、混合，整个床层温度非常均匀，因此，床层温度不会在某个局部点上超过原料煤的煤灰软化温度而引起大面积结渣。但若混合不均匀，产生局部过热时，也有可能发生局部结渣的现象。

虽然流化床内的温度非常均匀，但对大多数原料煤而言，由于其灰分的开始软化温度为1 050～1 150 ℃，因此，为了避免炉内结渣而破坏气化剂在床层截面上的均匀分布和产生沟流、起泡、气节等不良现象，流化床的气化温度低于移动床气化温度，通常控制在850～950 ℃。所以，只有采用反应活性好的煤作气化原料，才能得到质量较好的煤气。否则，煤气中的二氧化碳的含量增加，碳的转化率降低。同时，温度均匀导致煤气出口温度较高，热损失较大。为此，需设置规模较大的废热回收系统。

3. 流化床内颗粒充分混合

流化床内的原料颗粒较细（小于8 mm），气化剂流速较高，并处在剧烈的搅动和返混状态下，气固接触充分，传热强度大，有利于非均相反应速度的提高。因此，流化床的气化强度大大高于移动床。如直径4 m的常压流化床气化炉，操作温度为1 000 ℃时，单炉生产能力为50 000 m^3/h。另外，由于进入流化床气化炉内的原料迅速分布于炽热颗粒之间而受到突然的加热，即煤的干馏和气化在同一温度下进行，相对移动床干馏层而言，其干馏温度很高，使煤中挥发分得以完全分解，因此煤气中几乎无焦油存在，酚和甲烷的含量很少，煤气热值较低，但净化系统简单，环境污染较小。然而，由于流化床中固体颗粒的混合充分，要选择性排除灰分十分困难，因此，为了使气化过程顺利进行，不可能使原料煤全部成灰，排出物中含碳量往往较高。

4. 带出物

影响带出物的因素较多，带出物与气流速度的四次方成正比，与小颗粒浓度的平方根成正比，与分离空间的高度成反比，与流化床净高成正比，与炉栅的有效截面成反比，带出物的碳含量很高，为40%～60%。

5. 流体特性

流化床内的煤粒始终处于运动状态，并且具有类似流体的特性，因此，流化床特别适合于多反应器系统操作，而且可以很方便地将固体颗粒在各器之间转移。

（三）加压流化床的气化

采用加压流化床气化技术可以改善流化质量，克服常压流化床的许多缺陷。加压操作，增加了反应容积中反应气体的浓度，减少在相同流量下的气流速度，增加了气体与固体颗粒间的接触时间。这样，不仅提高了生产能力，减小气化炉及设备的尺寸，而且还可以减少原料的带出损失。所以在许多新开发的气化方法中，都采用加压流化床气化技术。

当气流的重量流量保持不变时，床层膨胀度随压力的提高会急剧下降，为使膨胀度达到正常流化所需的值，就必须提高气体的线速度，即增加鼓风量。同时，也使气体在床层中的停留时间相应增加，从而为气化过程的强化创造了条件。

压力对流化床气化过程最大的影响是使气化炉的生产能力得到了很大的提高，在相同的床层膨胀度和气化剂组成的条件下，气化强度随压力提高而提高，这与移动床气化的规律相同。

（四）典型的流化床气化工艺

1. 温克勒(Winkler)气化工艺

温克勒气化工艺是最早应用于工业生产的流化床技术。1926 年在德国的路易那(Leuna)建成了第一个工业生产装置并投入运行，以后世界各国共建有 60 多台温克勒气化炉。在这些工业化装置中，有些用空气作气化介质，有些采用氧气作气化介质。

氧气(空气)和水蒸气由设置在气化炉不同高度的喷嘴环喷入，流化床床高约 3 m。气化后，富含灰分的较大颗粒密度较大，沉在流化床底部由刮灰板刮入除灰螺旋送至灰斗。在温克勒气化炉中，约 30%的灰分在底部排出，其余约 70%随气流从炉顶夹带而出。为提高气化效率和适应气化低活性的煤，在气化炉上部的气流段中引入二次气化剂，并在十分接近煤灰软化温度的温度下操作，该处温度比流化床内的操作温度高 200 ℃左右，使气流夹带的颗粒充分气化，生成不含焦油和轻油的煤气。在气化炉顶部附近安装废热锅炉，由沿内壁配置的水冷管组成，吸收煤气的部分显热，使煤气温度下降 180～230 ℃。

温克勒气化炉可以采用粒度为 0～10 mm 的褐煤、不黏煤、弱黏煤、长焰煤及中等黏性烟煤。要求原料煤具有较高的反应活性。使用黏结煤时，由于流化床内富含灰分，新鲜的煤料进入炉内会被迅速分散、稀释，不会造成床层的熔结问题，一般采用自由膨胀序数小于 4 的原料煤，当大于 4 时，需进行预处理。由于流化床内的温度不宜过高，且碳浓度较低，因此不适宜使用低活性、低灰熔融性的原料，最适宜使用褐煤和次烟煤。另外，当入炉原料煤水分超过 20%时必须进行炉外干燥，以减少氧耗。

温克勒气化工艺一般由原料的预处理、气化、粗煤气的显热回收及煤气的除尘和冷却等环节组成，具体的工艺流程如图 10-9 所示。

温克勒气化炉是已经完全工业化的气化炉，其工艺的优点是：单炉生产能力大，远高于常压移动床气化炉的产气量；气化炉结构简单，造价低，炉子使用寿命长；运行可靠，开停车容易，负荷调节方便。主要缺点是：碳利用率低；由于气化操作温度低，带出物和灰渣中含碳量较高，煤耗较高；气化炉设备庞大，造成容积气化效率较低，仅为鲁奇炉的 1/20。

由于常压温克勒气化工艺存在着诸多弊端，至今仍在运转的并不多。针对这些问题，又

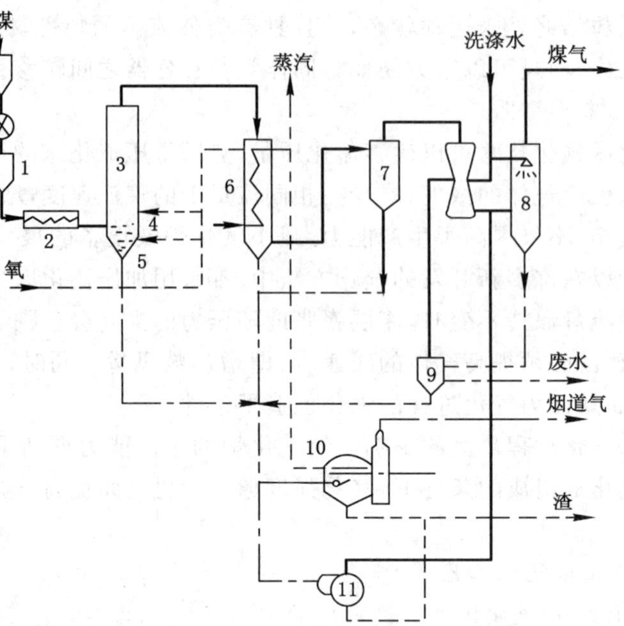

1—锁煤斗系统；2—螺旋输送器；3—气化炉；4—流化床；5—排灰螺旋输送器；
6—废热锅炉；7—旋风除尘器；8—洗涤塔；9—沉降器；10—辅助锅炉；11—气化炉(单设的)。

图 10-9 温克勒气化工艺流程示意图

成功地开发出了许多新型的流化床气化技术。特别是改进的加压流态化气化新技术，提高了气化温度和气化压力，成为高温温克勒气化新工艺，主要用于生产合成气。

2. ICC 灰熔聚流化床气化法

20 世纪 80 年代初，中国科学院山西煤炭化学研究所开展了灰熔聚流化床气化技术的研发。该技术使用末煤(<8 mm)作为原料，以空气、富氧或氧气为氧化剂，水蒸气或二氧化碳为气化剂。在适当的煤粒度和气速下，促使床层中的粉煤沸腾并发生强烈的返混，实现气固两相充分混合。由于采用了独特的气体分布器和灰团聚分离装置，中心射流形成床内局部高温区(1 200～1 300 ℃)，促使灰渣团聚成球，借助重量的差异实现灰团与半焦的分离，连续选择地排出低碳含量的灰渣。同时，将气化温度从传统流化床煤气化技术的<950 ℃提高到 1 000～1 100 ℃。该气化工艺系统包括备煤、供气、气化、除尘、废热回收以及煤气净化系统等六个部分。2001 年，完成了“灰熔聚流化床粉煤气化制合成氨原料气技术”的常压工业示范并投入工业运行。2008 年 9 月，第一套低压灰熔聚流化床粉煤气化工业示范装置在石家庄金石化肥有限责任公司建立并完成示范试验。在此基础上，山西晋城无烟煤矿业集团有限责任公司建立了 10 万 t/a 高硫煤 MTG 合成油项目，装备了 6 台 0.6 MPa 加压气化工业装置，于 2009 年 6 月投入生产运行，单台气化炉日处理 300～330 t 煤，实现了高灰分、高灰熔点、高硫劣质晋城无烟粉煤的气化利用。

四、气流床气化

气流床气化技术，是将煤磨细制成粉煤或水煤浆，由特殊的喷嘴喷入炉内进行瞬间气化。对于气流床气化方法的研究，最为成熟的是柯柏斯-托切克(Koppers-Totzek)法，该法早已实现工业化。德士古(Texaco)法属第二代气流床气化方法，也早已开发成功。气流床反应器结构简单，内件较少，但煤气出口温度高，必须考虑显热回收，否则热效率过低。

（一）气流床气化的基本原理

1. 基本原理

气流床气化就是将气化剂（氧气和水蒸气）夹带着煤粉，通过特殊喷嘴喷入炉膛内。在高温辐射作用下，氧煤混合物瞬间着火、迅速燃烧、气化，火焰中心温度高达 2 000 ℃。煤粉进入炉内瞬间，首先进行热解，产生的挥发分立即燃烧，煤焦也在极短的时间内完成气化，形成含一氧化碳和氢的气体，煤中灰分熔融成渣，以液体形式排出炉外。

煤粉喷射进入炉内，煤颗粒各自被气流隔开，单独进行热解、燃烧和气化，黏结性煤的软化、熔融和膨胀不会形成煤颗粒的聚集体，因此煤的黏结性对煤气化过程没有影响。所以，气流床气化除了对溶渣的黏-温特性有一定要求外，原则上可适用于所有煤种。

气流床气化时，煤粉和气化剂在火焰中作并流流动，煤粉急速燃烧和气化，反应时间只有几秒钟，可以认为放热反应与吸热反应几乎同时进行，在火焰端部，即煤气离开气化炉之前，碳已全部耗尽。在火焰的高温下（1 500 ℃以上），所有的干馏产物均被分解和转化，气化所得的煤气中含有 CO、H_2、CO_2、H_2O 和有极少量的 CH_4（$<0.1\%$）。

气流床气化时煤粉和气化剂并流运动，气化剂与煤颗粒之间的相对速度小、接触时间短，为了提高反应速度，强化生产，除了采用纯氧-蒸汽为气化剂、达到很高的反应温度外，还将煤磨得很细以增加反应表面积，一般要求 70%以上的煤粉通过 200 网目筛。

2. 气化特性

气流床气化具有并流运动和自热式气化的特点，气化过程向着反应物浓度降低的方向进行，碳的损失是不可避免的。

随着气化反应的不断进行，吸收热量使反应温度降低，反应的速度常数也减小，碳的总表面积和气体中二氧化碳、水蒸气浓度因不断消耗也在急剧下降。煤粉气流床气化一般具有下列特性。

(1) 用纯氧和水蒸气作气化剂

采用纯氧而不采用空气，避免了大量的氮气进入气化炉内，可维持较高的反应温度，有利于碳粒的完全气化；相对提高了二氧化碳和水蒸气的浓度，加速了气化反应；生成的一氧化碳和氢气浓度的提高，改善了煤气的质量。

(2) 选择合适的煤种

就气流床气化本身而言，由于其炉内温度很高，气化炉火焰温度可达 2 000 ℃，气化反应活性的影响较小，从技术上讲可适用于任何煤种。在选择煤种时，重点考虑的是煤灰的黏-温特性要合适，一般灰熔点低的煤比较理想，当选用煤灰熔点较高或液渣黏-温特性不够理想的煤时，可添加助熔剂或配入低灰熔点的煤加以改善。另外，我国的煤气化实践发现，煤中的碱金属和氯含量对于气化炉的寿命影响很大，值得深入探讨和研究。

(3) 原料煤的粒度组成

由于反应物在离开火焰高温区后，气化反应的速度大大降低，因此，原料煤粒度越细越好。一般要求 70%以上的煤粉通过 200 网目筛。

(4) 采用高压气化

在高压下，生产能力提高，气相分压增大，气化反应加快，停留时间延长，使碳转化率提高。因此，近年来世界各国研究粉煤气化时普遍采用高压粉煤气化炉。

（二）气流床气化工艺

1. K-T 气化法

K-T 气化法是最成熟的一种常压粉煤气化方法，它是根据德国海因里希-柯柏斯公司(Heinrich-Koppers)和托切克(Totzek)博士提出的原理进行设计的。1948 年在美国密苏里建立了一座日处理 25 t 煤的中试装置。在此基础上，第一套工业化装置于 1952 年在芬兰投产，日产合成氨 120 t。

K-T 炉炉身是内衬有耐火砖的圆筒体，各端安装有圆锥形的气化炉头，有两炉头型和四炉头型(见图 10-10)。每个炉头内有两个相邻的烧嘴。

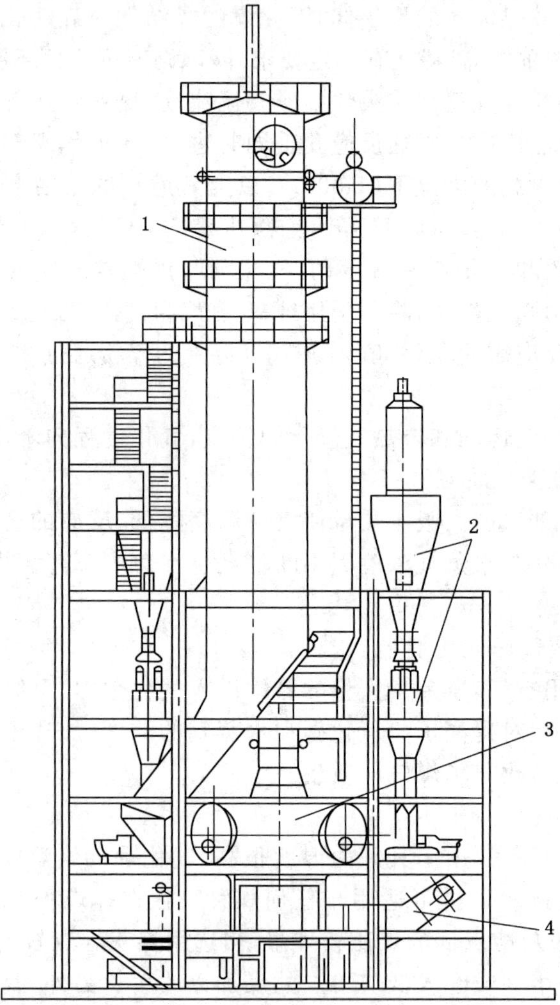

1—废热锅炉；2—粉煤储斗；3—气化炉；4—出灰器。

图 10-10　四炉头 K-T 炉示意图

K-T 气化法的工艺流程如图 10-11 所示。实际的工艺流程包括：煤粉制备、煤粉和气化剂的送入、制气、废热回收和洗涤冷却五个部分。

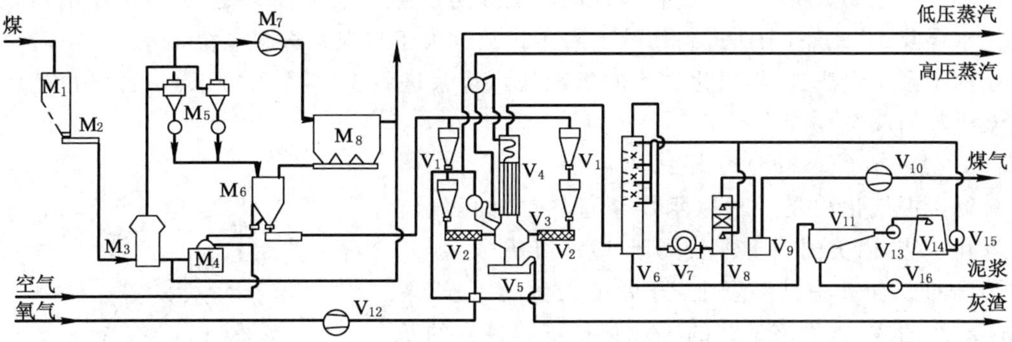

M_1—原料煤料仓；M_2—原料煤给料器；M_3—球磨机；M_4—热气体发生器；
M_5—旋风分离器；M_6—粉煤料仓；M_7—风机；M_8—电除尘器；V_1—粉煤料斗系统；
V_2—螺旋给料机；V_3—气化炉；V_4—废热锅炉；V_5—出灰机；V_6—冷却洗涤塔；
V_7—泰生洗涤机；V_8—最终冷却器；V_9—气封槽；V_{10}—煤气鼓风机；V_{11}—洗涤水沉降槽；
V_{12}—氧气鼓风机；V_{13}、V_{15}—洗涤水泵；V_{14}—洗涤水冷却塔；V_{16}—泥浆泵。

图 10-11 K-T 气化法的工艺流程

K-T 气化法技术成熟，已有多年的运行实践；气化炉结构简单，易维修，单炉产气能力很大；煤种适应性很广，可气化任何类型的固体燃料，更换烧嘴还可气化液体和气体燃料；蒸汽用量低；碳转化率高于流化床气化法。

K-T 气化炉主要缺点是能耗高和飞灰处理困难，制粉设备大，耗电量高；气化后必须有高效除尘装置除去煤气中的粉尘，在制粉过程中也需设置高效除尘设备除尘以防止粉尘污染环境。因此，整个系统能耗大，建厂投资高。

2. 谢尔(Shell 壳牌)气化法

该法原名为谢尔-柯柏斯法，是一种干粉进料的加压气流床气化工艺。它是结合了谢尔国际石油公司的高压油气化经验和柯柏斯公司煤气化方面的经验后开发成功的。后来，谢尔公司独家进行了开发，先后建立了 6 t/d 、150 t/d 和 400 t/d 处理能力的示范装置。最后在荷兰的 Buggenum 建立了一套发电能力为 25 MW 的 IGCC 装置，该装置处理能力为 2 000 t/d，操作压力为 2.8 MPa，气化温度为 1 500 ℃，冷煤气效率为 80%～83%，装置的发电效率可达 43%，投入运行后运转正常。

谢尔气化法的特点：

① 原料适应性广。可使用褐煤、烟煤和沥青砂，碳转化率可达 98%以上。煤的水分、硫、灰分和结焦性对气化影响很小。

② 煤气有效成分含量高，达 90%以上，适合作合成原料气。煤气中二氧化碳含量少，可大大降低酸性气体的处理成本，并且无焦油等液体。

③ 单炉生产能力大，处理能力达 2 000 t/d。

谢尔气化炉的压力壳内布置垂直管膜式水冷壁，产生 4.0 MPa 的中压蒸汽。向火侧有一层很薄的耐火涂层，当熔融态渣在上面流动时，起到保护水冷壁的作用，这项技术是谢尔气化炉的关键技术。

与德士古气化法采用水煤浆进料相比，谢尔气化的干法进料系统比水煤浆要复杂得多，操作和保护也要严格得多。进料系统的防爆和防泄漏问题十分关键,进料系统的占地和造价比水煤浆大,此外,干法进料系统的粉尘排放远大于水煤浆进料系统。

由于采用干法进料,气化过程的氧耗比水煤浆进料少,煤气中的 CO_2 含量也远小于水煤浆进料的煤气。

3. 德士古(Texaco)气化法

德士古气化法是一种以水煤浆进料的加压气流床气化工艺,由美国德士古公司于 1946 年开发成功。在美国的 15 t/d 中试装置上,开展了大量的工作,取得了相当的成功,为该工艺的工业化打下了良好的基础。目前,德士古气化工艺已成为第二代煤气化技术中最成熟、商业化装置最多的技术。

德士古气化炉如图 10-12 所示。气化炉是内壁衬有多层耐火砖、外壁为圆筒形的高压容器。激冷式气化炉下部为急冷室。而废热锅炉式气化炉下部为辐射式废热锅炉,煤气在此被急冷到 700～800 ℃后进入到对流锅炉,以进一步回收煤气的显热,副产蒸汽。气化炉造气的关键部件是喷嘴,它长期处于高温下工作,可连续喷射煤浆原料,头部是燃烧的火焰。所以,喷嘴必须耐高温、耐磨和寿命长,同时还应配置冷却水系统。

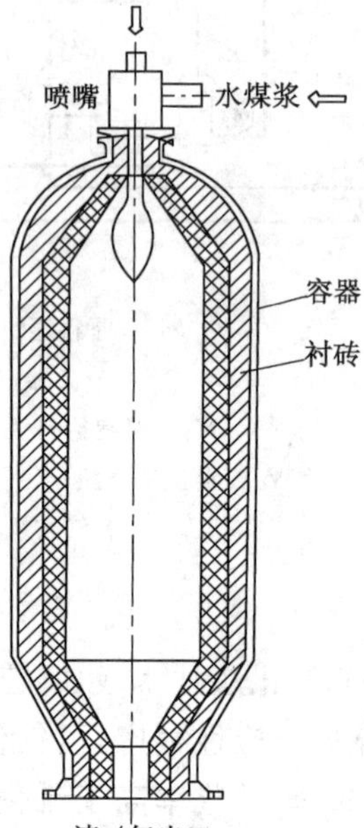

图 10-12　德士古气化炉

德士古水煤浆加压气化属于气流床疏相并流反应过程。水煤浆经喷嘴在高速氧气流的带动下,破碎、雾化喷入气化炉内。氧气和雾状水煤浆在炉内受到耐火衬里的高温辐射作用,迅速经历预热、水分蒸发、煤的干馏、挥发物的裂解燃烧以及碳的气化等一系列复杂的物理、化学反应过程,最终生成以一氧化碳、氢气、二氧化碳和水蒸气为主要成分的湿煤气、熔渣和未反应的碳,一起离开反应区并流而下,进入炉子底部的急冷室水浴或辐射式废热锅炉,熔渣经淬冷固化后被截留在水中,落入灰锁斗,经排渣系统定时排放。煤气则进入冷却净化系统。

气化原料煤浆浓度是一个重要的指标,水煤浆浓度的提高,使得带入气化炉内的水分相对降低,减少了蒸发水分所消耗的热量,从而使一氧化碳和氢气的含量增加,气化强度和气化效率都得到提高,能耗下降。

德士古气化对煤种的适应性的衡量指标主要是煤料的反应性、成浆性和灰熔融性。无烟煤活性低、褐煤成浆性差,都不适宜于水煤浆气化。最适宜的原料应为长焰煤、气煤等。

为维持正常的液态排渣,液渣黏度最好维持在 15～25 Pa·s 之间。

通常德士古气化的原料有如下的具体要求:发热量＞25 000 kJ/kg;软化温度 ST＜1 300 ℃;灰分为 15%～20%。

德士古气化煤气中 CO 和 H_2 成分很高,甲烷仅为 0.1%左右,无焦油等高级烃类,是比较理想的化工合成原料气。

4. 四喷嘴对置式水煤浆气化技术

该气化炉由华东理工大学、兖矿鲁南化肥厂和中国天辰化学工程公司等单位联合开发,具有自主知识产权。在山东华鲁恒升 750 t/d 的气化炉成功运行基础上，在兖矿鲁南国泰厂的 1 150 t/d 的气化炉上顺利投产，该技术第一套示范化装置于 2005 年 10 月在兖矿鲁南化肥厂正式投入运行，装置配套 2 台气化炉，日投煤量 1 000 t，年产甲醇 24 万 t，并配套发电项目。

目前除兖矿鲁南化肥厂采用该技术生产甲醇以外，2004 年在华鲁恒生建设了第二套投煤量 650 t/d、操作压力 6.5 MPa 的煤气化装置。国内多家企业也采用或拟采用多喷嘴对置式水煤浆气化技术建设煤化工装置或 IGCC 发电装置。该技术目前在国内推广速度较快，使用前景亦较好。

该技术是在德士古水煤浆气化技术的基础上进行改进的一种气流床加压气化技术，采用湿法进料，液态排渣。煤气化系统主要由水煤浆制备装置、四喷嘴对置煤气化装置、煤气初步净化装置、含渣水处理装置及配套空分装置等部分组成。气化压力为 3.0～6.5 MPa，操作温度 1 200～1 300 ℃，残渣含碳量≤5%，有效气含量≥83%，碳转化率≥98%，有效气($CO+H_2$)比氧耗 360～380 m^3/km^3，有效气比煤耗 540～570 kg/km^3。由于多喷嘴对喷比单喷嘴相应增加了气固相的相对速度，有利于提高碳转化率(单喷嘴只有约 95%)，从而提高了合成气产率，降低了比煤耗和比氧耗。

该技术的主要特点：由于该技术是在原德士古煤气化技术的基础上改进发展的，具有德士古技术的一些优点，如原料煤适应性较广、单台设备生产能力大等。针对德士古技术存在的主要问题，如单喷嘴造成开车率低、操作弹性小，耐火砖寿命短造成运行费用高，气化炉带水等进行了改进，上述问题均有明显改善。

5. GSP 气流床气化技术

GSP 气流床气化技术是由德国的德意志燃料研究所(DBI)于 1975 年开始开发的煤气化技术，主要适用于低品位褐煤。该技术属于气流床加压气化技术，以干煤粉为原料，采用单烧嘴下行制气，气化炉内有水冷壁内件，操作压力 2.8 MPa，操作温度 1 400 ℃。因采用水急冷流程，故投资比谢尔炉要低，更适宜于煤化工生产。

该技术将在国内淮化、江苏宜兴的灵谷化工有限公司及宁夏煤业集团的煤化工厂投入建设。目前世界上采用 GSP 气化工艺技术的厂家较少，由于缺乏实际设计、运行等工程化经验，该技术还有待建立示范装置进行长期运行考验。

6. 航天炉气化技术

航天炉(HT-L)粉煤加压气化技术是在借鉴壳牌、德士古及 GSP 加压气化工艺设计理念的基础上，由北京航天万源煤化工工程技术有限公司自主开发、具有独特创新的新型干煤粉进料加压气化技术。目前在建或拟建的航天炉多达几十套，如黑龙江双鸭山龙煤化工有限公司年产 30 万 t 甲醇项目，河南晋开化工投资控股集团有限责任公司年产 60 万 t 合成氨项目，山东鲁西化工股份有限公司年产 30 万 t 合成氨项目，山东瑞星集团有限公司年产 30 万 t 合成氨路线改造项目，新乡中新化工有限责任公司年产 30 万 t 甲醇项目，鄂尔多斯市诚峰石化有限责任公司年产 2 亿 m^3 煤制天然气工程，安徽临泉化工股份有限公司 100 万 $m^3/d(CO+H_2)$ 原料路线改造工程，河南濮阳龙宇化工有限责任公司 20 万 t/a 甲醇原料路线改造工程等。总体来看，航天炉气化技术是成功的，完全能够适应中国的煤质特点，满足生产的需要。

航天气化炉主要技术特点简介如下。

(1) 原料煤适应性强

该气化炉能够适应褐煤、烟煤、无烟煤的气化。对原料灰分、灰熔融性温度的限制比德士古煤气化技术宽松得多。航天炉的水冷壁的功能是根据灰熔融性温度的变化自动调整挂渣膜壁厚度，灰熔融性温度高的煤，水冷壁也完全能适应。而德士古煤气化技术要选用年轻褐煤、含水高的煤，制备的水煤浆质量分数达不到 60%以上的煤不宜选作原料，灰熔点温度>1 400 ℃、含灰分质量分数>20%的煤也不宜选用，而这些煤完全能用于航天炉气化。航天炉粉煤气化技术对入炉粉煤粒径要求为：≤90 μm 的质量分数大于 90%，≤5 μm 的质量分数小于 10%，水分质量分数小于 2%，灰分质量分数在 10%以上。粒度过大会影响碳的转化率；水分含量太高则会影响粉煤输送；灰分小则水冷壁挂渣困难，难以形成稳定的保护渣层。

(2) 开停车时间短，负荷升降快

从停车到开车整个过程可在 2 h 内完成；气化炉从投料时的 40%负荷升至 100%负荷，也可在 2 h 内完成。

(3) 技术流程简单，投资少

航天炉技术开发时的目标定位在煤制合成气用于生产甲醇或合成氨，采用简单特殊的水冷壁和激冷、洗涤除尘流程。该工艺是简单地将高温合成气在激冷水的作用下将其温度激冷至 210 ℃左右，合成气出界区温度控制在 190～200 ℃，湿煤气中的饱和水蒸气量完全能够满足 CO 变换所需。壳牌粉煤气化技术开发目标定位在联合循环发电，采用废热锅炉回收合成气中的废热和干法陶瓷过滤器除尘，以获取最高的热效率。将其用于生产甲醇等产品时，壳牌气化工艺花近 3 亿元的投资产出的蒸汽约 70%用于变换。

(4) 消耗低，气化指标先进

航天炉技术生产单位产品($CO+H_2$)的原料煤消耗比德士古煤气化技术低 12%～13%(包括煤干燥在内)，氧耗低 15%，电耗则是航天炉技术高，但与前两项相比，其影响非常小。与德士古煤气化技术相比，航天炉技术冷煤气效率高 10%，碳转化率高 1.5%，煤气化热效率(包括变换用蒸汽)高 4%。煤气中有效气成分($CO+H_2$)体积分数：航天炉技术为 86%～92%，德士古煤气化技术为 78%～81%。

五、煤炭地下气化

煤炭地下气化(underground coal gasification，简称 UCG)是一种对地下煤层进行气化生产煤气的方法。它将建井、采煤、气化三大工艺合而为一，将物理采煤转化为化学采气，省去了庞大、笨重的采煤设备和繁重的人工体力劳动，因而具有安全性好、投资少、效率高、成本低、见效快、污染少等优点。

煤炭地下气化的基本工艺设想最早可以追溯到 1888 年俄国著名化学家门捷列夫。1912 年，英国在拉姆煤田进行了现场试验，1932 年在顿巴斯建立了世界上第一座有井式气化站。随后，欧美及日本等国相继进行了煤炭地下气化技术试验研究，逐渐形成了以苏联为代表的"通道鼓风式"地下气化工艺和以美国为代表的"受控注气式"地下气化工艺等两条工艺路线。1958—1962 年，我国先后在大同、皖南、沈北等多个矿区建立了 16 个试验点，进行了自然条件下的煤炭地下气化试验。1984 年以来，中国矿业大学发展出"长通道、大阶段、两阶段"的地下气化工艺。2009 年 6 月，新奥在内蒙古乌兰察布建成气化采煤工业化示范基地，成功产气发电。2013 年首个工业性气化炉建成投入试生产，单炉产能达 50 万 m^3/d

以上。尽管现代化煤炭地下气化工艺水平接近成熟，但仍处于产业化发展的初期阶段，缺乏产业化运营的成功案例。

（一）煤炭地下气化的原理

煤炭地下气化是一种试图以清洁方式利用煤炭资源的化学采煤技术。该技术通过将气化剂注入地下原位煤层，使煤层有控制地燃烧和气化，原煤及其燃烧产物与气化剂发生氧化还原反应，生成 CH_4、H_2、CO 等有效气体组分。煤炭地下气化的主要气化生产场所是气化炉内的气化通道。根据煤层气化通道中主要化学反应和煤气成分的不同，可将气化通道大致分为三个带（区），即氧化带（区）、还原带（区）、干馏干燥带（区）。也有学者依据随煤层燃烧和气化中气流加压流动过程，按次序分为四个区域，即预热区、氧化区、还原区和干馏干燥区，其基本过程如图 10-13 所示。地下气化煤气组成大致为 CO_2：9%～11%，CO：15%～19%，H_2：14%～17%，O_2：0.2%～0.3%，CH_4：1.4%～15%，N_2：53%～55%。

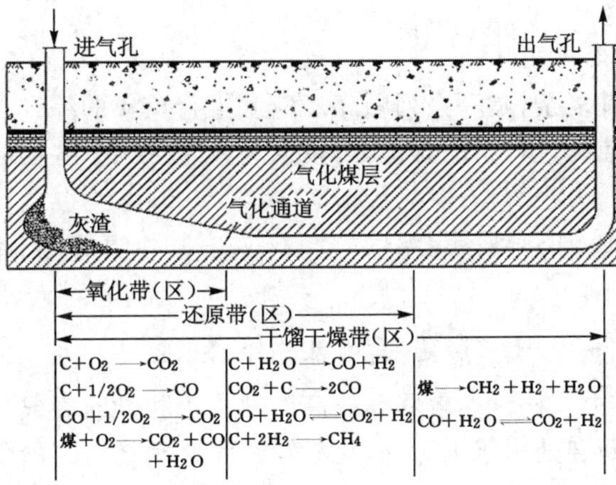

图 10-13　煤炭地下气化原理图

（二）影响因素

煤的地下气化是一个复杂的物理和化学过程，受到多种因素的影响，既有地下气化所采用的工艺措施，又有煤层自身的特性及煤层顶底板的赋存状态。如无烟煤由于透气性差、气化活性差，通常不适合进行地下气化，而褐煤则是最适合的选择。褐煤的结构方向性较弱，孔隙率和比表面积大，含水量高，透气性好，容易开拓气化通道，实现火力贯通，因此非常适合地下气化。

温度场对煤气热值的影响非常显著，保持高温度场和相对较长的气化通道有利于稳定和提高煤气的热值。

适量的地下水有利于促进气化过程中的水煤气反应，提高煤气的热值；然而，如果地下水过多，会降低气化反应温度，导致气化过程不完全；当地下水严重时，可能导致熄火现象，从而中断气化过程。

煤层顶部和底部岩石的性质和结构对地下气化至关重要，要求邻近岩层完全遮盖气化煤。当气化过程进行到一定程度时，顶板往往在热力、重力和压力作用下会破碎垮落，导致煤气大量泄漏，影响气化过程的有效性和经济性。

进行地下气化时，并非厚煤层都具有经济效益，通常 1.3～3.5 m 厚的煤层更具经济性。此外，煤层的倾斜度也会影响气化的难易程度，一般来说，急倾斜煤层易于气化，但开拓钻工作较为困难。研究表明，煤层倾角为 35°时，更有利于进行地下煤气化。

第三节　煤炭加氢液化

煤炭加氢液化是在高温、催化剂和溶剂作用下进行裂解、加氢等反应，将煤直接转化为相对分子质量较小的燃料油和化工原料的过程。

一、煤直接加氢液化原理

煤与石油在化学组成和分子结构方面有相似之处，主要都由 C、H 元素所组成，但其含量各不相同。煤与石油相比，氢含量低，氧含量高，H/C 低，O/C 高。

如果创造适宜的条件，使煤的相对分子质量变小，提高产物的 H/C，就有可能将煤转化为液体燃料油。

（一）煤直接加氢液化的反应

煤加氢液化反应极其复杂，是一系列顺序反应和平行反应的综合，很难用几个方程式表示出来。根据煤在加氢液化过程中的状况，可以认为发生下列一些反应。

1. 热裂解反应

煤在加氢液化过程中，加热到一定温度（300 ℃左右）时，煤的化学结构中键能最弱的部位开始断裂成自由基碎片。

$$\text{煤} \xrightarrow{\text{热裂解}} \text{自由基碎片} \sum R^{\cdot}$$

随着温度的升高，煤中一些键能较弱和较高的部位也相继断裂成自由基碎片。

煤结构中的化学键断裂处用氢来弥补，化学键断裂必须在适当的阶段就应停止，如果切断进行得过多，生成气体太多（类似气化）；如果切断进行得不足，液体油产率低，所以必须严格控制反应条件。

2. 加氢反应

在加氢液化过程中，由于供给充足的氢，煤热解的自由基碎片 $\sum R^{\cdot}$ 与氢结合，生成稳定的低分子，反应为：

$$\sum R^{\cdot} + H = \sum RH$$

此外，煤结构中的某些 C=C 双键也可能被氢化。

加氢反应关系着煤热解自由基碎片的稳定和油收率的高低，如果不能很好地加氢，那么自由基碎片就可能缩合生成半焦，其油收率降低。影响煤加氢难易程度的因素是煤本身稠环芳烃结构，稠环芳烃结构越密和相对分子质量越大，加氢越难，煤呈固态也阻碍与氢相互作用。

3. 脱除氧、硫、氮杂原子反应

加氢液化过程中，煤结构中的一些氧、硫、氮也产生断裂，分别生成 H_2O（或 CO_2、CO）、H_2S 和 NH_3 等气体而脱除。煤中杂原子脱除的难易程度与其存在形式有关，一般侧链上的杂原子较环上的杂原子容易脱除。

4. 缩合反应

在加氢液化过程中，由于温度过高或氢供应不足，煤的自由基碎片或反应物分子及产物分子会发生缩合反应，生成半焦和焦炭。缩合反应将使液化产率降低，是不希望进行的反应。为了提高液化效率，必须严格控制反应条件和采取有效措施，抑制缩合反应，加速裂解、加氢等反应。

（二）加氢液化原料煤

选择加氢液化原料煤，从技术经济指标出发，主要考虑以下三个指标：

（1）干燥无灰基原料煤的液体油收率高。

（2）煤转化为低分子产物的速度，即转化的难易。对于容易转化的煤，可选用较缓和的反应条件，且反应设备处理能力较高。

（3）氢耗量。氢气占煤液化成本的比例很高，一般为30%或更高；另外生产氢气需要消耗大量的能源，所以氢耗量也影响液化热效率和经济性。

煤中有机质元素组成是评价原料煤加氢液化性能的重要指标。煤化程度越低的煤，液化反应速度越快。无烟煤几乎不能进行反应。烟煤中，越是黏结性小的低煤化程度煤，其液化率就越高。从制取液体油的角度出发，适宜的加氢液化原料是高挥发分烟煤和年老褐煤。

同一煤化程度的煤或元素组成类似的煤，由于煤炭岩相组成不同，加氢液化性能也不相同。通常镜质组和壳质组是反应活性好的显微组分，煤液体是由它们衍生的。丝质组是惰性组分，基本上不能加氢液化。

（三）溶剂的作用

煤炭加氢液化中一般要使用溶剂，溶剂在煤炭液化过程中有下列作用：① 热溶解煤；② 溶解氢气；③ 供氢作用；④ 直接与煤反应。

煤液化的溶剂应具有下列特性：必须是液化产物的良好物理溶剂；具有往复传递氢的能力；含有供氢化合物；具有较少的氢消耗物。

（四）催化剂的作用

为了加快煤加氢液化速度，提高转化率、油收率和设备的处理能力，降低反应压力和生产成本及改善油品性质，煤炭的直接加氢液化一般采用催化加氢。

很多金属氧化物对煤加氢液化有催化作用。CaO 或 V_2O_5（少量）对煤加氢液化有害，产品大部分为半焦；Sn 无论是氧化物，还是盐或其他形式，其活性都很高，煤的转化率均在90%以上。

铁系催化剂的活性虽比不上 Sn、Co、Ni 催化剂，但价格低，来源广，所以常被工业上采用。早在第二次世界大战前，德国 Leuna 煤液化厂就开始使用铁系催化剂。使用炼铝厂的铝渣作催化剂，主要成分为氧化铁（Fe_2O_3）和氧化铝，还有少量的氧化钛。

金属卤化物在煤加氢液化过程中的催化作用早被重视，尤其是氯化锌和氯化锡。卤化物催化剂的主要特点是能有效地使沥青烯转化为油类，而且转化为汽油的选择性较高。

（五）煤加氢液化的工艺参数

反应温度、压力和时间是煤加氢液化的主要工艺参数，对煤液化过程有很大影响。

1. 反应温度

反应温度是煤加氢液化的重要工艺参数。在其他条件配合下，煤加热到最合适的反应温度，就可获得理想的转化率和油收率。

反应温度在一范围内提高，可使催化剂活性增加，但是反应温度太高，催化剂表面会产生碳沉积或蒸汽烧结现象，使其活性降低或丧失活性，液化效果变差。

2. 反应压力

煤加氢液化过程中，通常采用较高的压力。催化剂存在下的液相加氢速度，与催化剂表面接触的液体层中的氢气浓度有关，这个浓度取决于氢在液体中的溶解度和氢分压，氢在液体中的溶解度愈大和氢分压愈高，液体中氢的浓度愈大。

氢气压力提高，有利于氢气在催化剂表面吸附和氢向催化剂孔深处扩散，使催化剂活性表面得到充分利用，因此催化剂的活性和利用效率在高压下更高。

压力的提高，加快了液化过程中的加氢速度，阻止了煤热解生成的低分子组分脱氢反应和缩合成半焦的反应，使低分子物质稳定，从而提高油收率；提高压力，还使液化过程有可能采用较高的反应温度。

但是，氢压提高，对高压设备投资、能量消耗和氢耗量都要增加，因而产品成本高，阻碍了煤加氢液化工业的发展，因此如何降低压力是目前努力追求的目标。

3. 反应时间

反应时间影响煤加氢液化的转化率和油收率。在合适的反应温度和足够氢供应下进行煤加氢液化，随着反应时间的延长，液化率开始增加很快，以后逐渐减慢；而沥青烯和油收率相应增加，并依次出现最高点；气体产率开始很少，随反应时间的延长，后来增加很快；同时氢耗量也随之增加。从生产角度出发，较短的反应时间意味着高空速、高处理量。

二、煤炭直接加氢液化工艺

早期的煤加氢液化工艺有 IG 法和 Pott-Broche 法等，新开发的煤直接加氢液化新工艺很多，有氢-煤法、IGOR 工艺、HTI 两段加氢催化液化工艺等。

煤炭直接液化过程一般分为：煤糊制备、液相加氢、气相加氢和产品精制等四个阶段。下面介绍一些有代表性的煤炭直接液化工艺。

（一）溶剂精炼煤法（SRC）

溶剂精炼煤法（solvent refining of coal，简称 SRC 法），是将煤用供氢溶剂萃取加氢，生产清洁的低硫低灰的固体燃料和液体燃料。通常对生产低硫、低灰固体燃料为主要产物的方法称为 SRC-Ⅰ法，而以生产液体燃料为主的方法称为 SRC-Ⅱ法。

SRC 法与高压直接加氢液化相比，有以下特点：

（1）反应条件缓和，反应温度为 400～450 ℃，反应压力为 10～15 MPa；

（2）不外加催化剂，反应剂活化氢主要来源于供氢溶剂；

（3）氢耗量低，SRC-Ⅰ和 SRC-Ⅱ的液化机理基本相同，都是先将煤与溶剂混合制成煤糊，在高温高压下热解呈碎片，然后碎片从供氢溶剂得到氢而稳定化，失去氢的芳烃溶剂再加氢成为供氢溶剂。

两者的区别在于 SRC-Ⅰ氢化程度浅，加氢量小（2%），产品以高分子固体燃料为主；SRC-Ⅱ氢化程度较深，加氢量大（3%～6%），产品以低分子液体为主。

1. SRC-Ⅰ法

SRC-Ⅰ法工艺很多，现只介绍一种 PAMCO 法，这是美国匹兹堡和中途岛采煤公司（Pittsburgh and Midway Coal Mining Co.）一起开发的，有两个实验工厂，处理量分别为 6 t/d 和 50 t/d，其工艺流程如图 10-14 所示。

原煤经磨碎（＜0.3 mm）、干燥（水分＜2%）和溶剂混合制成煤糊，溶煤比为 1.5～3。煤糊用高压泵输送，与压缩氢气一起送入火力直接加热炉，加热到 400 ℃左右，进入溶解器

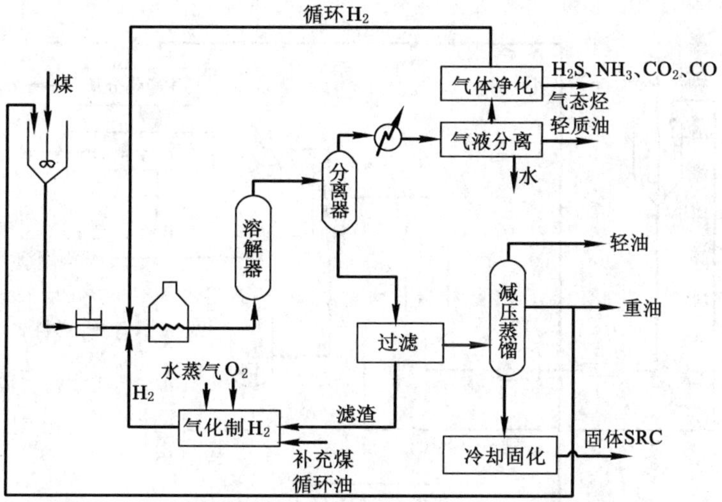

图 10-14　SRC-Ⅰ工艺流程

进行溶解、加氢裂解、脱硫等反应。反应温度一般为 400～450 ℃，压力为 10～14 MPa，停留时间为 30～60 min，不添加催化剂。溶解器是个中间空心的圆筒体，反应过程虽然是放热反应，但由于氢化程度浅，反应热较小，反应温度容易控制，不需采取特殊措施。

由溶解器排出的反应产物，经冷却至 260～340 ℃进入高压分离器，分离出的气体冷却后(65 ℃)，分出凝缩物、水和轻质油，不凝缩气体经洗涤脱除气态烃、H_2S、CO_2 等，得到富氢气循环使用。

自高压分离器底部排出的固液混合物送压力预过滤，滤饼为未转化的煤和灰，可作气化原料制氢气。滤液送减压蒸馏，分离为轻质油、重油和液体 SRC，液体 SRC 从塔底抽出，经冷却固化为固体 SRC 产品。

SRC-Ⅰ工艺的主要产品是固体 SRC，产率达 60%左右，此外还有少部分液体燃料和气态烃等。煤的转化率达 90%～95%，脱硫效果较好，煤中无机硫可全部脱除，有机硫脱除 60%～70%。

2. SRC-Ⅱ法

SRC-Ⅱ法是在 SRC-Ⅰ法的基础上发展起来的。特点是将气液分离器排出的含固体的煤溶浆循环作溶剂，因此也称循环 SRC 法。按流程和产品结构不同，可分为循环 SRC-Ⅱ(固体)法、循环 SRC-Ⅱ(联合产品)法和循环 SRC-Ⅱ(液体)法三种。通常将循环 SRC-Ⅱ(液体)法简称 SRC-Ⅱ法。工艺流程如图 10-15 所示。

经干燥、粉碎的煤粉与循环煤浆按 1∶1.5～1∶2.5 质量比制成煤糊，用高压泵输送，并与压缩氢气一起在加热炉加热至 400 ℃左右，送入反应器进行萃取加氢反应，反应温度为 440～460 ℃，反应压力为 14 MPa，不加催化剂。由于 SRC-Ⅱ的氢化程度较深，反应热较大，为控制反应器的温度，需在不同部位加入冷氢气。

自反应器出来的反应产物送高压分离器，分离器顶导出的气体，经冷却分离出凝缩物后，再经酸性气体洗涤、低温分离，脱去 H_2S、CO_2 和气态烃，得到富氢气作循环用。低温分离出来的甲烷、乙烷作管道煤气，丙烷、丁烷可生产液化石油气，H_2S 可进一步回收硫。

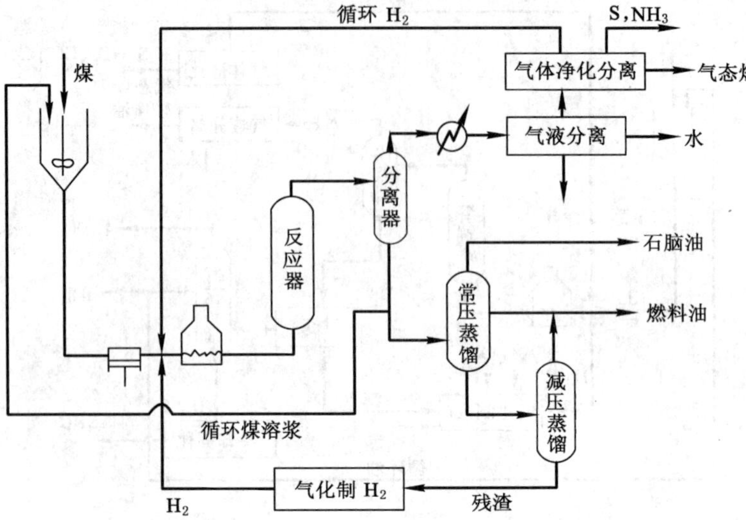

图 10-15 SRC-Ⅱ工艺流程

高压热分离器底部排出的煤溶浆，一部分作循环煤浆，另一部分送常压蒸馏分离出石脑油、燃料油和残留物。塔底残留物进一步减压蒸馏，塔顶分出物与常压馏分出来的燃料油混合，塔底残渣作气化原料，生产 H_2。

SRC-Ⅱ工艺特点如下：

(1) 用部分热煤溶浆作循环溶剂，使煤溶解的有效时间增长，煤浆中矿物质含量增加，有利于加速氢裂解反应和液化反应的加深，使液体油产率增加。

(2) 采用蒸馏法完成产品分离，省去过滤、脱灰、产物固化等工序，简化工艺流程。

(3) 不外加催化剂，通过煤中矿物质催化活性的有效利用，获得较高的液化效率，降低生产成本。

SRC-Ⅱ工艺的液化效率高，煤的转化率达 95%～96%，液体油产率为 38.9%～43.7%。而且液体产品的质量好，完全符合石油代用品的要求。例如燃料油，不含灰，含硫量低于 0.4%，热值达 40 478 kJ/kg，比 SRC 固体产物热值高，是优质的锅炉燃料。轻质油可进一步加工得到高辛烷值汽油，另外轻质油含有 20%～30%酚类，可加以回收，作为化工原料。

(二) 德国直接液化新工艺——IGOR 工艺

煤的液化技术研究因第二次世界大战后中东石油的大规模开采而一度停止，20 世纪 70 年代的石油危机重创了西方世界的经济，煤液化技术的研究又重新受到重视。德国人在原有技术的基础上，致力于催化剂、供氢溶剂和固液分离等技术的研究，取得了很大的进展。德国矿业技术有限公司(DMT)在 20 世纪 90 年代初改进了原德国新工艺(DT)，将煤液化粗油的加氢精制与煤的糊相加氢液化整合在同一套高压系统内，即煤液化粗油精制联合工艺(IGOR，integrated gross oil refining)。

IGOR 工艺的原理流程如图 10-16 所示。

煤与循环溶剂、催化剂以及氢气一起依次进入预热器和反应器中，反应后物料进入高温

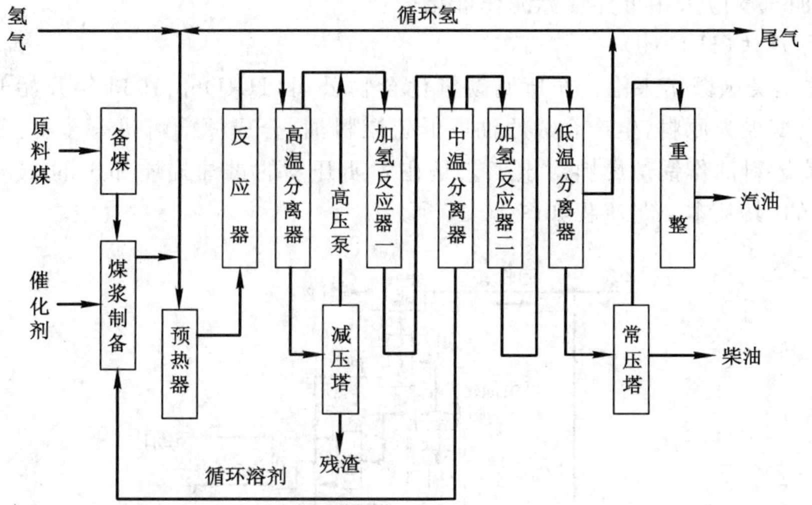

图 10-16　IGOR 工艺的原理流程图

分离器，由底部排出的重质物料经减压塔闪蒸分出残渣和闪蒸油，闪蒸油又通过高压泵打入系统与高温分离器分出的气体及轻油一起进入第一固定床反应器，在此进一步加氢后进入中温分离器，中温分离器分出的重质油作为循环溶剂，气体和轻质油蒸气进入第二固定床反应器再加氢，通过低温分离器分出提质后的轻质油产品，气体循环使用。

IGOR 工艺特点如下：

(1) 由 IGOR 工艺生产的精制合成原油与传统煤加氢液化生产的合成原油性质根本不同，它是无色透明的水状油，没有一般煤制油的臭味，贮藏中稳定，不生成沉淀，也不改变颜色，且消除了对人体有害的毒性物质。

(2) 在 IGOR 工艺运转中，煤浆制备的循环溶剂油密度和黏度变低，甚至固体不能保持悬浮状态而生成沉淀，致使煤浆泵不断出现故障。采取的克服办法是将煤浆浓度从42%提高到 51%。由于煤浆供料没有相应减少，这就使单位供煤量增加 20%。反应器供料空速为 0.6 kg/(L·h)(daf 煤)，大大高于其他煤直接液化反应器的空速：0.24～0.36 kg/(L·h)。在同样大小反应器的条件下，IGOR 工艺的生产能力比其他煤液化工艺可提高 50%～100%。

(3) 采用悬浮床反应器(固体煤、催化剂、未反应煤等悬浮于溶剂中一起流动)，煤浆一次性通过，完成加氢，然后转入后续设备。

(4) 将糊相加氢与循环油加氢和液化油提质串联在一套高压系统，避免原来多套设备间压力变化造成的能量损失。

(5) 粗油、净油加氢反应器采用固定床反应器，使用 Mo-Ni 型载体催化剂。

(6) 液化残渣的分离由离心过滤改为减压蒸馏，设备处理能力增大，操作简化，蒸馏残渣仍可泵送。

(7) 循环油由重油改为中油，不含固体和沥青烯，黏度大大降低，溶剂的供氢能力增强，反应压力降至 30 MPa。

(8) 液化残渣直接气化制氢而不是干馏。

(9) 煤加氢反应采用可弃性赤泥作催化剂。

(三) 氢-煤法(H-Coal)

氢-煤法是美国戴诺莱伦公司所属碳氢化合物公司(HRI)于 1963 年开始开发的,以褐煤、次烟煤或烟煤为原料,生产合成原油或低硫燃料油,合成原油可进一步加工提质成发动机燃料,低硫燃料油作锅炉燃料。该工艺是在先期开发的重油提质加工的 H-oil 工艺基础上发展而成的,其基本工艺流程如图 10-17 所示。

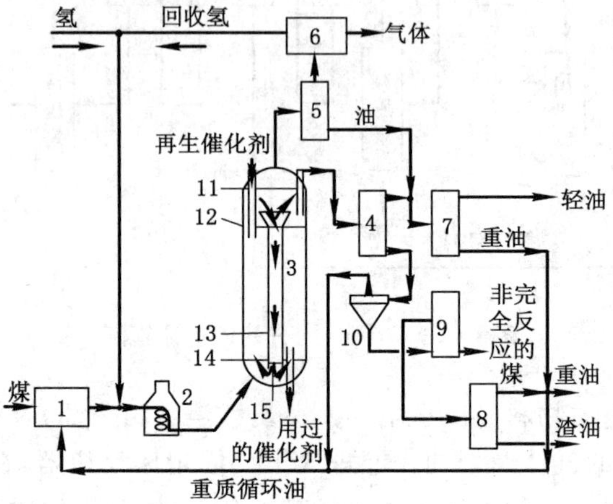

1—煤浆制备;2—预热器;3—反应器;4—闪蒸器;5—冷分离器;6—气体洗涤器;
7—常压蒸馏塔;8—减压蒸馏塔;9—闪蒸塔;10—旋流器;11—浆态反应物料的液位;
12—催化剂上限;13—循环管;14—分布板;15—搅拌螺旋桨。

图 10-17 氢-煤法的工艺流程

氢-煤法工艺特点如下:

(1) 采用固、液、气三相沸腾床催化反应器,使反应器内物料分布更均衡、温度更均匀,使反应过程处于最佳状态,有利于加氢液化反应的进行。

(2) 在反应器内,部分固液产物循环,使催化剂呈沸腾状态,流速适当时,可使催化剂呈流态化且能使催化剂留在反应器内,而未转化的煤随液体从反应器上部排出。

(3) 催化剂为高效柱状 Co-Mo-Al_2O_3,加氢液化过程中可从反应器底部连续抽出约 2% 的催化剂进行再生,同时在反应器顶补充等量的新催化剂。

(4) 用旋流器溢流、常压蒸馏塔塔底重油、减压蒸馏塔塔顶重油作循环溶剂。

氢-煤法的开发受到世界石油供应变化的影响,未完成工业示范装置的建设和运行,但 HRI 公司并未停止研究,于 20 世纪 80 年代末和威尔逊维尔煤直接液化中试厂在氢-煤法的基础上,共同研究开发了双反应器串联的工艺,称为两段催化加氢液化工艺(catalytic two-stage liquefaction,简称 CTSL 工艺),后来又演变为 HTI 工艺。

(四) HTI 工艺

该工艺是在 H-Coal 工艺和 CTSL 工艺的基础上,采用悬浮床反应器和 HTI 研制的胶体铁基催化剂而开发的煤加氢液化工艺,并增加了在线加氢反应器,油质明显提高,曾经在小型中试装置上进行了验证。该工艺流程如图 10-18 所示。

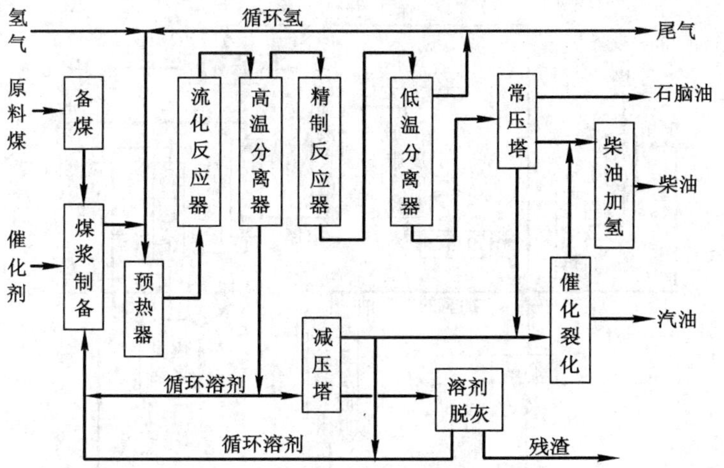

图 10-18 美国 HTI 工艺流程

该工艺主要特点如下：

(1) 用胶体 Fe 催化剂代替 Ni/Mo 催化剂进行煤的加氢，不仅降低成本且活性比一般铁系催化剂高，用量减少，相应地减少了固体残渣的带油量。

(2) 采用外循环全返混三相鼓泡悬浮床反应器，强化了传热、传质，油产率高，氢耗低。

(3) 与 IGOR 工艺类似，对液化粗油进行在线加氢精制，提高了馏分油品质。

(4) 反应条件相对温和，反应温度 440～450 ℃，反应压力 17 MPa，油产率高、氢耗低。

(5) 采用 Lumus 公司的溶剂萃取脱灰技术，油收率提高约 5%。

(6) 由高温分离器粗油、溶剂脱灰油、常压蒸馏塔底油和部分减压塔顶瓦斯油四路组成循环溶剂。

(五) Exxon 供氢体溶剂法(EDS)

埃克森供氢溶剂(exxon doner solvent，简称 EDS)法是埃克森研究工程公司的开发成果，已完成 250 t/d 中试装置运转试验，为工业生产积累了经验。

EDS 法工艺流程如图 10-19 所示。

EDS 法基本工艺如下：

(1) 原料煤与供氢溶剂制成煤糊，与氢气混合预热后进入反应器，进行萃取加氢液化反应。

(2) 煤液化产物进入气液分离器，气体经分离净化获得富氢气循环使用；液体产物进入常压蒸馏塔蒸出轻油，塔底产物进入减压蒸馏塔分离出轻质燃料油、重质燃料油和石脑油以及残渣。

(3) 部分轻质燃料油经催化加氢后成为再生供氢溶剂，供制浆用。

(4) 减压蒸馏残渣送入灵活焦化装置，进行焦化气化制得重油和燃料气，也可将残渣气化制取氢气。

该工艺的特点如下：

(1) 煤在非催化条件下加氢液化，通过专门加氢的溶剂供氢，增加了轻馏分产率和操作稳定性。

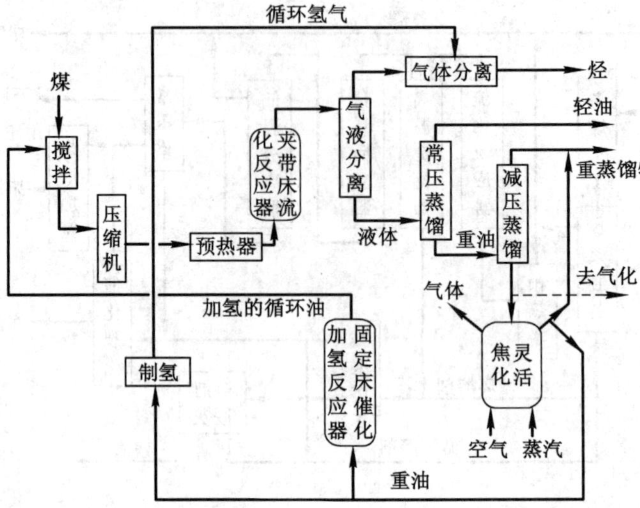

图 10-19　EDS 法工艺流程

(2) 溶剂加氢和煤加氢分开进行，避免了未反应煤、灰分等与高活性催化剂直接接触，提高了催化剂寿命。

(3) 采用减压蒸馏进行固液分离。减压蒸馏塔底物送灵活焦化装置进行焦化气化，液体产率可增加 5%～10%。

(4) 反应条件温和，反应温度 430～470 ℃，反应压力 11～16 MPa。

(六) 神华煤液化工艺

中国神华集团在吸收世界各国煤液化技术的基础上，对 HTI 工艺进行了优化研究，提出了自己的煤液化工艺，流程简图如图 10-20 所示。

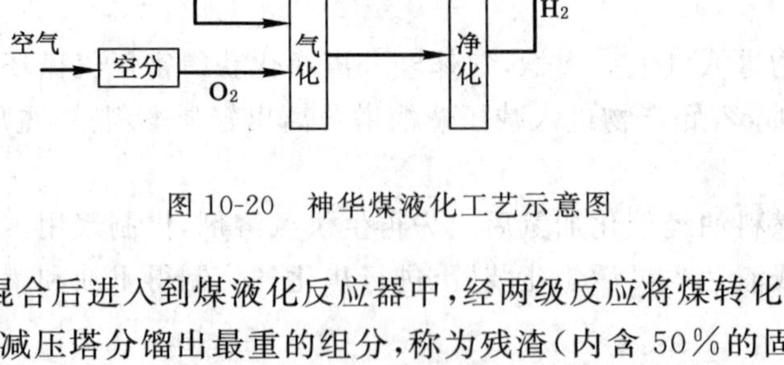

图 10-20　神华煤液化工艺示意图

煤浆与催化剂混合后进入到煤液化反应器中，经两级反应将煤转化为轻质油品，经过高低压闪蒸处理后，经减压塔分馏出最重的组分，称为残渣(内含 50%的固体颗粒物)；其余的所有煤液化全馏分油一并进入到离线稳定加氢装置进行处理，产物进入分馏塔分馏得到轻、中、重三个馏分，全部的重馏分和少量的中馏分混合后循环回煤液化装置配煤浆，轻馏分和大部分的中馏分进一步改质生产合格油品。

神华煤液化工艺主要特点如下：

(1) 采用两段反应，温度 455 ℃、压力 19 MPa，提高了煤浆空速。

(2) 采用合成超细铁基催化剂，用量减少，同时避免了 HTI 胶体催化剂加入煤浆的难题。

(3) 取消溶剂脱灰工序，采用减压蒸馏进行固液分离。

(4) 循环溶剂全部加氢，提高了溶解供氢能力。

(5) 液化粗油加氢采用离线加工模式。

(七) 煤油共炼技术

煤油共炼是 20 世纪 80 年代国外发展起来的一种煤液化新技术，是将煤和石油渣油同时加氢裂解，转变成轻质油、中油和少量气体的加工工艺。

在煤油共炼过程中，由于石油渣油的 H/C 较高，对煤液化具有一定供氢作用，能促进煤的热溶解和加氢反应，使煤的转化率和油收率提高；而煤对石油渣油的加氢裂解，能防止渣油形成不溶固体或半焦，煤油之间呈现一种增加油收率和防止结焦的协同作用，同时煤能吸附渣油中的重金属，从而提高了渣油中金属的脱除率，使重金属含量高、难加工的渣油得到利用。

煤油一次性通过反应装置，反应产物油不作循环溶剂，提高了反应装置的处理能力，降低了投资和操作费用。

第四节　煤的低温干馏及其多联产技术

煤在 600 ℃左右的温度下隔绝空气加热，煤的有机质会发生热解反应，生成煤气、焦油和半焦三种产物。煤的低温干馏适用于褐煤、长焰煤、不黏煤等低煤化程度煤的转化。

煤低温干馏产物的产率和组成取决于原料煤性质、干馏炉结构和加热条件。一般焦油产率为 6%～25%；半焦产率为 50%～70%；煤气产率为 80～200 m^3/t(原料干煤)。

传统上，煤低温干馏的目的多种多样，比如生产低温煤焦油制发动机燃料，或者生产兰炭，或者生产民用煤气等。近 10 年来，随着我国汽车工业突飞猛进的发展，汽车已经成为寻常消费品，对发动机燃料的需求大幅度增长，造成我国石油对外依存度超过 60%，而且将来还会继续扩大。出于战略考虑和经济上的需要，煤制油技术发展迎来了战略机遇期。此外，近年来我国雾霾天气频发，燃煤污染是重要原因。因此，煤炭洁净化利用亟待取得突破，煤制天然气成为重要选项。从国家的重大战略需求上看，将煤转化为油、气、化学品是必然选择。在各种技术路线中，煤的低温干馏多联产技术将占得一席之地，通过煤的低温干馏，可以得到焦油、煤气和半焦。焦油进一步加工可制成发动机燃料；煤气可通过甲烷化合成人造天然气；半焦可以气化，再合成甲烷、发动机燃料、烯烃、乙二醇等其他化学品，也可以将半焦发电。总之，以煤的低温干馏技术为核心，与煤的其他转化技术灵活组合，可形成多联产工艺体系。下面简单介绍几种工艺流程，仅供参考。

一、浙江大学的多联产工艺

浙江大学早在 1981 年就提出了煤低温干馏多联产方案的设想，为了验证方案的可行性，在教育部博士点基金、国家“八五”攻关项目的资助下，浙江大学建立了一套 1 MW 热态试验装置，对不同的煤种和不同运行参数进行了大量试验，证实了技术上和工艺上的可行性，于 1995 年获得国家发明专利，并利用该技术开发了 12 MW 及 25 MW 循环流化床多联产装置。

基本工艺如图 10-21 所示。煤在循环流化床锅炉中于 850～900 ℃下燃烧，大量的高温循环灰被携带出炉膛，经分离机构分离后部分作为热载体进入以再循环煤气为流化介质的流化床干馏炉。煤经给料机进入干馏炉和作为固体热载体的高温循环灰混合受热。煤在干馏炉中经热解所产生的粗煤气、焦油和细灰颗粒进入分离机构，经分离后的粗煤气进入煤气净化系统，经洗涤塔、电捕焦油器后，部分粗净化后的煤气通过煤气再循环风机加压后送回干馏炉底部，作为干馏炉的流化介质，其余煤气则进入脱硫等设备继续净化变成净煤气供民用或经变换、合成反应变成甲醇等产品。电捕焦油器收集下来的焦油提取高附加值产品或改性成高品位合成油。煤在干馏炉热解后的半焦和循环物料以及煤气分离器所分离出来的细灰及半焦一起通过返料机构进入循环流化床锅炉燃烧，把从干馏炉来的低温循环物料加热后再送至干馏炉以提供干馏所需的热量，同时所生产的水蒸气用于发电、供热等。

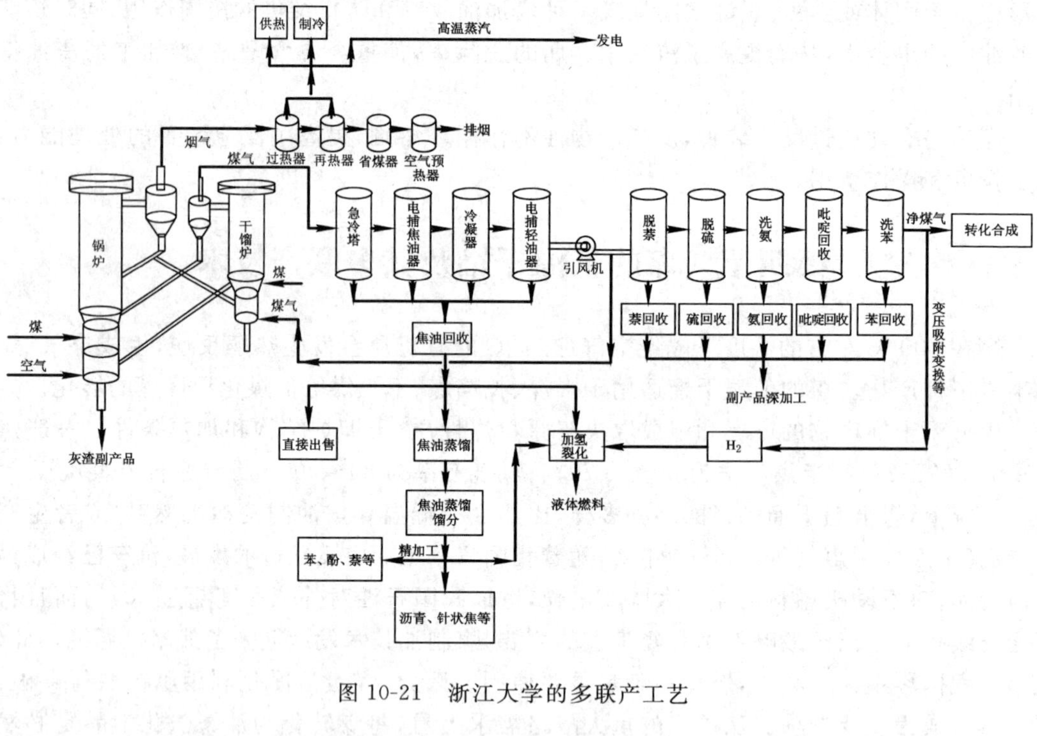

图 10-21　浙江大学的多联产工艺

该装置的煤气组成见表 10-5，由表中数据可知，煤气中 H_2 及 CH_4 含量高，两者之和接近 70％，N_2 及 CO 含量较低。该气体完全可以作为人造天然气的原料气，也可作为甲醇、液体油合成的原料气。

表 10-5　浙江大学多联产工艺的煤气组成

含量/％										H_2S 浓度 /(mg/m³)	COS 浓度 /(mg/m³)	NH_3 含量 /％
H_2	O_2	N_2	CH_4	CO	CO_2	C_2H_4	C_2H_6	C_3H_6	C_3H_8			
27.47	0.14	8.23	40.07	5.36	8.12	3.22	3.71	1.23	1.05	5 998	622	0.54

二、北京水利电力经济研究所和济南锅炉厂的多联产工艺

试验装置的概念流程如图 10-22 所示：① 约 20%煤通过锅炉给煤机进入锅炉炉膛；80%煤通过给煤机与热灰一起进入干馏器，在干馏器内进行混合、热解，产生的半焦由返料系统送回炉膛；二者共同作为锅炉的燃料，产生的蒸汽可用于发电。燃烧烟气经炉膛上部出口的旋风分离器将灰分离后进入热回收装置，然后排入烟囱。② 锅炉的旋风分离器分离的热灰一路经返料器进入锅炉炉膛，形成正常的炉膛、分离器、干馏器、返料器组成的循环系统，另一路进入干馏器与原煤进行热交换后变成半焦返回炉膛，形成炉膛、分离器、干馏器、返料系统组成的大循环系统。③ 干馏器内产生的煤气从其上部引出，经分离除尘、冷凝、冷却后可进入净化与转化装置，下部出来的冷凝液经油水分离可得到热解焦油和热解水。

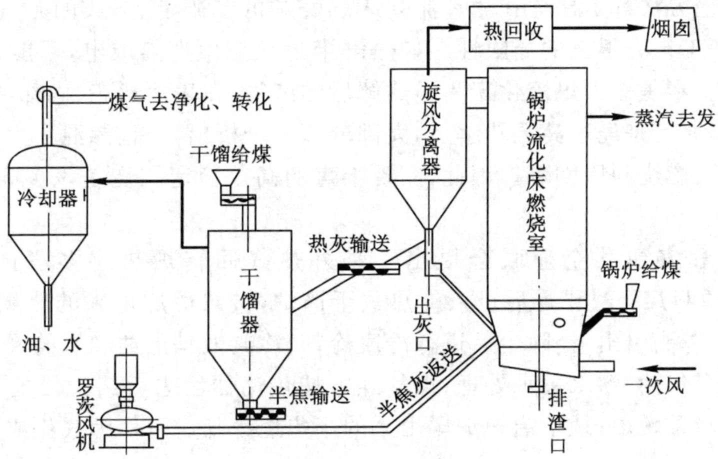

图 10-22　北京水利电力经济研究所和济南锅炉厂热、电、气多联产工艺概念流程

三、北京蓝天新源科技有限公司的多联产工艺

北京蓝天新源科技有限公司研发的多联产煤制气工艺流程如图 10-23 所示。

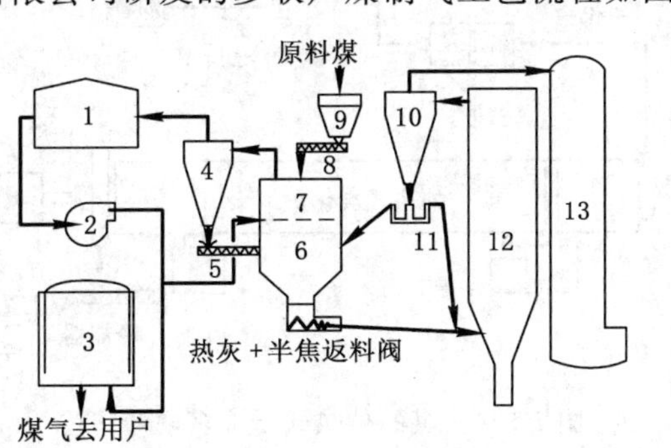

1—煤气净化系统；2—加压风机；3—气柜；4—焦、煤气分离器；5—返灰螺旋；6—干馏器；7—局部流化器；8—给煤螺旋；9—煤斗；10—锅炉分离器；11—锅炉返料器；12—锅炉炉膛；13—锅炉尾部。

图 10-23　北京蓝天新源科技有限公司的多联产工艺

固体褐煤送入粉煤热解装置，采用循环流化床锅炉的循环热灰作为固体热载体，与煤在

干馏器内均匀掺混并进行热解(干馏),获取煤气、焦油及其他产品。进入干馏器的循环热灰的温度在820～900 ℃之间,进入干馏器热灰的量比干馏煤量大得多。通过控制进入干馏器内热灰的量,可以方便地调节热解(干馏)温度,以满足不同用户对煤气、焦油产量及品质的需求。

干馏器床层采用流化(鼓泡)床＋移动床的形式,即在内料层的中部采用了独特的煤气流化装置,用经过降温和粗净化后的煤气回送作为流化介质。这种结构既可以有效防止流化介质(如蒸汽)引起煤气品质下降的问题,又有利于煤和热灰的均匀掺混并延长煤的干馏时间。

四、煤的外热式干馏多联产工艺

前述几种工艺方法都是建立在循环流化床燃烧炉的基础上,形成的是气、油、电多联产体系,这种多联产工艺有很大的局限性。如热解半焦只能生产热或电,不能生产化工产品。此外,与原煤相比,半焦作为煤流化床高温热解后的产物,在表面形态、内部结构及化学组成上都有较大差异,尤其是经过高温热解后,大部分挥发分析出,而且掺混了大量灰热载体,灰分含量高、热值低、燃烧利用困难。因此,实现半焦的高效稳定燃烧是该多联产系统的关键技术之一。

北京某公司和安徽某企业联合提出一种外热式回转炉热解多联产工艺路线,如图10-24所示。原料煤经过干燥后进入外热式干馏炉,被从燃烧炉来的热烟气间接加热进行干馏,干馏气从炉头引出,经除尘后进行冷凝冷却,冷凝液是焦油和水的混合物,经油水分离后可得到低温煤焦油,污水去水处理;煤气经电捕焦油器后去后续工段处理;从炉头排出的热烟气进入煤炭干燥炉;从干馏炉炉尾出来的半焦经冷却后可作为气化或燃烧的原料。

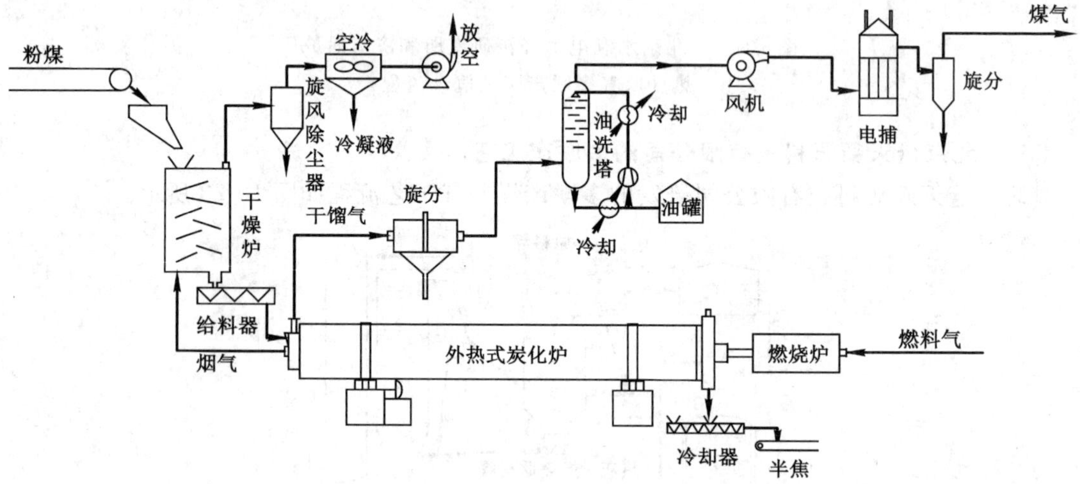

图10-24　煤的外热式干馏多联产工艺

该工艺可以与气化、合成、燃烧等组成多种多联产模式。

(1) 油、天然气、化学品模式

将分离出来的煤焦油经精制生产发动机燃料;半焦经气化生产合成气;热解气体可先分离出其中的甲烷,其余气体与半焦气化得到的合成气汇合,经变换、净化等工序,制成适合天然气合成、甲醇合成、烃类合成、乙二醇生产的原料气,生产下游化学品。

(2) 油、燃料气、电模式

将分离出来的煤焦油经精制生产发动机燃料；热解气体经净化制成燃料气；半焦去燃烧发电。

复习思考题

1. 从冶金焦的质量要求出发，分析炼焦配煤的质量控制要求。
2. 简述在冶炼精煤的分选加工和运输贮存过程中，要求避免发生混煤事故的意义。
3. 简述备煤炼焦工艺条件与焦炭质量之间的关系。
4. 炼焦回收的主要化学产品有哪些？生产中如何从配煤上增加煤气产量？
5. 固定床常压气化有哪些工艺？对煤的质量有哪些具体要求？并简述其原因。
6. 加压气化与常压气化相比有哪些优点？
7. 对比固定床、流化床和气流床三种气化方法对煤质要求的不同之处。
8. 气流床气化方法中，干粉煤进料与水煤浆进料对气化过程有哪些不同的影响？
9. 简述煤炭直接液化对煤炭质量的基本要求。
10. 煤炭直接液化的工艺有哪些？各有何特点？
11. 试分析我国煤的低温干馏多联产技术的发展前景和趋势。
12. 试提出一套基于煤低温干馏的多联产技术方案，并分析其可行性。
13. 我国发展煤化工产业的动力在哪里？有利和不利的因素有哪些？

附录1 本书主要名词术语汉英对照表

第一章 绪论
Introduction

(1) 地热能 geothermal energy
(2) 电极糊 electrode paste
(3) 动力煤配煤 steam coal blending
(4) 二次能源 secondary energy
(5) 粉煤成型 fine coal briquetting
(6) 风能 wind energy
(7) 可再生能源 renewable energy
(8) 煤化工 coal chemical engineering
(9) 煤炭洗选 coal washing/coal preparation
(10) 能源消费结构
energy consumption structure
(11) 生物质能 biomass energy
(12) 石油 oil/petroleum
(13) 水电 hydropower/ hydroelectricity
(14) 水煤浆 coal-water slurry
(15) 太阳能 solar energy
(16) 碳素耐火材料 carbon refractory
(17) 炭质吸附剂 carbonaceous adsorbent
(18) 天然气 natural gas
(19) 原油 crude oil
(20) 一次能源 primary energy

第二章 煤的形成
Coal formation

(1) 氨基酸 amino acid
(2) 半纤维素 hemicellulose
(3) 被子植物 angiosperm
(4) 变质程度 metamorphic grade
(5) 变质作用 metamorphism
(6) 参考书目 bibliography
(7) 残植煤 liptobiolite coal /liptobiolite
(8) 沉 积 环 境 depositional environment/
sedimentary environment
(9) 沉积有机岩 sedimentary organic rock
(10) 成岩作用 diagenesis
(11) 成因类型 genetic type
(12) 次烟煤 subbituminous coal
(13) 蛋白质 protein
(14) 单糖 monosaccharide
(15) 地层 stratum *pl.* strata
(16) 低等植物 lower plant
(17) 地衣 lichen
(18) 堆积场所 accumulation locale
(19) 多糖 polysaccharide
(20) 二糖 disaccharide
(21) 繁殖 propagation
(22) 分解 decomposition
(23) 覆盖层,超覆层 overburden
(24) 沉积岩 sedimentary rock
(25) 腐泥煤 sapropelite coal /sapropelite
(26) 腐植煤 humic coal
(27) 腐植腐泥煤 humic-sapropelic coal
(28) 腐植酸 humic acid
(29) 高等植物 higher plant
(30) 果胶 pectin / pectic substance
(31) 甲氧基 methoxyl
(32) 角质 cutin
(33) 角质层 cuticle

(34) 进化论 evolutionism
(35) 蕨类 fern
(36) 菌类 fungus
(37) 褐煤 lignite/brown coal
(38) 蜡质 wax
(39) 沥青质 pitch/ asphalt
(40) 裸子植物 gymnosperm
(41) 煤化作用 coalification
(42) 煤化程度 degree of coalification
(43) 煤阶 rank
(44) 木栓质 phellem
(45) 木质素 lignin
(46) 泥炭化作用 peatification
(47) 器官 organ
(48) 起源 origin
(49) 前驱物 precursor
(50) 羟基 hydroxyl
(51) 三糖 trisaccharide
(52) 上覆沉积物 sedimentary cover
(53) 上覆岩层 overlying stratum
(54) 摄氏度 degree centigrade
(55) 生物 life-form /organism
(56) 生物化学反应 biochemical reactions
(57) 树脂 resin/rosin
(58) 水解 hydrolyzation
(59) 羧基 carboxyl
(60) 苔藓 moss
(61) 碳水化合物 carbohydrate
(62) 羰基 carbonyl
(63) 完全腐烂 complete decay
(64) 微生物 microorganism
(65) 微生物降解 biological degradation
(66) 物理化学作用
physico-chemical reaction
(67) 无烟煤 anthracite
(68) 特点 characteristic
(69) 现场，场所 locale
(70) 咸水地 brackish-water locale
(71) 纤维素 cellulose
(72) 烟煤 bituminous coal
(73) 藻类 alga
(74) 沼泽 swamp
(75) 脂肪 fat
(76) 脂类化合物 lipid /fatty compound
(77) 植物残骸 plant debris
(78) 组成成分 component
(79) 组织 tissue

第三章　煤的结构
Coal structure

(1) 苯并噻吩 benzothiophene
(2) 丙基 propyl
(3) 不规则部分 disordered part
(4) 大分子结构 macromolecular structure
(5) 层片结构 lamella-shaped structure
(6) 长链脂肪酸 long-chain fatty acid
(7) 醇 alcohol
(8) 低分子化合物 micromolecular compound/
low molecular compound
(9) 二苯并噻吩 dibenzothiophene
(10) 二硫化物(—S—S—) disulfide
(11) 芳烃 aromatic hydrocarbon
(12) 芳香层片 aromatic layer
(13) 芳香核 aromatic core/nuclear
(14) 芳香性 aromaticity
(15) 酚环 phenolic ring
(16) 共价键 covalent bond
(17) 固定相 fixation phase
(18) 官能团 functional group
(19) 规则部分 ordered part
(20) 含氮官能团
nitrogen containing functional group
(21) 含氮化合物 nitrogen compound
(22) 含硫官能团 sulfur containing functional
group / sulfur functional group
(23) 含硫化合物 sulfur compound

(24) 含氧官能团 oxygen containing functional group/ oxygen functional group
(25) 化学结构模型 chemical structural model
(26) 环烷烃 naphthene
(27) 甲基 methyl
(28) 甲氧基($—OCH_3$) methoxyl
(29) 基本结构单元 basic structural unit (BSU)
(30) 碱不溶残渣 alkaline-insoluble residue
(31) 交联键 cross-linking bond
(32) 聚合物 polymer
(33) 聚合单体 monomer
(34) 喹啉 quinoline
(35) 流动相 flowable phase
(36) 硫醚(R—S—R′) thioether
(37) 硫醇(—SH) thiol
(38) 煤的结构 coal structure
(39) 吡啶 pyridine
(40) 平均长度 average length
(41) 羟基(—OH) hydroxyl
(42) 桥键 bridge bond
(43) 噻吩 thiophene
(44) 石墨结构 graphitic structure
(45) 缩合环 condensed ring
(46) 缩合杂环结构 condensed heterocyclic structure
(47) 羧基(—COOH) carboxyl
(48) 羰基(>C═O) carbonyl
(49) 烃类 hydrocarbon
(50) 酮 ketone
(51) 烷基侧链 alkyl side-chain/aliphatic side-chain
(52) 无定形结构 amorphic structure
(53) 物理结构模型 physical structural model
(54) 烯烃 olefin
(55) 衍生物 derivative/ramification
(56) 乙基 ethyl
(57) 正构烷烃 alkane
(58) 脂肪酸 fatty acid
(59) 甾醇类化合物 sterol

第四章 煤的岩石组成
Petrographic constituents of coal

(1) 暗煤 durain
(2) 半透明 translucent
(3) 孢子体 sporophyte (sporinite)
(4) 脆的 brittle/fragile
(5) 断口 fracture
(6) 惰质组 inertinite
(7) 高岭石 kaolinite
(8) 光泽 luster
(9) 反射光 reflection light / reflected light
(10) 反射率 reflectance/reflectivity
(11) 放大镜 magnifier/magnifying glass
(12) 方解石 calcite
(13) 粉光片 polished briquet
(14) 黄铁矿 pyrite
(15) 宏观方法 macroscopical method
(16) 花粉体 pollen
(17) 镜煤 vitrain
(18) 镜质组 vitrinite
(19) 角质体 cutinite
(20) 壳质组 exinite
(21) 块光片 polished block
(22) 亮煤 clarain
(23) 裂隙 fissure/crack
(24) 硫化物类矿物 sulfide mineral
(25) 硫酸盐类矿物 sulphate mineral
(26) 轮廓 profile
(27) 煤薄片 thin coal section
(28) 煤的成因 coal origin
(29) 煤的可选性 coal washability
(30) 煤的岩相组成 petrographic constituents of coal
(31) 煤岩类型 lithotype/rock type

(32) 煤岩学 petrology (petrography) of coal / coal petrology
(33) 木栓体 suberinite
(34) 内生裂隙 endogenic crack
(35) 黏土类矿物 clay mineral
(36) 凝胶 gel
(37) 凝胶化作用 gelation/ gelification
(38) 普通反射光 general reflected light
(39) 缺氧的 anoxic
(40) 肉眼 naked eye
(41) 石膏 gypsum
(42) 石英 quartz
(43) 树脂体 resinite
(44) 水解 hydrolyzation
(45) 丝炭 fusain
(46) 丝炭化作用 fusinization
(47) 碳酸盐类矿物 carbonate mineral
(48) 条痕色 striation colour
(49) 透镜状 lenticular
(50) 透射光
transmission light/transmitted light
(51) 透明 transparent
(52) 脱水作用 dehydration
(53) 微观方法 microscopical method
(54) 显微煤岩组分
micropetrological constituent/maceral
(55) 氧化物类矿物 oxide mineral
(56) 油浸反射光 oil-immersion reflected light
(57) 油浸物镜
oil immersion lens/oil-immersion objective
(58) 质地 texture
(59) 烛煤 cannel coal

第五章　煤的化学组成

Chemical constituents of coal

(1) 氨基 amido
(2) 铵盐 ammonium salt
(3) 白铁矿 marcasite
(4) 伴生元素 associated element
(5) 半微量开氏法
the semimicro-Kjeldahl method
(6) 标准硼酸溶液 a standard boric acid solution
(7) 不可燃物 noncombustible matter
(8) 常量开氏法 the macro-Kjeldahl method
(9) 称量瓶 weighing bottle
(10) 代表性的反应 representative reaction
(11) 地下水 ground water
(12) 电加热马弗炉
electrically heated muffle furnace
(13) 电解法 the electrolysis method
(14) 断裂、裂解 cracking
(15) 艾士卡法 the Eschka method
(16) 艾士卡试剂 the Eschka mixture
(17) 分析煤样 analytical sample
(18) 分析天平 analytical balance
(19) 分子骨架 molecular skeleton
(20) 风干煤样或空气干燥煤样 air dried coal sample
(21) 风干状态的 air dried
(22) 风化 weathering
(23) 坩埚 crucible
(24) 坩埚架 crucible stand
(25) 干燥剂 desiccant
(26) 干燥器 desiccator
(27) 干燥箱 drying oven
(28) 高温燃烧法
the high-temperature combustion method
(29) 铬酸铅 lead chromate
(30) 工业分析 proximate analysis
(31) 固定碳 fixed carbon content
(32) 固有组成 original component
(33) 过氧化氢 hydrogen peroxide
(34) 恒温时 at constant temperature
(35) 恒重时 at constant weight
(36) 恒湿无灰基 on a moist ash-free basis
(37) 红外干燥 infrared drying

(38) 挥发分 volatile matter content
(39) 灰分 ash content
(40) 灰分产率 ash yield
(41) 基准换算 basis conversion
(42) 加热时间 the duration of heating
(43) 碱溶液 alkaline solution
(44) 焦渣 coke residue/char residue
(45) 校正 calibration/correction
(46) 结晶水 crystallized water
(47) 化合水 water of constitution
(48) 开氏法 the Kjeldahl method
(49) 可燃质 combustible matter
(50) 空白试验 blank test
(51) 空气干燥基水分 moisture on the air dried basis
(52) 空气干燥状态的 air dried
(53) 矿物质 mineral/mineral matter
(54) 利比西法 Liebig method
(55) 马弗炉 muffle furnace
(56) 煤的化学组成 chemical constituent of coal
(57) 煤的工业分析 proximate analysis of coal
(58) 煤的元素分析 ultimate analysis of coal
(59) 内部孔隙 interior pore
(60) 内在灰分 inherent ash
(61) 内在水分 inherent moisture
(62) 强度 strength
(63) 全硫 total sulfur
(64) 全水分 total moisture
(65) 热解反应 thermal decomposition reaction/pyrolysis reaction
(66) 热解水 pyrolysis water
(67) 升温速度 the rate of temperature rise
(68) 收到基水分
moisture on the as-received basis
(69) 收到煤样 as-received coal sample
(70) 水分 moisture content
(71) 缩聚 condensation
(72) 碳酸盐二氧化碳 carbonate carbon dioxide
(73) 外表面 outer surface
(74) 外来灰分 extraneous ash
(75) 外在水分 free moisture
(76) 完全燃烧 complete incineration
(77) 微波 microwave
(78) 无机硫 inorganic sulfur
(79) 物理态结合的水
physically-associated water
(80) 无水无灰基 dry ash free basis
(81) 吸附态的水 adsorbed water
(82) 相对湿度 relative humidity
(83) 形态 form
(84) 形态硫 forms of sulphur
(85) 仪器设备 apparatus
(86) 银丝卷 silver gauze
(87) 有害元素
harmful elements/detrimental element
(88) 有机硫 inorganic sulfur
(89) 元素分析
ultimate analysis/elementary analysis
(90) 杂环 heterocycle
(91) 中等变质程度
middling rank/medium rank
(92) 转化产物 conversion product
(93) 准确性 accuracy
(94) 最高内在水分 MHC (moisture holding capacity)
(95) 最终温度 the final temperature

第六章　煤的物理性质和物理化学性质
Physical properties and physico-chemical properties of coal

(1) 半导体 semiconductor
(2) 比表面积 specific surface area
(3) 比电阻/电阻率
specific resistance/resistivity
(4) 比热 specific heat

(5) 成型 briqueting
(6) 锤碎机 hammer mill
(7) 脆度 friability
(8) 大孔 macropore
(9) 导电性 electrical conductivity/conductivity
(10) 导热性 heat conductivity
(11) 堆积密度 bulk relative density
(12) 对角线 diagonal line
(13) 颚式破碎机 jaw crusher
(14) 分光光度计法 spectrophotometry
(15) 浮选 froth flotation
(16) 光学性质 optical property
(17) 辊子破碎机 roll crusher
(18) 哈德格罗夫法 Hardgrove test
(19) 哈氏可磨仪
Hardgrove grindability machine
(20) 红外光谱 infrared spectrum
(21) 极大值 maximum
(22) 极小值 minimum
(23) 校准图 the calibration chart
(24) 介电常数 dielectric constant
(25) 接触角 contact angle
(26) 紧密程度 compactness
(27) 绝缘体 insulator
(28) 刻划硬度 scratch hardness
(29) 可磨性 grindability
(30) 可磨性指数 hardgrove grindability index
(31) 孔隙率 porosity
(32) 块煤 lump coal
(33) 粒度分布 size distribution
(34) 粒度分级 size grading
(35) 粒度组成 size consist
(36) 毛细管 capillary
(37) 煤的视(相对)密度
apparent (relative) density
(38) 莫氏硬度 Mohs hardness
(39) 磨损性 abrasiveness
(40) 目视比色法 visual colorimetry
(41) 气化 gasification
(42) 球磨法 ball-mill method
(43) 燃烧 combustion
(44) 热稳定性 thermal stability
(45) 润湿热 wetting heat
(46) 润湿性 wettability
(47) 筛底料，筛下产品 undersize
(48) 筛分分析 sieve analysis
(49) 筛上料，筛上产品 oversize
(50) 透光率 transmittance of coal
(51) 微孔 micropore
(52) 显微硬度 microhardness
(53) 压入硬度 indentation hardness
(54) 易磨煤 the easier-to-grind coal
(55) 硬度 hardness
(56) 折射率 refractive index
(57) 真(相对)密度 true (relative) density
(58) 中孔 mesopore
(59) 紫外光谱 ultraviolet spectrum

第七章　煤的化学性质
Chemical properties of coal

(1) 苯羧酸 benzo-carboxylic acid
(2) 表面氧化 surface oxidation
(3) 重铬酸钠 sodium dichromate
(4) 放热反应 exothermic reaction
(5) 高锰酸钾 potassium permanganate
(6) 磺化 sulfonation
(7) 煤贮存 storage of coal
(8) 煤的氧化 oxidation of coal
(9) 煤堆 coal pile
(10) 轻度氧化 slight oxidation
(11) 深度氧化 deep oxidation
(12) 双氧水 perhydrol
(13) 完全氧化 complete oxidation
(14) 吸热反应 endothermic reaction
(15) 氧化程度 oxidation degree
(16) 中度氧化 moderate oxidation

(17) 自燃 self-ignite/spontaneous combustion

第八章 煤的工艺性质
Technological properties of coal

(1) 奥阿膨胀计 Audibert-Arnu dilatometer
(2) 奥阿膨胀度 Audibert-Arnu dilatation
(3) 半焦 semicoke
(4) 不黏结煤 noncaking coal
(5) 粗粒煤 coarse-coal
(6) 单向加热/单面加热 one-sided heating
(7) 弹筒发热量 the bomb calorific value
(8) 低位发热量 the net calorific value
(9) 低温干馏 low-temperature carbonization
(10) 跌落试验 drop shatter test
(11) 二次热解反应 secondary pyrolysis reaction
(12) 反应性 reactivity
(13) 非黏结性煤 noncaking coal
(14) 粉煤,煤粉 pulverized coal
(15) 浮沉试验 float-sink test
(16) 浮选法 the froth floatation method
(17) 坩埚膨胀序数 crucible-swelling number
(18) 干馏或炭化 carbonization
(19) 矸石 refuse
(20) 高位发热量 the gross calorific value
(21) 高温干馏 high-temperature carbonization
(22) 格金焦型试验 Gray-King coke type assay
(23) 格金试验 Gray-King test
(24) 各向同性炭 isotropic carbon
(25) 各向异性炭 anisotropic carbon
(26) 过热蒸汽 superheated steam
(27) 恒容 at constant volume
(28) 恒湿无灰基高位发热量 the gross calorific value on the moisture ash free basis
(29) 恒温式量热计 the isothermal-jacket calorimeter
(30) 恒压 at constant pressure
(31) 加氢反应 hydrogenation
(32) 机械强度 mechanical strength
(33) 吉氏流动度 Giesler fluidity
(34) 吉氏流动度 Gieseler maximum fluidity
(35) 吉氏塑性计 Giesler plastometer
(36) 胶质层最大厚度 the maximum thickness of the plastic layer
(37) 胶质体 metaplast
(38) 结焦性 the coking capacity
(39) 解聚 depolymerization
(40) 精煤 clean coal
(41) 绝热式量热计 the adiabatic calorimeter
(42) 可选性 washability
(43) 裂解反应 cracking reaction
(44) 裂解温度 cracking temperature
(45) 罗加试验 Roga test
(46) 罗加指数 Roga index
(47) 煤灰熔融性 ash fusibility of coal
(48) 煤的发热量 heat value/ calorific value of coal
(49) 煤的工艺性质 technological properties of coal
(50) 煤的流动性 the fluidity of coal
(51) 煤灰成分 ash components of coal
(52) 密度组成 density consist
(53) 磨细的煤 finely ground coal
(54) 黏结性 agglutinability/caking capacity
(55) 黏结性煤 caking coal
(56) 气态烃 gaseous hydrocarbon
(57) 强黏结煤 strongly caking coal
(58) 热解 pyrolysis/thermal decomposition
(59) 热解终温 final pyrolysis temperature
(60) 热损失 heat loss
(61) 入料 the feed
(62) 弱还原性气氛 mildly reducing atmosphere
(63) 弱黏结煤 weakly caking coal

(64) 双向加热/两面加热
two-sided heating
(65) 萨保士尼科夫-巴斯列维奇法
Sapozhnikov-Basilevich test
(66) 塑性 plastic property/plasticity
(67) 塑性区 plastic zone
(68) 缩聚反应 condensation reaction
(69) 跳汰法 the jig method
(70) 脱氢反应 dehydrogenization reaction
(71) 温度梯度 temperature gradient
(72) 细粒煤 fine-coal
(73) 氧弹 oxygen bomb
(74) 氧弹热量计 bomb calorimeter
(75) 圆孔筛 round-hole screen
(76) 毛煤 run-of-mine coal
(77) 蒸发潜热
the latent heat of vaporization of water
(78) 中等黏结煤 medium caking coal
(79) 中间相 mesophase
(80) 中煤 middling product/middling
(81) 中温干馏
medium-temperature carbonization
(82) 重介质法 the heavy media method
(83) 自由基碎片 free radical fragment
(84) 自由膨胀序数 free-swelling number
(85) 自由膨胀指数 free-swelling index

第九、十章 煤的分类和煤炭转化概论 Coal classification and coal conversion

(1) 不黏煤 non-caking coal
(2) 长焰煤 long flame coal
(3) 冲天炉 cupola 或 cupola furnace
(4) 醇醚燃料 alcohol-ether fuel
(5) 粗苯 crude benzene
(6) 捣固炼焦 stamping coke-making/tamping coking
(7) 捣固焦炉 stamp-charged coke oven
(8) 低挥发分煤 low-volatile coal
(9) 二甲醚 dimethyl ether
(10) 肥煤 fat coal
(11) 高挥发分煤 high-volatile coal
(12) 高炉 blast furnace
(13) 高炉煤气 blast furnace gas
(14) 合成气 syngas
(15) 甲醇 methanol
(16) 焦炉 coke oven
(17) 焦炉煤气 coking gas/coke oven gas
(18) 焦炭 coke
(19) 焦炭反应性 CRI(coke reaction index)
(20) 焦炭反应后强度 CSR(coke strength after reaction)
(21) 炼焦 coking
(22) 流化床气化 fluidized bed gasification
(23) 煤的分类 classification of coal
(24) 煤料细度 coal fineness
(25) 煤炭分类方案
classification system of coal
(26) 煤炭焦化 coking of coal
(27) 煤炭气化 gasification of coal
(28) 煤炭液化 liquefaction of coal
(29) 煤炭转化 coal conversion
(30) 米贡转鼓试验 Micum drum test
(31) 配合煤 blended coal
(32) 配煤 coal blending
(33) 膨胀压力 dilation pressure
(34) 贫煤 meager coal/lean coal
(35) 贫瘦煤 meager-lean coal
(36) 气流床气化
entrained flow bed gasification
(37) 气煤 gas coal
(38) 气肥煤 gas-fat coal
(39) 强黏结煤 strongly caking coal
(40) 弱黏(结)煤 weakly caking coal

(41) 瘦煤 lean coal
(42) 炭化室 coking chamber
(43) 型焦 briquetted coke/formed coke
(44) 循环流化床气化 circulating fluidized bed gasification
(45) 移动床气化 moving bed gasification
(46) 中挥发分煤 medium-volatile coal
(47) 中等黏结性煤 medium caking coal
(48) 主焦煤 prime coking coal
(49) 铸造焦 foundry coke
(50) 转鼓试验 drum test

附录 2　煤炭产品和煤样常用术语定义及英文名称

一　煤产品

(1) 煤　coal:植物遗体在覆盖地层下,压实、转化而成的固体有机可燃沉积岩
(2) 煤的品种　categories of coal:以不同方式加工成不同规格的煤炭产品
(3) 标准煤　coal equivalent:凡能产生 29.27 MJ 的热量(低位)的任何数量的燃料折合为 1 kg 标准煤
(4) 毛煤　run-of-mine coal:煤矿生产出来的,未经任何加工处理的煤
(5) 原煤　raw coal:从毛煤中选出规定粒度的矸石(包括黄铁矿等杂物)以后的煤
(6) 商品煤　commercial coal/salable coal:作为商品出售的煤
(7) 精煤　cleaned coal:煤经精选(干选或湿选)脱灰后生产出来的、符合质量要求的产品
(8) 中煤　middlings:煤经精选后灰分介于精煤和矸石之间的产品
(9) 洗选煤　washed coal:经过洗选后的煤
(10) 筛选煤　screened coal/sieved coal:经过筛选加工的煤
(11) 粒级煤　sized coal:煤通过筛选或精选生产的粒度下限大于 6 mm 并规定有限下率的产品
(12) 粒度　size:颗粒的大小
(13) 限上率　oversize fraction:筛下产品中大于规定粒度上限部分的质量百分数
(14) 限下率　undersize fraction:筛上产品中小于规定的粒度下限部分的质量百分数
(15) 特大块　ultra large coal(＞100 mm):大于 100 mm 的粒级煤
(16) 大块煤　large coal(＞50 mm):大于 50 mm 的粒级煤
(17) 中块煤　medium-sized coal(25～50 mm):5～50 mm 的粒级煤
(18) 小块煤　small coal(13～25 mm):13～25 mm 的粒级煤
(19) 混中块　mixed medium-sized coal (13～80 mm):13～80 mm 的粒级煤
(20) 混块　mixed lump coal(13～300 mm):13～300 mm 之间的粒级煤
(21) 粒煤　pea coal(6～13 mm):6～13 mm 的粒级煤
(22) 混煤　mixed coal(＞0～50 mm):0～50 mm 之间的煤
(23) 末煤　slack/slack coal(＞0～25 mm):0～25 mm 之间的煤
(24) 粉煤　fine coal(＞0～6 mm):0～6 mm 之间的煤
(25) 煤粉　coal fines(＞0～0.5 mm):小于 0.5 mm 的煤

(26) 煤泥　slime:煤经洗选或水采后粒度在 0.5 mm 以下的产品
(27) 矸石　shale:采掘过程中从顶、底板或煤层混入煤中的岩石
(28) 夹矸　dirt band:夹层在煤层中的矿物质层
(29) 洗矸　washery reject/refuse:从洗煤中排出的矸石
(30) 含矸率　shale content:煤中大于 50 mm 矸石的质量百分数

二　煤的采样和制样

(1) 煤样　coal sample/sample:为确定某些特性而从煤中采取的、具有代表性的一部分煤
(2) 采样　sampling:采取煤样的过程
(3) 子样　increment:采样器具操作一次或截取一次煤流分断面所采取的一份样
(4) 总样　gross sample:从一个采样单元取出的全部子样合并成的煤样
(5) 随机采样　random sampling:在采取子样时,对采样的部位或时间均不施加任何人为的影响,能使任何部位的煤都有机会采出
(6) 系统采样　systematic sampling:按相同的时间、空间或质量的间隔采取子样,但第一个子样在第一个间隔内随机采取,其余的子样按选定的间隔采取
(7) 批　batch/lot :在相同的条件下,在一段时间内生产的一个量
(8) 采样单元　sampling unit:从一批煤中采取一个总样的煤量。一批煤可以是一个或多个采样单元
(9) 多份采样　reduplicate sampling:从一个采样单元取出若干子样依次轮流放入各容器中,每个容器中的煤样构成一份质量接近的煤样,每份煤样能代表整个采样单元的煤质
(10) 煤层煤样　seam sample:按规定在采掘工作面、探巷或坑道中从一个煤层采取的煤样
(11) 分层煤样　stratified seam sample:按规定从煤和夹矸的每一自然分层中分别采取的试样
(12) 可采煤样　workable seam sample:按采煤规定的厚度应采取的全部试样
(13) 生产煤样　sample for production:在正常生产情况下,在一个整班的采煤过程中采出的,能代表生产煤层煤的物理、化学和工艺特性的煤样
(14) 商品煤样　sample for commercial coal:代表商品煤平均性质的煤样
(15) 浮煤样　float sample:经重液分选浮在上部的煤样
(16) 沉煤样　sink sample:经重液分选沉在下部的煤样
(17) 实验室煤样　laboratory sample:由总样或分样缩制的、送往实验室供进一步制备的煤样
(18) 空气干燥煤样　air-dried sample:粒度小于 0.2 mm、与周围空气湿度达到平衡的煤样,也称分析煤样
(19) 标准煤样　certified reference-coal:具有高度均匀性、良好稳定性和准确量值的煤样,主要用于校准测定仪器,评价分析试验方法和确定煤的特性量值
(20) 煤样制备　sample preparation:使煤样达到实验所要求的状态的过程,包括煤样的破碎、混合、缩分和空气干燥
(21) 煤样破碎　sample reduction:在制样过程中用机械或人工减小煤样粒度的过程

(22) 煤样混合 sample mixing:把煤样混合均匀的过程

(23) 煤样缩分 sample division:按规定把一部分煤样留下来,其余部分弃掉以减少煤样数量的过程

(24) 堆锥四分法 coning and quartering:把煤样堆成一个圆锥体,再压成厚度均匀的圆饼,并分成四个相等的扇形,取其中两个相对的扇形部分作为煤样的方法

(25) 二分器 riffle:混合、缩分煤样的工具。由一组平行而方向相反、交替排列、宽度均等的斜导料槽所构成的分料器,可以将加入的物料分成均等的两份

参 考 文 献

[1] 埃利奥特 M A. 煤利用化学：上册[M]. 徐晓，等，译. 北京：化学工业出版社，1991.
[2] 白浚仁. 煤质学[M]. 北京：地质出版社，1989.
[3] 卜兆君，王升忠，谢宗航. 泥炭沼泽学若干基本概念的再认识[J]. 东北师大学报(自然科学版)，2005，37(2)：105-110.
[4] 蔡克难，程相利，柴清风，等. 提高焦炭强度的研究与实践[J]. 钢铁，2005，40(7)：22-24.
[5] 常娜，甘艳萍，陈延信. 升温速率及热解温度对煤热解过程的影响[J]. 煤炭转化，2012，35(3)：1-5.
[6] 陈鹏. 中国煤炭性质、分类和利用[M]. 北京：化学工业出版社，2001.
[7] 陈启厚. 单种煤结焦性能评价与焦炭质量预测[J]. 煤化工，2005，33(4)：34-37.
[8] 陈文敏，姜宁，董兰. 计算我国煤真(相对)密度多元回归式的推导[J]. 煤炭科学技术，1993，21(5)：29-32.
[9] 陈文敏，姜宁. 利用煤灰成份计算我国煤灰熔融性温度[J]. 煤炭加工与综合利用，1995(3)：13-17.
[10] 陈文敏，姜宁. 烟煤粘结性指标相互规律的初探[J]. 煤质技术，1994(4)：25-30.
[11] 陈文敏，张自劭. 煤化学基础[M]. 北京：煤炭工业出版社，1993.
[12] 陈亚飞，涂华，陈文敏，等. 煤的真相对密度的计算[J]. 煤质技术，2003(S1)：51-53.
[13] 崔银萍，秦玲丽，杜娟，等. 煤热解产物的组成及其影响因素分析[J]. 煤化工，2007，35(2)：10-15.
[14] 戴红莉，潘兰英. 煤炭可选性评定方法的现状与研究方向[J]. 煤炭加工与综合利用，2008(1)：16-18.
[15] 杜云贵，鲜学福，谭学术，等. 南桐煤的导电性质研究[J]. 重庆大学学报(自然科学版)，1993，16(3)：145-148.
[16] 冯春，陈淳. 从经济学角度对比中国与美国的能源消费[J]. 环境保护与循环经济，2013，33(9)：62-65.
[17] 傅家谟，刘德汉，盛国英，等. 煤成烃地球化学[M]. 北京：科学出版社，1990.
[18] 高晋生，张德祥. 煤液化技术[M]. 北京：化学工业出版社，2005.
[19] 高松. 氧弹内有无水对发热量测定的影响[J]. 煤质技术，2003(1)：50-53.
[20] 龚德生. 煤灰的高温粘度模型[J]. 热力发电，1989，18(1)：28-33.
[21] 郭崇涛. 煤化学[M]. 北京：化学工业出版社，1992.
[22] 郭飞. 不同地质年代的煤灰成分及熔融特性规律[D]. 杭州：浙江大学，2008.
[23] 郭树才. 煤化工工艺学[M]. 2 版. 北京：化学工业出版社，2006.
[24] 郭永红，孙保民，刘海波. 煤的元素分析和工业分析对应关系的探讨[J]. 现代电力，2005，22(3)：55-57.

[25] 韩德馨,任德贻,王延斌,等.中国煤岩学[M].徐州:中国矿业大学出版社,1996.

[26] 韩国奎.用全自动密度仪测定煤的真相对密度和视相对密度[J].煤质技术,2004(6):52-53.

[27] 郝丽芬,李东雄,靳智平.灰成分与灰熔融性关系的研究[J].电力学报,2006,21(3):294-296.

[28] 郝晓华,黄建东.提高库仑滴定法测硫的准确度[J].大众标准化,2003(4):41-44.

[29] 贾存华.煤的发热量与灰分、水分关系探讨[J].山西焦煤科技,2005,29(1):4-6.

[30] 贾建波.神东煤镜质组结构模型的构建及其热解甲烷生成机理的分子模拟[D].太原:太原理工大学,2010.

[31] 贾伟.煤中小分子化合物对煤高温快速液化的影响[D].太原:太原理工大学,2010.

[32] 康建宁.煤的电导率随地应力变化关系的研究[J].河南理工大学学报(自然科学版),2005,24(6):430-433.

[33] 库咸熙.炼焦化学产品回收与加工[M].北京:冶金工业出版社,1985.

[34] 雷玉.神府煤在不同气氛下的催化热解反应性研究[D].西安:西安科技大学,2010.

[35] 李芳芹.煤的燃烧与气化手册[M].北京:化学工业出版社,1997.

[36] 李家铸.煤的真密度与碳、氢、灰、硫的关系[J].煤炭分析及利用,1996,11(3):22-31.

[37] 李建秋.煤储层裂隙研究方法辨析[J].科技成果纵横,2007(4):73-74.

[38] 李力.关于煤炭快速热解焦油利用的探讨[J].煤炭加工与综合利用,1985(4):35-40.

[39] 李沙沙.两种低阶烟煤溶胀特性和分子量研究[D].太原:太原理工大学,2013.

[40] 李生盛.煤炭可选性的控制因素及其评价[J].选煤技术,2003(3):11-13.

[41] 李文华,白向飞,杨金和,等.烟煤镜质组平均最大反射率与煤种之间的关系[J].煤炭学报,2006,31(3):342-345.

[42] 李文华.东胜-神府煤的煤质特征与转化特性:兼论中国动力煤的岩相特征[D].北京:煤炭科学研究总院,2001.

[43] 李向利,杨晓军,王笑天.煤中水分 M_{ad} 随环境湿度的变化[J].煤质技术,2000(S1):30-33.

[44] 李徐萍,李国庆,李芳莲.煤的发热量经验公式及其在煤质分析中的应用[J].轻金属,2002(1):28-29.

[45] 李英华.关于国标 GB 213《煤的发热量测定方法》中硝酸校正热计算方法的说明[J].煤质技术,1999(2):28-30.

[46] 李英华.煤质分析应用技术指南[M].2 版.北京:中国标准出版社,2009.

[47] 李月清.氦气替换法测定煤的真相对密度[J].洁净煤技术,2008,14(3):74-76.

[48] 梁晓彤,李博.煤热解产物分布影响因素研究[J].科技风,2020(1):156.

[49] 刘巧霞,张月明,刘丹,等.煤热解焦油收率影响因素[J].煤炭加工与综合利用,2018(8):75-78.

[50] 刘新兵.我国若干煤中矿物质的研究[J].中国矿业大学学报,1994,23(4):109-114.

[51] 刘源,杨伏生,贺新福,等.影响煤炭热解产物分布的因素[J].湖南科技大学学报(自然科学版),2016,31(1):19-24.

[52] 刘振宇.煤化学的前沿与挑战:结构与反应[J].中国科学:化学,2014,44(9):

1431-1439.
[53] 刘振宇.重质有机资源热解的自由基化学[M].化学工业出版社,2023.
[54] 刘志平.褐煤可磨性相关因素试验研究[J].辽宁电机工程学报,1994(2):52-56.
[55] 鲁兹那.霍雷茨.低煤阶煤的表面自由能与可浮选性[J].煤质技术,1998(S0):39-43.
[56] 苗青,郑化安,张生军,等.低温煤热解焦油产率和品质影响因素研究[J].洁净煤技术,2014,20(4):77-82.
[57] 牛蓉,卢建军,李凡,等.煤的表面处理及润湿性研究[J].煤炭转化,2001,24(1):44-49.
[58] 彭担任,赵再春,禹申友.煤的比热容及其影响因素研究[J].煤,1998,7(4):1-4.
[59] 秦匡宗,郭绍辉,李术元.煤结构的新概念与煤成油机理的再认识[J].科学通报,1998,43(18):1912-1918.
[60] 秦志宏,江春,孙昊,等.童亭亮煤 CS_2 溶剂分次萃取物的 GC/MS 分析[J].中国矿业大学学报,2005,34(6):707-711.
[61] 秦志宏.煤有机质溶出行为与煤嵌布结构模型[M].徐州:中国矿业大学出版社,2008.
[62] 秦志宏,张迪,侯翠利,等.煤全组分的族分离及应用展望[J].洁净煤技术,2007,13(4):61-65.
[63] 邱介山,郭树才.中国一些煤的表面积变化规律[J].燃料化学学报,1991,19(3):253-260.
[64] 全翠,王惠惠,高宁博.煤热解影响因素与油品提质研究进展[J].煤炭科学技术,2020,48(S1):187-193.
[65] 桑树勋,陈世悦,刘焕杰.华北晚古生代成煤环境与成煤模式多样性研究[J].地质科学,2001,36(2):212-221.
[66] 商铁成.热解温度对低阶煤热解性能影响研究[J].洁净煤技术,2014,20(6):28-31.
[67] 邵震杰,任文忠,陈家良.煤田地质学[M].北京:煤炭工业出版社,1993.
[68] 申峻,邹纲明,王志忠.煤碳化成焦机理的研究进展[J].煤炭转化,1999,22(2):22-27.
[69] 沈跃良,林志宁,赵小峰.原煤可磨性与磨煤机最大出力探讨[J].热能动力工程,2002,17(5):462-464.
[70] 史雪君,汪勤亚,马委元,等.反应气氛对平朔煤热解反应性能的影响[J].煤炭转化,2014,37(3):5-9.
[71] 斯塔赫 E.斯塔赫煤岩学教程[M].杨起,等译.北京:煤炭工业出版社,1990.
[72] 苏现波,冯艳丽,陈江峰.煤中裂隙的分类[J].煤田地质与勘探,2002,30(4):21-24.
[73] 苏现波,张丽萍,林晓英.煤阶对煤的吸附能力的影响[J].天然气工业,2005,25(1):19-21.
[74] 孙茂远,黄盛初.煤层气开发利用手册[M].北京:煤炭工业出版社,1998.
[75] 孙旭光,李荣西,杜美利.煤显微组分分离富集[J].中国煤田地质,1997,9(3):26-27.
[76] 孙旭光,秦胜飞,金奎励.贵州水城地区晚二叠世含树皮体煤成烃特性研究[J].地球化学,1999,28(6):605-611.
[77] 孙岩.焦炭反应性及反应后强度预测与控制因素[J].梅山科技,2002(2):39-40.
[78] 唐兰,黄海涛.利用等离子体技术热解处理有机固体废弃物[J].节能与环保,2006

(11):26-29.
[79] 唐云杰.浅析煤的发热量与灰分的对应关系[J].中国煤炭,2004,30(11):52-53.
[80] 陶著.煤化学[M].北京:冶金工业出版社,1987.
[81] 涂代惠,钱瑾华,王振秀.煤的润湿性与注水防尘[J].河北煤炭建筑工程学院学报,1996,13(1):12-16.
[82] 万琼芝.煤的电阻率和相对介电常数[J].煤矿安全技术,1982,9(1):17-24.
[83] 汪海涛.煤岩学方法在炼焦配煤中的应用研究[J].包钢科技,1997,23(1):16-21.
[84] 王海燕.煤岩学与炼焦配煤技术的发展[J].煤质技术,2004(6):39-41.
[85] 王静.甲烷 CO_2 重整与煤热解耦合过程的焦油生成规律[D].大连:大连理工大学,2007.
[86] 王士俊,刘咸卫,宋丽君.乐平煤的成煤植物及树皮体的起源[J].煤炭学报,1998,23(3):231-235.
[87] 吴国光,张荣光.煤炭气化工艺学[M].徐州:中国矿业大学出版社,2013.
[88] 吴洁,狄佐星,罗明生,等. N_2 气氛下温度和压力对煤热解的影响[J].化工进展,2019,38(S1):116-121.
[89] 吴诗勇.不同煤焦的理化性质及高温气化反应特性研究[D].上海:华东理工大学,2007.
[90] 吴婉华,周德悟,王世蓉.煤的润湿性及吸附性对煤成浆性的影响[J].燃料化学学报,1990,18(1):57-60.
[91] 向梅,杨迎,文振翼.芳香环数对煤氧化性影响的分析[J].煤炭技术,2005,24(12):85-88.
[92] 肖宝清,周小玲.煤的孔隙特性与煤中水分关系的研究[J].矿冶,1995,4(1):90-93.
[93] 肖文钊,叶道敏.煤岩学配煤及其应用[J].煤质技术,2002(3):44-46.
[94] 谢克昌.煤的结构与反应性[M].北京:科学出版社,2002.
[95] 徐龙君,张代钧,鲜学福.煤的电特性和热性质[J].煤炭转化,1996,19(3):56-62.
[96] 徐秀峰,顾永达,陈诵英.焦炭的比表面积与 CO_2 气化反应性的关系[J].燃料与化工,1996,27(3):122-124.
[97] 许满贵,任宏安,袁晓翔,等.煤结构对自燃性的影响[J].湖南科技大学学报(自然科学版),2011,26(2):1-4.
[98] 杨焕祥,廖玉枝,胡益成.煤化学及煤质评价[M].武汉:中国地质大学出版社,1990.
[99] 杨金和,陈文敏,段云龙.煤炭化验手册[M].北京:煤炭工业出版社,2004.
[100] 杨起.煤地质学进展[M].北京:科学出版社,1987.
[101] 杨起.中国煤变质作用[M].北京:煤炭工业出版社,1996.
[102] 姚多喜,支霞臣,郑宝山.煤中矿物质在燃烧过程中的演化特征[J].中国煤田地质,2003,15(2):10-11.
[103] 姚星一.煤灰熔点与化学成分的关系[J].燃料化学学报,1965(2):151-161.
[104] 叶春松,夏自平.煤的发热量测定方法若干问题讨论[J].华中电力,1999,12(1):4-7.
[105] 叶翠平,冯杰,李文英.同步荧光和X射线衍射法分析中国动力煤大分子芳香层片结构[J].光谱学与光谱分析,2012,32(7):1979-1983.

[106] 叶翠平.煤大分子化合物结构测定及模型构建[D].太原:太原理工大学,2008.
[107] 尹立群.我国褐煤资源及其利用前景[J].煤炭科学技术,2004,32(8):12-14.
[108] 尹善春.泥炭沼泽的演化及其机制[J].煤田地质与勘探,1995,23(6):6-11.
[109] 虞继舜.煤化学[M].北京:冶金工业出版社,2000.
[110] 袁三畏.中国煤质论评[M].北京:煤炭工业出版社,1999.
[111] 曾凡桂.洁净煤技术中的煤岩学问题[J].煤炭转化,1995,18(3):7-12.
[112] 张代钧,鲜学福.煤大分子结构研究的进展[J].重庆大学学报(自然科学版),1993,16(2):58-63.
[113] 张德祥,龙永华,高晋生,等.煤灰中矿物的化学组成与灰熔融性的关系[J].华东理工大学学报,2003,29(6):590-594.
[114] 张德祥.煤化工工艺学[M].北京:煤炭工业出版社,1999.
[115] 张广洋,谭学术,杜贵云,等.煤的导电机理研究[J].湘潭矿业学院学报,1995(1):15-18.
[116] 张慧.煤孔隙的成因类型及其研究[J].煤炭学报,2001,26(1):40-44.
[117] 张慧,王晓刚,员争荣,等.煤中显微裂隙的成因类型及其研究意义[J].岩石矿物学杂志,2002,21(3):278-284.
[118] 张慧,王晓刚,张科选,等.煤中难选矿物质赋存状态与综合利用研究[J].煤炭学报,2000,25(S1):26-29.
[119] 张鹏飞,彭苏萍,邵龙义,等.含煤岩系沉积环境分析[M].北京:煤炭工业出版社,1993.
[120] 张胜利,李宝芳.煤层割理的形成机理及在煤层气勘探开发评价中的意义[J].中国煤田地质,1996,8(1):72-77.
[121] 张双全.煤化学[M].徐州:中国矿业大学出版社,2004.
[122] 张双全.煤及煤化学[M].北京:化学工业出版社,2013.
[123] 张小军,陶明信,王万春,等.生物成因煤层气的生成及其资源意义[J].矿物岩石地球化学通报,2004,23(2):166-171.
[124] 张小可,陈彩霞,孙学信,等.煤岩相组分对煤表面积的影响[J].煤气与热力,1995,15(6):7-9.
[125] 张旭,郭海燕.氦气替换法测定煤真相对密度的原理与测试[J].煤质技术,2009(5):11-13.
[126] 张旭,王利斌,裴贤丰,等.煤热解提高焦油产率及品质关键技术与研究进展[J].煤炭科学技术,2019,47(3):227-233.
[127] 张永发,谢克昌,凌大琦.显微组分焦样的 CO_2 气化动力学和表面变化[J].燃料化学学报,1991,19(4):359-365.
[128] 张则有,曹雨,王铁林,等.泥炭沼泽起源及其发育特征的对比研究[J].东北师大学报(自然科学版),1997,29(3):88-96.
[129] 张占存.煤的吸附特征及煤中孔隙的分布规律[J].煤矿安全,2006,37(9):1-3.
[130] 张占涛,王黎,张睿,等.煤的孔隙结构与反应性关系的研究进展[J].煤炭转化,2005,28(4):62-68.

[131] 张壮壮,刘楠,安重鑫,等.多级孔 ZSM-5 分子筛对低阶煤流化床快速热解产物分布的影响[J].燃料化学学报,2021,49(4):407-414.

[132] 赵善扬.硫含量与煤自然发火危险性的关系[J].煤炭工程师,1996,23(5):32-35.

[133] 赵师庆.实用煤岩学[M].北京:地质出版社,1991.

[134] 赵伟,张晓欠,周安宁,等.神府煤煤岩显微组分的浮选分离及富集物的低温热解产物特性研究[J].燃料化学学报,2014,42(5):527-533.

[135] 赵再春,彭担任.煤的比热测定与结果分析[J].煤矿安全,1994,25(6):14-16.

[136] 赵志根,蒋新生.谈煤的孔隙大小分类[J].标准化报道,2000(5):23-24.

[137] 郑楚光.洁净煤技术[M].武汉:华中理工大学出版社,1996.

[138] 中国煤田地质总局.中国煤层气资源[M].徐州:中国矿业大学出版社,1998.

[139] 中国煤田地质总局.中国煤岩学图鉴[M].徐州:中国矿业大学出版社,1996.

[140] 钟玲文.煤内生裂隙的成因[J].中国煤田地质,2004,16(3):6-9.

[141] 钟蕴英,关梦嫔,崔开仁,等.煤化学[M].徐州:中国矿业大学出版社,1994.

[142] 周敏,王泉清,马名杰.焦化工艺学[M].徐州:中国矿业大学出版社,2011.

[143] 周师庸.应用煤岩学[M].北京:冶金工业出版社,1985.

[144] 朱银惠.煤化学[M].北京:化学工业出版社,2005.

[145] 朱之培,高晋生.煤化学[M].上海:上海科学技术出版社,1984.

[146] 朱子彬,张成芳,古泽健彦,等.活性点数对煤焦气化速率的评价[J].化工学报,1992,43(4):401-408.

[147] 邹艳荣,杨起.煤中的孔隙与裂隙[J].中国煤田地质,1998,10(4):39-40.

[148] AMIN M N, LI Y, LU X M. In situ catalytic pyrolysis of low-rank coal for the conversion of heavy oils into light oils[J]. Advances in Materials Science and Engineering, 2017:1-8.

[149] AUGUIE D, OBERLIN M, OBERLIN A, et al. Microtexture of mesophase spheres as studied by high resolution conventional transmission electron microscopy (CTEM)[J]. Carbon, 1980, 18(5):337-346.

[150] CARLSON G A. Computer simulation of the molecular structure of bituminous coal[J]. Energy & Fuels, 1992, 6(6):771-778.

[151] FUCHS W, SANDHOFF A G. Theory of coal pyrolysis[J]. Industrial & Engineering Chemistry, 1942, 34(5):567-571.

[152] FU D Q, LI X H, LI W Y, et al. Catalytic upgrading of coal pyrolysis products over bio-char[J]. Fuel Processing Technology, 2018, 176:240-248.

[153] GIVEN P H, MARZEC A, BARTON W A, et al. The concept of a mobile or molecular phase within the macromolecular network of coals: a debate[J]. Fuel, 1986, 65(2):155-163.

[154] GRIGORIEW H, CICHOWSKA G. Spatial coal structure models[J]. Journal of Applied Crystallography, 1990, 23(3):209-210.

[155] GUO W J, WANG Y G, LIN X C, et al. Structure and CO_2 gasification reactivity of char derived through pressured hydropyrolysis from low-rank coal[J]. Energy &

Fuels,2019,33(9):8032-8039.

[156] HAN J Z,LIU X X,YUE J R,et al. Catalytic upgrading of in situ coal pyrolysis tar over Ni-char catalyst with different additives[J]. Energy & Fuels,2014,28(8):4934-4941.

[157] HAN J Z,WANG X D,YUE J R,et al. Catalytic upgrading of coal pyrolysis tar over char-based catalysts[J]. Fuel Processing Technology,2014,122:98-106.

[158] HAYASHI J I,TAKAHASHI H,DOI S,et al. Reactions in brown coal pyrolysis responsible for heating rate effect on tar yield[J]. Energy & Fuels,2000,14(2):400-408.

[159] HAYASHI J I,TAKAHASHI H,IWATSUKI M,et al. Rapid conversion of tar and char from pyrolysis of a brown coal by reactions with steam in a drop-tube reactor [J]. Fuel,2000,79(3/4):439-447.

[160] HE L, HUI H L, LI S G, et al. Production of light aromatic hydrocarbons by catalytic cracking of coal pyrolysis vapors over natural iron ores[J]. Fuel,2018,216:227-232.

[161] HIRSCH P B. X-ray scattering from coals[J]. Proceedings of the Royal Society of London Series A Mathematical and Physical Sciences,1954,226(1165):143-169.

[162] HUANG H,WANG K Y,BODILY D M,et al. Density measurements of Argonne premium coal samples[J]. Energy & Fuels,1995,9(1):20-24.

[163] H ZIELIN'SKI,赵振本.关于煤炭快速热解焦油的研究[J].煤炭转化,1984,7(2):57-64.

[164] JAMES G SPEIGHT. The chemistry and technology [M]. New York: Marcel Dekker,1983.

[165] JIN L J,BAI X Y,LI Y,et al. In-situ catalytic upgrading of coal pyrolysis tar on carbon-based catalyst in a fixed-bed reactor[J]. Fuel Processing Technology,2016,147:41-46.

[166] KAN T,SUN X Y,WANG H Y,et al. Production of gasoline and diesel from coal tar via its catalytic hydrogenation in serial fixed beds[J]. Energy & Fuels,2012,26(6):3604-3611.

[167] KAN T,WANG H Y,HE H X,et al. Experimental study on two-stage catalytic hydroprocessing of middle-temperature coal tar to clean liquid fuels[J]. Fuel,2011,90(11):3404-3409.

[168] KUSY J, ANDEL L, SAFAROVA M, et al. Hydrogenation process of the tar obtained from the pyrolisis of brown coal[J]. Fuel,2012,101:38-44.

[169] LIANG L T,HUANG W,GAO F X,et al. Mild catalytic depolymerization of low rank coals: a novel way to increase tar yield[J]. RSC Advances,2015,5(4):2493-2503.

[170] LI Q,FENG X Y,WANG X,et al. Pyrolysis of Yulin coal over ZSM-22 supported catalysts for upgrading coal tar in fixed bed reactor[J]. Journal of Analytical and

Applied Pyrolysis,2017,126:390-396.

[171] LIU T L,CAO J P,ZHAO X Y,et al. In situ upgrading of Shengli lignite pyrolysis vapors over metal-loaded HZSM-5 catalyst[J]. Fuel Processing Technology,2017,160:19-26.

[172] LIU Y J,YAN L J,BAI Y H,et al. Catalytic upgrading of volatile from coal pyrolysis over faujasite zeolites[J]. Journal of Analytical and Applied Pyrolysis,2018,132:184-189.

[173] LI X H,MA J S,LI L L,et al. Semi-coke as solid heat carrier for low-temperature coal tar upgrading[J]. Fuel Processing Technology,2016,143:79-85.

[174] LUO K,ZHANG C,ZHU S H,et al. Tar formation during coal pyrolysis under N_2 and CO_2 atmospheres at elevated pressures[J]. Journal of Analytical and Applied Pyrolysis,2016,118:130-135.

[175] LV P,YAN L J,LIU Y,et al. Catalytic conversion of coal pyrolysis vapors to light aromatics over hierarchical Y-type zeolites[J]. Journal of the Energy Institute,2020,93(4):1354-1363.

[176] MATHEWS J P,CHAFFEE A L. The molecular representations of coal:a review[J]. Fuel,2012,96:1-14.

[177] MATHEWS J P,VAN DUIN A C T,CHAFFEE A L. The utility of coal molecular models[J]. Fuel Processing Technology,2011,92(4):718-728.

[178] NDAJI F E,THOMAS K M. The effects of oxidation on the macromolecular structure of coal[J]. Fuel,1995,74(6):932-937.

[179] NISHIOKA M,GORBATY M L. Test of the proposed two-phase model for high-volatile bituminous coal[J]. Energy & Fuels,1990,4(1):70-73.

[180] PLOOSTER M N,REED T B. Carbon-hydrogen-acetylene equilibrium at high temperatures[J]. The Journal of Chemical Physics,1959,31(1):66-72.

[181] REN X Y,CAO J P,ZHAO X Y,et al. Catalytic conversion of lignite pyrolysis volatiles to light aromatics over ZSM-5:SiO_2/Al_2O_3 ratio effects and mechanism insights[J]. Journal of Analytical and Applied Pyrolysis,2019,139:22-30.

[182] REN X Y,ZHAO S X,CAO J P,et al. Effect of coal ranks on light aromatics production during reforming of pyrolysis volatiles over HZSM-5 under Ar and H_2-assisted atmospheres[J]. Journal of Analytical and Applied Pyrolysis,2020,152:104958.

[183] RICHARD SAKUROVS,周茁.煤及其配煤性质与焦炭质量的关系[J].燃料与化工,2003,34(3):161-164.

[184] RIZKIANA J,GUAN G Q,WIDAYATNO W B,et al. Oil production from mild pyrolysis of low-rank coal in molten salts media[J]. Applied Energy,2015,154:944-950.

[185] SEKINE Y,ISHIKAWA K,KIKUCHI E,et al. Reactivity and structural change of coal char during steam gasification[J]. Fuel,2006,85(2):122-126.

[186] SHINN J H. From coal to single-stage and two-stage products:a reactive model of

coal structure[J]. Fuel,1984,63(9):1187-1196.

[187] SHUANG Y, WU C N, YAN B H, et al. Heat transfer inside particles and devolatilization for coal pyrolysis to acetylene at ultrahigh temperatures[J]. Energy & Fuels,2010,24(5):2991-2998.

[188] SINNINGHE DAMSTÉ J S, XAVIER F, DE LAS HERAS C, et al. Molecular analysis of sulphur-rich brown coals by flash pyrolysis—gas chromatography—mass spectrometry: the type Ⅲ-S kerogen[J]. Journal of Chromatography A, 1992, 607 (2):361-376.

[189] VAN HEEK K H. Progress of coal science in the 20th century[J]. Fuel, 2000, 79 (1):1-26.

[190] WU D, LIU G J, CHEN S C, et al. An experimental investigation on heating rate effect in the thermal behavior of perhydrous bituminous coal during pyrolysis[J]. Journal of Thermal Analysis and Calorimetry,2015,119(3):2195-2203.

[191] XU S P, ZENG X, HAN Z N, et al. Quick pyrolysis of a massive coal sample via rapid infrared heating[J]. Applied Energy,2019,242:732-740.

[192] YAN B H, CAO C X, CHENG Y, et al. Experimental investigation on coal devolatilization at high temperatures with different heating rates[J]. Fuel, 2014, 117:1215-1222.

[193] YAN B H, CHENG Y, JIN Y, et al. Analysis of particle heating and devolatilization during rapid coal pyrolysis in a thermal plasma reactor [J]. Fuel Processing Technology,2012,100:1-10.

[194] YAN B H, LU W, CHENG Y. China goes green: cleaner production of chemicals[J]. Green Processing and Synthesis,2012,1(1):33-47.

[195] YAN B H, XU P C, JIN Y, et al. Understanding coal/hydrocarbons pyrolysis in thermal plasma reactors by thermodynamic analysis [J]. Chemical Engineering Science,2012,84:31-39.

[196] YAN L J, BAI Y H, KONG X J, et al. Effects of alkali and alkaline earth metals on the formation of light aromatic hydrocarbons during coal pyrolysis[J]. Journal of Analytical and Applied Pyrolysis,2016,122:169-174.

[197] YAN L J, KONG X J, ZHAO R F, et al. Catalytic upgrading of gaseous tars over zeolite catalysts during coal pyrolysis[J]. Fuel Processing Technology ,2015,138:424-429.

[198] YU Y X, KONG J, WANG M J, et al. Structure and oxidation reactivity of char: effects of pyrolysis heating rate and pressure[J]. Journal of Fuel Chemistry and Technology,2018,46(9):1025-1035.

[199] ZHAO Y P, HU H Q, JIN L J, et al. Pyrolysis behavior of vitrinite and inertinite from Chinese Pingshuo coal by TG-MS and in a fixed bed reactor [J]. Fuel Processing Technology,2011,92(4):780-786.

[200] ZOU X W, YAO J Z, YANG X M, et al. Catalytic effects of metal chlorides on the pyrolysis of lignite[J]. Energy & Fuels,2007,21(2):619-624.